Bootstrap 4
フロントエンド開発の教科書

WINGSプロジェクト
宮本麻矢、朝平文彦［著］
山田祥寛［監修］

技術評論社

はじめにお読みください

●プログラムの著作権について

本書で紹介し、ダウンロードサービスで提供するプログラムの著作権は、すべて著者に帰属します。これらのデータは、本書の利用者に限り、個人・法人を問わず無料で使用できますが、再転載や再配布などの二次利用は禁止いたします。

●本書記載の内容について

本書に記載された内容は、情報の提供のみを目的としています。したがって、本書を用いた運用は、必ずお客様自身の責任と判断によって行ってください。これらの情報の運用の結果について、技術評論社および著者はいかなる責任も負いません。

本書記載の内容は、基本的に第1刷発行時点の情報を掲載しています。そのため、ご利用時には変更されている場合もあります。また、ソフトウェアはバージョンアップされることがあり、本書の説明とは機能や画面が異なってしまうこともあります。

以上の注意事項をご承諾いただいた上で、本書をご利用願います。これらの注意事項をお読みいただかずにお問い合わせいただいても、技術評論社および著者は対処できません。あらかじめ、ご承知おきください。

はじめに

スマートフォンやタブレットの普及に伴い、Web ページをさまざまなデバイスに合わせて表示する「レスポンシブ Web デザイン」は、今や必須の技術となりました。従来の Web 制作のフローでは、各デバイス向けに行うデザインや開発の工数が増大するため、制作サイドにとって膨大な手間が発生してしまいます。また、発注者サイドにとっても制作コストが大きく膨らむことになってしまいました。

そんな中、Web 制作を生業とする私たちの救いとなったのが、あらかじめ用意された簡単なクラスを HTML に追加するだけで、レスポンシブな Web ページをあっという間に作ることができる「Web アプリケーションフレームワーク」でした。

本書で扱う「Bootstrap」は、数あるフレームワークの中でも、もっとも人気のあるツールの 1 つです。本書では、HTML、CSS などの言語についてひととおり理解している方を対象として、「デザインは得意ではない」というエンジニアの方や、「コーディングが苦手」というデザイナーの方にも、従来のフローに代わる新しい制作フロー「インブラウザデザイン」（ブラウザ上で直接デザインする手法）を実践することができるようになることを目指しています。

「Bootstrap」を使用するためには、まず覚えなければならないルールが少なからずあります。私たちは、特にこの最初のハードルを下げるために可能な限り丁寧な解説を心がけました。本書が Web 制作に携わる多くの皆様の助けになることを心から祈っております。

なお、本書に関するサポートサイトを以下の URL で公開しています。Q ＆ A 掲示板はじめ、サンプルのダウンロードサービス、本書に関する FAQ 情報、オンライン公開記事などの情報を掲載していますので、あわせてご利用ください。

https://wings.msn.to/

最後にはなりましたが、叱咤激励しながら無理を調整いただいた監修の山田祥寛さん、奈美さん、技術評論社、関係者ご一同に心から感謝いたします。

2018 年 7 月吉日　宮本麻矢　朝平文彦

本書の読み方

本書を手に取ってくださりありがとうございます。本書は、フロントエンドの Web アプリケーションフレームワークである Bootstrap を初めて学ぶ人のための書籍です。フロントエンドのフレームワークの基盤となる HTML、CSS、JavaScript については、ひととおり理解している人を対象としています。

■動作確認環境

本書内のサンプルは、次の動作環境で確認しています。

- Windows 10 Pro (64bit)
- macOS 10.13.4
- Google Chrome 66

■サンプルデータについて

本書で紹介しているサンプルファイル（学習用の素材を含む）は、以下のサポートページよりダウンロードできます。

https://wings.msn.to/index.php/-/A-03/978-4-297-10020-9/

ダウンロードしたファイルは ZIP 形式で圧縮されていますので、解凍して利用してください。解凍すると「chap1」「chap2」のように各章ごとのフォルダーがあります。それぞれの中には「sample」フォルダーがあり、その中に、本書で使用するサンプルが含まれています。各章で使用するファイルは、本文で解説しています。

コードリスト
HTMLやCSS、JavaScriptのソースコードを表します。紙面では、Bootstrapの使用方法を理解するためのコードを抜粋しているので、全体を確認するにはダウンロードサンプルから対応するファイルを確認してください。

脚注
本文で説明しきれなかった補足情報を表します。本文中の番号と対応していますので、あわせて確認してください。

NOTE
本文の説明に加えて知っておきたい注意点や追加情報を表します。

コラム
本文中で扱っているテーマと直接の関係はありませんが、関連している情報として知っておきたい参考情報を表します。

第9章　Bootstrapでモックアップを作る

SECTION 9-9 コンテンツ04（Coupon）の作成

カフェのクーポンチケットを紹介するコンテンツ04「Coupon」を作成します。
このコンテンツには、このコンテンツでは、**カード**（P.124参照）を使用したクーポンチケットを表示します。

9.9.1 コンテンツ04のレイアウト

まず、ワイヤーフレームでコンテンツ04のレイアウトを再確認しておきましょう。画面幅md以上（デスクトップPCでの閲覧時）と画面幅sm以下（モバイル端末での閲覧時）とで、特にレイアウトの変更はありません（図9-38）。

▼図9-38　コンテンツ04のレイアウト

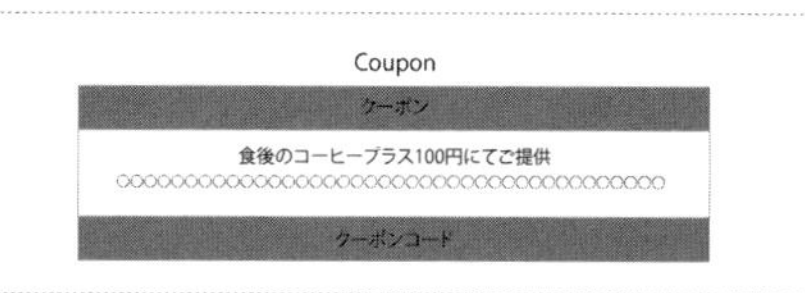

9.9.2 コンテンツ04の構成

ではコンテンツ04を作成していきましょう。このコンテンツでは、カードの基本的な使い方や、配色や文字のユーティリティ（P.301参照）を活用した外観の調整方法を確認できます。Bootstrapで定義されているたくさんのユーティリティの活用は、**インブラウザデザイン**[*1]を行う上でとても有効です（リスト9-20）。

▼リスト9-20　コンテンツ04の作成（contents-04.html）

```
<!-- コンテンツ04 -->
<div class="py-4 bg-light"> ❶
  <section id="coupon"> ❷
    <div class="container"> ❸
      <h3 class="text-center mb-3">Coupon</h3> ❹
      <!-- カード -->
```

*1　ワイヤーフレームと配置コンテンツをもとに、コーディングしながらブラウザ上で直接デザインする手法です。

404

NOTE　フレームワーク導入のデメリット

ここまでフレームワーク導入の利点を挙げましたが、デメリットもあります。フレームワークはとても便利ですが、フレームワーク特有のルールを覚える必要があり、それなりに学習コストがかかります。またルールに沿って書くことになるため、自由にコーディングできるわけではありません。個人で開発しているような小規模なプロジェクトでは、フレームワークの制約に縛られず自由に設計する方が、総合的に良いケースもあります。学習コストが開発コストを上回るようなら、フレームワーク導入にこだわる必要はありません。

COLUMN　入力グループのアクセシビリティ

入力グループについては、スクリーンリーダーなどの支援技術に対して、その機能が伝えられているかどうかをよく確認する必要があります。たとえば、label要素を使用してラベルを付ける（**sr-onlyクラス**を使用して非表示にする）、あるいはaria-describedby、aria-label、aria-labelledby属性などを使用する方法があります。本書ではなるべく例を示すようにしていますが、どのような追加情報が必要かは、実装しているインターフェイスによって異なります。コードをそのまま使うのではなく内容を理解してアクセシビリティのためのコードを書くようにしましょう。

CONTENTS

第1章

イントロダクション

本章では、Bootstrapを学ぶ上で知っておきたい基礎知識について解説します。そもそもWebアプリケーションフレームワークとは何なのか、その概念について触れ、Bootstrapの特徴やそれを支える技術、Bootstrapがここまで発展した背景、バージョンによる違いなど、Bootstrapの概要について説明します。本章の最後には、Bootstrapの導入方法として、ダウンロードして利用する方法とCDNで利用する方法を説明します。

1 SECTION 1 Webアプリケーションフレームワークの基本

本書のテーマであるBootstrapは、HTML、CSS、Javascriptで構成されるフロントエンドのWebアプリケーションフレームワークです。この「フレームワーク」とは、そもそもどういったものなのでしょうか? まずはフレームワークについて簡単に触れておきましょう。

1.1.1 Webアプリケーションフレームワークとは

フレームワークとは、枠組み、骨組み、骨格などを意味する言葉です。WebサイトやWebアプリケーションを構築する上で、その骨組み（土台）を提供したり、よく使われる汎用的な機能をまとめて提供したりするものを**Webアプリケーションフレームワーク**と言います。

フレームワークと似たものに**ライブラリ**があります。ライブラリは、よく使われる機能を**部品化**し、それらを集めてパッケージ化したものです。ライブラリが単にコードの再利用を目的としているのに対し、フレームワークは設計レベルの再利用を目的としています。ライブラリは**部品**の集まりですから、部品をどのように組み合わせ、最終的にどのようなWebサイト・Webアプリケーションにするのかは、制作者に委ねられています。一方のフレームワークでは、全体の骨組みが**テンプレート**として用意されており、制作者はテンプレートに肉付けの作業をしていきます。既にWebサイト・Webアプリケーションの土台ができあがっているので、あとは枠にはめていくだけです。部分的に機能を提供してくれるのがライブラリ、全体的に面倒を見てくれるのがフレームワークと捉えればわかりやすいかもしれません（図1-1）。

▼図1-1　ライブラリとフレームワーク

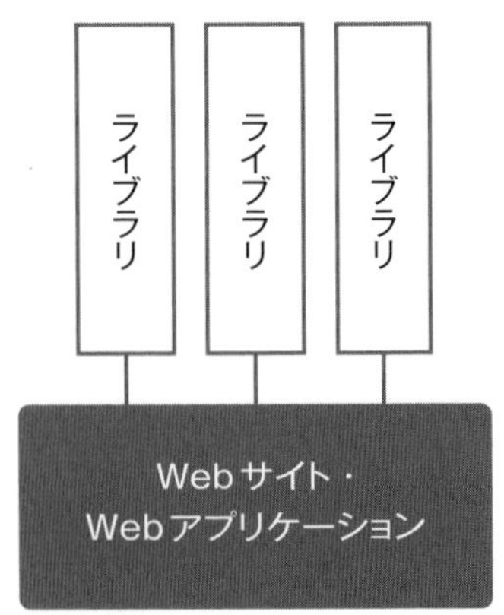

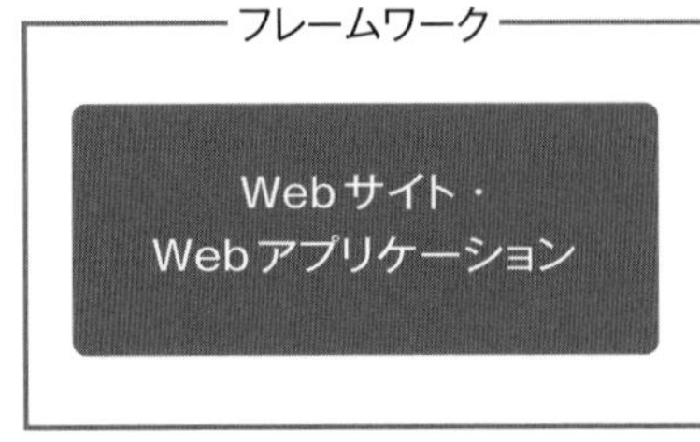

1.1.2 フレームワーク導入の利点

フレームワークを導入することには、次のようなメリットがあります。

1 速く開発できる

フレームワークの最大のメリットは、生産性の向上です。基盤となる枠組みができているので、ゼロからコードを書く必要がなく、開発スピードが格段にアップします。

2 コードの書き方を統一できる

コードの書き方には、個人のクセが出てしまいがちです。複数人のチームで開発する場合、コードに一貫性がなく、共同作業がやっかいになるケースがあります。フレームワークを利用すると、自分ルールではなく、フレームワークのルールでコードを書く必要があるため、誰が書いてもコードに一貫性を持たせることができます。

3 メンテナンスしやすい

コードに一貫性があるということは、メンテナンスしやすいということでもあります。他人の書いたコードを解読するのは面倒なものですが、フレームワーク上のルールでコーディングしたものは、該当箇所を特定しやすくなります。

4 技術トレンドに対応しやすい

新しい技術が目まぐるしく出てくる中、開発者がそれらをキャッチアップしていくのは大変な労力を伴います。しかし、フレームワークにはそうした技術的なトレンドが積極的に取り入れられています。フレームワークを利用することで、トレンドにも臨機応変に対応することができます。

NOTE **フレームワーク導入のデメリット**

ここまでフレームワーク導入の利点を挙げましたが、デメリットもあります。フレームワークはとても便利ですが、フレームワーク特有のルールを覚える必要があり、それなりに学習コストがかかります。またルールに沿って書くことになるため、自由にコーディングできるわけではありません。個人で開発しているような小規模なプロジェクトでは、フレームワークの制約に縛られず自由に設計する方が、総合的に良いケースもあります。学習コストが開発コストを上回るようなら、フレームワーク導入にこだわる必要はありません。

Bootstrapの特徴

本書で扱うBootstrapは、数あるフレームワークの中でも、もっとも人気のあるWebアプリケーションフレームワークの1つです。世界中のプロジェクトで利用されており、実績も確かです。なぜ世界中で支持されているのか、その特徴を見ていきましょう。

1.2.1 レスポンシブWebデザインに対応

現在、Web制作において、マルチデバイス対応の手法の主流となっているのが、**レスポンシブWebデザイン（Responsive Web Design）**です。レスポンシブWebデザインは、アメリカのWebデザイナー、イーサン・マルコッテ（Ethan Marcotte）氏が提唱したマルチデバイス対応Webページの制作手法です。簡単に言うと、1つのWebページ（HTMLファイル）で、スマートフォン、タブレット、PCなどあらゆるデバイスに合わせた最適なレイアウト表示をする手法です（図1-2）。

▼図1-2 レスポンシブWebデザインの例

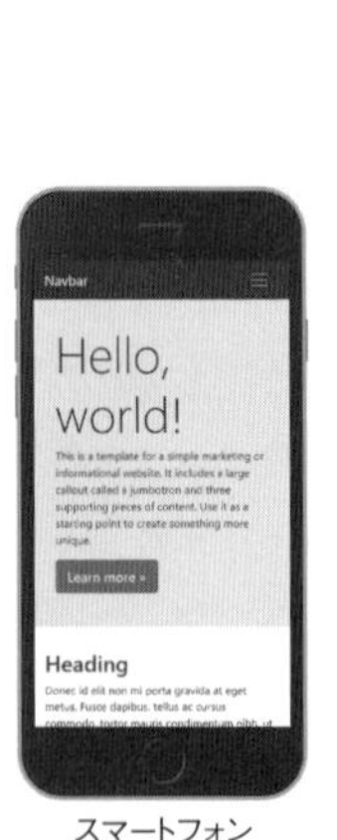

スマートフォン

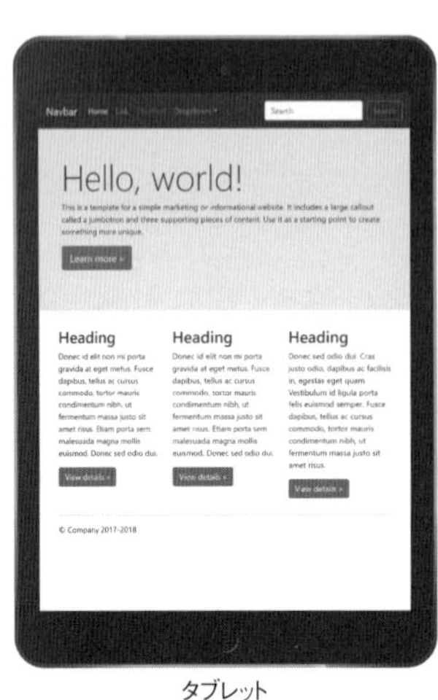

タブレット

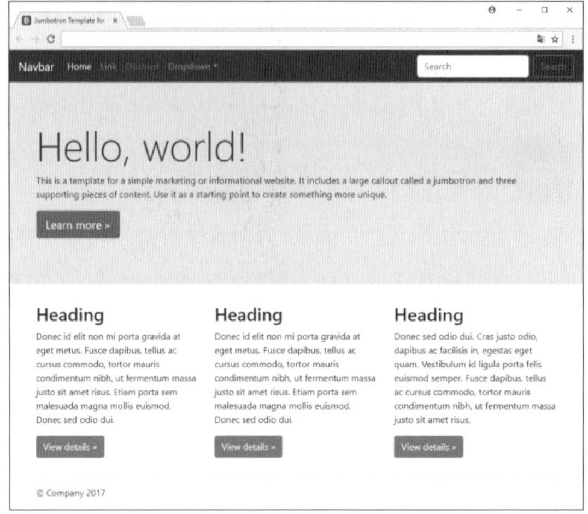

PC

レスポンシブWebデザインは、**フルードグリッド**、**フルードイメージ**、**メディアクエリ**などの技術で構成されています。

1 フルードグリッド（Fluid Grid：可変グリッド）

グリッドシステムによる Web デザインと、ブラウザ幅の変化に応じて内容の大きさを変えるリキッドレイアウトを組み合わせた手法を**フルードグリッド**と言います。ブラウザの表示領域に応じてグリッドの横幅が変化するように、Web ページの横幅を 100 %として、グリッドのサイズ相対値（%、em、rem など）で指定します（図 1-3）。

▼図 1-3　固定のグリッド（左）とフルードグリッド（右）

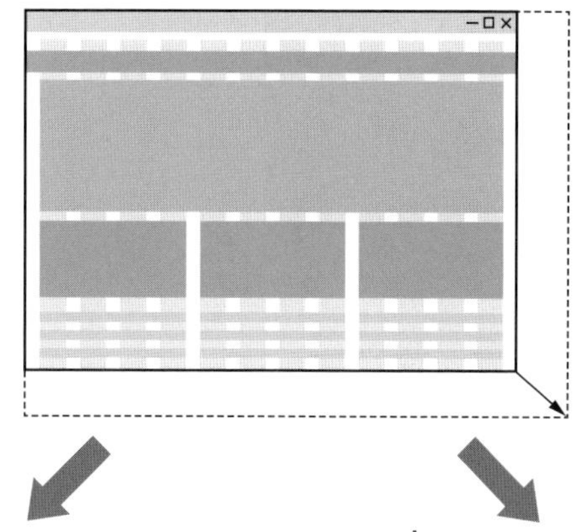

固定（px 指定）

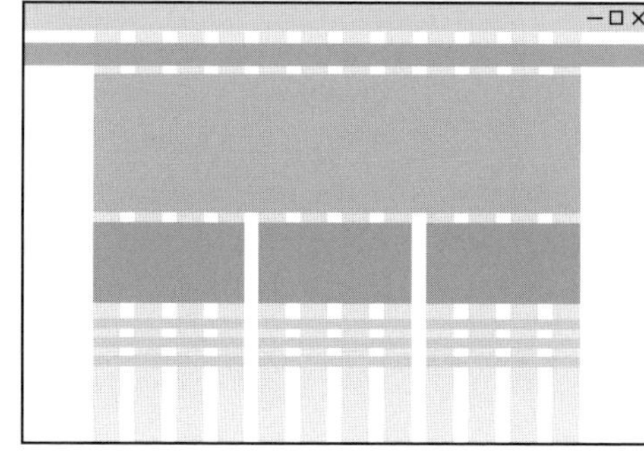

ウィンドウサイズが変化しても
グリッドは固定のまま

フルードグリッド

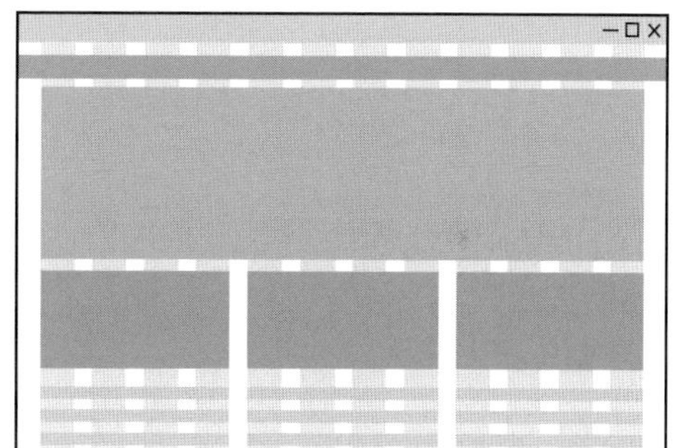

ウィンドウサイズが変化すると
グリッドのサイズも変化する

2 フルードイメージ（Fluid Image：サイズが変化する画像メディア）

レイアウト幅に応じて、画像サイズを拡大縮小させるテクニックを**フルードイメージ**と言います。フルードグリッドと組み合わせることで、画像サイズをグリッド幅に応じて変化させることができます。CSS のみで実装できます（図 1-4）。

▼図 1-4　フルードイメージ：画面サイズに応じて画像サイズが変化する

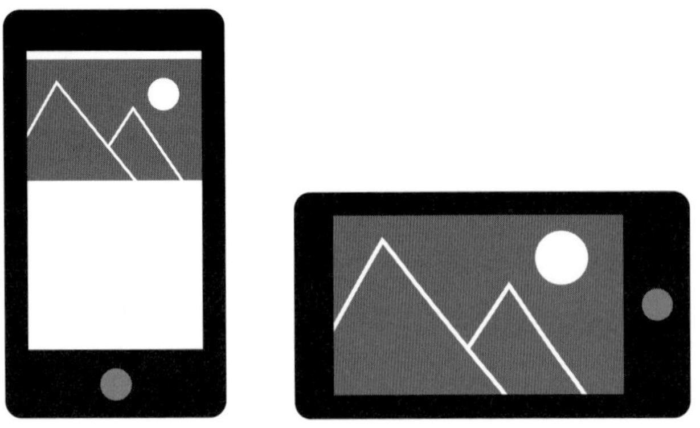

3 メディアクエリ（Media Queries）

メディアクエリは、画面幅、画像解像度、デバイスの向きなどの条件に合わせて、スタイルを切り替えることができるCSS3から導入された技術です（図 1-5）。

▼図 1-5　メディアクエリの切り替えイメージ

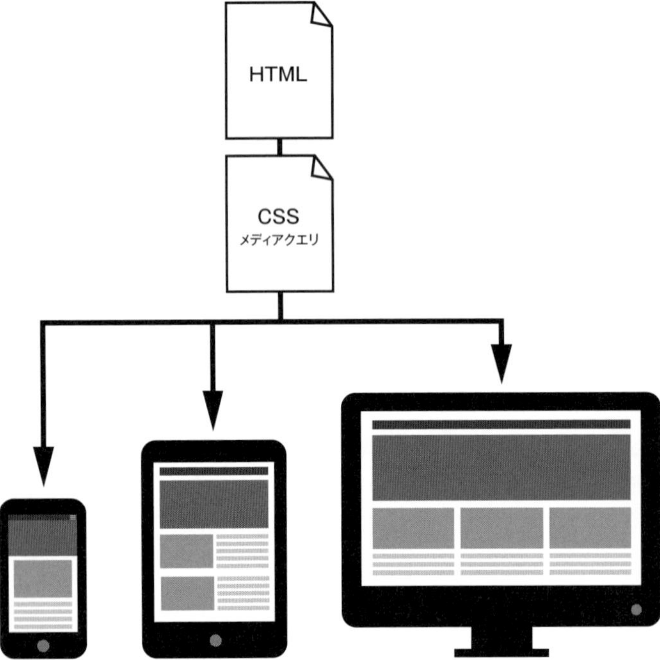

メディアクエリには、いくつかの書き方がありますが、ここでは簡単な例を見てみましょう。次のコードでは、@media に続く ( ) 内で、min-width:768px を指定し、続く { } 内で body の背景色が赤になるようにスタイルを指定しています（リスト 1-1）。画面幅が指定した幅よりも大きいときにスタイルが適用されるので、この例では、画面幅が 768px 以上になると、背景色が赤になります（図 1-6）。サンプルをブラウザで表示して、ウィンドウサイズを変えて、スタイルが切り替わる様子を試してみてください。

▼リスト 1-1　メディアクエリの例（media-queries.html）

```
<style>
@media (min-width:768px){
  body { background-color: red; }
}
</style>
```

▼図 1-6　画面幅 768px 以上で背景色が赤になる

画面幅が 768px 未満のとき

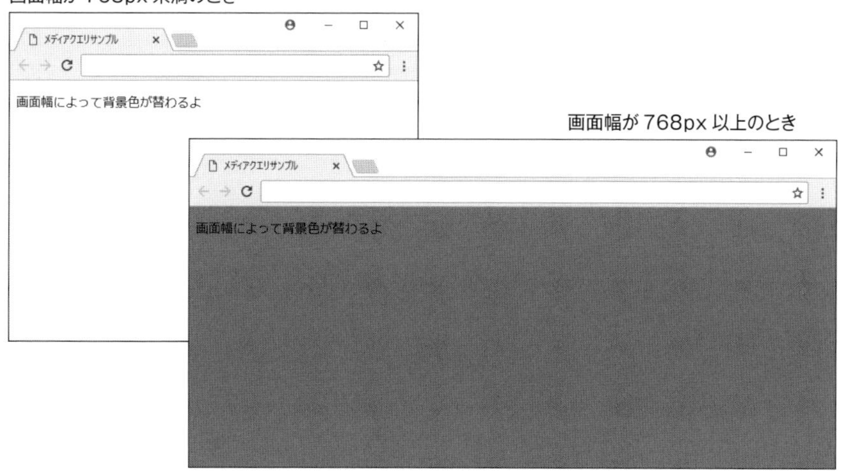

このように、レスポンシブ Web デザインでは、ある画面サイズ（例では 768px）を境目として適用させるスタイルを切り替えますが、この境目を**ブレイクポイント**と言います。

フルードグリッド、フルードイメージ、メディアクエリ、これら 3 つの技術を駆使してレスポンシブ Web デザインを実装するのは、それなりに開発コストがかかります。エンジニアにとっては簡単なことかもしれませんが、デザイナーにとってレスポンシブ Web デザインは、少々敷居が高く感じられるかもしれません。

しかし、Bootstrap を利用すれば、あらかじめ用意された簡単なクラスを追加するだけで、レスポンシブに対応したモバイルファーストな Web ページをあっという間に作ることができます。

モバイルフレンドリーの時代

最近の Web ページは、スマートフォンで閲覧されることが前提となっています。総務省「平成 28 年度通信利用動向調査」によると、パソコンの保有率は平成 22 年の 85.8 %から平成 28 年では 72.2% と減少。一方のスマートフォン保有率は、平成 22 年の 9.7% から平成 28 年には 71.8% と急増しています。また、同調査の「インターネットの端末別利用状況」を見ても、パソコン 58.6%、スマートフォン 57.9% とこちらも僅差となっています（図 1-7）。

パソコンだけでなくスマートフォンやタブレットを使ったインターネット利用者が増えたことで、Web 開発の現場でも、デバイスごとにデザインを最適化することが求められるようになりました。

また、2015 年に代表的な検索エンジンサービスの **Google** が、モバイル検索結果のランキング要素の 1 つとして、**モバイルフレンドリー**（モバイル対応）であるかどうかを使用すると発表しました。そこで推奨されたのがレスポンシブ Web デザインです。

▼図 1-7　総務省「平成 28 年度通信利用動向調査」

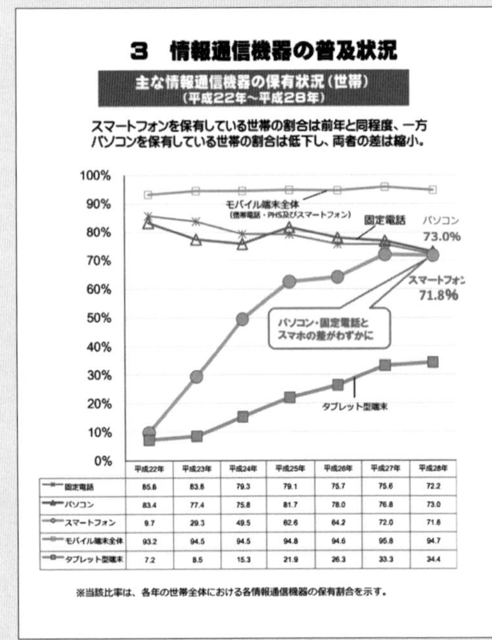

	平成22年	平成23年	平成24年	平成25年	平成26年	平成27年	平成28年
固定電話	85.8	83.8	79.3	79.1	75.7	75.6	72.2
パソコン	83.4	77.4	75.8	81.7	78.0	76.8	73.0
スマートフォン	9.7	29.3	49.5	62.6	64.2	72.0	71.8
モバイル端末全体	93.2	94.5	94.5	94.8	94.6	95.8	94.7
タブレット型端末	7.2	8.5	15.3	21.9	26.3	33.3	34.4

※当該比率は、各年の世帯全体における各情報通信機器の保有割合を示す。

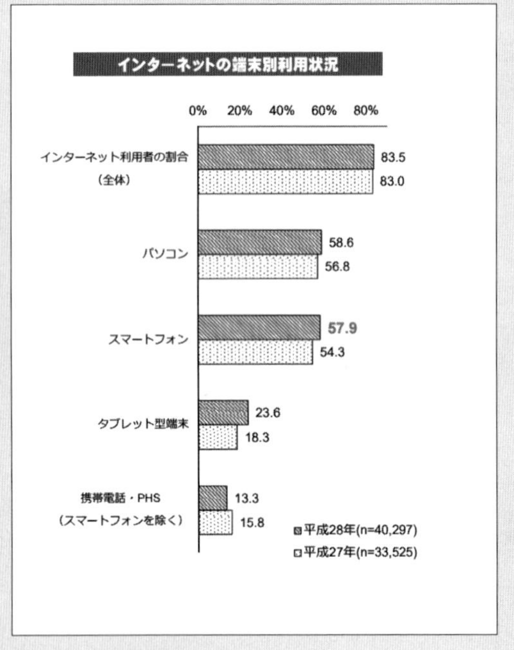

1.2.2 グリッドシステムによるレイアウト

グリッドシステム（Grid System）とは、スイスのグラフィックデザイナー、ヨゼフ・ミューラー・ブロックマン（Josef Muller-Brockmann）氏が提唱したレイアウトデザインの手法です。具体的には、グリッド（縦横線の格子）状のガイドラインを下地に、画像や文字をブロックごとに配置する手法を指します。統一感や一貫性といったレイアウトのクオリティを維持するために使用されてきました。

近年は Web ページのレイアウト手法としても用いられる機会が増え、Bootstrap をはじめとする多くの CSS フレームワークのレイアウト手法としても採用されています。

Bootstrap では、レイアウトを縦に 12 分割した 12 カラムのグリッドシステムが採用されており、横一行の合計が 12 カラムになるようにレイアウトをしていきます。グリッドシステムとレスポンシブ Web デザインを組み合わせて、モバイルでは 12 カラム分、デスクトップでは 4 カラム分といった、画面に応じたコンテンツの配置が可能になります（図 1-8）。

▼図 1-8　グリッドシステムの例：12 列のグリッドに沿って配置されている

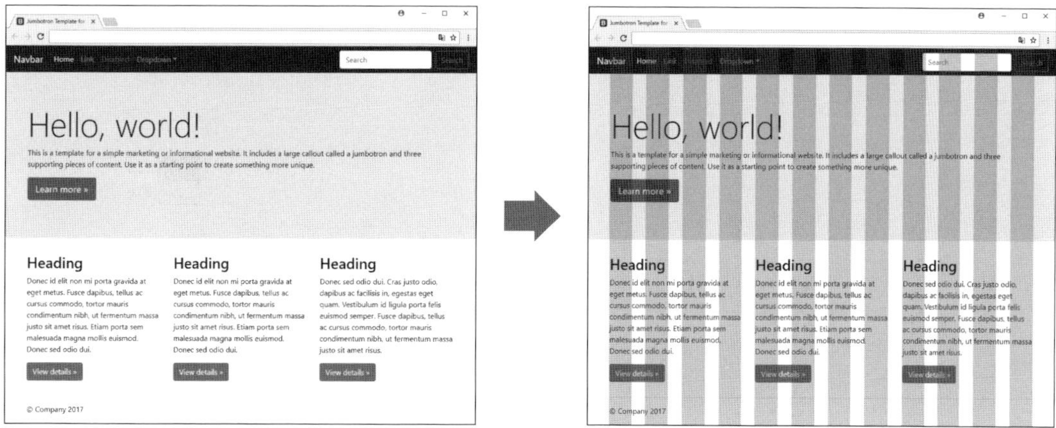

1.2.3 デザイン性に優れたコンポーネント

Bootstrap では、フォームやボタン、ナビゲーションなど、GUI（Graphical User Interface）のパーツも事前に用意されています。このような要素（パーツ、部品）を**コンポーネント**と呼びます。

洗練されたデザインのコンポーネントをゼロから作ろうとすると、かなりの時間がかかります。Bootstrap を利用すれば、HTML のタグにクラスを追加するだけで、体裁の整ったコンポーネントの利用が可能になります。

デザインの不得手なエンジニアでも、簡単に見栄えのいい Web サイトや Web アプリケーションを作ることができます（図 1-9）。

▼図 1-9　Bootstrap のコンポーネントの例

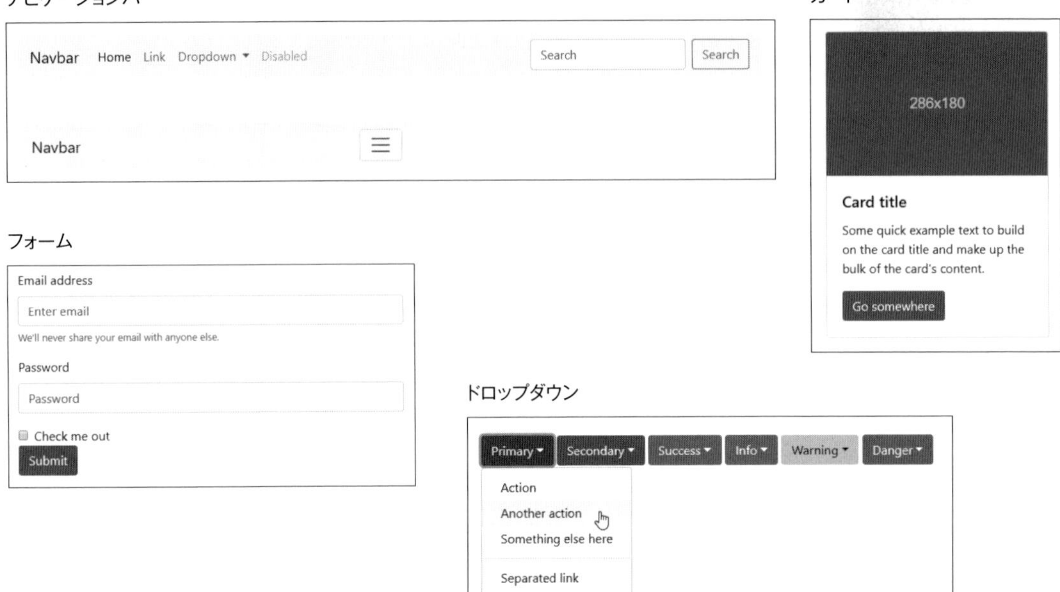

Bootstrapの歴史

Bootstrap は、何度かのバージョンアップを経て、世界中でもっとも有名な Web フレームワークの 1 つになりました。本節では Bootstrap の誕生した背景から、これまでの歴史を見ていくことにしましょう。

1.3.1 Bootstrap の誕生と歩み

元々 **Twitter Blueprint** という名称だった Bootstrap は、2010 年半ばにアメリカの Twitter 社の Mark Otto 氏と Jacob Thornton 氏によって作られました。かつての Twitter 社のインターフェイス開発には、さまざまなライブラリが使用されていたため、一貫性がなく、メンテナンスにかかる負担は大きなものでした。そこで、内部ツール間の統一を図るフレームワークとして Twitter Blueprint が誕生したのです。

少数グループによる数か月の開発期間を経て、Twitter 開発チームは、ハッカソンスタイル[*1] の Hack Week と呼ばれる開発イベントを開催。Twitter 社の多くの開発者がこれに参加し、プロジェクトは急激に大きくなりました。オープンソースとして公開される前から、社内ツール開発のスタイルガイドとして広く使われるようになります（図 1-10）。

▼図 1-10　最初の Hack Week のアナウンス。現在でも Bootstrap の About ページからリンクされ、閲覧できる（https://blog.twitter.com/engineering/en_us/a/2010/hack-week.html）

＊1　ハッカソン（hackathon）: hack（ハック）＋ marathon（マラソン）からの造語。エンジニア、デザイナー、プロジェクトマネージャーなどの技術者が集まってチームを作り、与えられたテーマに対して、それぞれの技術やアイデアを持ち寄り、会場にこもって集中的に開発を行うイベントのことです。

その後、「Twitter Blueprint」から「Twitter Bootstrap」に改名され、2011年8月19日にオープンソースのプロジェクトとしてリリースされます。現在は、Mark Otto氏とJacob Thornton氏、コア開発者の少数グループだけでなく、多くの貢献者が集まった大きなコミュニティによって維持されています。

オープンソースとなった当初は、Twitter社から提供されていて、Twitter Bootstrapと呼ばれていましたが、プロジェクトのメイン開発者であるMark Otto氏とJacob Thornton氏がTwitter社を退社した後は、Twitter社から独立したプロジェクトとなり、名称も「Twitter Bootstrap」から「Bootstrap」に変更されました。

1.3.2 バージョンによる違い

2012年1月31日にリリースされたBootstrap 2では、レスポンシブな12カラムのグリッドシステム（図1-11）が採用されました（P.22参照）。

▼図1-11　グリッドシステムのイメージ

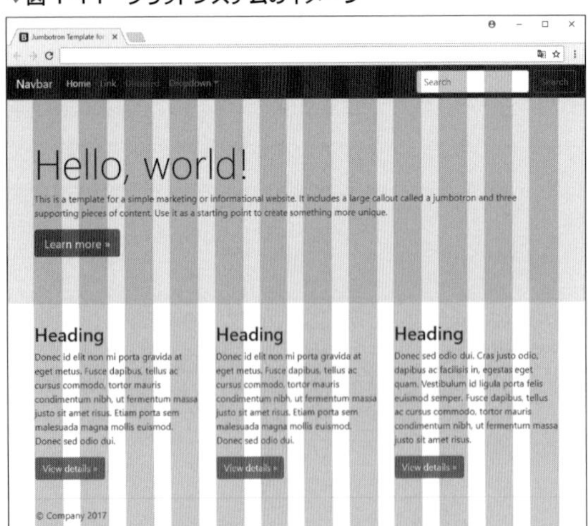

その他、グリフアイコンのサポート、既存コンポーネントに変更が加わり、新しいコンポーネントも追加されました（図1-12）。

▼図 1-12　グリフアイコン（バージョン 4 で廃止）

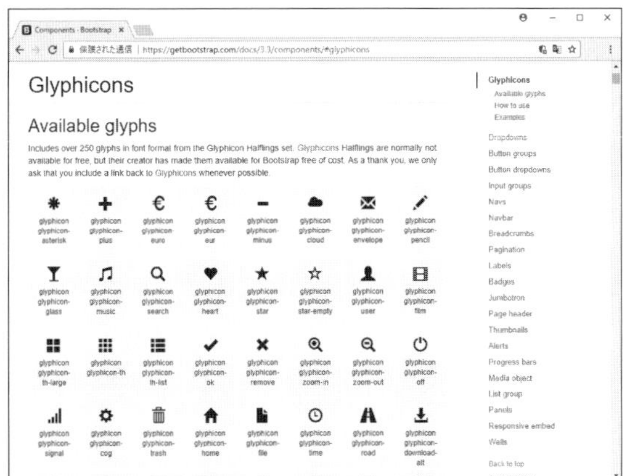

2013 年 8 月 19 日には、コンポーネントにフラットデザインを使用した Bootstrap 3 がリリースされ、このバージョンでは、モバイルファーストのアプローチが採用されました（図 1-13）。

▼図 1-13　フラットデザインのボタン

そして、2018 年 1 月 18 日、執筆時現在最新版である Bootstrap 4 がリリースされました。Bootstrap 4 では、コンポーネント、jQuery プラグイン、ドキュメントなど、Bootstrap 3 のほぼすべてが書き直されました。中でも大きな変更点は次のとおりです。

- CSS プリプロセッサが Less から Sass に
- Internet Explorer 8、Internet Explorer 9、iOS 6 がサポート対象外に
- flexbox がサポートされ、非 flexbox がサポート対象外に
- 単位がピクセルから rem に
- パネル、サムネイルが廃止され、新たにカードが追加される
- グリフアイコンが廃止される
- ページャーコンポーネントが廃止される

細かな変更点については、Bootstrap 公式サイトの「Migrating to v4」のページ（https://getbootstrap.com/docs/4.1/migration/）を参照してください。

1 SECTION 4 Bootstrapの導入

前置きはこのくらいにして、Bootstrapを利用する準備をしていきましょう。Bootstrapを導入するには、いくつかの方法がありますが、本書では、すぐに使えるように、コンパイル済みのCSSとJavaScriptをダウンロードする方法を採用します。

1.4.1 Bootstrapの導入に必要な環境

Bootstrapを導入するにあたっては、これまでのフロントエンドの開発環境があればそれで充分です。特別に必要となるものはありません。必要なアプリケーションは、HTML、CSS、Javascriptを編集するテキストエディタと、表示を確認するWebブラウザです。コードの編集には、Adobe Brackets、Sublime Textなどのテキストエディタでも、Adobe DreamweaverなどのWebオーサリングツールでもOKです。普段使っているものを使ってください。

1.4.2 ダウンロードして利用する

それではBootstrapをダウンロードする方法を見ていきましょう。Bootstrapの公式サイト（http://getbootstrap.com/）にアクセスし、［Documentation］の中の［Download］（http://getbootstrap.com/docs/4.1/getting-started/download/）に移動します。

このページの［Compiled CSS and JS］の下にある［Download］ボタンをクリックし、ファイルのダウンロードを実行します（図1-14）。

▼図1-14　［Download］ボタンをクリック

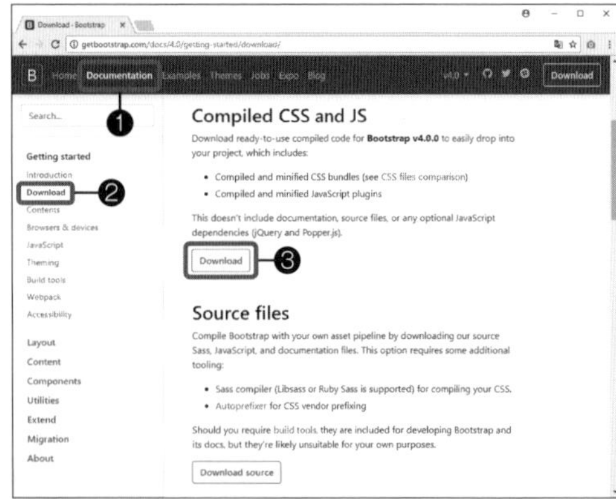

ダウンロードされたファイルは ZIP 形式で圧縮されています。これを解凍すると、css フォルダーおよび js フォルダーができます。

ディレクトリ構成

ダウンロード後、解凍してできたフォルダー内には、css フォルダーにはコンパイルされた CSS ファイル、js フォルダーには JavaScript ファイルが格納されています。同じ名前で、「min」が付いているものは、同名ファイルの内容から、改行やコメント、スペースなどを排除して圧縮（Minify）した軽量版です（図 1-15）。通常は、軽量版を使うと良いでしょう。

いろいろなファイルがありますが、Bootstrap の全機能に対応した CSS ファイルが bootstrap.css（とその軽量版の bootstrap.min.css）、すべての JavaScript プラグインを利用できるのが、bootstrap.bundle.js（とその軽量版の bootstrap.bundle.min.js）です。初心者の方やベーシックな使い方をする場合は、この 2 つを使うのが一般的です。本書でも、これらの軽量版の「bootstrap.min.css」と「bootstrap.bundle.min.js」を使用します。

▼図 1-15　ダウンロードファイルのディレクトリ構成

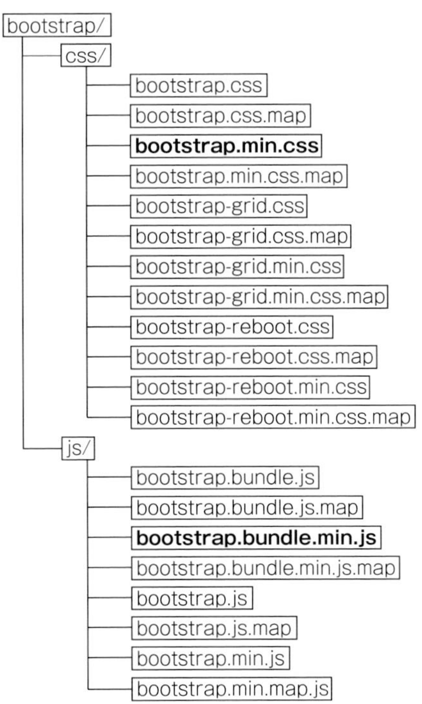

また、拡張子が .map のファイルは、**CSS ソースマップファイル**と言って、Sass などを使用していた場合に、オリジナルのソースとコンパイル後のソースを紐づけてくれるファイルです。開発時に使用するもので、コンパイラを使わない場合には必要ありません。

COLUMN Sassとコンパイル

Bootstrapのダウンロードページでは、Sassのソースファイルもダウンロードできるようになっています。Sass(Syntactically Awesome Stylesheets)とは、簡単に言うとCSSを効率的に記述・管理できるもので、CSS拡張メタ言語とも呼ばれます。Sassには、「.sass」と「.scss」の2つの形式の拡張子がありますが、BootstrapのSassは.scss形式です。これまでのCSSに、変数や計算式を使ったプログラミング風の書き方をした.scssをCSS形式の.cssに変換することをコンパイルと言います。

CSSファイルの内容

他にもいろいろなCSSファイルがありますが、これは、Bootstrapのどの機能を使うかによって選択します（表1-1）。詳しくはこれから学んでいきますが、Bootstrapでは、レイアウトするための機能、見出しやリストなどのコンテンツの体裁を整える機能、ボタンやナビゲーションなどのコンポーネント、配置や表示に関するユーティリティなど、さまざまな機能を利用できます。これらBootstrapの機能のうち、たとえば、グリッドシステムを使ったレイアウトの部分だけを使用したい場合は、bootstrap-grid.css（またはその軽量版のbootstrap-grid.min.css）を選びます。

また、ブラウザごとのスタイルの相違をなくすことを目的として、ブラウザのデフォルトスタイルを独自のスタイルで再定義することを、Bootstrapでは**Reboot**と言います（詳しくはP.96参照）。この機能のみを使いたい場合には、bootstrap-reboot.css（またはその軽量版のbootstrap-reboot.min.css）を使用します。このように、用途によって必要なものだけを選ぶことでWebサイトの軽量化を図ることができるようになっています。

▼表1-1　CSSファイルの内容

CSSファイル	レイアウト	コンテンツ	コンポーネント	ユーティリティ
bootstrap.css（bootstrap.min.css）	含まれる	含まれる	含まれる	含まれる
bootstrap-grid.css（bootstrap-grid.min.css）	グリッドシステムのみ	含まれていない	含まれていない	Flexユーティリティのみ
bootstrap-reboot.css（bootstrap-reboot.min.css）	含まれていない	Rebootのみ	含まれていない	含まれていない

JavaScriptファイルの内容

同様に、JavaScriptファイルにも全機能を利用できるbootstrap.bundle.js（とその軽量版のbootstrap.bundle.min.js）と、一部のJavaScriptプラグインで必要なpopper.jsを含まないバージョンのbootstrap.js（とその軽量版のbootstrap.min.js）があります（表1-2）。その他、ソースファイル版をダウンロードすると、プラグインを個別に選ぶこともできます（P.260参照）。本書では、全部入りの軽量版bootstrap.bundle.min.jsを使用します。

▼表1-2　JavaScriptファイルの内容

JavaScriptファイル	popper.js
bootstrap.bundle.js（bootstrap.bundle.min.js）	含まれる
bootstrap.js（bootstrap.min.js）	含まれない

jQuery の入手

Bootstrap の JavaScript は、**jQuery** というライブラリを必要とします。jQuery 3.0 からは、標準版に加え、標準版から ajax や effects、非推奨コードを除いたスリム版が利用できるようになりました。Bootstrap はどちらの版もサポートしていますが、本書ではスリム版を使用します。

では jQuery の公式サイト（https://jquery.com/）から［Download jQuery］をクリックしダウンロードページに移動しましょう。ダウンロードページには、いろいろな種類のファイルがありますが、［Download the compressed, production jQuery X.X.X slim build（X.X.X にはバージョンを表す数字が入ります）］をクリックして、jQuery のスリム版をダウンロードしてください（図 1-16）。

▼図 1-16　jQuery のスリム版をダウンロード

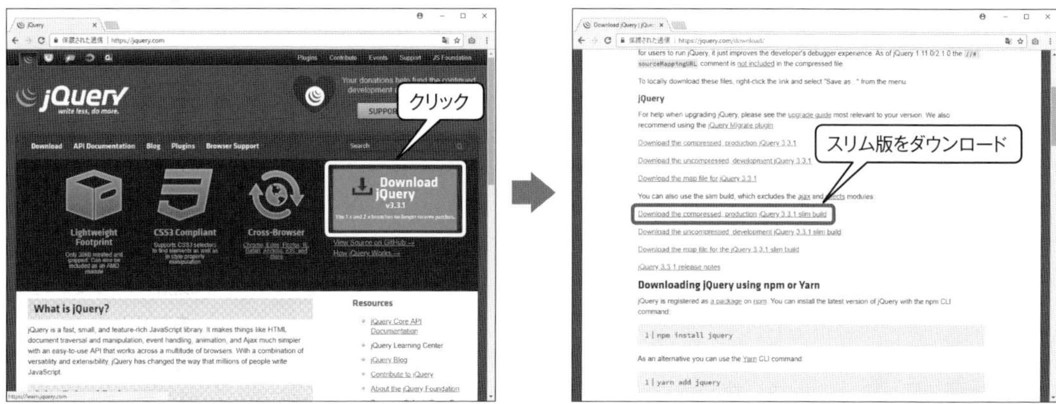

本書の執筆時点では「jQuery 3.3.1」が最新版です。jQuery にも空白や改行などを取り除いて圧縮した compress 版（jquery-3.3.1.slim.js）と、オリジナルの uncompressrd 版（jquery-3.3.1.slim.min.js）があります。本書では、compress 版の jquery-3.3.1.slim.min.js を使用します。

1.4.3 HTML の雛形

Bootstrap で Web サイトを構築する場合は、ダウンロードした CSS ファイルや JavaScript ファイル、jQuery ライブラリを HTML から読み込む必要があります。図 1-17 のように作業用フォルダー（ここでは sample フォルダー）を作りその中に、css フォルダー、js フォルダーを作ります。css フォルダーには、ダウンロードしてきた bootstrap.min.css を、js フォルダーには、jquery-X.X.X.slim.min.js と bootstrap.bundle.min.js を格納します。これから作る HTML ファイル（index.html）は、sample フォルダーに保存します。

▼図 1-17 本書のサンプルの構成

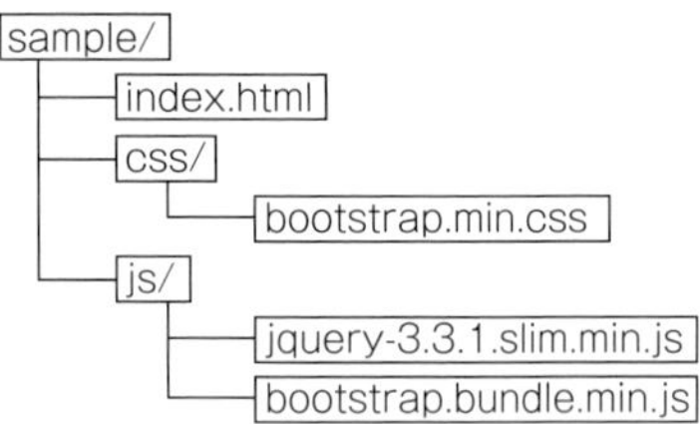

HTML の雛形は、Bootstrap の公式サイトの［Documentation］>［Getting started］>［Introduction］（http://getbootstrap.com/docs/4.1/getting-started/introduction/）に「Starter template」として紹介されています。本書で使用するサンプルは、この「Starter template」を少し改良したものを使用します（リスト 1-2）。

▼リスト 1-2 HTML の雛形（index.html）

```
<!doctype html> ――――――――――――――――――――――――――――――――――――――――――――――――――――――――――――――― ❶
<html lang="ja"> ―――――――――――――――――――――――――――――――――――――――――――――――――――――――――――――― ❷
  <head>
    <meta charset="utf-8">
    <meta name="viewport" content="width=device-width, initial-scale=1, shrink-to-fit=no"> ―――― ❸
    <link rel="stylesheet" href="css/bootstrap.min.css"> ―――――――――――――――――――――――――――――― ❹
    <title>Hello, world!</title>
  </head>
  <body>
    <h1>Hello, world!</h1>
    <script src="js/jquery-3.3.1.slim.min.js"></script> ―――――――┐
    <script src="js/bootstrap.bundle.min.js"></script> ―――――――――┴―――― ❺
  </body>
</html>
```

❶ HTML5 でコードを書く

Bootstrap は、HTML5 に準拠しているため、最初に HTML5 の doctype を書きましょう。

❷言語を日本語にする

2 行目の html 要素の lang 属性の値を日本語の ja にします。

❸ viewport メタタグを書く

適切なレンダリングを実現するためメタタグで viewport を設定しましょう。「width=device-width, initial-scale=1」は、「デバイス幅に合わせる、ズーム倍率 1」という設定です。「shrink-to-fit=no」は、iOS 9.0 の Safari で、initial-scale が適用されないのを回避するための設定です。

❹ CSS を読み込む

CSS を読み込むために、<head> 内の他のすべてのスタイルシートの前に、Bootstrap のスタイルシート（bootstrap.min.css）を読み込む <link> を記述します。

❺各種 Javascript を読み込む

各種 Javascript ファイルを読み込みます。最初に、Bootstrap の JavaScript プラグインを動かすためのライブラリである **jQuery（jquery-3.3.1.slim.min.js）** を読み込みます。次に、Bootstrap（**bootstrap.bundle.min.js**）を読み込みます。読み込む順番に注意してください。本書では、すべての機能が使える一括版の bootstrap.bundle.min.js を使用しますが、JavaScript プラグインを個別に読み込む場合は、最初に jQuery、次に Popper.js（そのプラグインに必要な場合）、最後に JavaScript プラグインの順番で読み込みます（P.260 参照）。

以上で Bootstrap を利用する準備が整いましたが、内容がないため、今はブラウザで見ても何も変化はありません。そこで h1 要素に Bootstrap 定義済みクラスを追加してみましょう（リスト 1-3）。

▼リスト 1-3　HTML の雛形（index.html）

```
<h1 class="text-success">Hello, world!</h1>
```

ブラウザで表示させ、h1 要素が緑色になれば OK です（図 1-18）。もし、このようにならないときは、css ファイルが正しい場所にあるかどうかを確認してください。

▼図 1-18　HTML の雛形の実行結果

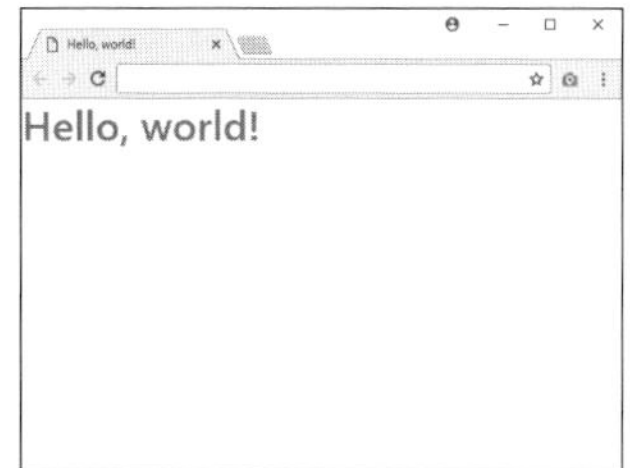

1.4.4 CDN を利用する

ファイルをダウンロードして利用する他、Stack Path が無償で提供している Bootstrap CDN[*2] を利用することもできます。リスト 1-4 のサンプルは、前項で紹介した Bootstrap 公式サイトの「Starter template」をベースにしたもので、前項の雛形との違いはファイルの参照先が CDN になっているという点と、CDN からのクロスサイトスクリプティング（XSS）を防ぐため integrity 属性と crossorigin 属性があるという点です。

＊2　CDN（Content Delivery Network）：コンテンツ配信ネットワークの略。インターネット上にキャッシュサーバーを分散配置し、エンドユーザーにもっとも近い経路にあるキャッシュサーバーからコンテンツを高速で安定して配信するしくみです。

▼リスト 1-4　Bootstrap CDN による設定例（starter-cdn.html）

```
<!doctype html>
<html lang="ja">
<head>
<meta charset="utf-8">
<meta name="viewport" content="width=device-width, initial-scale=1, shrink-to-fit=no">
<link rel="stylesheet" href="https://stackpath.bootstrapcdn.com/bootstrap/4.1.1/css/bootstrap.↵
min.css" integrity="sha384-WskhaSGFgHYWDcbwN70/dfYBj47jz9qbsMId/iRN3ewGhXQFZCSftd1LZCfmhktB" ↵
crossorigin="anonymous">
<title>Hello, world!</title>
</head>
<body>
<h1>Hello, world!</h1>
<script src="https://code.jquery.com/jquery-3.3.1.slim.min.js" integrity="sha384-q8i/↵
X+965DzO0rT7abK41JStQIAqVgRVzpbzo5smXKp4YfRvH+8abtTE1Pi6jizo" crossorigin="anonymous"></script>
<script src="https://cdnjs.cloudflare.com/ajax/libs/popper.js/1.14.3/umd/popper.min.↵
js" integrity="sha384-ZMP7rVo3mIykV+2+9J3UJ46jBk0WLaUAdn689aCwoqbBJiSnjAK/l8WvCWPIPm49" ↵
crossorigin="anonymous"></script>
<script src="https://stackpath.bootstrapcdn.com/bootstrap/4.1.1/js/bootstrap.min.js" ↵
integrity="sha384-smHYKdLADwkXOn1EmN1qk/HfnUcbVRZyYmZ4qpPea6sjB/pTJ0euyQp0Mk8ck+5T" ↵
crossorigin="anonymous"></script>
</body>
</html>
```

NOTE

integrity 属性と crossorigin 属性

CDN からのクロスサイトスクリプティング（XSS）を防ぐため、ブラウザが取得するリソース（ファイル）をハッシュ化して、その値を link 要素や script 要素の integrity 属性に指定することで、整合性を確認できるようにするものを Subresource Integrity と言います。integrity 属性がある場合、ブラウザは読み込み時に整合性をチェックし、一致した場合にのみロードされるしくみです。また、crossorigin 属性に「anonymous」が指定された場合は、リクエストには cookie やクライアントサイドの SSL 証明書、HTTP 認証などのユーザー認証情報は利用されません。

第 2 章

Bootstrapのレイアウト

Bootstrap には、12 列のグリッドシステム、レスポンシブのためのユーティリティクラスなど、プロジェクトをレイアウトするためのコンポーネントや機能が組み込まれています。Bootstrap で自由なレイアウトをするために、これらのしくみや使い方の基本を理解しておきましょう。

Bootstrapのグリッドシステム

Bootstrap のレイアウト方法には、ページの幅を 12 列に分割した**グリッドシステム**が採用されています。この機能は、ページを 2 段組みや 3 段組みにしたり、コンポーネントを横に並べて配置したりする場合などに活用できます。それでは、Bootstrap のグリッドシステムを構成する要素を見ていきましょう。

2.1.1　カラム（column：列）とガター（gutter：溝）

12 列に分割されたグリッドの列を**カラム**（column：列）と言い、各カラムの間の余白を**ガター**（gutter：溝）と言います。

各カラムの左右内側（padding）には 15px のガターが設定されているため、コンテンツ間の余白は 30px となります（図 2-1）。

▼図 2-1　カラムとガター

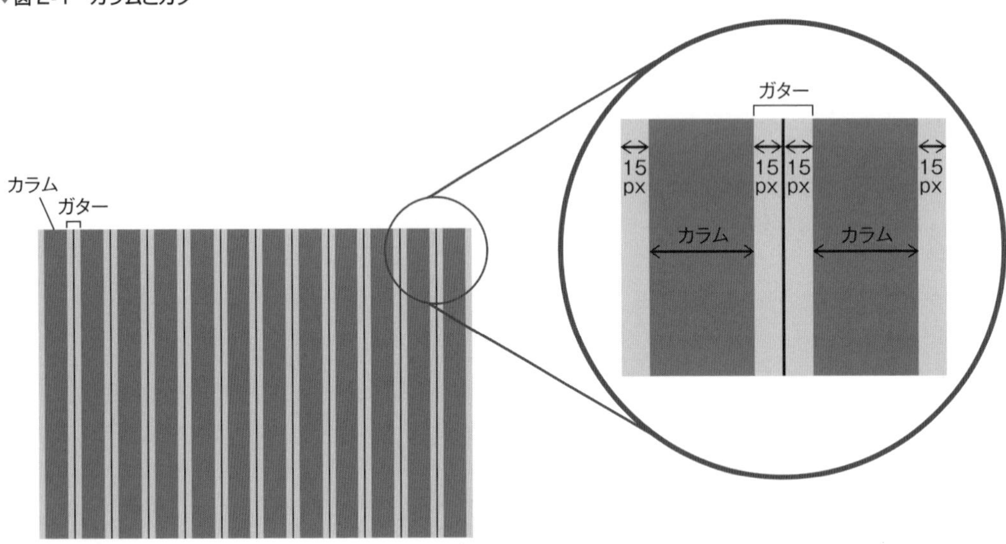

2.1.2 コンテナ（container：箱）

Bootstrap のグリッドシステムを使用してレイアウトする際、最初に使用するのが**コンテナ**（containers）です。コンテナは、コンテンツを入れる箱で、ページの水平中央にコンテンツを配置する役割を持っています。

コンテナには、**固定幅コンテナ**と**可変幅コンテナ**の２種類があり、画面サイズによってコンテンツの最大幅（max-width）を切り替えるには、固定幅コンテナの **container クラス**を使います（リスト 2-1、図 2-2）。

▼図 2-2　固定幅コンテナ

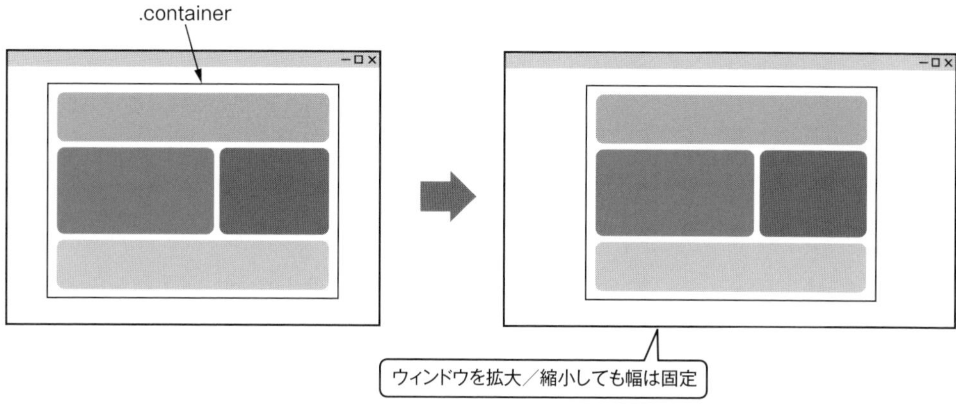

▼リスト 2-1　固定幅コンテナ

```
<div class="container">
  <!-- ここにコンテンツを入れる -->
</div>
```

画面サイズ全幅に渡る流動的なコンテンツ幅を持たせるには、可変幅コンテナの **container-fluid クラス**を使用します（リスト 2-2、図 2-3）。

▼図 2-3　全幅コンテナ

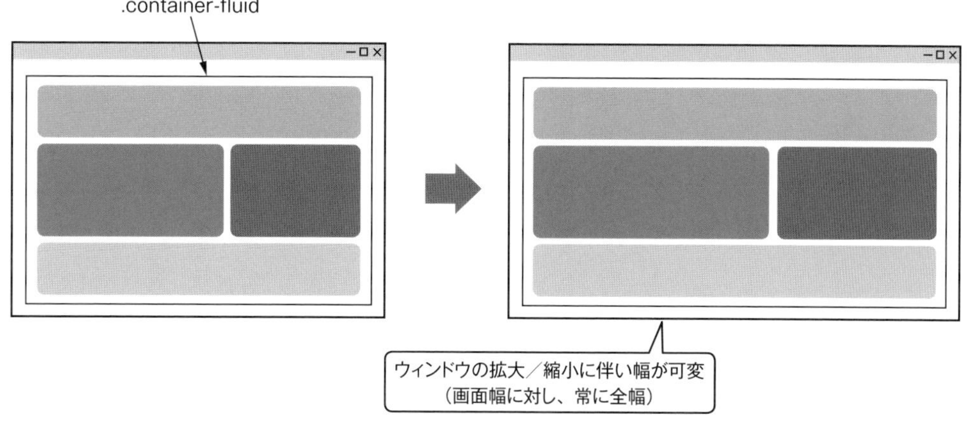

▼リスト 2-2　全幅コンテナ

```
<div class="container-fluid">
  <!-- ここにコンテンツを入れる -->
</div>
```

2.1.3 row クラス（行）

コンテナ（箱）の中には、**row クラス**（行）を入れます。row クラスは、一連のカラムを正しくレイアウトするために使用するクラスで、この中にカラムをまとめます。複数行にしたいときは、container の中に row クラスを指定した要素を追加するだけです（リスト 2-3）。

▼リスト 2-3　コンテナ要素の中に row クラスを指定した要素を入れる

```
<div class="container">
  <div class="row"><!-- 1行目 -->
    <!-- ここにカラムを入れる -->
  </div>
  <div class="row"><!-- 2行目 -->
    <!-- ここにカラムを入れる -->
  </div>
</div>
```

row クラスの左右にはマイナスマージン（-15px）が設定されており、行内にまとめられた一連のカラムの左右端のガターサイズ（15px）を相殺します。これにより、一連のコンテンツが正しく整列されるようになります（図 2-4）。

▼図 2-4　.row 要素による左右ガターの相殺イメージ

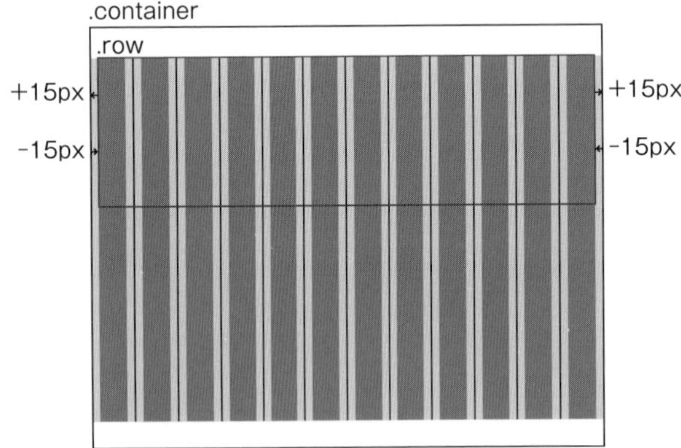

2.1.4 グリッドシステムの使い方

Bootstrap のグリッドシステムは、一連のコンテナ（container クラスまたは container-fluid クラス）、行（row クラス）、およびカラム（col クラス）を使用してコンテンツをレイアウトします。

次の例では、3 つの等幅カラムを作成しています（リスト 2-4、図 2-5）。col クラスを指定した 3 つのカラムは、row クラスを指定した要素で 1 行に取りまとめられます。さらに、container クラスを指定した要素に格納されることでページ中央に配置されます。

▼リスト 2-4 Bootstrap のグリッドシステムの基本構造（gridsystem-basic.html）

```
<div class="container"><!-- container：箱 -->
  <div class="row"><!-- row：行 -->
    <div class="col">1列目</div><!-- col：カラム -->
    <div class="col">2列目</div><!-- col：カラム -->
    <div class="col">3列目</div><!-- col：カラム -->
  </div>
</div>
```

▼図 2-5 グリッドシステムの基本構造

基本構造は、**コンテナ（container クラスまたは container-fluid クラス）> 行（row クラス）> カラム（col クラス）** となることを覚えておきましょう（図 2-6）。

▼図 2-6 Bootstrap のグリッドシステムの基本構造

.containerまたは.container-fluid（コンテナ）

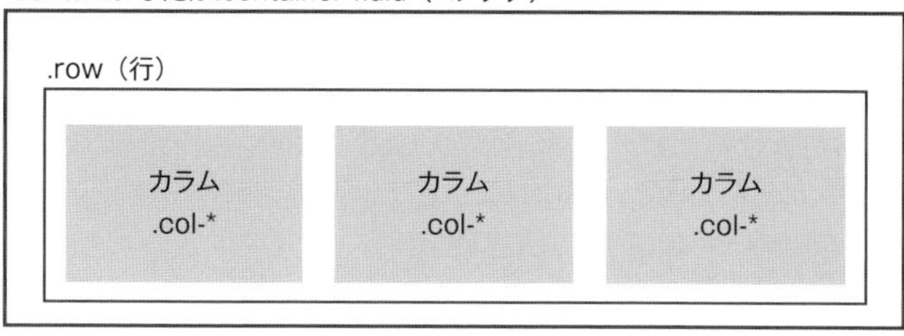

列の自動レイアウト

それでは、Bootstrap でグリッドレイアウトをするための具体的なコードを見ていきましょう。本節では、デバイスによってカラム数を切り替える必要のない、全デバイス共通のレイアウト実装方法を説明します。

2.2.1 等幅カラム

行内のカラムを等幅にするには、**col クラス**を使用するのがもっとも簡単です。1 行を 2 列にしたい場合は、col クラスを指定した要素を 2 つ、3 列にしたい場合は 3 つ配置します。このクラスを使用した場合、1 行に入る各カラムは自動的に等幅でレイアウトされます（リスト 2-5、図 2-7）。

▼リスト 2-5　等幅カラム（equal-width.html）

```
<div class="container"><!-- container：箱 -->
  <div class="row"><!-- row：1行目 -->
    <div class="col">1列目</div><!-- col：等幅カラム -->
    <div class="col">2列目</div><!-- col：等幅カラム -->
  </div>
  <div class="row"><!-- row：2行目 -->
    <div class="col">1列目</div><!-- col：等幅カラム -->
    <div class="col">2列目</div><!-- col：等幅カラム -->
    <div class="col">3列目</div><!-- col：等幅カラム -->
  </div>
</div>
```

▼図 2-7　等幅カラム

1列目	2列目

1列目	2列目	3列目

2.2.2 指定幅カラム

カラムの幅を指定するには、**col-* クラス**（「*」には 1 ～ 12 までの数値が入ります）を使用します。* に入る数字は、合計が 12（グリッド 12 列分のカラム）になるように、使用したい列分の数を設定します。等幅カラムが必要な場合は、既述の col クラスを指定した要素を 3 つ並べる代わりに col-4 クラスを指定した要素を 3 つ並べても、4 列カラム× 3 ＝ 12 カラム列分となり、3 つの等幅カラムになります。

カラムの幅は「%」で定義されます。これによって親要素との相対値でカラムの幅サイズが指定されるため、流動的なサイズになります（リスト 2-6、図 2-8）。

▼リスト 2-6 指定幅カラムのレイアウト（setting-column.html）

```
<h3>1列カラム × 12 = 12列分</h3>
<div class="container"><!-- container：箱 -->
  <div class="row"><!-- row：行 -->
    <div class="col-1">col-1</div><!-- col-1：1列分のカラム -->
    <div class="col-1">col-1</div><!-- col-1：1列分のカラム -->
    <div class="col-1">col-1</div><!-- col-1：1列分のカラム -->
    <div class="col-1">col-1</div><!-- col-1：1列分のカラム -->
    <div class="col-1">col-1</div><!-- col-1：1列分のカラム -->
    <div class="col-1">col-1</div><!-- col-1：1列分のカラム -->
    <div class="col-1">col-1</div><!-- col-1：1列分のカラム -->
    <div class="col-1">col-1</div><!-- col-1：1列分のカラム -->
    <div class="col-1">col-1</div><!-- col-1：1列分のカラム -->
    <div class="col-1">col-1</div><!-- col-1：1列分のカラム -->
    <div class="col-1">col-1</div><!-- col-1：1列分のカラム -->
    <div class="col-1">col-1</div><!-- col-1：1列分のカラム -->
  </div>
</div>
<h3>2列カラム + 4列カラム + 6列カラム = 12列分</h3>
<div class="container"><!-- container：箱 -->
  <div class="row"><!-- row：行 -->
    <div class="col-2">col-2</div><!-- col-2：2列分のカラム -->
    <div class="col-4">col-4</div><!-- col-4：4列分のカラム -->
    <div class="col-6">col-6</div><!-- col-6：6列分のカラム -->
  </div>
</div>
<h3>5列カラム + 7列カラム = 12列分</h3>
<div class="container"><!-- container：箱 -->
  <div class="row"><!-- row：行 -->
    <div class="col-5">col-5</div><!-- col-5：5列分のカラム -->
    <div class="col-7">col-7</div><!-- col-7：7列分のカラム -->
  </div>
</div>
```

▼図 2-8 指定幅カラム

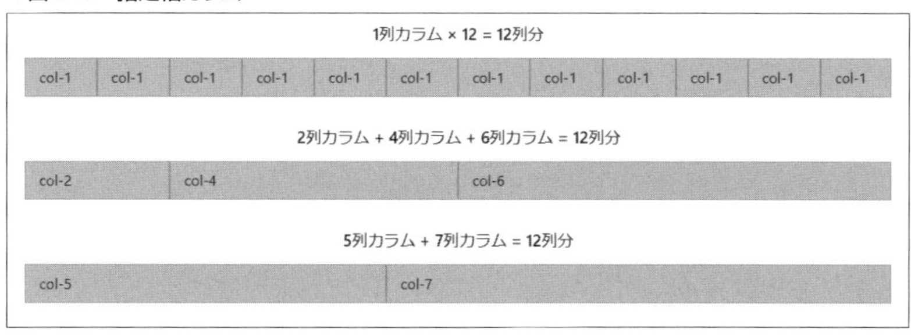

2.2.3　1 カラムのみ幅を設定（残りのカラムは自動的に等幅）

flexbox に基づくレイアウトでは、1 つのカラム幅を指定すると、それに合わせて残りのカラムは自動的に等幅にリサイズされます。次の例では、2 つ目のカラムに col-6 クラスを指定しました。残りのカラムは、幅を指定していませんが、自動的に 3 列分のカラムになります（リスト 2-7、図 2-9）。

▼リスト 2-7　1 カラムのみ幅を設定（setting-one-column.html）

```
<div class="container">
  <div class="row">
    <div class="col">col</div>
    <div class="col-6">col-6</div><!-- 指定幅：6列カラム -->
    <div class="col">col</div>
  </div>
</div>
```

▼図 2-9　1 カラムのみ幅を設定

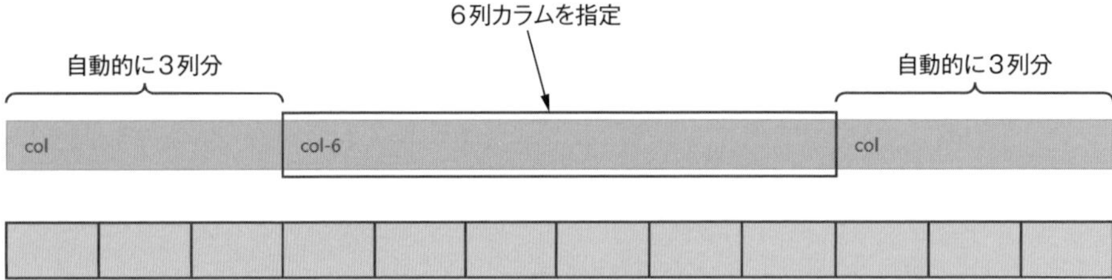

> **NOTE　flexbox とは?**
>
> Bootstrap のグリッドシステムには、**flexbox (Flexible Box Layout Module)** が採用されています。flexbox とは、その名のとおり、柔軟なレイアウトを実現できる CSS3 の新しいレイアウトモジュールで、より複雑なレイアウトをよりシンプルなコードで実現することができます。従来の float を使ったレイアウトでは、横並びにするのに要素の幅を指定しなければならなかったり、float を解除するコードが必要でしたが、flexbox に基づくレイアウトでは、要素の幅が未確定でも、任意の方向に任意の順番で要素を配置することができます。float では実装が難しい垂直方向の整列や要素の高さを合わせることも簡単に実現できます。より詳しい仕様については、W3C の「CSS Flexible Boxes Layout (https://www.w3.org/TR/css-flexbox-1/)」を参照してください。

2 SECTION 3 レスポンシブなグリッドシステム

続いてデバイスごとにカラム数を切り替えるレスポンシブなクラスを見ていきましょう。Bootstrapには、レイアウトを切り替えるためのブレイクポイントが5つ用意されており、カラムにcol-md-*のようなクラスを追加することでレイアウトを5段階で制御できます。この節では、複数の異なるクラスを組み合わせ、さらに複雑なグリッドレイアウトを構築していきます。

2.3.1 5段階のレイアウト制御

レスポンシブWebデザインでは、ある画面サイズを境目として適用させるスタイルを切り替えますが、この境目を**ブレイクポイント**と言います。Bootstrapには、レスポンシブなグリッドレイアウトを作るためのブレイクポイントが、「Extra small（< 576px）」「Small（≧576px）」「Medium（≧768px）」「Large≧992px」「Extra large≧1200px」の計5層用意されています。画面幅が576px以上のSmallであれば「col-sm-」、768px以上であれば「col-md-」のように、colクラスに接頭辞を加えることで、レスポンシブ時のレイアウトを5段階で制御できます。

ブレイクポイントの各層に設定されたレイアウトは、その上にあるすべての層にも適用されます。たとえば、「col-sm-*」として「Small」層に設定されたレイアウトは、上層の「Medium」「Large」「Extra large」にも適用されます。「col-md-*」として「Medium」層に設定されたレイアウトは、「Large」「Extra large」にも適用されます。

Bootstrapのグリッドシステムが、各デバイスでどのように機能するかを表2-1にまとめます。

▼表2-1 画面サイズと機能との対応表

クラス接頭辞（「*」は1～12の数字）	.col-*	.col-sm-*	.col-md-*	.col-lg-*	.col-xl-*
ブレイクポイント（画面サイズ）	Extra small	Small	Medium	Large	Extra large
	0以上	576px以上	768px以上	992px以上	1200px以上
主な対象デバイス	すべて	スマートフォン	タブレット	PC	大型ディスプレイ
containerの最大幅	なし（自動）	540px	720px	960px	1140px
カラム数	12				
ガターの幅	30px（各カラムの両サイドに15pxずつ）				
ネスト	可				
カラムの並べ替え	可				

また、Bootstrap では、ほとんどのサイズを「em」または「rem」で定義していますが、ブレイクポイントとコンテナ幅については「px」で定義しています。これは「px」で指定されているビューポートの幅が、フォントサイズによって変化しないようにするためです。

em と rem と px について

「em」は font-size の高さを 1 とする単位です。「rem」はルート要素の font-size の高さを 1 とする単位です。「px」はディスプレイ上の 1 ピクセルを最小単位にしたものです。em や rem は相対指定になるのに対し、px は絶対指定の単位になります。

Bootstrap は**モバイルファースト**のコンセプトに基づいて設計されています。従来のように PC 画面先行でデザインし、後からモバイル画面用のスタイルを上書きするしくみではなく、まずモバイル画面を基準として設計し、以降、画面サイズの小さいものからブレイクポイントによってスタイルを上書きしていくしくみになっています。そもそもモバイル画面が基準となっているため、モバイル画面用のスタイルとして付ける col-xs のような接頭辞はありません（図 2-10）。

▼図 2-10　Bootstrap のブレイクポイント

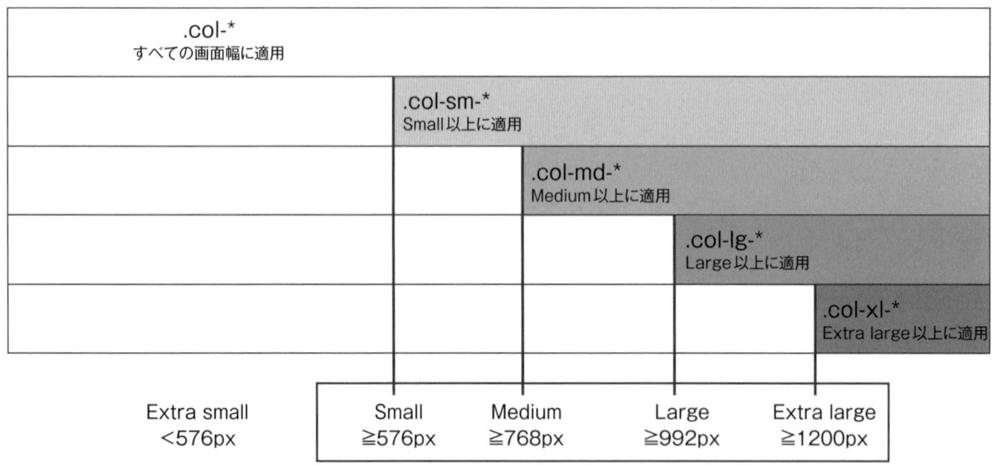

2.3.2 ブレイクポイントによる切り替え

既述のように、Bootstrap では、**col-sm-*** のようなブレイクポイント付きのクラスによって、表示を切り替えることができます。次の例では、col-sm-* クラスを使用して、Small（576px）より小さなデバイスでは縦に積み重なり、Small 以上になると水平に並ぶ基本的なグリッドシステムを作成しています。ブラウザのウィンドウサイズを変化させて試してみてください（リスト 2-8、図 2-11）。

▼リスト 2-8　ブレイクポイントによる切り替え（stacked-horizontal.html）

```
<div class="container">
  <div class="row">
    <div class="col-sm-8">col-sm-8</div>
    <div class="col-sm-4">col-sm-4</div>
  </div>
</div>
<div class="container">
  <div class="row">
    <div class="col-sm">col-sm</div>
    <div class="col-sm">col-sm</div>
    <div class="col-sm">col-sm</div>
  </div>
</div>
```

▼図 2-11　ブレイクポイントによる切り替え

Small 未満

Small 以上

2.3.3 可変幅カラム

col-auto クラスを使用したカラムは、コンテンツによって幅が変化するようになります。また、ブレイクポイントによる接頭辞をプラスして、たとえば、Medium（768px）以上で可変幅にしたい場合、**col-md-auto** のような指定も可能です。

次の例で、col-auto クラスを指定した要素は幅が可変、残りの col を指定した要素は等幅で表示されます。また、col-md-auto クラスを指定した要素は、通常（Medium 未満）は幅が 100%、Medium 以上で可変幅になります（リスト 2-9、図 2-12）。

▼リスト 2-9　可変幅カラム（col-auto.html）

```
<div class="container">
  <div class="row">
    <div class="col">col</div>
    <div class="col-auto">col-auto：コンテンツによって幅が可変</div>
    <div class="col">col</div>
  </div>
  <div class="row">
    <div class="col">col</div>
    <div class="col-md-auto">col-md-auto：Medium以上でコンテンツによって幅が可変</div>
    <div class="col">col</div>
  </div>
</div>
```

▼図 2-12　可変幅カラムの例

Medium 未満

col
col-auto：コンテンツによって幅が可変
col
col
col-md-auto：Medium以上でコンテンツによって幅が可変
col

Medium 以上

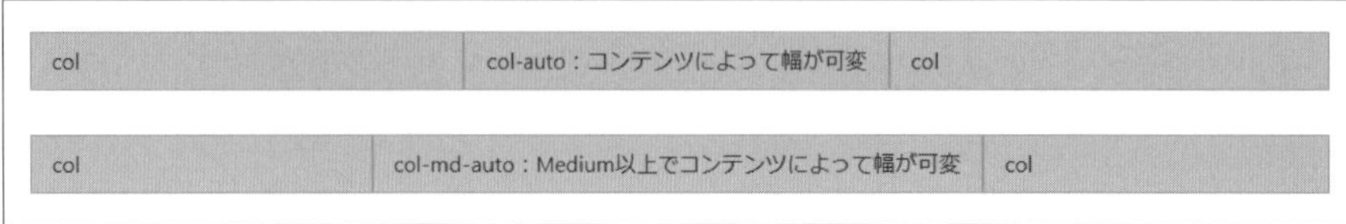

2.3.4 等幅カラムを複数行に分割

一連の等幅カラムを複数行に分割する場合、改行する箇所に **Sizing ユーティリティ**（P.314 参照）の **w-100 クラス**を挿入する方法も有効です。これは、幅 100% を指定するクラスです。内容が空なので見えませんが、ここで改行され、後に続く要素は 2 行目に表示されます。次項のブレイクポイントで行分割を変化させる場合に便利です（リスト 2-10、図 2-13）。

▼リスト 2-10　等幅カラムを複数行に分割する（equal-width2.html）

```
<div class="container">
  <div class="row">
    <div class="col">col</div>
    <div class="col">col</div>
```

```
    <div class="w-100"></div>
    <div class="col">col</div>
    <div class="col">col</div>
  </div>
</div>
```

▼図 2-13 等幅カラムを複数行に分割

col	col
col	col

2.3.5 行の分割をブレイクポイントで切り替え

ブレイクポイントごとに分割の仕方を切り替える場合には、**Display ユーティリティ**（P.310）を使用する方法もあります。たとえば、表示をしない **d-none クラス**（display:none）と、Medium 以上で表示する **d-md-block クラス**（medium 以上は、display:block）を組み合わせると、Medium 以上の画面幅では表示され、それ未満では表示されない要素となります。

次の例を見てください（リスト 2-11、図 2-14）。

▼リスト 2-11 行の分割をブレイクポイントで切り替え（multi-row.html）

```
<div class="container">
  <div class="row">
    <div class="col">col</div>
    <div class="col">col</div>
    <div class="w-100 d-none d-md-block"></div><!-- Medium以上では{display:block}、未満では⮐
{display:none} -->
    <div class="col">col</div>
    <div class="col">col</div>
  </div>
</div>
```

▼図 2-14 行の分割をブレイクポイントで切り替え

Medium 未満

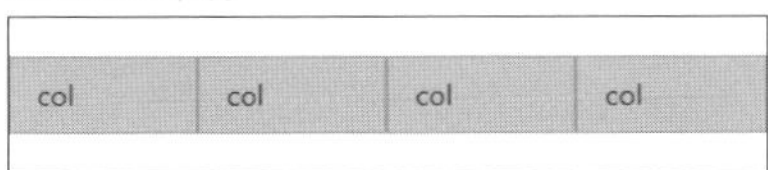

Medium 以上

col	col
col	col

通常（モバイルの画面サイズ）では、d-none クラス（display:none）が指定された要素は表示されないため、1 行（row）に 4 つのカラムが並んで配置されます。同時に、d-md-block と w-100 の複数のクラスが指定されているため、Medium 以上の画面幅になると幅 100% の要素が表示されます。内容が空なので見えませんが、ここで改行が入り、後に続く要素が 2 行目に表示されます。

2.3.6 複数クラスの組み合わせ

複数のクラスを組み合わせ、より複雑な表示の切り替えを行うことができます（リスト 2-12）。

▼リスト 2-12　複数クラスの組み合わせ（mix-and-match.html）

```
<h3>ベース：全幅＋半幅カラム、Medium以上：8列＋4列カラム</h3>
<div class="container">
  <div class="row"> ――――――――――――――――――――――――――――――――――――――――――――― ❶
    <div class="col-12 col-md-8">col-12とcol-md-8</div> ―――――――――――――――――――― ❷
    <div class="col-6 col-md-4">col-6とcol-md-4</div> ―――――――――――――――――――――― ❸
  </div>
</div>
<h3>ベース：半幅カラム×3、Medium以上：4列カラム×3</h3>
<div class="container">
  <div class="row"> ――――――――――――――――――――――――――――――――――――――――――――― ❹
    <div class="col-6 col-md-4">col-6とcol-md-4</div>
    <div class="col-6 col-md-4">col-6とcol-md-4</div>
    <div class="col-6 col-md-4">col-6とcol-md-4</div>
  </div>
</div>
```

❶の row を見てください。「col-12」は 12 カラム分、「col-6」は 6 カラム分の幅でコンテンツを表示するクラスです。Bootstrap は **12 カラム**でできているので、❷の「col-12」は、1 行目に 12 カラム分、つまり、全幅で表示されます。❸の「col-6」は 2 行目に 6 カラム分、つまり、半分の幅で表示されます。ただし、それぞれ「col-md-8」と「col-md-4」の複数クラスが指定されているので、Medium（768px 以上）のとき、❷の要素は 8 カラム分、❸の要素は 4 カラム分で表示されます。「8 カラム＋ 4 カラム＝ 12 カラム」となるので、Medium サイズ以上のときは、12 カラムに収まり、1 行で表示されます（図 2-15）。

同じように❹の row を見てみましょう。「col-6」が 3 つあります。6 カラム分なので、1 行目に 2 つの要素がちょうど収まり、2 行目に最後の要素が半分の幅で表示されます。ただし、それぞれに「col-md-4」も指定されているので、Medium サイズ以上のときは 4 カラム分が 3 つ、計 12 カラムとなり、1 行に収まって表示されます。

▼図 2-15　上：Medium 未満、下：Medium 以上

Medium 未満

ベース：全幅カラム＋半幅カラム、Medium以上：8列＋4列カラム
col-12とcol-md-8
col-6とcol-md-4
ベース：半幅カラム×3、Medium以上：4列カラム×3
col-6とcol-md-4
col-6とcol-md-4
col-6とcol-md-4

Medium 以上

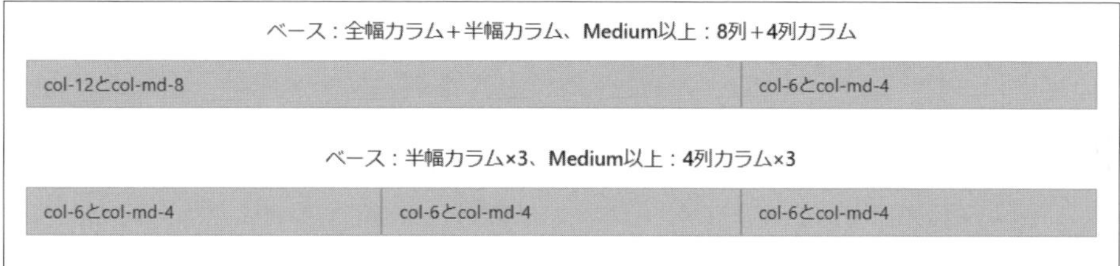

以上見てきたように、Bootstrap では、12 カラムのグリッドに沿ってコンテンツを配置し、ブレイクポイントによってコンテンツのカラム数を切り替えることで**レスポンシブ Web デザイン**を実装できるしくみになっています。カラム数を切り替える方法として、基本の **col クラス**や、ブレイクポイントの接頭辞の付いた **col-md や col-lg クラスなど**が用意されている他、w-100 クラスや d-none クラスなどの**ユーティリティクラス**を組み合わせることにより、より複雑なレイアウトを可能にしています。

SECTION 2-4 カラムの整列

Bootstrap 3で採用されていたfloatを使ったレイアウトでは、垂直方向の制御ができませんでしたが、Bootstrap 4からはflexboxによるレイアウトが導入され、垂直方向の制御が可能になりました。カラムを水平方向・垂直方向に整列するには、Bootstrapで定義済みの**Flexユーティリティ**（P.322参照）を使用します。

2.4.1 行単位での垂直方向の整列

行の中で垂直方向の整列をしたいときは、rowクラスを指定した要素に、**align-itemsユーティリティ**を追加します。クラス名の表記は、align-items-{プロパティ}となっていて、プロパティには、start（上揃え）、center（中央揃え）、end（下揃え）が入ります。たとえば、rowクラスを指定した要素にalign-items-startクラスを指定すると上揃えになります（表2-2）。

▼表2-2 行単位での垂直方向の整列

クラス	説明	スタイル
align-items-start	上揃え	align-items:flex-start
align-items-center	中央揃え	align-items:flex-center
align-items-end	下揃え	align-items:flex-end

次の例では、各行にそれぞれ上揃え、中央揃え、下揃えのクラスを指定しています（リスト2-13、図2-16）。

▼リスト2-13 行単位での垂直方向整列（vertical-alignment.html）

```
<h3>垂直上揃え：align-items-start</h3>
<div class="container">
  <div class="row align-items-start">
    <div class="col">col</div>
    <div class="col">col</div>
    <div class="col">col</div>
  </div>
</div>
<h3>垂直中央揃え：align-items-center</h3>
<div class="container">
  <div class="row align-items-center">
    <div class="col">col</div>
    <div class="col">col</div>
    <div class="col">col</div>
  </div>
```

```
</div>
<h3>垂直下揃え：align-items-end</h3>
<div class="container">
  <div class="row align-items-end">
    <div class="col">col</div>
    <div class="col">col</div>
    <div class="col">col</div>
  </div>
</div>
```

▼図 2-16　行単位での垂直方向整列

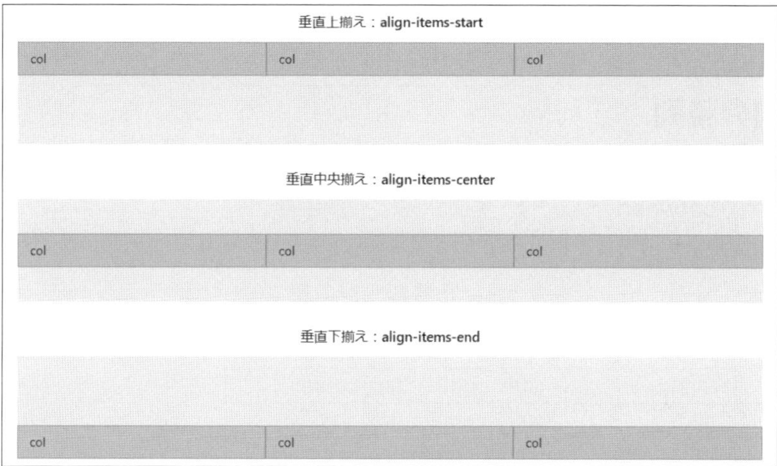

2.4.2 カラム単位での垂直方向の整列

行単位ではなく、カラム単位で垂直方向の制御をしたいときは、col クラスを指定した要素に、**align-self-{プロパティ}クラス**（プロパティには start、center、end が入ります）を追加します。たとえば、align-self-start クラスを指定すると、そのカラムは上揃えになります（表 2-3）。

▼表 2-3　カラム単位での垂直方向の整列

クラス	説明	スタイル
align-self-start	上揃え	align-self:flex-start
align-self-center	中央揃え	align-self:flex-center
align-self-end	下揃え	align-self:flex-end

次の例では行内の各カラムに、上揃え、中央揃え、下揃えのクラスを指定しています（リスト 2-14、図 2-17）。

▼リスト 2-14　カラム単位での垂直方向整列（col-align-self.html）

```
<div class="container">
  <div class="row">
```

```
    <div class="col align-self-start">align-self-start</div><!-- 垂直上揃え -->
    <div class="col align-self-center">align-self-center</div><!-- 垂直中央揃え -->
    <div class="col align-self-end">align-self-end</div><!-- 垂直下揃え -->
  </div>
</div>
```

▼図 2-17　カラム単位での垂直方向整列の例

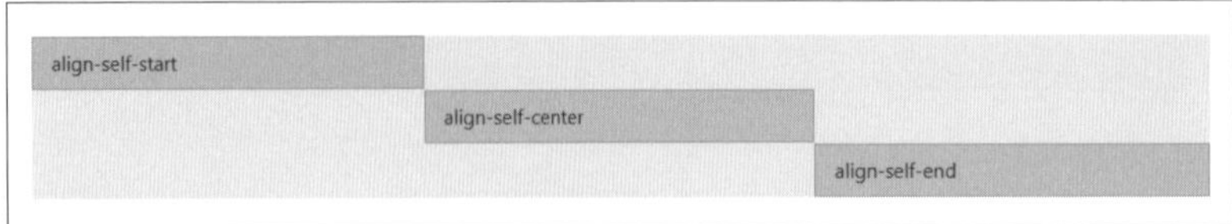

2.4.3 水平方向の整列

水平方向の整列には、row を指定した要素に **justify-content-{ プロパティ } クラス**（プロパティには start、center、end、around、between が入ります）を追加します（表 2-4）。

▼表 2-4　水平方向の整列

クラス	説明	スタイル
justify-content-start	左揃え	justify-content:flex-start
justify-content-center	中央揃え	justify-content:flex-center
justify-content-end	右揃え	justify-content:flex-end
justify-content-around	等間隔に配置	justify-content:space-around
justify-content-between	両端から均等配置	justify-content:space-between

justify-content-around は、カラムを等間隔に配置、各カラムの左右には半分ずつのスペースが付きます。justify-content-between は、カラムを両端にくっつけ、残りを等間隔に配置します（リスト 2-15、図 2-18）。

▼リスト 2-15　水平方向の整列（justify-content.html）

```
<div class="container">
  <div class="row justify-content-start">
    <div class="col-4">col-4</div>
    <div class="col-4">col-4</div>
  </div>
</div>
<h3>水平中央揃え：justify-content:flex-center</h3>
<div class="container">
  <div class="row justify-content-center">
    <div class="col-4">col-4</div>
    <div class="col-4">col-4</div>
  </div>
</div>
<h3>水平右揃え：justify-content:flex-end</h3>
```

```
<div class="container">
  <div class="row justify-content-end">
    <div class="col-4">col-4</div>
    <div class="col-4">col-4</div>
  </div>
</div>
<h3>等間隔に配置：justify-content:space-around</h3>
<div class="container">
  <div class="row justify-content-around">
    <div class="col-4">col-4</div>
    <div class="col-4">col-4</div>
  </div>
</div>
<h3>両端から均等に配置：justify-content:space-between</h3>
<div class="container">
  <div class="row justify-content-between">
    <div class="col-4">col-4</div>
    <div class="col-4">col-4</div>
  </div>
</div>
```

▼図 2-18　水平方向の整列

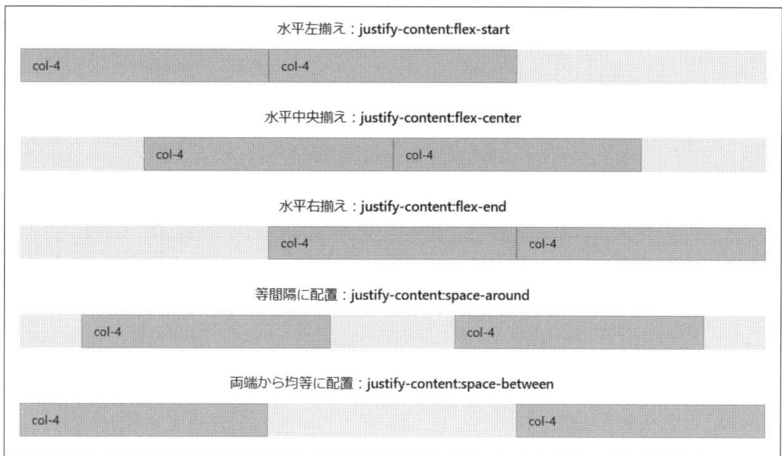

2.4.4 ガターの削除

カラムに設定されているガターサイズは、**no-gutters クラス**を使用して取り除くことができます。no-gutters クラスにはリスト 2-16 のスタイルが設定されています。

▼リスト 2-16　no-gutters クラスのスタイル

```
.no-gutters {
  margin-right: 0;
```

```
  margin-left: 0;
}
.no-gutters > .col,
.no-gutters > [class*="col-"] {
  padding-right: 0;
  padding-left: 0;
}
```

　これによって、row を指定した要素については左右のマイナスマージン（-15px）が、その直接の子要素であるカラムについては左右のパディング（15px）が「0」に上書きされ、ガターサイズが取り除かれます。

　また、親要素の container クラス（あるいは container-fluid クラス）を指定した要素を外せば、Edge to Edge（幅が画面の端から端まであるような）デザインが可能になります（リスト 2-17、図 2-19）。

▼リスト 2-17　ガターを削除したカラム（no-gutters.html）

```
<h3>no-guttersありの場合</h3>
<div class="container">
  <div class="row no-gutters">
    <div class="col">col</div>
    <div class="col">col</div>
  </div>
</div>
<h3>no-guttersなしの場合（参考）</h3>
<div class="container">
  <div class="row">
    <div class="col">col</div>
    <div class="col">col</div>
  </div>
</div>
<h3>コンテナなし、no-guttersありの場合</h3>
<div class="row no-gutters">
  <div class="col">col</div>
  <div class="col">col</div>
</div>
```

▼図 2-19　ガターを削除したカラム

no-guttersありの場合
col col
no-guttersなしの場合（参考）
col col
コンテナなし、no-guttersありの場合
col col

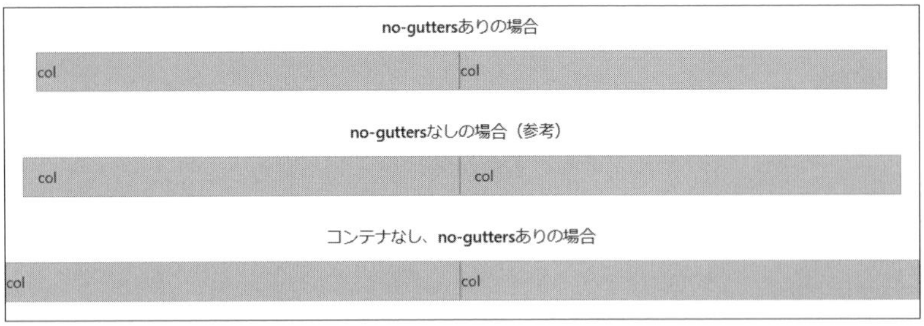

ガターサイズのさらなるカスタマイズは、Bootstrapで定義済みのSpacingユーティリティ（P.318参照）を使って行うこともできます。

2.4.5 カラムの折り返し

1つの行に12列分以上のカラムが配置されている場合、12を超える分のカラムは新しい行に折り返されます。次の例では、col-9の後にcol-4を指定しています。9列+4列=13列で12列を超えるため、col-4のカラムで行が折り返されます（リスト2-18、図2-20）。

▼リスト2-18　カラムの折り返し（column-wrapping.html）

```
<div class="container">
  <div class="row">
    <div class="col-9">col-9</div>
    <div class="col-4">col-4<br>
      9列+4列=13列。このカラムで12列を超えるため、新しい行に折り返される</div>
    <div class="col-6">col-6<br>
      4列+6列=10列。このカラムは12列以内に収まっているため、新しい行内に継続される</div>
  </div>
</div>
```

▼図2-20　カラムの折り返し

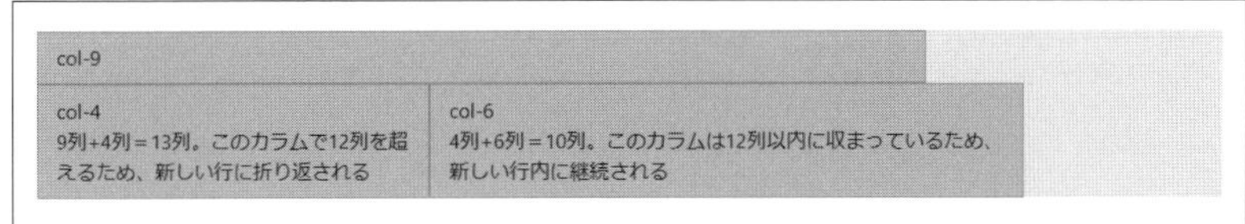

SECTION 2 5 カラムの並べ替え

order-* クラス（* には数字が入ります）を使用すると、HTML の構造を変えずにコンテンツの視覚的順序を変えることができます。

2.5.1 order-* クラスで並べ替え

HTML の構造を変えずに、「order-1」～「order-12」のクラスを指定することで、並べ替えることができます。また、このクラスにも「order-sm-*」や「order-md-*」のように、ブレイクポイントごとの順序を設定することができます（リスト 2-19、図 2-21）。

▼リスト 2-19　コンテンツの並べ替え（order-1 ～ order-12）（order-1.html）

```
<div class="container">
  <div class="row">
    <div class="col">第1のカラム（順序指定なし）</div>
    <div class="col order-12">第2のカラム（順序指定は12）</div>
    <div class="col order-1">第3のカラム（順序指定は1）</div>
  </div>
</div>
```

▼図 2-21　コンテンツの並べ替え（order-1 ～ 12）

第1のカラム（順序指定なし）	第3のカラム（順序指定は1）	第2のカラム（順序指定は12）

この他、**order-first クラス**を使用して、カラムにスタイル {order: -1} を適用し、簡単に順序を入れ替えることもできます。order プロパティは、フレックスアイテムの順序を指定するもので、指定された値が小さい要素から配置されます。負の値も指定でき、－１を指定することで順番を最初にしています（リスト 2-20、図 2-22）。

▼リスト 2-20　コンテンツの並べ替え（order-first）（order-first.html）

```
<div class="container">
  <div class="row">
    <div class="col">第1のカラム（順序指定なし）</div>
    <div class="col">第2のカラム（順序指定なし）</div>
    <div class="col order-first">第3のカラム（順序指定は1）</div>
  </div>
</div>
```

▼図 2-22 コンテンツの並べ替え (order-fitst)

第3のカラム（順序指定は1）	第1のカラム（順序指定なし）	第2のカラム（順序指定なし）

2.5.2 カラムのオフセット

カラムのオフセット（右移動）には、**offset-* クラス**を使用する方法と、Spacing ユーティリティ（P.318 参照）のマージン設定を使用する方法の 2 つがあります。

1 オフセット用クラスを使用したオフセット

offset-* クラスを使用して列を右に移動します。「*」に 0 ～ 12 の列数を指定し、カラムの左マージンを * 列分だけ増加させます。また、このクラスにも **offset-sm-*** や **offset-md-*** のように、ブレイクポイントごとのオフセットを設定することができます。

次の例では、2 つ目のカラムに offset-md-4 を指定しています。Medium 以上になると、4 カラム分右に表示させます（リスト 2-21、図 2-23）。

▼リスト 2-21 オフセット用クラスによるカラムのオフセット (offset.html)

```
<div class="container">
  <div class="row">
    <div class="col-md-4">col-md-4</div>
    <div class="col-md-4 offset-md-4">col-md-4とoffset-md-4</div><!-- Medium以上で4列分左に移動 -->
  </div>
</div>
```

▼図 2-23 オフセット用クラスによるカラムのオフセット

Medium 未満

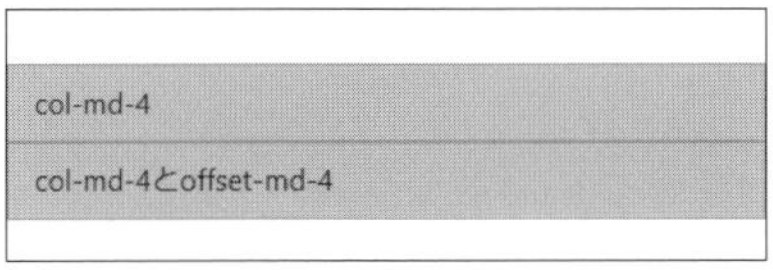

col-md-4
col-md-4とoffset-md-4

Medium 以上

col-md-4		col-md-4とoffset-md-4

特定のブレイクポイントでオフセットをリセットする必要がある場合、**offset-0 クラス**を指定します。次の例では、Small 以上で 2 列分オフセットされ、Medium 以上になるとオフセットがリセットされます（リスト 2-22、図 2-24）。

▼リスト 2-22 オフセットのリセット (offset-reset.html)

```
<div class="container">
  <div class="row">
```

```
    <div class="col-sm-5 col-md-6">col-sm-5とcol-md-6</div>
    <!-- Medium以上でオフセットをクリア -->
    <div class="col-sm-5 offset-sm-2 col-md-6 offset-md-0">col-sm-5とoffset-sm-2とcol-md-6と⏎
offset-md-0</div>
  </div>
</div>
```

▼図 2-24　オフセットのリセット

Small 未満

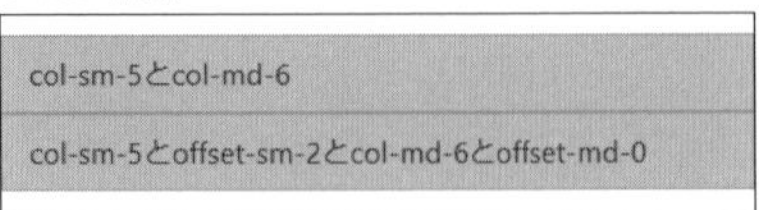

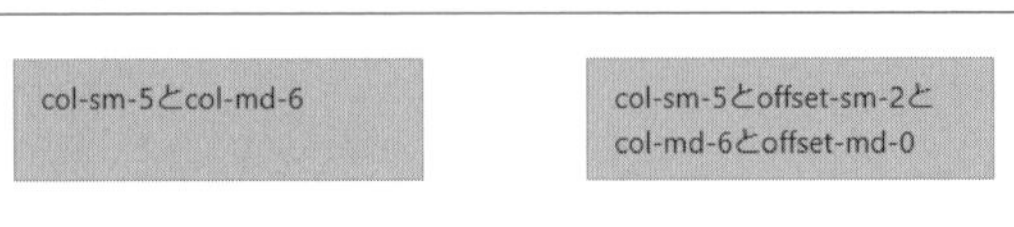

Medium 以上

col-sm-5とcol-md-6 / col-sm-5とoffset-sm-2とcol-md-6とoffset-md-0

❷ Spacing ユーティリティのマージン設定を使用したオフセット

Spacing ユーティリティ（P.318 参照）のマージン設定を使用して、隣接カラム同士をオフセットさせることができます。次の例では、**ml-md-auto クラス**を使って、Medium 以上で margin-left を自動設定しています（リスト 2-23、図 2-25）。

▼リスト 2-23　オフセットのリセット（offset-spacing.html）

```
<div class="container">
  <div class="row">
    <!-- Medium以上でml（margin-left）を自動設定 -->
    <div class="col-md-3 ml-md-auto">col-md-3とml-md-auto</div>
    <!-- Medium以上でml（margin-left）を自動設定 -->
    <div class="col-md-3 ml-md-auto">col-md-3とml-md-auto</div>
  </div>
</div>
```

▼図 2-25　Spacing ユーティリティのマージン設定を使用したオフセット

Medium 未満

col-md-3とml-md-auto
col-md-3とml-md-auto

Medium 以上

col-md-3とml-md-auto / col-md-3とml-md-auto

2.5.3 グリッドレイアウトの入れ子（ネスト）

グリッドレイアウトを**入れ子（ネスト）**にすることで、より複雑なコンテンツのレイアウトが可能になります。col-* クラスを指定した要素内に、新たに row クラスと col-* クラスを指定した要素のセットを埋め込むことで、コンテンツのレイアウトをネストできます（リスト 2-24、図 2-26）。

▼リスト 2-24 グリッドレイアウトの入れ子（grid-nesting.html）

```
<div class="container">
  <div class="row">
    <div class="col-sm-9">第一階層: col-sm-9
      <!-- 「.row」と「.col-*」のセットをネスト -->
      <div class="row">
        <div class="col-8 col-sm-6">第二階層: col-8とcol-sm-6</div>
        <div class="col-4 col-sm-6">第二階層: col-4とcol-sm-6</div>
      </div>
    </div>
    <div class="col-sm-3">第一階層: col-sm-3</div>
  </div>
</div>
```

▼図 2-26 グリッドレイアウトの入れ子

SECTION 2-6 レイアウトのためのユーティリティ

Bootstrap には、コンテンツの表示、非表示、整列、余白の調整などに使用できる数十種類のユーティリティクラスが組み込まれています。ここではレイアウトによく使用する代表的なクラスを抜粋して紹介します。

2.6.1 Display ユーティリティ

display プロパティの値をレスポンシブで切り替えるには、**Display ユーティリティ**のクラスを使用します。たとえば、d-none クラスを指定すると display: none が適用され、要素が非表示になります。Display ユーティリティは、グリッドシステム、コンテンツ、コンポーネントと組み合わせて使用でき、特定のデバイスで要素を表示または非表示にしたりすることができます（P.310 参照）。

2.6.2 Visibility ユーティリティ

Display ユーティリティで要素を表示・非表示にするのではなく、要素の領域は残したまま可視性を切り替えるには、**Visibility ユーティリティ**（visibility プロパティ）が有効です。invisible クラスを指定すると、要素の領域自体は残したまま、内容を非表示にすることができます（P.354 参照）。

2.6.3 Flex ユーティリティ

Bootstrap のコンポーネントのほとんどは、flexbox 対応で構築されていますが、自分で追加したコンテンツを flexbox 対応にするには、**d-flex クラス**（display:flex）または d-sm-flex クラスなどを追加する必要があります。このクラスを指定した要素の子要素は**フレックスアイテム**と呼ばれ、Flex ユーティリティで自由に配置できるようになります（P.322 参照）。

2.6.4 Spacing ユーティリティ

要素とコンポーネントの間隔（マージンやパディング）は、**Spacing ユーティリティ**のクラスを使用して制御できます。たとえば、mt-0 クラスを使用すると margin-top:0 が適用され、上マージンが 0 になります（P.318 参照）。

各ユーティリティの詳細は第 8 章を参照してください。

第3章

基本的なスタイリング

Bootstrap では、タイポグラフィ、コード表示、画像、テーブル、図表といった要素について、マージンサイズやパディングサイズ、フォントなどに関する基本的なスタイルがあらかじめ定義され、クラスとして用意されています。これらの定義済みクラスを選択し、要素に追加していくことで、Bootstrap で作成するサイトデザインの全体的な統一を図ります。またこれらのスタイルは、Bootstrap 特有の **Reboot** と呼ばれるリセットスタイルを基礎として構築されているのも特徴です。
この章では、Bootstrap における基本的な要素のスタイリングの特徴や方法を説明していきます。

3 SECTION 1

タイポグラフィ

Bootstrap には、基本的な表示形式、タイポグラフィ、およびリンクスタイルが設定されています。この節では、Bootstrap におけるタイポグラフィ（グローバル設定、見出し、本文、リストなど）の使用方法を解説します。

3.1.1 見出し

すべての見出し要素 **<h1> ~ <h6>** に Bootstrap の基本的なスタイルが定義されています。また、定義済みクラスとして **h1 クラス**～ **h6 クラス**が用意されており、見出しではない文字要素に見出しと同じスタイルを適用することができます。

まずは見出し要素に Bootstrap のスタイルを適用しない場合と適用した場合とを見比べてみましょう。Bootstrap 独自のスタイルの方が、ブラウザのデフォルトスタイルよりも見やすく整っていることがわかります（リスト 3-1、図 3-1）。

▼リスト 3-1　見出し <h1> ~ <h6>（typography-heading.html）

```
<h1>第一見出し</h1>
<h2>第二見出し</h2>
<h3>第三見出し</h3>
<h4>第四見出し</h4>
<h5>第五見出し</h5>
<h6>第六見出し</h6>
```

▼図 3-1　Bootstrap のスタイル適用前（左）、スタイル適用後（右）

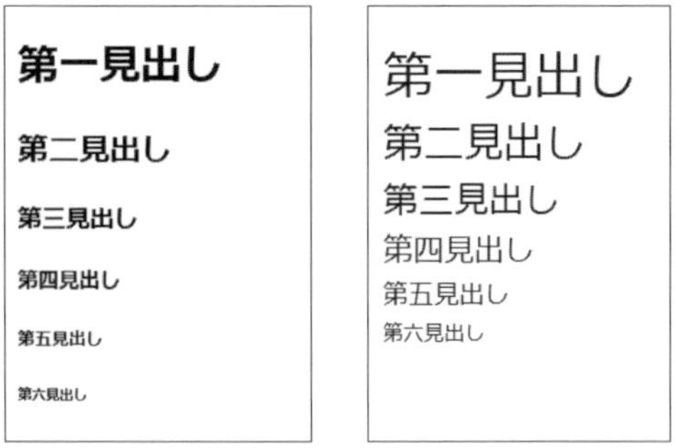

Bootstrap では見出し要素に、h1 ～ h6 要素および **h1 クラス～h6 クラス**のマージンサイズ（リスト 3-2 ❶）や、見出しレベルごとの文字サイズが定義されています（❷）。

▼リスト 3-2　見出し要素 **h1 ～ h6** に定義されているスタイル

```
h1, h2, h3, h4, h5, h6 {
  margin-top: 0;
  margin-bottom: 0.5rem;
}
…中略…
h1, h2, h3, h4, h5, h6,
.h1, .h2, .h3, .h4, .h5, .h6 {
  margin-bottom: 0.5rem;
  font-family: inherit;
  font-weight: 500;
  line-height: 1.2;
  color: inherit;
}

h1, .h1 {
  font-size: 2.5rem;
}
h2, .h2 {
  font-size: 2rem;
}
h3, .h3 {
  font-size: 1.75rem;
}
h4, .h4 {
  font-size: 1.5rem;
}
h5, .h5 {
  font-size: 1.25rem;
}
h6, .h6 {
  font-size: 1rem;
}
```

❶（margin-top: 0; / margin-bottom: 0.5rem; の2か所と、中略後の margin-bottom: 0.5rem;）

❷（h1, .h1 { ～ h6, .h6 { … } まで）

次に、**h1 クラス～ h6 クラス**を使用してみます（リスト 3-3、図 3-2）。

▼リスト 3-3　h1 クラス～ h6 クラス（typography-heading-class.html）

```
<p class="h1">h1クラス</p>
<p class="h2">h2クラス</p>
<p class="h3">h3クラス</p>
<p class="h4">h4クラス</p>
<p class="h5">h5クラス</p>
<p class="h6">h6クラス</p>
```

▼図 3-2　h1 クラス～ h6 クラス

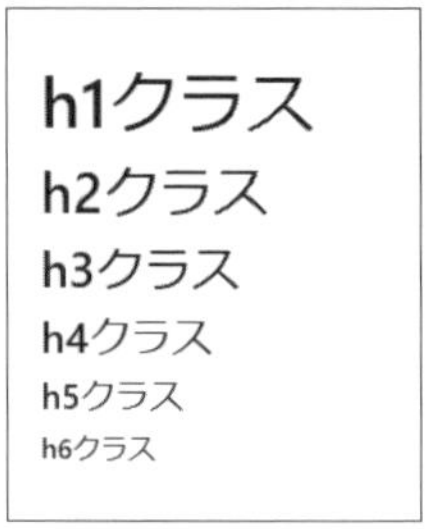

h1クラス
h2クラス
h3クラス
h4クラス
h5クラス
h6クラス

以上のように見出し以外の文字要素（違うレベルの見出し要素も含む）にも、見出しと同じスタイルを適用することができます。

3.1.2 見出しに副見出しを付ける

Text ユーティリティ（P.347 参照）の **text-muted クラス**を使用して、小さい副見出しを作成できます。タイトルとなる文にサブタイトル文を添えるような場合に使用できます（リスト 3-4、図 3-3）。

▼リスト 3-4　text-muted クラスで副見出しを作成（typography-text-muted.html）

```
<h3>
主見出し<small class="text-muted">副見出し（small.text-muted）</small>
</h3>
```

▼図 3-3　text-muted クラスで副見出しを作成

主見出し 副見出し（small.text-muted）

3.1.3 見出しを目立たせる

通常の見出しスタイルよりもさらに見出しを目立たせる必要がある場合は、**display-{ サイズ } クラス**を使用して、テキストを大きく表示することができます。{ サイズ } には、1 ～ 4 の数値を設定でき、display-1 がもっとも大きいサイズになります（リスト 3-5、図 3-4）。

▼リスト 3-5　display-{ サイズ } クラスで見出しを目立たせる（typography-display.html）

```
<h1 class="display-1">h1.display-1</h1>
<h1 class="display-2">h1.display-2</h1>
<h1 class="display-3">h1.display-3</h1>
<h1 class="display-4">h1.display-4</h1>
<h1>h1</h1>
```

▼図 3-4　display-{ サイズ } クラス

h1.display-1
h1.display-2
h1.display-3
h1.display-4
h1（標準）

display-{ サイズ } クラスには、フォントサイズ、フォントウェイト（文字の太さ）、行高さが 4 段階で定義されています（リスト 3-6）。

▼リスト 3-6　display-{ サイズ } クラスに定義されているスタイル

```
.display-1 {
  font-size: 6rem;
  font-weight: 300;
  line-height: 1.2;
}
.display-2 {
  font-size: 5.5rem;
  font-weight: 300;
  line-height: 1.2;
}
.display-3 {
  font-size: 4.5rem;
  font-weight: 300;
  line-height: 1.2;
}
.display-4 {
  font-size: 3.5rem;
  font-weight: 300;
  line-height: 1.2;
}
```

3.1.4 リード

見出しではなく通常の段落内のテキストを目立たせる必要がある場合は、**lead クラス**を使用して、テキストを大きく表示することができます（リスト 3-7、図 3-5）。

▼リスト 3-7　lead クラスでリード文を作成（typography-lead.html）

```
<p class="lead">目立たせたい段落（p.lead）</p>
<p>標準的な段落（p）</p>
```

▼図 3-5　lead クラスでリード文を作成

目立たせたい段落（p.lead）

標準的な段落（p）

なお **lead クラス**には、**フォントサイズ 1.25rem**、**フォントウェイト 300** が定義されています（リスト 3-8）。

▼リスト 3-8　lead クラスに定義されているスタイル

```
.lead {
  font-size: 1.25rem;
  font-weight: 300;
}
```

NOTE

フォントウェイトについて

font-weight は、フォントのウェイト（太さ）を指定するための CSS プロパティで、表 3-1 の値が使用できます。実際に表示されるフォントのウェイトは使用している font-family に依存し、normal および bold しか使用できないフォントもあります。

▼表 3-1　font-weight プロパティで設定できる値

値	説明
normal	通常のフォントウェイト。400 に相当
bold	太字のフォントウェイト。700 に相当
lighter	フォントウェイトを継承値より一段階細く設定
bolder	フォントウェイトを継承値より一段階太く設定
100, 200, 300, 400, 500, 600, 700, 800, 900	normal と bold 以上のものを提供するフォントに対し、より細かく設定できる数値のフォントウェイト

一般的なウェイト名と数値の対応表は表 3-2 のとおりです。lead クラスは、font-weight:300 なので、normal より少し細めのフォントウェイトになることが想定されています。

▼表 3-2　一般的なウェイト名との対応

値	一般的なウェイト名
100	Thin (Hairline)
200	Extra Light (Ultra Light)
300	Light
400	Normal
500	Medium
600	Semi Bold (Demi Bold)
700	Bold
800	Extra Bold (Ultra Bold)
900	Black (Heavy)

3.1.5 インラインテキスト要素

この項では、インラインのテキスト要素のスタイリングに用意されているクラスを見ていきましょう。

small 要素と small クラス

small 要素を使って、テキストを細目・注釈を表すテキストとしてマークアップし、小さなサイズで表示することができます。また、定義済みクラスとして **small クラス**が用意されており、細目・注釈以外の文字要素に small 要素と同じスタイルを適用することができます（リスト 3-9、図 3-6）。

▼リスト 3-9　small 要素および small クラス（typography-small.html）

```
<p><small>「small要素」</small>を使って、テキストを細目・注釈を表すテキストとして小さなサイズで表示↩
させることができます。</small></p>
<p><span class="small">「smallクラス」</span>を使用してsmall要素とスタイルを一致させることもできま↩
す。</p>
```

▼図 3-6　small 要素および small クラス

「small要素」を使って、テキストを細目・注釈を表すテキストとして小さなサイズで表示させることができます。

「smallクラス」を使用してsmall要素とスタイルを一致させることもできます。

なお Bootstrap における small 要素および **small クラス**には、フォントサイズが 80 %、フォントウェイトは標準値が定義されています（リスト 3-10）。

▼リスト 3-10　small 要素および small クラスに定義されているスタイル

```
small, .small {
  font-size: 80%;
```

```
  font-weight: 400;
}
```

strong 要素と b 要素

strong 要素を使って、テキストを**重要なテキスト**としてマークアップし、太字で表示することができます。また、**b 要素**を使ってテキストを**強調表示するテキスト**としてマークアップし、太字で表示することができます（リスト 3-11、図 3-7）。

▼リスト 3-11　strong 要素と b 要素（typography-strong.html）

```
<p>strong要素を使って、テキストを<strong>重要なテキスト</strong>として太字で表示することができま⏎
す。</p>
<p>b要素を使ってテキストを<b>強調表示するテキスト</b>として太字で表示することができます。</p>
```

▼図 3-7　strong 要素と b 要素

strong要素を使って、テキストを**重要なテキスト**として太字で表示させることができます。

b要素を使ってテキストを**強調表示するテキスト**として太字で表示させることができます。

なお Bootstrap における strong 要素および b 要素には、フォントウェイトが継承した値より 1 段階太く（＋100）定義されています（リスト 3-12❶）。

▼リスト 3-12　strong 要素および b 要素に定義されているスタイル

```
b,
strong {
  font-weight: bolder; ――――――――――――――――――――――――――――――――❶
}
```

mark 要素

mark 要素を使って、テキストをハイライト表示することができます。また、定義済みクラスとして **mark クラス**が用意されており、mark 要素以外の文字要素に mark 要素と同じスタイルを適用することができます（リスト 3-13、図 3-8）。

▼リスト 3-13　mark 要素および **mark クラス**（typography-mark.html）

```
<p>mark要素を使って、テキストを<mark>ハイライト表示</mark> することができます。</p>
<p>定義済みクラス「mark」を使用して<span class="mark">mark要素とスタイルを一致</span>させることも⏎
できます。</p>
```

▼図 3-8　mark 要素および mark クラス

mark要素を使って、テキストを ハイライト表示 させることができます。

定義済みクラス「.mark」を使用して mark要素とスタイルを一致 させることもできます。

なお Bootstrap における mark 要素および **mark クラス**には、リスト 3-14 のようなスタイルでパディングサイズや背景色が定義されています（リスト 3-14）。

▼リスト 3-14　mark 要素および mark クラスに定義されているスタイル

```
mark,
.mark {
  padding: 0.2em;
  background-color: #fcf8e3;
}
```

del 要素

del 要素のデフォルトスタイルを使って、**削除されたテキスト**としてマークアップし、取り消し線を表示することができます（リスト 3-15、図 3-9）。

▼リスト 3-15　del 要素（typography-del.html）

```
<p>del要素を使って、テキストを<del>削除されたテキスト</del>として取り消し線を表示することができま⏎
す。</p>
```

▼図 3-9　del 要素

del要素のデフォルトスタイルを使って、テキストを~~削除されたテキスト~~として取り消し線を表示させることができます。

s 要素

s 要素のデフォルトスタイルを使って、テキストを**無効なテキスト**としてマークアップし、取り消し線を表示することができます（リスト 3-16、図 3-10）。

▼リスト 3-16　s 要素（typography-s.html）

```
<p>s要素のデフォルトスタイルを使って、テキストを<s>無効なテキスト</s>として取り消し線を表示すること⏎
ができます。</p>
```

▼図 3-10　s 要素

s要素のデフォルトスタイルを使って、テキストを~~無効なテキスト~~として取り消し線を表示させることができます。

ins 要素

ins 要素のデフォルトスタイルを使って、テキストを**後から挿入されたテキスト**としてマークアップし、下線を表示することができます（リスト 3-17、図 3-11）。

▼リスト 3-17　ins 要素（typography-ins.html）

```
<p>ins要素のデフォルトスタイルを使って、テキストを<ins>後から挿入されたテキスト</ins>として下線を⏎
表示することができます。</p>
```

▼図 3-11　ins 要素

ins要素のデフォルトスタイルを使って、テキストを後から挿入されたテキストとして下線を表示させることができます。

u 要素

u 要素のデフォルトスタイルを使って、テキストを**ラベル付けされたテキスト**としてマークアップし、下線を表示することができます（リスト 3-18、図 3-12）。

▼リスト 3-18　u 要素（typography-u.html）

```
<p>u要素のデフォルトスタイルを使って、テキストを<u>ラベル付けされたテキスト</u>として下線を表示する⏎
ことができます。</p>
```

▼図 3-12　u 要素の使用例

u要素のデフォルトスタイルを使って、テキストをラベル付けされたテキストとして下線を表示させることができます。

em要素

em要素を使って、テキストを**強調したいテキスト**としてマークアップし、イタリック体または斜体で表示することができます。em要素もBootstrap独自のスタイルではなく、ブラウザのデフォルトスタイルとなっているため、ブラウザによっては123やabcなど英数字のみに適用されます（リスト3-18、図3-13）。

▼リスト3-19　em要素（typography-em.html）

```
<p>em要素のデフォルトスタイルを使って、テキストを<em>強調したいテキスト（Emphasis text）</em>として⏎
イタリック体または斜体で表示することができます。（ブラウザによっては123やabcなど英数字のみ適用）</p>
```

▼図3-13　em要素

em要素のデフォルトスタイルを使って、テキストを強調したいテキスト（*Emphasis text*）としてイタリック体または斜体で表示させることができます。（ブラウザによっては123やabcなど英数字のみ適用）

3.1.6 Textユーティリティ

テキストの整列、折り返し、太さなど、タイポグラフィに関する詳細な設定変更が必要な場合は、Textユーティリティ（P.347参照）の**text-{プロパティ}クラス**、**font-{プロパティ}クラス**を使用します。

3.1.7 略語

略称、略語を表す**abbr要素**には、マウスポインターを合わせると説明文が展開表示されます。略語には、デフォルト設定として下線が付いており、マウスポインターを合わせると、追加の文脈表示や、アシスティブテクノロジー（障害を持つ人々を支援するための技術）のユーザーのためのヘルプカーソルが得られます（リスト3-20、図3-14）。

また、**initialism クラス**を追加して、少し小さいフォントサイズの略語を表現できます。

▼リスト3-20　abbr要素（typography-abbr.html）

```
<p><abbr title="HyperText Markup Language">HTML</abbr></p>
<p><abbr title="HyperText Markup Language" class="initialism">HTML</abbr></p>
```

▼図3-14　abbr要素

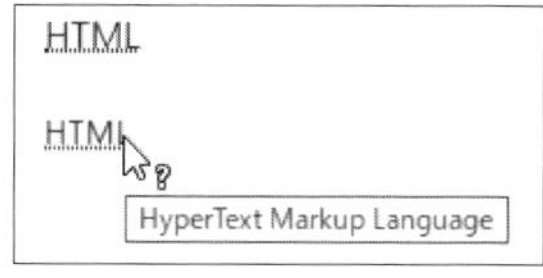

なおBootstrapにおけるabbr要素には、アンダーラインやマウスポインターの種類、下ボーダーの削除などが定義されています（リスト3-21）。また、Webkit系ブラウザ（Chrome、Edge、Internet Explorer、Opera、Safari）で正しく下線装飾されるようにスタイルを追加し（❶）、ヘルプカーソルの表示（❷）を設定しています。

▼リスト3-21　abbr要素に定義されているスタイル

```
abbr[title],
abbr[data-original-title] {
  text-decoration: underline;
  -webkit-text-decoration: underline dotted;  ❶
  text-decoration: underline dotted;
  cursor: help;  ❷
  border-bottom: 0;
}
```

initialismクラスには、リスト3-22のようなスタイルで文字サイズを90%に縮小し、すべて大文字で表示されるように定義しています（❶）。

▼リスト3-22　initialismクラスに定義されているスタイル

```
.initialism {
  font-size: 90%;
  text-transform: uppercase;  ❶
}
```

3.1.8 引用文

別ソースのコンテンツをブロック単位で引用する場合、**blockquote要素**でマークアップし、**blockquoteクラス**を追加します（リスト3-23、図3-15）。

▼リスト3-23　blockquote要素とblockquoteクラス（typography-blockquote.html）

```
<p>引用文の例を見てみましょう</p>
<blockquot class="blockquote">
  <p class="mb-0">基本の引用文です。</p>
</blockquote>
```

▼図3-15　blockquote要素とblockquoteクラスの使用例

引用文の例を見てみましょう。

基本の引用文です。

また、blockquote 要素のデフォルトスタイルは字下げ設定されているのが一般的ですが、リブート（P.96 参照）と呼ばれる Bootstrap 独自のリセットスタイルにより左マージンが 0 にリセットされているため、字下げはされません（リスト 3-24）。

▼リスト 3-24　blockquote 要素に定義されているスタイル

```
blockquote {
  margin: 0 0 1rem;
}
```

また **blockquote クラス**には、リスト 3-24 のようなスタイルでマージンサイズやフォントサイズが定義されています（リスト 3-25）。

▼リスト 3-25　blockquote クラスに定義されているスタイル

```
.blockquote {
  margin-bottom: 1rem;
  font-size: 1.25rem;
}
```

3.1.9 引用元の表示

引用文の引用元を特定する表示を行うには、blockquote 要素内の footer 要素に **blockquote-footer クラス**を追加し、引用元の名前を **cite 要素**としてマークアップします（リスト 3-26、図 3-16）。

▼リスト 3-26　blockquote-footer クラスと cite 要素（typography-blockquote-footer.html）

```
<blockquote class="blockquote">
  <p class="mb-0">基本の引用文です。</p>
  <footer class="blockquote-footer">文章の<cite title="引用元の名前">引用元</cite>が明示できます。↵
</footer>
</blockquote>
```

▼図 3-16　blockquote-footer クラスと cite 要素

引用文の例を見てみましょう。

基本の引用文です。
— 文章の引用元が明示できます。

なお **blockquote-footer クラス**には、リスト 3-27 のようなスタイルでブロックボックスとして表示し、フォントサイズを 80 %、文字色をグレーに定義されています（❶）。また要素の前には—を挿入し、引用元であることがわかりやすく表示されるように定義されています（❷）。

▼リスト 3-27　blockquote-footer クラスに定義されているスタイル

```
.blockquote-footer {        ─┐
  display: block;            ├─ ❶
  font-size: 80%;            │
  color: #868e96;           ─┘
}
.blockquote-footer::before {
  content: "\2014 \00A0";   ──── ❷
}
```

3.1.10 引用文の位置合わせ

blockquote 要素の配置を変更するには、必要に応じて **Text ユーティリティ**（P.347 参照）を使用します。

引用文の位置合わせを中央揃えにする

次の例では、**text-center クラス**を利用して引用文の位置合わせを中央揃えにしています（リスト 3-28、図 3-17）。

▼リスト 3-28　引用の位置合わせを中央揃えにする（typography-blockquote-center.html）

```
<blockquote class="blockquote text-center">
  <p class="mb-0">基本の引用文です。</p>
  <footer class="blockquote-footer">文章の<cite title="引用元の名前">引用元</cite>が明示できます。↵
</footer>
</blockquote>
```

▼図 3-17　引用文の位置合わせを中央揃えにする

引用文の例を見てみましょう。

基本の引用文です。

— 文章の引用元が明示できます。

引用文の位置合わせを右揃えにする

次の例では、**text-right クラス**を利用して引用文の位置合わせを右揃えにしています（リスト 3-29、図 3-18）。

▼リスト 3-29　引用の位置合わせを右揃えにする（typography-blockquote-right.html）

```
<blockquote class="blockquote text-right">
  <p class="mb-0">基本の引用文です。</p>
  <footer class="blockquote-footer">文章の<cite title="引用元の名前">引用元</cite>が明示できます。⏎
</footer>
</blockquote>
```

▼図 3-18　引用文の位置合わせを右揃えにする

引用文の例を見てみましょう。

基本の引用文です。
— 文章の引用元が明示できます。

3.1.11 リスト

リスト要素（ul、ol）に **list-unstyled クラス**を追加して、li 要素にデフォルトで設定されているリストマーカーと左パディングを削除することができます。ネストされた li 要素のリストマーカーを削除するには、ネストされたリスト要素にも **list-unstyled クラス**も追加する必要があります（リスト 3-30、図 3-19）。

▼リスト 3-30　list-unstyled クラス（typography-list-unstyled.html）

```
<ul class="list-unstyled">
  <li>リストマーカーのないリスト項目</li>
  <li>リストマーカーのないリスト項目
    <ul>
      <li>ネストされたリスト項目</li>
      <li>ネストされたリスト項目</li>
      <li>ネストされたリスト項目</li>
    </ul>
  </li>
  <li>リストマーカーのないリスト項目</li>
  <li>リストマーカーのないリスト項目</li>
</ul>
```

▼図 3-19　list-unstyled クラス

リストマーカーの無いリスト項目
リストマーカーの無いリスト項目
- ネストされたリスト項目
- ネストされたリスト項目
- ネストされたリスト項目

リストマーカーの無いリスト項目
リストマーカーの無いリスト項目

list-unstyled クラスには、左パディングなし、リストマーカーなしの設定が定義されています（リスト 3-31）。

▼リスト 3-31　list-unstyled クラスに定義されているスタイル

```
.list-unstyled {
  padding-left: 0;
  list-style: none;
}
```

3.1.12 インラインリスト

リスト要素に **list-inline クラス**、li 要素に **list-inline-item クラス**を組み合わせることで、リスト項目を横並びにして間にパディングを適用することができます（リスト 3-32、図 3-20）。

▼リスト 3-32　インラインリスト（typography-list-inline.html）

```
<ul class="list-inline">
  <li class="list-inline-item">インラインリスト項目</li>
  <li class="list-inline-item">インラインリスト項目</li>
  <li class="list-inline-item">インラインリスト項目</li>
</ul>
```

▼図 3-20　list-inline クラスと list-inline-item クラスの使用例

インラインリスト項目　インラインリスト項目　インラインリスト項目

list-inline クラスと **list-inline-item クラス**には、次のようなスタイルでパディングサイズやリストマーカーの設定、表示形式が定義されています（リスト 3-33）。

▼リスト 3-33　list-inline クラスと list-inline-item クラスに定義されているスタイル

```
.list-inline {
  padding-left: 0;
  list-style: none;
}

.list-inline-item {
  display: inline-block;
}

.list-inline-item:not(:last-child) {
  margin-right: 5px;
}
```

3.1.13 定義リスト

定義リスト（dl、dt、dd）にグリッドシステム用の**rowクラス**および**col-*クラス**（P.24、25参照）を追加して、用語（dt要素）と説明（dd要素）を水平に揃えることができます。長い用語を途中で省略する場合には**text-truncateクラス**を追加して、テキストを省略記号で切り捨てることができます（リスト3-34、図3-21）。

▼リスト3-34　定義リスト（typography-dl.html）

```
<dl class="row">
  <dt class="col-sm-3">用語1</dt>
  <dd class="col-sm-9">用語1の説明。</dd>
  <dt class="col-sm-3 text-truncate">用語2の長いテキストは切り捨てて省略</dt>
  <dd class="col-sm-9">用語2の説明。</dd>
  <dt class="col-sm-3">用語3</dt>
  <dd class="col-sm-9">
    <dl class="row">
      <dt class="col-sm-4">ネストされた用語4</dt>
      <dd class="col-sm-8">ネストされた用語4の説明</dd>
    </dl>
  </dd>
</dl>
```

▼図3-21　定義リスト

用語1	用語1の説明。	
用語2の長いテキ...	用語2の説明。	
用語3	**ネストされた用語4**	ネストされた用語4の説明

text-truncateクラスは、リスト3-35のようなスタイルで、ボックスに収まらない内容を非表示（❶）にして省略記号…で表示（❷）するように定義されています。またスペース、タブ、改行を半角スペースで表示し、自動改行しないように定義されています（❸）。

▼リスト3-35　text-truncateクラスに定義されているスタイル

```
.text-truncate {
  overflow: hidden; ――――――――――――――――――――――――――――――――――――――――――― ❶
  text-overflow: ellipsis; ――――――――――――――――――――――――――――――――――― ❷
  white-space: nowrap; ―――――――――――――――――――――――――――――――――――――― ❸
}
```

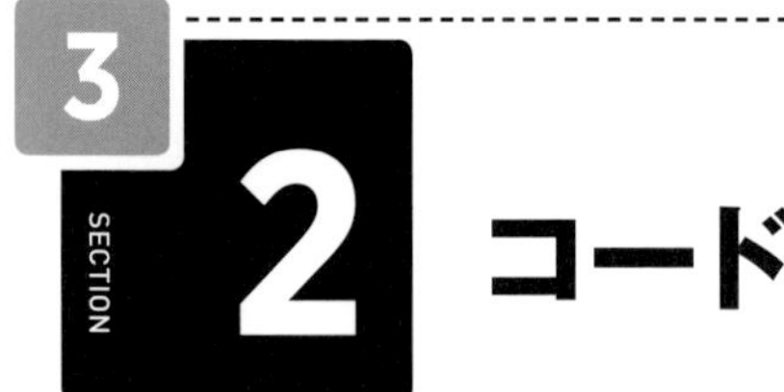

コード

Bootastrap で定義済みのスタイル、クラスを使用して、インラインのコード表記や複数行のコードブロックを表示します。

3.2.1 インラインのコード表記

インラインのコード表示部分を code 要素でマークアップします。**<>**は文字参照（< と >）を使って置き換える必要があります（リスト 3-36、図 3-22）。

▼リスト 3-36　インラインのコード表記（code-inline.html）

```
インラインのコード表示部分を<code>&lt;code&gt;</code>タグで囲みます。
```

▼図 3-22　インラインのコード表記

インラインのコード表示部分を `<code>` タグで囲みます。

Bootstrap における code 要素は、リスト 3-37 のようなスタイルでフォント設定が定義されています。

▼リスト 3-37　code 要素に定義されたスタイル

```
pre,
code,
kbd,
samp {
  font-family: SFMono-Regular, Menlo, Monaco, Consolas, "Liberation Mono", "Courier New", monospace;
  font-size: 1em;
}
…中略…
code {
  font-size: 87.5%;
  color: #e83e8c;
  word-break: break-word;
}
…中略…
```

```
pre code {
  font-size: inherit;
  color: inherit;
  word-break: normal;
}
a > code {
  color: inherit;
}
```


3.2.2 コードブロックの表記

複数行のコードは pre 要素でマークアップします。**<>** は文字参照を使って置き換える必要があります。必要に応じて、**pre-scrollable クラス**を追加すると、最大高さが 350px に設定され、縦スクロールバーが表示されます（リスト 3-38、図 3-23）。

▼リスト 3-38　コードブロック（複数行のコード）の表記（code-pre.html）

```
<pre><code>&lt;p&gt;サンプルテキスト&lt;/p&gt;&lt;p&gt;2行目のサンプルテキスト&lt;/p&gt;</code></pre>
```

▼図 3-23　コードブロック（複数行のコード）の表記

```
<p>サンプルテキスト</p>
<p>2行目のサンプルテキスト</p>
```

Bootstrap における pre 要素、code 要素には、リスト 3-39 のようなスタイルでフォント設定やマージンサイズ、表示方法が定義されています。

また Internet Explorer 11、Edge で自動非表示になるスクロールバーを強制的に表示にする設定（❶）も定義されています。

▼リスト 3-39　pre 要素、code 要素に定義されたスタイル

```
pre,
code,
kbd,
samp {
  font-family: SFMono-Regular, Menlo, Monaco, Consolas, "Liberation Mono", "Courier New", monospace;
  font-size: 1em;
}

pre {
  margin-top: 0;
  margin-bottom: 1rem;
  overflow: auto;
  -ms-overflow-style: scrollbar; ──────────── ❶
```

```
}
…中略…
pre {
  display: block;
  font-size: 87.5%;
  color: #212529;
}

pre code {
  font-size: inherit;
  color: inherit;
  word-break: normal;
}
```

3.2.3 変数の表記

var 要素のデフォルトスタイルを使って、変数をイタリック体で表記します（リスト 3-40、図 3-24）。

▼リスト 3-40　変数の表記（code-var.html）

```
<var>y</var> = <var>m</var><var>x</var> + <var>b</var>
```

▼図 3-24　変数の表記

y = *mx* + *b*

3.2.4 ユーザーインプットの表記

kbd 要素を使用して、通常キーボードから入力される入力テキストを表記します（リスト 3-41、図 3-25）。

▼リスト 3-41　ユーザーインプットの表記（code-kbd.html）

```
ディレクトリを切り替えるには、<kbd>cd</kbd>と続けてディレクトリ名を入力します。設定を編集するには、⏎
<kbd><kbd>ctrl</kbd> + <kbd>,</kbd></kbd>を押します。
```

▼図 3-25　ユーザーインプットの表記

ディレクトリを切り替えるには、 `cd` と続けてディレクトリ名を入力します。 設定を編集するには、 `ctrl + ,` を押します。

Bootstrapにおけるkbd要素には、リスト3-42のようなスタイルでフォント設定やパディングサイズ、背景色や角丸形状が定義されています。

1 2 3 4 5 6 7 8 9 10

▼リスト3-42　kbd要素に定義されているスタイル

```
pre,
code,
kbd,
samp {
  font-family: SFMono-Regular, Menlo, Monaco, Consolas, "Liberation Mono", "Courier New", monospace;
  font-size: 1em;
}
…中略…
kbd {
  padding: 0.2rem 0.4rem;
  font-size: 87.5%;
  color: #fff;
  background-color: #212529;
  border-radius: 0.2rem;
}

kbd kbd {
  padding: 0;
  font-size: 100%;
  font-weight: 700;
}
```

3.2.5 サンプル出力

samp要素を使用して、プログラムからのサンプル出力を表示します（リスト3-43、図3-26）。

▼リスト3-43　サンプル出力（code-samp.html）

```
<samp>This text is meant to be treated as sample output from a computer program.</samp>
```

▼図3-26　サンプル出力

```
This text is meant to be treated as sample output from a computer program.
```

Bootstrapにおけるsamp要素には、リスト3-44のようなスタイルでフォント設定が定義されています。等幅フォントでフォントサイズは1emに定義され、コード表記らしいスタイルになっています。

▼リスト 3-44　samp 要素に定義されているスタイル

```
pre,
code,
kbd,
samp {
  font-family: SFMono-Regular, Menlo, Monaco, Consolas, "Liberation Mono", "Courier New", monospace;
  font-size: 1em;
}
```

COLUMN　定義済みのスタイルの記述場所とカスタマイズ

本章で例示している定義済みのスタイルは、「Bootstrap の導入」（P.14 参照）でダウンロードした **bootstrap.css** に記述されています。このファイルは元々、ソースコード版 Bootstrap（P.444 参照）内の複数の Sass ファイルをコンパイルしたものです。例えばタイポグラフィに関するスタイルは、**_type.scss** や **_reboot.scss** といった Sass ファイルに定義されており、その設定値は **_variables.scss** に変数としてまとめられています。この変数の値を変更することで、Bootstrap 全体のタイポグラフィのスタイルをカスタマイズすることも可能になります。

▼リスト 45　ソースファイルに定義されたスタイルの例（_reboot.scss）

```
pre,
code,
kbd,
samp {
  font-family: $font-family-monospace;
  font-size: 1em; // Correct the odd `em` font sizing in all browsers.
}
```

▼リスト 46　「_variables.scss」にまとめられている変数の例

```
$font-family-monospace:       SFMono-Regular, Menlo, Monaco, Consolas, "Liberation Mono", ↵
"Courier New", monospace !default;
```

詳しくは、「Sass を使ってカスタマイズする」（P.439）を参照してください。

SECTION 3 画像

Bootastrap では、画像をレスポンシブに対応させるためのクラスも定義されています。その内容を見ていきましょう。

3.3.1 レスポンシブ画像

画像をレスポンシブ対応させるには、img 要素に **img-fluid クラス**を追加します（リスト 3-47、図 3-27）。

▼リスト 3-47　レスポンシブ画像（img-fluid.html）

```
<h3 class="mb-4">レスポンシブ画像（img-fluid）</h3>
<img src="..." class="img-fluid" alt="レスポンシブ画像">
```

▼図 3-27　ウィンドウを縮小（左）、拡大（右）させても縦横比を維持したままフィット

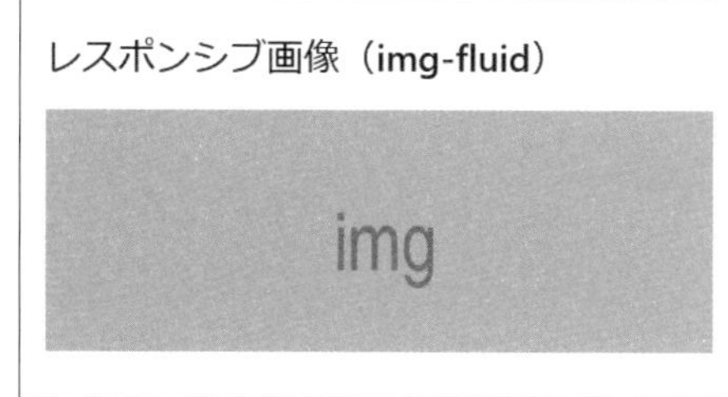

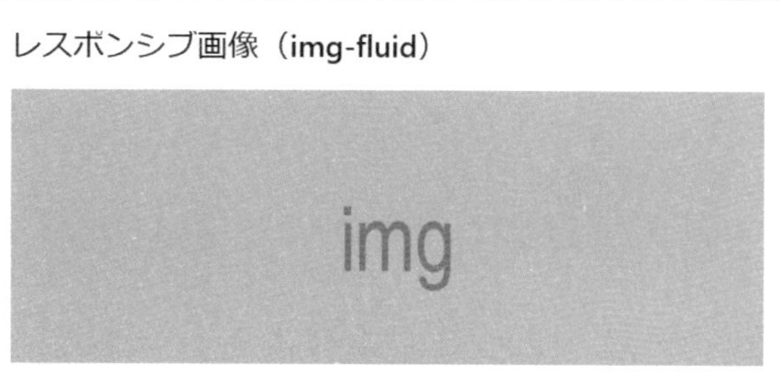

img-fluid クラスには、親要素にフィットするように**最大幅：100%**、**高さ：自動**のスタイルで幅や高さが定義されています（リスト 3-48）。

▼リスト 3-48　img-fluid クラスに定義されているスタイル

```
.img-fluid {
  max-width: 100%;
  height: auto;
}
```

SVG画像とInternet Explorer 10

Internet Explorer 10では、SVG画像に**img-fluidクラス**を追加した場合、サイズが不均衡になります。これを修正するには、必要に応じてスタイル**width: 100% \9;**を追加してください（他の画像フォーマットのサイズが不適切になるため、Bootstrapでは自動的には適用しません）。

3.3.2 サムネイル画像

Bootstrapでは、サムネイル用の画像のスタイルとして1px幅の角丸枠が採用されています。このサムネイル画像を作成する場合は、img要素に**img-thumbnailクラス**を追加します（リスト3-49、図3-28）。

▼リスト3-49　サムネイル画像（img-thumbnail.html）

```
<img src="..." alt="サムネイル画像" class="img-thumbnail">
```

▼図3-28　サムネイル画像の例

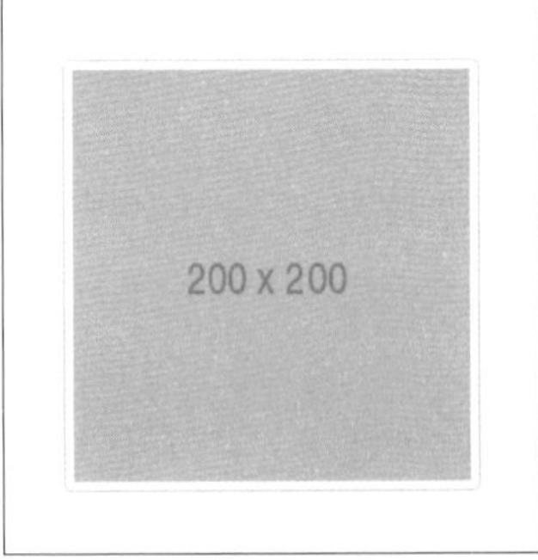

img-thumbnailクラスには、パディングサイズや背景色、枠線、角丸表示、幅や高さが定義されており、サムネイルらしいスタイルとなっています（リスト3-50）。

▼リスト3-50　img-thumbnailクラスに定義されているスタイル

```
.img-thumbnail {
  padding: 0.25rem;
  background-color: #fff;
  border: 1px solid #dee2e6;
  border-radius: 0.25rem;
  max-width: 100%;
  height: auto;
}
```

角丸枠の画像には、Borderユーティリティ（P.306参照）の**roundedクラス**を使用することもできます。

3.3.3 画像の位置合わせ

画像を位置合わせするには、**Float ユーティリティ**（P.338 参照）または **Text ユーティリティ**（P.347 参照）を使用します。ブロックレベルの画像には、Spacing ユーティリティ（P.318 参照）の **mx-auto クラス**を使用して中央揃えにすることもできます。

Float ユーティリティによる位置合わせ

次の例では、画像の位置合わせに Float ユーティリティを使用しています（リスト 3-51、図 3-29）。最初の img 要素に **float-left クラス**を追加して画像を左に配置、次の img 要素には **float-right クラス**を追加して画像を右に配置しています。

▼リスト 3-51　Float ユーティリティを使用した配置（img-float.html）

```
<div class="clearfix">
  <img src="..." class="rounded float-left" alt="左揃え画像">
  <img src="..." class="rounded float-right" alt="右揃え画像">
</div>
```

▼図 3-29　Float ユーティリティクラスを使用した配置例

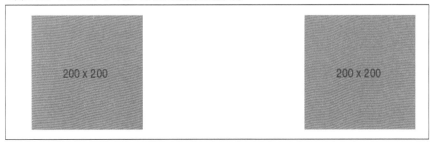

Text ユーティリティによる位置合わせ

次の例では、画像の位置合わせに Text ユーティリティを使用し、img 要素に **text-center クラス**を追加して画像を中央揃えに配置しています（リスト 3-52、図 3-30）。

▼リスト 3-52　text-center クラスで中央揃えに配置（img-text.html）

```
<div class="text-center">
  <img src="..." alt="中央揃え画像">
</div>
```

▼図 3-30　text-center クラスで中央揃えに配置

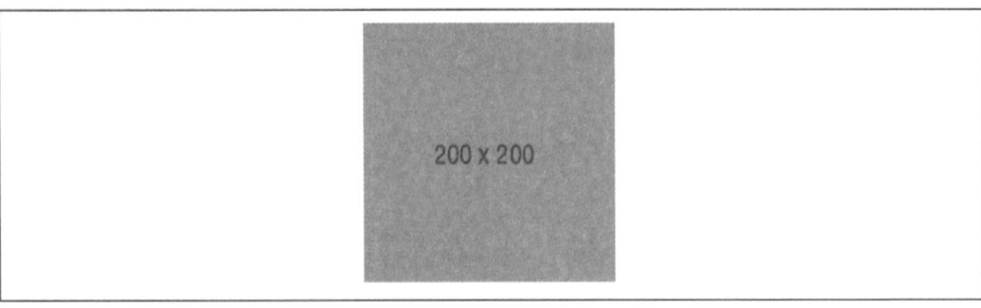

Spacing ユーティリティによる位置合わせ

次の例では、Display ユーティリティ（P.310 参照）の **d-block クラス**でブロックレベル化された img 要素に、Spacing ユーティリティ（P.318 参照）の **mx-auto クラス**を追加して、画像を中央揃えに配置しています（リスト 3-53、図 3-31）。

▼リスト 3-53　mx-auto クラスを使用した配置（img-spacing.html）

```
<img src="..." class="rounded mx-auto d-block" alt="中央揃え画像">
```

▼図 3-31　mx-auto クラスで中央揃えに配置

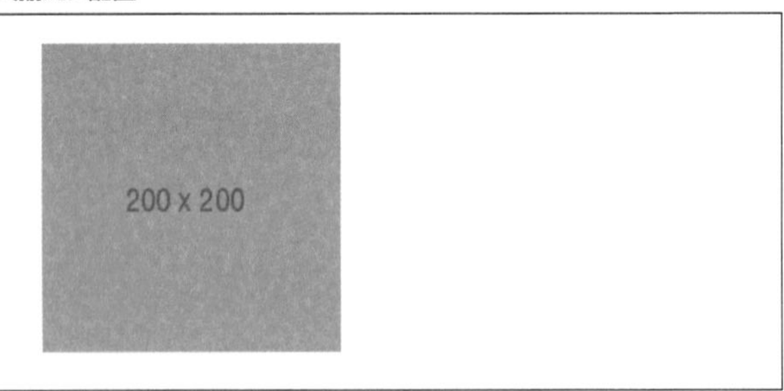

NOTE picture 要素

picture 要素は HTML5.1 以降で新しく加わった、レスポンシブ画像を扱うための要素です。img 要素と source 要素を組み合わせて、ビューポートや画面幅などに応じて複数の画像を出し分けることができます。Bootstrap では、picture 要素に直接 **img-fluid クラス**や **img-thumbnail クラス**を追加することができません。これらのクラスの追加が必要な場合は、子要素である img 要素に追加するようにしましょう（リスト 3-54）。

▼リスト 3-54　picture 要素に直接 imd-* クラスを追加しない

```
<picture>
  <source srcset="..." type="image/svg+xml">
  <img src="..." class="img-fluid img-thumbnail" alt="...">
</picture>
```

テーブル

table 要素は、カレンダーや日付選択ツールなどのサードパーティのウィジェットでも広く使用されています。そのため、Bootstrap でのテーブルスタイルはオプトイン（明示的に許諾する方法）で使えるように設計されています。任意の table 要素に対してオプトインで **table クラス**を追加してから、さまざまな定義済みクラスを加えてバリエーションを拡張していきます。

3.4.1 テーブルの基本スタイリング

table 要素に **table クラス**を追加して、Bootstrap での基本的なテーブルをスタイリングします。ネストされたテーブルには、親テーブルと同じスタイルが継承されます（リスト 3-55、図 3-32）。

▼リスト 3-55　テーブルの基本スタイル（table-basic.html）

```
<table class="table">
  <thead>
    <tr>
      <th scope="col">見出しセル</th>
      <th scope="col">見出しセル</th>
      <th scope="col">見出しセル</th>
      <th scope="col">見出しセル</th>
    </tr>
  </thead>
  <tbody>
    <tr>
      <th scope="row">見出しセル</th>
      <td>データセル</td>
      <td>データセル</td>
      <td>データセル</td>
    </tr>
    <tr>
      <th scope="row">見出しセル</th>
      <td>データセル</td>
      <td>データセル</td>
      <td>データセル</td>
    </tr>
    <tr>
      <th scope="row">見出しセル</th>
      <td>データセル</td>
      <td>データセル</td>
```

```
      <td>データセル</td>
    </tr>
  </tbody>
</table>
```

▼図 3-32　テーブルの基本スタイル

見出しセル	見出しセル	見出しセル	見出しセル
見出しセル	データセル	データセル	データセル
見出しセル	データセル	データセル	データセル
見出しセル	データセル	データセル	データセル

なお **table クラス**には、リスト 3-56 のようなスタイルで幅やマージンサイズ、背景色（透明）が定義されています。コンテンツエリアに対して、常に 100% の幅になるよう、レスポンシブなスタイルになっています。

▼リスト 3-56　table クラスに定義されているスタイル

```
.table {
  width: 100%;
  max-width: 100%;
  margin-bottom: 1rem;
  background-color: transparent;
}
```

さらに、table クラスの子孫要素の th 要素や td 要素、tbody 要素には、リスト 3-57 のようなスタイルでパディングやボーダーなどが設定されており、テーブルの内容が見やすくなるよう調整されています。

▼リスト 3-57　table クラスの子孫要素に定義されているスタイル

```
.table th,
.table td {
  padding: 0.75rem;
  vertical-align: top;
  border-top: 1px solid #dee2e6;
}

.table thead th {
  vertical-align: bottom;
  border-bottom: 2px solid #dee2e6;
}

.table tbody + tbody {
  border-top: 2px solid #dee2e6;
```

```
}

.table .table {
  background-color: #fff;
}
```


3.4.2 暗色テーブル

table クラスが設定された table 要素に **table-dark クラス**を追加することで、表示色の明暗を反転させることができます（リスト 3-58、図 3-33）。

▼リスト 3-58　暗色テーブル（table-dark.html）

```
<table class="table table-dark">
…中略…
</table>
```

▼図 3-33　暗色テーブル

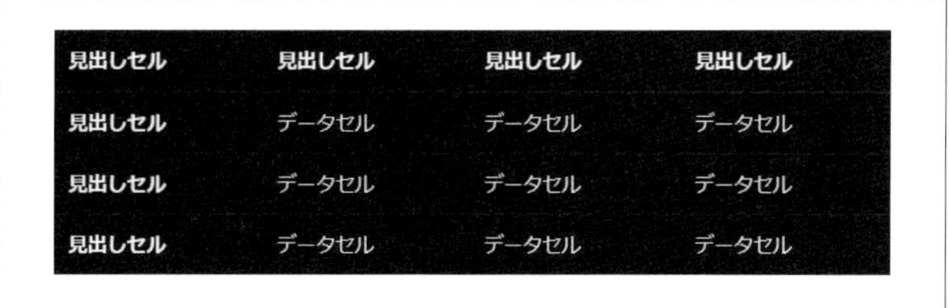

見出しセル	見出しセル	見出しセル	見出しセル
見出しセル	データセル	データセル	データセル
見出しセル	データセル	データセル	データセル
見出しセル	データセル	データセル	データセル

なお **table-dark クラス**には、暗めの背景色と明るめの文字色が定義されています（リスト 3-59）。

▼リスト 3-59　table-dark クラスに定義されているスタイル

```
.table-dark,
.table-dark > th,
.table-dark > td {
  background-color: #c6c8ca;
}
…中略…
.table-dark {
  color: #fff;
  background-color: #212529;
}
.table-dark th,
.table-dark td,
.table-dark thead th {
  border-color: #32383e;
}
```

3.4.3 テーブルヘッドのオプション

thead 要素に **thead-dark クラス**、**thead-light クラス**を追加して、thead 要素の表示色の明暗を変更することができます（リスト 3-60、図 3-34）。

▼リスト 3-60　thead-dark クラスと thead-light クラス（table-head-option.html）

```
<!-- 「thead-dark」 -->
<table class="table">
  <thead class="thead-dark">
    …中略…
  </thead>
  <tbody>
    …中略…
  </tbody>
</table>

<!-- 「thead-light」 -->
<table class="table">
  <thead class="thead-light">
    …中略…
  </thead>
  <tbody>
    …中略…
  </tbody>
</table>
```

▼図 3-34　thead-dark クラスと thead-light クラス

見出しセル	見出しセル	見出しセル	見出しセル
見出しセル	データセル	データセル	データセル
見出しセル	データセル	データセル	データセル
見出しセル	データセル	データセル	データセル

見出しセル	見出しセル	見出しセル	見出しセル
見出しセル	データセル	データセル	データセル
見出しセル	データセル	データセル	データセル
見出しセル	データセル	データセル	データセル

なお **thead-dark クラス**には暗めの背景色と明るめの文字色、**thead-light クラス**には明るめの背景色と暗めの文字色が定義されています（リスト 3-61）。

▼リスト 3-61 thead-dark クラスと thead-light クラスに定義されているスタイル

```
.table .thead-dark th {
  color: #fff;
  background-color: #212529;
  border-color: #32383e;
}

.table .thead-light th {
  color: #495057;
  background-color: #e9ecef;
  border-color: #e9ecef;
}
```

1 2 3 4 5 6 7 8 9 10

3.4.4 縞模様のテーブル

table クラスが設定された table 要素に **table-striped クラス**を追加して、テーブルを縞模様にすることができます（リスト 3-62、図 3-35）。

▼リスト 3-62 table-striped クラスを使用した縞模様のテーブル（table-striped.html）

```
<table class="table table-striped">
…中略…
</table>
```

▼図 3-35 table-striped クラスを使用した縞模様のテーブル

見出しセル	見出しセル	見出しセル	見出しセル
見出しセル	データセル	データセル	データセル
見出しセル	データセル	データセル	データセル
見出しセル	データセル	データセル	データセル

見出しセル	見出しセル	見出しセル	見出しセル
見出しセル	データセル	データセル	データセル
見出しセル	データセル	データセル	データセル
見出しセル	データセル	データセル	データセル

なお **table-striped クラス**には、リスト 3-63 のようなスタイルで、奇数行の背景色が不透明度 5% の黒になるような設定が定義されています（❶）。また暗色テーブルでの明暗の反転を表現するために、奇数行の背景が不透明度 5% の白になるような設定が定義されています（❷）。

▼リスト 3-63　table-striped クラスに定義されているスタイル

```
.table-striped tbody tr:nth-of-type(odd) {
  background-color: rgba(0, 0, 0, 0.05); ――❶
}
…中略…
.table-dark.table-striped tbody tr:nth-of-type(odd) {
  background-color: rgba(255, 255, 255, 0.05); ――❷
}
```

3.4.5 罫線付きのテーブル

table クラスが設定された table 要素に **table-bordered クラス**を追加して、テーブルに罫線を表示することができます（リスト 3-64、図 3-36）。

▼リスト 3-64　table-bordered クラスを使用した罫線付きテーブル（table-bordered.html）

```
<table class="table table-bordered">
…中略…
</table>
```

▼図 3-36　table-bordered クラスを使用した罫線付きテーブル

見出しセル	見出しセル	見出しセル	見出しセル
見出しセル	データセル	データセル	データセル
見出しセル	データセル	データセル	データセル
見出しセル	データセル	データセル	データセル

見出しセル	見出しセル	見出しセル	見出しセル
見出しセル	データセル	データセル	データセル
見出しセル	データセル	データセル	データセル
見出しセル	データセル	データセル	データセル

table-bordered クラスには、リスト 3-65 のようなスタイルが定義されており、テーブルには 1px 幅のボーダー、見出しセルの下辺にのみ 2px 幅のボーダーがスタイリングされ、視覚的に見出しセルがわかりやすく表現されています。

▼リスト 3-65　table-bordered クラスに定義されているスタイル

```
.table-bordered {
  border: 1px solid #dee2e6;
}
.table-bordered th,
.table-bordered td {
  border: 1px solid #dee2e6;
}
.table-bordered thead th,
.table-bordered thead td {
  border-bottom-width: 2px;
}
…中略…
.table-dark.table-bordered {
  border: 0;
}
```


3.4.6 罫線なしのテーブル 4.1

table クラスが設定された table 要素に **table-borderless クラス**を追加すると、罫線なしのテーブルになります（リスト 3-66、図 3-37）。

▼リスト 3-66　table-borderless クラスを使用した罫線なしテーブル（table-borderless.html）

```
<table class="table table-borderless">
…中略…
</table>
```

▼図 3-37　table-borderless クラスを使用した罫線なしテーブル

見出しセル	見出しセル	見出しセル	見出しセル
見出しセル	データセル	データセル	データセル
見出しセル	データセル	データセル	データセル
見出しセル	データセル	データセル	データセル

見出しセル	見出しセル	見出しセル	見出しセル
見出しセル	データセル	データセル	データセル
見出しセル	データセル	データセル	データセル
見出しセル	データセル	データセル	データセル

table-borderless クラスには、リスト 3-67 のようなスタイルが定義されており、th や td、tbody 要素のボーダーが 0 に設定されています。

▼リスト 3-67　table-borderless クラスに定義されているスタイル

```
.table-borderless th,
.table-borderless td,
.table-borderless thead th,
.table-borderless tbody + tbody {
  border: 0;
}
```

3.4.7 テーブル行のマウスオーバー表示

table クラスが設定された table 要素に **table-hover クラス**を追加して、tbody 要素内のテーブル行にマウスオーバー表示を設定することができます（リスト 3-68、図 3-38）。

▼リスト 3-68　table-hover クラスを使用したマウスオーバー表示（table-hover.html）

```
<table class="table table-hover">
…中略…
</table>
```

▼図 3-38　table-hover クラスを使用したマウスオーバー表示

見出しセル	見出しセル	見出しセル	見出しセル
見出しセル	データセル	データセル	データセル
見出しセル	データセル	データセル	データセル
見出しセル	データセル	データセル	データセル

見出しセル	見出しセル	見出しセル	見出しセル
見出しセル	データセル	データセル	データセル
見出しセル	データセル	データセル	データセル
見出しセル	データセル	データセル	データセル

なお **table-hover クラス**には、リスト 3-69 のようなスタイルで、マウスオーバー表示の背景色が不透明度 7.5 %の黒に設定されるように定義されています。

▼リスト 3-69　table-hover クラスに定義されているスタイル

```
.table-hover tbody tr:hover {
  background-color: rgba(0, 0, 0, 0.075);
}
```

3.4.8 テーブルのコンパクト化

table クラスが設定された table 要素に **table-sm クラス**を追加して、セルのパディングサイズを小さくし、テーブルをコンパクト化することができます（リスト 3-70、図 3-39）。

▼リスト 3-70　table-sm クラスを使用したコンパクトなテーブル（table-sm.html）

```
<table class="table table-sm">
…中略…
</table>
```

▼図 3-39　table-sm クラスを使用したコンパクトなテーブル

見出しセル	見出しセル	見出しセル	見出しセル
見出しセル	データセル	データセル	データセル
見出しセル	データセル	データセル	データセル
見出しセル	データセル	データセル	データセル

見出しセル	見出しセル	見出しセル	見出しセル
見出しセル	データセル	データセル	データセル
見出しセル	データセル	データセル	データセル
見出しセル	データセル	データセル	データセル

なお **table-sm クラス**には、リスト 3-71 のようなスタイルでパディングサイズが定義されています。

▼リスト 3-71　table-sm クラスに定義されているスタイル

```
.table-sm th,
.table-sm td {
  padding: 0.3rem;
}
```

3.4.9 テーブル行・セルの色付け

テーブルの行やセルの要素に背景色を指定するクラスを追加して、色付けを行うことができます。背景色用クラスの詳細は、表 3-3 を参照してください。

▼表 3-3　表 テーブルの背景用クラス

背景色	クラス	色	色（マウスオーバー行）
Active	table-active	rgba(0, 0, 0, 0.075)	rgba(0, 0, 0, 0.075)
Primary	table-primary	#b8daff	#9fcdff
Secondary	table-secondary	#d6d8db	#c8cbcf
Success	table-success	#c3e6cb	#b1dfbb
Danger	table-danger	#f5c6cb	#f1b0b7
Warning	table-warning	#ffeeba	#ffe8a1
Info	table-info	#bee5eb	#abdde5
Light	table-light	#fdfdfe	#ececf6
Dark	table-dark	#32383e	#b9bbbe

テーブル行に色を付ける

テーブル行に色付けを行う場合は、tr 要素に背景色用クラスを追加します（リスト 3-72、図 3-40）。

▼リスト 3-72　テーブル行に色を付ける（table-bg-tr.html）

```
<table class="table">
  <thead>
    <tr>
      <th scope="col">背景色用のクラス</th>
      <th scope="col">見出しセル</th>
      <th scope="col">見出しセル</th>
      <th scope="col">見出しセル</th>
    </tr>
  </thead>
  <tbody>
    <!-- 背景色：なし -->
    <tr>
      <th scope="row">なし（標準）</th>
      …中略…
    </tr>
    <!-- 背景色：Active -->
    <tr class="table-active">
      <th scope="row">table-active</th>
      …中略…
    </tr>
    <!-- 背景色：Primary -->
    <tr class="table-primary">
      <th scope="row">.table-primary</th>
```

```
      …中略…
    </tr>
    <!-- 背景色：Secondary -->
    <tr class="table-secondary">
      <th scope="row">table-secondary</th>
      …中略…
    </tr>
    <!-- 背景色：Success -->
    <tr class="table-success">
      <th scope="row">table-success</th>
      …中略…
    </tr>
    <!-- 背景色：Danger -->
    <tr class="table-danger">
      <th scope="row">table-danger</th>
      …中略…
    </tr>
    <!-- 背景色：Warning -->
    <tr class="table-warning">
      <th scope="row">table-warning</th>
      …中略…
    </tr>
    <!-- 背景色：Info -->
    <tr class="table-info">
      <th scope="row">table-info</th>
      …中略…
    </tr>
    <!-- 背景色：Light -->
    <tr class="table-light">
      <th scope="row">table-light</th>
      …中略…
    </tr>
    <!-- 背景色：Dark -->
    <tr class="table-dark">
      <th scope="row">table-dark</th>
      …中略…
    </tr>
  </tbody>
</table>
```

▼図 3-40　テーブル行に色を付ける

背景色クラス	見出しセル	見出しセル	見出しセル
なし（標準）	データセル	データセル	データセル
table-active	データセル	データセル	データセル
table-primary	データセル	データセル	データセル
table-secondary	データセル	データセル	データセル
table-success	データセル	データセル	データセル
table-danger	データセル	データセル	データセル
table-warning	データセル	データセル	データセル
table-info	データセル	データセル	データセル
table-light	データセル	データセル	データセル
table-dark	データセル	データセル	データセル

個々のセルに色を付ける

個々のセルに色付けを行う場合は、th 要素または td 要素に背景色用クラスを追加します（リスト 3-73、図 3-41）。

▼リスト 3-73　個々のセルに色を付ける（table-bg-td.html）

```
<table class="table">
  <tr>
    <th>th（標準）</th>
    <th class="table-active">th.table-active</th>
  </tr>
  <tr>
    <!-- 背景色：Primary -->
    <td class="table-primary">td.table-primary</td>
    <!-- 背景色：Secondary -->
    <td class="table-secondary">td.table-secondary</td>
  </tr>
  <tr>
    <!-- 背景色：Success -->
    <td class="table-success">td.table-success </td>
    <!-- 背景色：Danger -->
    <td class="table-danger">td.table-danger</td>
  </tr>
  <tr>
    <!-- 背景色：Warning -->
```

```
    <td class="table-warning">td.table-warning</td>
    <!-- 背景色：Info -->
    <td class="table-info">td.table-info</td>
  </tr>
  <tr>
    <!-- 背景色：Light -->
    <td class="table-light">td.table-light </td>
    <!-- 背景色：Dark -->
    <td class="table-dark">td.table-dark</td>
  </tr>
</table>
```

▼図 3-41　個々のセルに色を付ける

th（標準）	th.table-active
td.table-primary	td.table-secondary
td.table-success	td.table-danger
td.table-warning	td.table-info
td.table-light	td.table-dark

Color ユーティリティで色を付ける

Color ユーティリティ（P.302 参照）の **bg-{ 色の種類 } クラス**を追加して、テーブル行または個々のセルに色付けを行うこともできます。標準のテーブル背景色を使用できない暗色テーブルにも色付けを行うことができます（リスト 3-74、図 3-42）。

▼リスト 3-74　暗色テーブルに Color ユーティリティで色を付ける（table-bg-dark.html）

```
<!-- Colorユーティリティでテーブル行に色を付ける -->
<table class="table table-dark">
  <thead>
    <tr>
      <th scope="col">Colorユーティリティ</th>
      …中略…
    </tr>
  </thead>
  <tbody>
    <tr>
      <th scope="row">なし（標準） </th>
      …中略…
    </tr>
    <!-- bg-primary -->
```

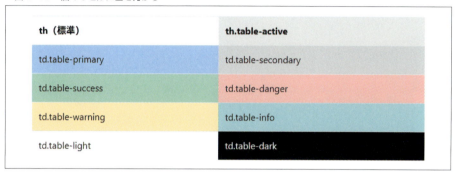

```
    <tr class="bg-primary">
      <th scope="row">bg-primary </th>
      …中略…
    </tr>
    <!-- bg-primary -->
    <tr class="bg-primary">
      <th scope="row">bg-success </th>
      …中略…
    </tr>
    <!-- bg-warning -->
    <tr class="bg-warning">
      <th scope="row">bg-warning </th>
      …中略…
    </tr>
    <!-- bg-danger -->
    <tr class="bg-danger">
      <th scope="row">bg-danger </th>
      …中略…
    </tr>
    <!-- bg-info -->
    <tr class="bg-info">
      <th scope="row">bg-info </th>
      …中略…
    </tr>
  </tbody>
</table>

<!-- Colorユーティリティで個々のセルに色を付ける -->
<table class="table table-dark">
  <tr>
    <th>th (標準) </th>
    <!-- bg-primary -->
    <th class="bg-primary">th.bg-primary</th>
  </tr>
  <tr>
    <!-- bg-success -->
    <td class="bg-success">td.bg-success</td>
    <!-- bg-warning -->
    <td class="bg-warning">td.bg-warning</td>
  </tr>
  <tr>
    <!-- bg-danger -->
    <td class="bg-danger">td.bg-danger </td>
    <!-- bg-info -->
    <td class="bg-info">td.bg-info</td>
  </tr>
</table>
```

▼図 3-42 Color ユーティリティで色を付ける

Colorユーティリティー	見出しセル	見出しセル	見出しセル
なし（標準）	データセル	データセル	データセル
bg-primary	データセル	データセル	データセル
bg-success	データセル	データセル	データセル
bg-warning	データセル	データセル	データセル
bg-danger	データセル	データセル	データセル
bg-info	データセル	データセル	データセル

th（標準）	th.bg-primary
td.bg-success	td.bg-warning
td.bg-danger	td.bg-info

3.4.10 キャプション

Bootastrap で定義済みのスタイルを使用して、**caption 要素**を表示します。caption 要素はテーブルのキャプションの役割を果たし、スクリーンリーダーのユーザーが、そのテーブルが何であるかを理解し、どう読むかを決定するのに役立ちます（リスト 3-75、図 3-43）。

▼リスト 3-75 caption 要素（table-caption.html）

```
<table class="table">
  <caption>このテーブルのキャプション</caption>
  <thead>
    …中略…
  </thead>
  <tbody>
    …中略…
  </tbody>
</table>
```

▼図3-43　caption要素

見出しセル	見出しセル	見出しセル	見出しセル
見出しセル	データセル	データセル	データセル
見出しセル	データセル	データセル	データセル
見出しセル	データセル	データセル	データセル

このテーブルのキャプション

なおBootstrapにおけるcaption要素には、リスト3-76のようなスタイルでパディングサイズや文字設定が定義されています。また、キャプションの表示位置がテーブルの下に設定されるように定義されています（❶）。

▼リスト3-76　caption要素に定義されているスタイル

```
caption {
  padding-top: 0.75rem;
  padding-bottom: 0.75rem;
  color: #6c757d;
  text-align: left;
  caption-side: bottom; ―――― ❶
}
```

3.4.11 レスポンシブ対応のテーブル

Bootstrapでは、テーブルを水平方向にスクロール可能にすることでレスポンシブ対応させます。table要素に**tableクラス**および**table-responsiveクラス**を追加して、すべてのビューポートに対応するテーブルを作成します（リスト3-77）。

▼リスト3-77　レスポンシブ対応テーブルと標準テーブルとの比較（table-responsive.html）

```
<!-- レスポンシブ対応テーブル -->
<div class="table-responsive">
  <table class="table">
    <caption>
    レスポンシブ対応テーブル（table-responsive）
    </caption>
    <thead>
      …中略…
    </thead>
    <tbody>
      …中略…
    </tbody>
```

```
  </table>
</div>

<!-- 標準テーブル -->
<table class="table">
  <caption>
  標準テーブル (table)
  </caption>
  <thead>
    …中略…
  </thead>
  <tbody>
    …中略…
  </tbody>
</table>
```

親要素に **table-responsive クラス**を追加されたテーブルは、画面幅がテーブルより小さい場合に横スクロールバーが表示され、セルを閲覧することができます。一方、標準のテーブルは、テーブルの右端が表示されず、ウィンドウに横スクロールバーが現れます（図 3-44）。

▼図 3-44　レスポンシブ対応テーブルと標準テーブルとの比較

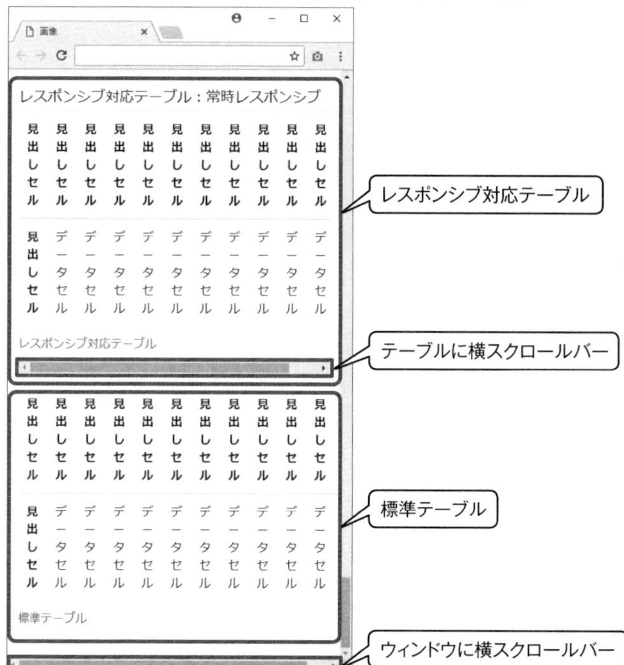

なお**table-responsive クラス**には、リスト3-78のようなスタイルで表示形式や幅などが定義されています。またWebkit系の端末（Android、iOSなど）でスムーススクロールを設定し（❶）、Internet Explorerでスクロールバーを自動的に隠し、スクロールバーがコンテンツに重なる状態を回避するような設定（❷）が定義されています。

▼リスト3-78　table-responsive クラスに定義されているスタイル

```
.table-responsive {
  display: block;
  width: 100%;
  overflow-x: auto;
  -webkit-overflow-scrolling: touch; ――――――――――――――――❶
  -ms-overflow-style: -ms-autohiding-scrollbar; ――――――――――❷
}
```

ブレイクポイントに応じたレスポンシブ対応テーブルを作成する場合は、テーブルの親要素に**table-responsive-{ ブレイクポイント } クラス**を追加します。

リスト3-79のサンプルのように、親要素に**table-responsive-sm クラス**を持つテーブルであれば、画面幅がsm未満でテーブルの幅がコンテナよりも広い場合に、横スクロールバーが現れます（図3-45）。

▼リスト3-79　ブレイクポイントに応じたレスポンシブ対応テーブル（table-responsive-breakpoint.html）

```
<!-- レスポンシブ対応テーブル：画面幅sm未満 -->
<div class="table-responsive-sm">
  <table class="table">
…中略…
  </table>
</div>

<!-- レスポンシブ対応テーブル：画面幅md未満 -->
<div class="table-responsive-md">
  <table class="table">
…中略…
  </table>
</div>

<!-- レスポンシブ対応テーブル：画面幅lg未満 -->
<div class="table-responsive-lg">
  <table class="table">
…中略…
  </table>
</div>

<!-- レスポンシブ対応テーブル：画面幅xl未満 -->
<div class="table-responsive-xl">
  <table class="table">
…中略…
```

```
  </table>
</div>
```

▼図 3-45 ブレイクポイントに応じたレスポンシブ対応テーブル（画面幅 sm）

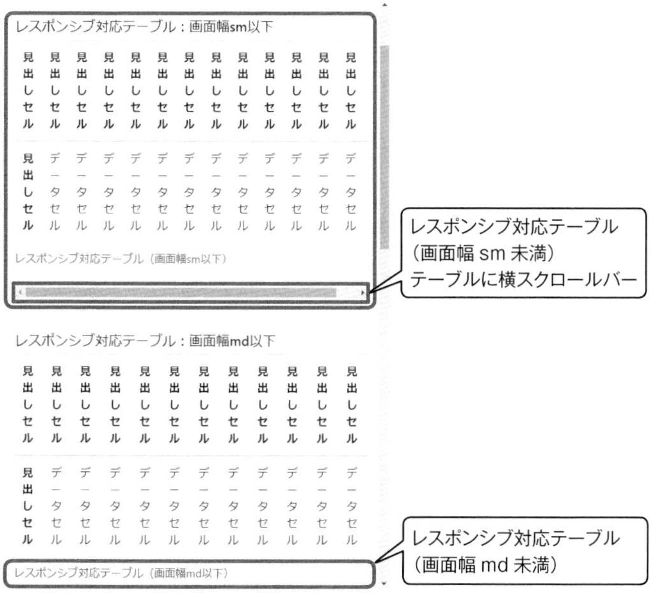

なお **table-responsive-{ ブレイクポイント } クラス**には、リスト 3-74 のようなスタイルで表示形式や幅、スクロール時の挙動などが定義されています。Bootstrap はモバイルファーストで設計されているため、基本的には @media (min-width: 576px) {...} というように指定の画面幅以上（576px 以上）の形式で、小さい画面幅を基準にして、そこから徐々に大きい画面幅のスタイルを上書きで指定しますが、ここでは @media (max-width: 565.98px) {...} というように、指定の画面幅以下（576px 未満）の形式で指定し、逆方向に進むメディアクエリが使用されています（❶）。また Webkit 系の端末（Android、iOS など）でスムーススクロールを設定し（❷）、Internet Explorer でスクロールバーを自動的に隠し、スクロールバーがコンテンツに重なる状態を回避するような設定（❸）が定義されています（リスト 3-80）。

▼リスト 3-80 table-responsive-{ ブレイクポイント } クラスに定義されているスタイル

```
@media (max-width: 575.98px) { ――――――――――――――――――――❶
  .table-responsive-sm {
    display: block;
    width: 100%;
    overflow-x: auto;
    -webkit-overflow-scrolling: touch; ――――――――――――――❷
    -ms-overflow-style: -ms-autohiding-scrollbar; ―――――――❸
  }
  .table-responsive-sm > .table-bordered {
    border: 0;
```

```
  }
}

@media (max-width: 767.98px) { ——❶
  .table-responsive-md {
    display: block;
    width: 100%;
    overflow-x: auto;
    -webkit-overflow-scrolling: touch; ——❷
    -ms-overflow-style: -ms-autohiding-scrollbar; ——❸
  }
  .table-responsive-md > .table-bordered {
    border: 0;
  }
}

@media (max-width: 991.98px) { ——❶
  .table-responsive-lg {
    display: block;
    width: 100%;
    overflow-x: auto;
    -webkit-overflow-scrolling: touch; ——❷
    -ms-overflow-style: -ms-autohiding-scrollbar; ——❸
  }
  .table-responsive-lg > .table-bordered {
    border: 0;
  }
}

@media (max-width: 1199.98px) { ——❶
  .table-responsive-xl {
    display: block;
    width: 100%;
    overflow-x: auto;
    -webkit-overflow-scrolling: touch; ——❷
    -ms-overflow-style: -ms-autohiding-scrollbar; ——❸
  }
  .table-responsive-xl > .table-bordered {
    border: 0;
  }
}
```

図表

画像とキャプションとがセットになったような図表コンテンツを作成する場合、figure 要素を使ってマークアップを行います。

3.5.1 図表の基本的なスタイリング

Bootstrap では、**figure 要素**および **figcaption 要素**に **figure クラス**、**figure-img クラス**、**figure-caption クラス**を追加して、図表コンテンツを作成します。figure 要素内に含まれる画像をレスポンシブ対応させるためには、**img-fluid クラス**を子要素の img 要素に追加する必要があります（リスト 3-81、図 3-46）。

▼リスト 3-81　図表の基本的なスタイリング（figure-basic.html）

```
<figure class="figure">
  <img src="..." class="figure-img img-fluid" alt="図表コンテンツ内の画像">
  <figcaption class="figure-caption">画像についてのキャプション</figcaption>
</figure>
```

▼図 3-46　図表の基本的なスタイリング

なお、Bootstrap における figure 要素および **figure クラス**には、リスト 3-82 のようなスタイルで表示形式やマージンサイズ、文字設定が定義されています。

▼リスト 3-82　figure 要素、figure クラス、figure-img クラス、figure-caption クラスに定義されているスタイル

```
article, aside, dialog, figcaption, figure, footer, header, hgroup, main, nav, section {
  display: block;
}
…中略…
figure {
  margin: 0 0 1rem;
}
…中略…
.figure {
  display: inline-block;
}

.figure-img {
  margin-bottom: 0.5rem;
  line-height: 1;
}

.figure-caption {
  font-size: 90%;
  color: #6c757d;
}
```

3.5.2 図表キャプションの位置合わせ

図表キャプションの位置合わせには、Text ユーティリティ（P.347 参照）の **text-left クラス**、**text-center クラス**、**text-right クラス**などを使用できます（リスト 3-83、図 3-47）。

▼リスト 3-83　図表キャプションの位置合わせ（figure-aligning.html）

```
<!-- キャプションの左揃え（デフォルト） -->
<div class="container">
  <figure class="figure">
    <img src="..." class="figure-img img-fluid" alt="図表コンテンツ内の画像">
    <figcaption class="figure-caption text-left">図表キャプション（text-left：デフォルト）⏎
</figcaption>
  </figure>
</div>
<!-- キャプションの中央揃え -->
<div class="container">
  <figure class="figure">
    <img src="..." class="figure-img img-fluid" alt="図表コンテンツ内の画像">
    <figcaption class="figure-caption text-center">図表キャプション（text-center）</figcaption>
  </figure>
</div>
<!-- キャプションの右寄せ -->
```

```
<div class="container">
  <figure class="figure">
    <img src="..." class="figure-img img-fluid" alt="図表コンテンツ内の画像">
    <figcaption class="figure-caption text-right">図表キャプション (text-right) </figcaption>
  </figure>
</div>
```

▼図 3-47　中央揃え（左）、右揃え（右）

3 SECTION 6 Rebootによる初期設定

ここまで見てきたように、Bootstrapでは定義済みクラスを追加しない場合でも、ある程度体裁が整った状態で表示されますが、これは**Reboot**と呼ばれるしくみによって実現されています。**Reboot**（**再起動**の意味）は、**Normalize.css**を元に構築されたBootstrap特有の**リセットスタイル**です。Bootstarpにおけるブラウザやデバイス間の表示の不一致を修正し、クロスブラウザ対応のレンダリングを実現しています。

Rebootは、いくつかの基本要素のデフォルトスタイルに対し、タイプセレクタのみでリセットを行うことで、Bootstrapにおけるスタイル定義の基礎を作っています。

本節では、ユーティリティ（P.301参照）を使ってコンポーネントの配置を調整したり、独自CSSを追加してカスタマイズしたい人のために、BootstrapのRebootの内容について解説します。特に必要のない方は読み飛ばしてください。

NOTE

リセットCSSとノーマライズCSS

ブラウザが持っているデフォルトのスタイルは、ブラウザの種類やバージョンによって仕様が異なるため、Webページの表示に差異を生じることがあります。この問題を解決するために、各種ブラウザの持つデフォルトスタイルをいったんフラットな状態にした上でスタイリングする**リセットCSS（Reset CSS）**という方法が生まれました。有名なものには、Eric MeyerのReset CSS（https://meyerweb.com/eric/tools/css/reset/）などがあります。リセットCSSとは、ほとんどの要素のマージンやパディングを0、行高さを1、フォントサイズを100％に指定し、ブラウザ表示の差異をリセットします。たとえば、見出し要素も段落要素もまったく同じ見た目になります。ただしこの方法には、ほとんどの要素のスタイルを再定義しなければならないというデメリットも生じます。

これに対し***ノーマライズCSS* (Normalize CSS)**は、有用なデフォルトのスタイルは残しつつ、ブラウザ間の表示の差異を統一する方法です。

▼【公式サイト】Normalize.css: Make browsers render all elements more consistently.

```
http://necolas.github.io/normalize.css/
```

Bootstrapのリセット方法である**Reboot**は、この***ノーマライズCSS***をベースに構築されています。

3.6.1 Rebootによって初期化されているスタイル

Rebootでは、基本的な要素のデフォルトスタイルがタイプセレクタのみで上書き（以降「リブート」）されます。リブートの基本設定は下記の方針に基づいています。

- コンポーネントのスペーシングを変更可能にするために、単位が**rem（ルート要素のfont-sizeの高さを1とする単位）**に設定されている
- マージンの一方向性を重要視し、上方向のマージン：margin-topが排除されている
- あらゆるデバイスで拡大縮小を容易にするために、ブロック要素のマージンサイズの単位にも**rem**が設定されている
- フォント関連のプロパティの宣言を最小限に抑えるため、可能な限り継承を使う設定になっている

具体的なリブート設定については、次項以降で紹介していきます。

3.6.2 全要素へのリブート設定

まずはhtml要素やbody要素などページ全体の初期設定のためのリブート設定を見ていきましょう。大前提となる要素の幅や高さの算出方法については、**box-sizing:border-box;**が指定され、要素の幅がパディングやボーダーのサイズに影響されないように設定されています（リスト3-84）。

▼リスト3-84　全要素へのリブート設定

```
*,
*::before,
*::after {
  box-sizing: border-box; /* ボックスサイズの算出方法：パディングとボーダーを幅と高さに含める */
}
```

NOTE
box-sizingプロパティ

box-sizingプロパティは、ボックスサイズの算出方法を指定するプロパティです。スタイルシートにおいて**box-sizing: border-box;**を宣言すると、ボックスの幅と高さの値に、ボーダーとパディングの値を含めて算出してくれます（通常は、内容の幅にボーダーとパディングのサイズを含みません）（図3-48）。

▼図 3-48　通常の設定（左）、box-sizing: border-box; を宣言した設定（右）

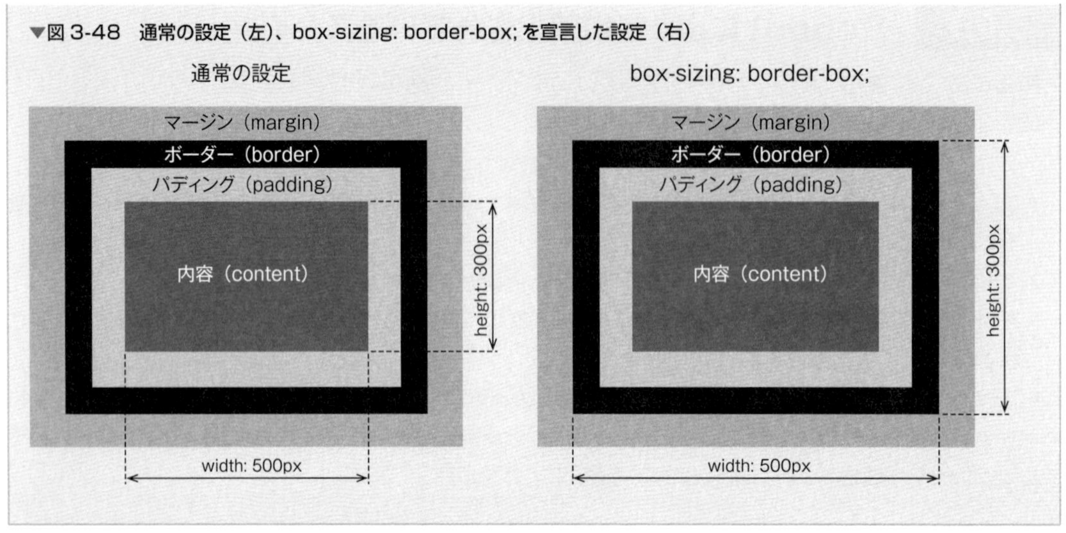

3.6.3 body 要素へのリブート設定

ほとんどのブラウザのデフォルト値として、フォントサイズには **16px** が設定されています。これを元に body 要素へのリブート設定として **font-size：1rem** を宣言し、メディアクエリによるレスポンシブな文字サイズ調整を可能にしています（リスト 3-85）。加えて、フォントファミリーには、あらゆるデバイスと OS 上で最適なテキストのレンダリングを行うためにネイティブフォントが設定されています（❶）。行高さには **line-height: 1.5** を、文字揃えには **text-align: left** を宣言し、各要素の文字スタイルの不一致を防いでいます（❷）。また、すべてのブラウザでのマージンを削除し、背景色をブラウザ初期設定の **#fff** に戻します（❸）。

▼リスト 3-85　body 要素へのリブート設定

```
body {
  margin: 0;
  font-family: -apple-system, BlinkMacSystemFont, "Segoe UI", Roboto, "Helvetica Neue", Arial, ↩
sans-serif, "Apple Color Emoji", "Segoe UI Emoji", "Segoe UI Symbol"; ―――――― ❶
  font-size: 1rem;
  font-weight: 400;
  line-height: 1.5; ―┐
  color: #212529;    ├――――――――――――――― ❷
  text-align: left; ―┘
  background-color: #fff; ―――――――――――――― ❸
}
```

3.6.4 見出しと段落へのリブート設定

見出し要素（h1 ～ h6） および **段落要素（p）** からは、上マージンが削除されます（リスト 3-86 ❶）。また、見出し要素には下マージン**margin-bottom：0.5rem**が、段落要素には下マージン**margin-bottom：1rem**が追加されます（❷）。これによりスペーシングが容易になります。

というのも、要素間を調整しようとマージンを設定しても意図したようにスペーシングできないケースがあります。たとえば、見出し要素に下マージン2remが設定され、後に続く段落要素に上マージン1remが設定されていた場合、合計した3remにはなりません。マージンの仕様上、値が大きい方に相殺されるので、この場合は2rem分のスペースが開きます。下マージンのみを使うというルールの元でコーディングすれば、要素間のスペースが、上の要素の下マージンなのか、下の要素の上マージンなのか、どちらが影響しているのかを考えなくて済み、スペーシングが容易になるというわけです。

▼リスト3-86　見出しおよび段落要素へのリブート設定

```
h1, h2, h3, h4, h5, h6 {
  margin-top: 0; ❶
  margin-bottom: 0.5rem; ❷
}
p {
  margin-top: 0; ❶
  margin-bottom: 1rem; ❷
}
```

3.6.5 リストへのリブート設定

ul要素、ol要素、およびdl要素のすべてのリストからは上マージンが削除されます（リスト3-87❶）。また下マージン**margin-bottom：1rem**が追加されます（❷）。ネストされたリストからは下マージンが削除されます（❸）。ネストするたびに不自然な下マージンが追加されるようなことがないスタイルとなっています。

▼リスト3-87　リスト要素へのリブート設定

```
ol,
ul,
dl {
  margin-top: 0; ❶
  margin-bottom: 1rem; ❷
}
ol ol,
ul ul,
ol ul,
ul ol {
  margin-bottom: 0; ❸
}
```

また、**dt要素**は太字で表示されます（リスト3-88❶）。**dd要素**からは下マージン**margin-bottom：.5rem**が追加され、左マージンが削除されます（❷❸）。

これにより、dl 要素のスタイリングのシンプル化、ヒエラルキーの解消、スペーシングの改善を行います。

▼リスト 3-88　dt、dd 要素へのリブート設定

```
dt {
  font-weight: 700; ―――― ❶
}
dd {
  margin-bottom: .5rem; ―――― ❷
  margin-left: 0; ―――― ❸
}
```

3.6.6 整形済みのテキストへのリブート設定

整形済みのテキストを表す **pre 要素**からは上マージンが削除されます（リスト 3-89）。また下マージン **margin-bottom: 1rem** が追加されます（❷）。

▼リスト 3-89　pre 要素へのリブート設定

```
pre {
  margin-top: 0; ―――― ❶
  margin-bottom: 1rem; ―――― ❷
  overflow: auto;
  -ms-overflow-style: scrollbar;
}
```

3.6.7 テーブルへのリブート設定

table 要素は枠線が単一線表示に設定されます（リスト 3-90 ❶）。caption 要素にはパディングサイズ（❷）や文字色設定（❸）、文字の左揃え（❹）、キャプションの表示位置（❺）が定義されています。また th 要素では一貫したテキスト整列を確保するように親要素の値を継承します（❻）。

また、ボーダー、パディングなどに追加変更を行う場合は、**table クラス**（P.73 参照）を使用します。

▼リスト 3-90　テーブル要素へのリブート設定

```
table {
  border-collapse: collapse; ―――― ❶
}

caption {
  padding-top: 0.75rem; ―┐
  padding-bottom: 0.75rem; ―┴―― ❷
  color: #868e96; ―――― ❸
  text-align: left; ―――― ❹
```

```
  caption-side: bottom; ――――――――――――――――――――――――――――――❺
}

th {
  text-align: inherit; ―――――――――――――――――――――――――――――――❻
}
```

3.6.8 フォームへのリブート設定

よりシンプルなスタイルを実現するために、さまざまなフォーム要素がリブートされます。

fieldset要素へのリブート

fieldset要素のボーダー、パディング、マージンを削除し、個々の入力コントロールや入力グループをまとめる要素として簡単に使用できるように設定します（リスト3-91）。

▼リスト3-91 fieldset要素へのリブート設定

```
fieldset {
  min-width: 0;
  padding: 0;
  margin: 0;
  border: 0;
}
```

legend要素へのリブート

legend要素は、入力グループの見出しとして表示しやすいように要素をブロックボックスとして表示し（リスト3-92）、幅とパディングサイズを調整します。また下マージンを0.5rem確保し（❷）、文字サイズを1.5remに設定します（❸）。行高さや文字色は親要素から継承し（❹）、スペース、タブ、改行の表示方法を標準値に戻します（❺）。

▼リスト3-92 legend要素へのリブート設定

```
legend {
  display: block; ――――――――――――――――――――――――――――――――――❶
  width: 100%;
  max-width: 100%;
  padding: 0;
  margin-bottom: .5rem; ――――――――――――――――――――――――――――――❷
  font-size: 1.5rem; ―――――――――――――――――――――――――――――――――❸
  line-height: inherit; ―――┐
  color: inherit; ――――――――┴―――――――――――――――――――――――――――――❹
  white-space: normal; ――――――――――――――――――――――――――――――――❺
}
```

label 要素へのリブート

label 要素は、表示形式を display: inline-block に設定し、下マージンが追加されます（リスト 3-93）。

▼リスト 3-93　label 要素へのリブート設定

```
label {
  display: inline-block;
  margin-bottom: 0.5rem;
}
```

input 要素、select 要素、textarea 要素、button 要素へのリブート

input 要素、**select 要素**、**textarea 要素**、**button 要素**は、マージンが削除され、行高さの継承が追加されます（リスト 3-94）。

また、Android 4（webkit）ブラウザで audio 要素と video 要素のコントロールのバグを避ける設定（❶）や、Firefox（moz）ブラウザで、button 要素と input 要素の内側のパディングを削除する設定（❷）、Mobile Safari（webkit）ブラウザで、テキストが入力内で垂直方向にセンタリングされないバグを避ける設定（❸）は、ノーマライズ CSS の記述を引き継いでいます。

▼リスト 3-94　input 要素、select 要素、textarea 要素、button 要素へのリブート設定

```
input,
button,
select,
optgroup,
textarea {
  margin: 0;
  font-family: inherit;
  font-size: inherit;
  line-height: inherit;
}
button,
input {
  overflow: visible;
}
button,
select {
  text-transform: none;
}
button,
html [type="button"],
[type="reset"],
[type="submit"] {
  -webkit-appearance: button; ──── ❶
}
button::-moz-focus-inner,
```

```
[type="button"]::-moz-focus-inner,
[type="reset"]::-moz-focus-inner,
[type="submit"]::-moz-focus-inner {
  padding: 0;
  border-style: none;
}                                              ❷
input[type="radio"],
input[type="checkbox"] {
  box-sizing: border-box;
  padding: 0;
}
input[type="date"],
input[type="time"],
input[type="datetime-local"],
input[type="month"] {
  -webkit-appearance: listbox;                 ❸
}
```

1
2
3
4
5
6
7
8
9
10

textarea要素へのリブート

textarea要素は、水平方向のサイズ変更がページレイアウトを崩すことがあるため、垂直方向のサイズだけを変更できるように設定されます（リスト3-95）。

▼リスト3-95　textarea要素へのリブート設定

```
textarea {
  overflow: auto;
  resize: vertical;
}
```

3.6.9 リンクへのリブート設定

a要素については、ノーマライズCSSで定義されているスタイルに加えて、下記の設定が追加されます。

文字色

a要素について、リンク部分（a）およびホバー時（a:hover）の基本色が追加されます（表3-4）。

▼表3-4　リンク色の設定

リンク	色
a	#007bff
a:hover	#0056b3

文字装飾

リンク部分のアンダーライン装飾は、ホバー時（a:hover）のみに制限されます。このうち、href属性やtagindex属性のないリンクについては、アンダーライン装飾がなしになります。また、href属性やtagindex属性のないリンクについては、フォーカス時「a:focus」のアウトラインが非表示に設定されます（リスト3-96）。

またiOS 8以降とSafari 8以降のアンダーラインの隙間を削除するノーマライズCSSの記述を引き継いでいます（❶）。

▼リスト3-96　リンク要素へのリブート設定

```
a {
  color: #007bff;
  text-decoration: none;
  background-color: transparent;
  -webkit-text-decoration-skip: objects; ―――― ❶
}
a:hover {
  color: #0056b3;
  text-decoration: underline;
}
a:not([href]):not([tabindex]) {
  color: inherit;
  text-decoration: none;
}
a:not([href]):not([tabindex]):focus, a:not([href]):not([tabindex]):hover {
  color: inherit;
  text-decoration: none;
}
a:not([href]):not([tabindex]):focus {
  outline: 0;
}
```

3.6.10　その他要素へのリブート設定

その他の要素の主なリブート設定を下記に挙げます。

address要素へのリブート

address要素は、下マージン**margin-bottom: 1rem**が追加されます。また、フォントスタイルがデフォルトのイタリックからノーマルにリセットされ、行高さの継承が追加されます（リスト3-97）。

▼リスト3-97　textarea要素へのリブート設定

```
address {
  margin-bottom: 1rem;
  font-style: normal;
```

```
  line-height: inherit;
}
```

blockquote要素へのリブート

引用を表す**blockquote要素**のデフォルトマージンは、上下1em、左右40pxですが、他の要素と一貫性を保つために、上マージンと左右マージンを削除し、下マージン**margin-bottom: 1rem**が追加されます（リスト3-98）。

▼リスト3-98　blockquote要素へのリブート設定

```
blockquote {
  margin: 0 0 1rem;
}
```

abbr要素へのリブート

略称を表す**abbr要素**は、段落テキストの中で目立つように、点線のアンダーラインなど基本的なスタイルに設定されます（リスト3-99）。また、マウスポインターの表示を、クエスチョンマークの付いたポインターに設定します（❶）。

▼リスト3-99　abbr要素へのリブート設定

```
abbr[title],
abbr[data-original-title] {
  text-decoration: underline;
  -webkit-text-decoration: underline dotted;
  text-decoration: underline dotted;
  cursor: help; ―――――――――――――――――――――――――❶
  border-bottom: 0;
}
```

3.6.11 HTML5のhidden属性

HTML5では、**hidden**というグローバル属性が追加されました。**hidden属性**のある要素には、デフォルトスタイルとして要素を非表示にするための**display:none**が設定されます。Bootstrapでは、この要素に誤ってdisplayプロパティが再設定されないように**[hidden] { display: none !important; }**がリブート設定されます（リスト3-100）。

この明示的な宣言によって、hidden属性がサポートされないInternet Explorer 10における問題を回避できるようになります。

▼リスト3-100　hidden属性のある要素へのリブート設定

```
[hidden] {
```

```
  display: none !important;
}
```

なお、要素の表示形式（display）を変更せずに、可視性（visibility）だけを切り替える場合には、**Visibility ユーティリティ**（P.354 参照）で定義された **invisible クラス**を使用します。

COLUMN　リセットスタイルとしての Reboot

「Bootstrap の導入」（P.14 参照）でも触れましたが、Bootstrap のダウンロードファイル内には、リブート設定単独の CSS ファイル「bootstrap-reboot.css」や、「bootstrap-reboot.min.css」も用意されているため、Bootstrap 以外での一般的なリセットスタイルとして活用することも可能です。

▼ダウンロードファイルのディレクトリ構成

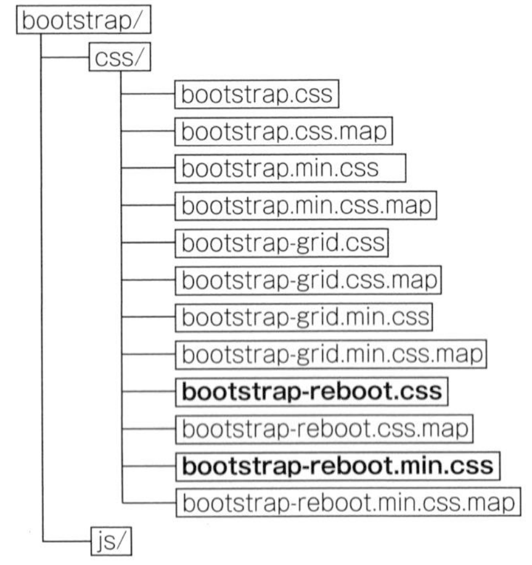

また、そもそものリブート設定は、ソースコード版 Bootstrap 内の「_reboot.scss」から CSS ファイルにコンパイルされるようになっています。「_reboot.scss」内には、各宣言やルールセットの意図が英語でコメント記述されていますので、詳しく知りたい方はご一読されると良いでしょう。ソースコード版の入手方法については「SCSS ファイルの準備」（P.443 参照）をご確認ください。

第4章

基本的なコンポーネント

Bootstrap にはフォームやリスト、ナビゲーションなどさまざまなコンポーネントが用意されており、定義済みクラスを要素に追加するだけで洗練された UI を実装できます。さらに各コンポーネントにも数種類のパターンがあり、それらを組み合わせることでバリエーションも広がります。数が多いので仕様を覚えるのは大変ですが、わかりやすく連想しやすいクラス名が使われているので、ある程度使用していくうちに覚えることができるでしょう。本章では、Bootstrap で使用できる基本的なコンポーネントの使い方を解説します。

ジャンボトロン

Bootstrap には、Web サイトのトップページにおけるメインビジュアルなどの表示に便利なコンポーネントとして、**ジャンボトロン**（jumbotron）が用意されています（図 4-1）。このコンポーネントは、親要素の幅いっぱいに広がるエリアを作成することができるため、一般的なコンテンツよりも大きく、インパクトのある表示をするのに最適です。

▼図 4-1　Bootstrap 公式サイトで公開されているジャンボトロンの例
（http://getbootstrap.com/docs/4.1/examples/）

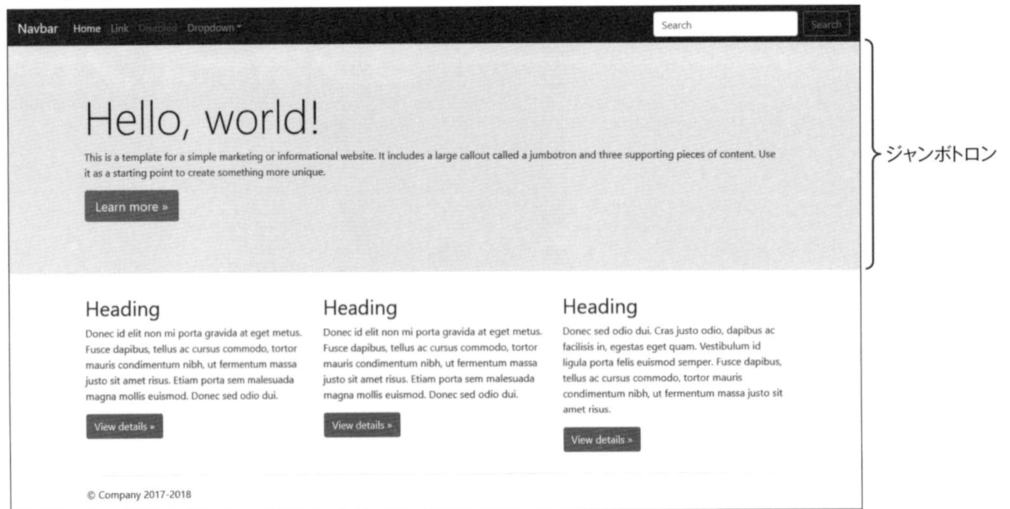

本節ではジャンボトロンを使用する方法を解説します。

4.1.1　基本的な使用例

ジャンボトロンを作成するには、div 要素に **jumbotron クラス**を追加します。ジャンボトロンをメインビジュアルなどのエリアとして使う場合には、配置するテキストも大きく目立たせた方がバランスが良く見えます。次の例では、h1 要素に見出しを目立たせるための **display-{ サイズ } クラス**（P.50 参照）を追加し、p 要素にはテキストを目立たせるための **lead クラス**（P.52 参照）を追加しています（リスト 4-1、図 4-2）。

▼リスト 4-1　ジャンボトロンの基本的な使用例（jumbotron-basic.html）

```
<div class="container">
  <div class="jumbotron">
    <h1 class="display-3">Jumbotron</h1>
    <p class="lead">これはジャンボトロンのサンプルです。</p>
  </div>
</div>
```

▼図 4-2　ジャンボトロン適用前（左）、適用後（右）

4.1.2 ジャンボトロンを全幅で表示する

画面幅いっぱいのジャンボトロンを作成する場合は、**jumbotron クラス**を設定した div 要素に **jumbotron-fluid クラス**を追加します。ジャンボトロンは、固定幅コンテナ（P.23 参照）で使用されることを想定して角丸（border-radius: 0.3rem;）になるよう設定されていますが、jumbotron-fluid クラスを追加されたジャンボトロンには角丸がなくなります（リスト 4-2、図 4-3）。

▼リスト 4-2　ジャンボトロンを全幅で表示する（jumbotron-fluid.html）

```
<div class="jumbotron jumbotron-fluid">
  <div class="container"
    <h1 class="display-3">Fluid jumbotron</h1>
    <p class="lead">これは全幅のジャンボトロンのサンプルです。</p>
  </div>
</div>
```

▼図 4-3　ジャンボトロンを全幅で表示する

アラート

Bootstrap の**アラート**は、エラーメッセージなど Web サイトからユーザーへのフィードバックメッセージを表示するためのコンポーネントです。本節では Bootstrap のアラートを使用する方法を解説します。

4.2.1 基本的な使用例

メッセージの枠となる親要素に **alert クラス**および **alert-{ 色の種類 } クラス**を追加することで、アラートを作成できます。色の種類には **primary**（青）、**secondary**（グレー）などコンテクストに対応した色の種類が入ります。またアクセシビリティへの配慮として属性 **role="alert"** を追加し、スクリーンリーダーなどの支援技術にこのコンポーネントの役割がアラートであることを伝えます（リスト 4-3、図 4-4）。

▼リスト 4-3　アラートの基本的な使用例（alerts-basic.html）

```
<div class="alert alert-primary" role="alert">
  alert-primary
</div>
<div class="alert alert-secondary" role="alert">
  alert-secondary
</div>
<div class="alert alert-success" role="alert">
  alert-success
</div>
<div class="alert alert-danger" role="alert">
  alert-danger
</div>
<div class="alert alert-warning" role="alert">
  alert-warning
</div>
<div class="alert alert-info" role="alert">
  alert-info
</div>
<div class="alert alert-light" role="alert">
  alert-light
</div>
<div class="alert alert-dark" role="alert">
  alert-dark
</div>
```

▼図 4-4　アラートの基本的な使用例

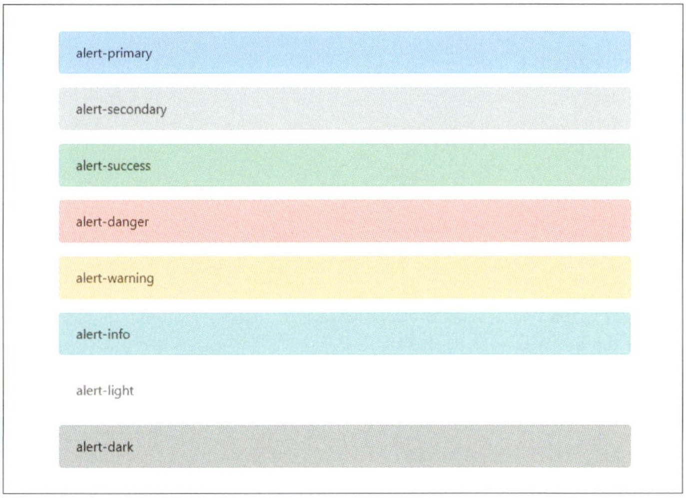

alert-primary
alert-secondary
alert-success
alert-danger
alert-warning
alert-info
alert-light
alert-dark

NOTE

コンテクストに対応した色の種類

Bootstrap では、**primary** は青、**secondary** はグレー、**success** は緑など、コンテクスト（文脈や意味）と対応した色の種類が、ソースファイル「**_variables.scss**」（P.439 参照）に定義されており、CSS ファイル「**bootstrap.css**」（および「bootstrap.min.css」）内にコンパイルされています。アラートの他にも、バッジ（badge）やボタン（btn）などのコンポーネントの色を変更する場合は、**{ コンポーネント名 }-{ 色の種類 } クラス**に表 4-1 の色の種類のいずれかを追加します。

▼表 4-1　コンテクストと色との対応

色の種類	コンテクスト	色
primary	主	青
secondary	副	グレー
success	成功	緑
info	情報	シアン
warning	警告	黄
danger	危険	赤
light	明	淡グレー
dark	暗	濃グレー

4.2.2 リンクの色

アラート内の a 要素に **alert-link クラス**を追加することで、リンク箇所の文字色を背景色に適した色や太さで表示し、より読みやすくすることができます（リスト 4-4、図 4-5）。

▼リスト 4-4　アラート内のリンク色（alerts-link-color.html）

```
<div class="alert alert-primary" role="alert">
  alert-primary内の <a href="#" class="alert-link">リンク #002752</a>
</div>
<div class="alert alert-secondary" role="alert">
  alert-secondary内の <a href="#" class="alert-link">リンク箇所 #202326</a>
</div>
<div class="alert alert-success" role="alert">
  alert-success内の <a href="#" class="alert-link">リンク箇所 #0b2e13</a>
</div>
<div class="alert alert-danger" role="alert">
  alert-danger内の <a href="#" class="alert-link">リンク箇所 #491217</a>
</div>
<div class="alert alert-warning" role="alert">
  alert-warning内の <a href="#" class="alert-link">リンク箇所 #533f03</a>
</div>
<div class="alert alert-info" role="alert">
  alert-info内の <a href="#" class="alert-link">リンク箇所 #062c33</a>
</div>
<div class="alert alert-light" role="alert">
  alert-light内の <a href="#" class="alert-link">リンク箇所 #686868</a>
</div>
<div class="alert alert-dark" role="alert">
  alert-dark内の <a href="#" class="alert-link">リンク箇所 #040505</a>
</div>
```

▼図 4-5　アラート内のリンク色

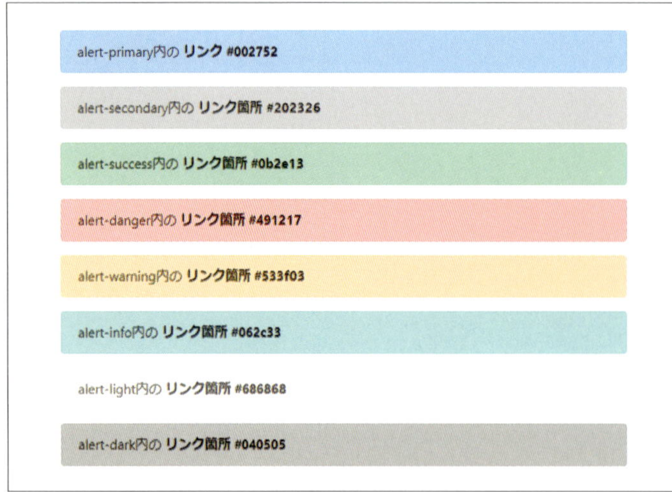

4.2.3 アラート内にコンテンツを追加する

アラート内には、見出し、段落、区切りなどさまざまなコンテンツを追加することができます。次の例では、h4 要素に **alert-heading クラス**を追加して、アラートの見出しとして設定しています。なお p 要素に Spacing ユーティリティ（P.318 参照）の **mb-0 クラス**を追加することで、下マージンを 0 にして余分な余白を削除しています（リスト 4-5、図 4-6）。

▼リスト 4-5　アラート内にコンテンツを追加する（alerts-content.html）

```
<div class="alert alert-success" role="alert">
  <h4 class="alert-heading">アラートの見出し（h4）</h4><!-- 見出し -->
  <p>アラート内の段落（p）</p><!-- 段落 -->
  <hr><!-- 区切り -->
  <p class="mb-0">アラート内の段落（p）</p><!-- 段落 -->
</div>
```

▼図 4-6　アラート内にコンテンツを追加する

アラートの見出し（h4）

アラート内の段落（p）

アラート内の段落（p）

4.2.4 アラートを閉じる

表示されたアラートを閉じるには、alert クラスが設定された要素に、**alert-dismissible クラス**を追加します。アラートを閉じるボタンは、button 要素に **close クラス**を追加して作成します。また、JavaScript 経由でアラートを閉じる機能を有効化するために、**data-dismiss="alert"** を加えます（JavaScript の挙動については、第 7 章にて改めて解説します）。アラートを閉じる挙動をアニメーション化したい場合は、alert クラスが設定された要素に **fade クラス**および **show クラス**も追加します（リスト 4-6、図 4-7）。

▼リスト 4-6　アラートを閉じるボタンを追加する（alerts-close.html）

```
<div class="alert alert-warning alert-dismissible fade show" role="alert">
  右側の「×」マークをクリックするとアラートが閉じます
  <button type="button" class="close" data-dismiss="alert" aria-label="Close">
    <span aria-hidden="true">&times;</span>
  </button>
</div>
```

▼図 4-7　アラート内にコンテンツを追加する

閉じるボタン「×」をクリック

右側の「×」マークをクリックするとアラートが閉じます

フェードアウトしながら閉じる

右側の「×」マークをクリックするとアラートが閉じます

「data-」ではじまるデータ属性について

「data-」ではじまるデータ属性は、HTML5 でカスタムデータ属性として定義されたものです。これは、適切な属性や要素がない場合に、ページやアプリケーション固有の独自データを格納する目的で使われます。

Bootstrap のアラートコンポーネントでは、data-dismiss="alert" を指定して、アラートを閉じる機能を追加しました。JavaScript を利用する Bootstrap コンポーネントのほとんどは、このように、HTML にデータ属性を追加するだけで利用できます。これを**データ属性 API** と言います。データ属性 API を利用して、JavaScript コードを書かずに、簡単にコンポーネントに動きを追加できるのも Bootstrap の特徴の 1 つです。

バッジ

Bootstrapの**バッジ**はカウンター表示やラベリングを行うためのコンポーネントです。本節ではBootstrapのバッジを使用する方法を解説します。

4.3.1 基本的な使用例

バッジを作成するには、span要素に**badgeクラス**、**badge-{色の種類}クラス**を追加します。色の種類には**primary**（青）、**secondary**（グレー）などコンテクストに対応した色の種類（P.111参照）を入れて、バッジの背景色を設定します（リスト4-7、図4-8）。なおバッジのサイズは、親要素のフォントサイズと一致するように調整されます。

▼リスト4-7　バッジの基本的な使用例（badge-basic.html）

```
<h1>h1 <span class="badge badge-primary">primary</span></h1>
<h2>h2 <span class="badge badge-secondary">secondary</span></h2>
<h3>h3 <span class="badge badge-success">success</span></h3>
<h4>h4 <span class="badge badge-danger">danger</span></h4>
<h5>h5 <span class="badge badge-warning">warning</span></h5>
<h6>h6 <span class="badge badge-info">info</span></h6>
<p>p <span class="badge badge-light">light</span></p>
<p>p <span class="badge badge-dark">dark</span></p>
```

▼図4-8　バッジの基本的な使用例

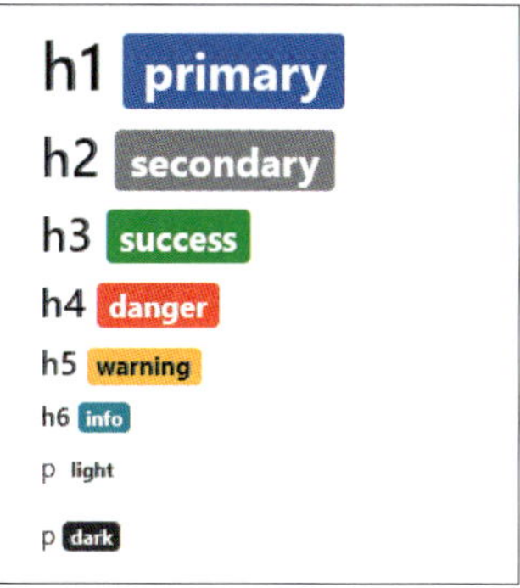

4.3.2 カウンターを作成する

バッジを使用して、ボタンやリンクに付けるカウンターを作成します。バッジの基本的な使用例（P.115参照）と同様に、ボタンやリンク内のspan要素に**badgeクラス**および**badge-{色の種類}クラス**を追加します。次の例では、button要素にbtnクラスおよびbtn-primaryクラス（P.233参照）を追加した青色のボタン内に、**badgeクラス**および**badge-lightクラス**を追加したspan要素を配置し、明るいグレーの背景色に「4」を表示するカウンターを作成しています（リスト4-8、図4-9）。

▼リスト4-8　バッジでカウンターを作成する（badge-counter.html）

```
<button type="button" class="btn btn-primary">
  button <span class="badge badge-light">4</span>
</button>
```

▼図4-9　バッジでカウンターを作成する

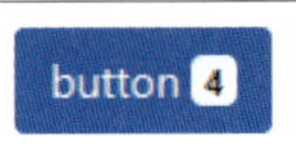

NOTE バッジのアクセシビリティ

バッジがラベルやカウンターの役割を果たしていることをスクリーンリーダーなどの支援技術に伝える場合は、テキストを非表示にするスクリーンリーダー用ユーティリティ（P.354参照）の**sr-onlyクラス**を使って情報追加します。次の例では、バッジに表示された数字**9**が**未読メッセージ**の数であることをスクリーンリーダーに伝えるための非表示テキストを加えています（リスト4-9、図4-10）。

▼リスト4-9　バッジにスクリーンリーダー用の非表示テキストを加える（badge-sr-only.html）

```
<button type="button" class="btn btn-primary">
  メッセージ <span class="badge badge-light">9</span>
  <!-- sr-onlyクラスで非表示にしたスクリーンリーダー用テキスト -->
  <span class="sr-only">未読メッセージ</span>
</button>
```

▼図4-10　バッジにスクリーンリーダー用の非表示テキストを加える

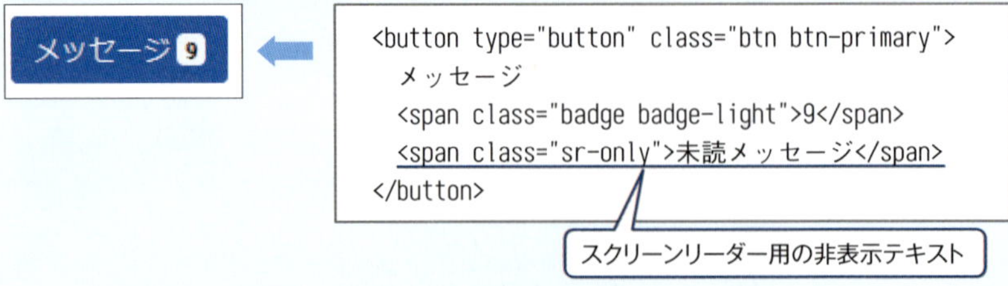

4.3.3 ピル型のバッジを作成する

丸みを帯びたピル型のバッジを作成する場合は、badge クラスおよび badge-{ 色の種類 } クラスが設定された要素に、**badge-pill クラス**を追加します。badge-pill クラスが追加されることで、角丸サイズと左右のパディングサイズが大きくなり、バッジが丸みを帯びます（リスト 4-10、図 4-11）。

▼リスト 4-10　ピル型のバッジを作成する（pill-badges.html）

```
<span class="badge badge-pill badge-primary">Primary</span>
<span class="badge badge-pill badge-secondary">Secondary</span>
<span class="badge badge-pill badge-success">Success</span>
<span class="badge badge-pill badge-danger">Danger</span>
<span class="badge badge-pill badge-warning">Warning</span>
<span class="badge badge-pill badge-info">Info</span>
<span class="badge badge-pill badge-light">Light</span>
<span class="badge badge-pill badge-dark">Dark</span>
```

▼図 4-11　ピル型のバッジを作成する

4.3.4 アクション付きのバッジを作成する

ホバーやフォーカスといったアクション付きのバッジを作成する場合、a 要素に **badge クラス**および **badge-{ 色の種類 } クラス**を追加します。色の種類には **primary**（青）、**secondary**（グレー）などコンテクストに対応した色の種類（P.111 参照）を入れて、バッジの背景色を設定します。次の例では、ホバー時に色が濃くなる緑色のバッジを作成しています（リスト 4-11、図 4-12）。

▼リスト 4-11　アクション付きのバッジを作成する（badge-links.html）

```
<a href="#" class="badge badge-success">badge-success</a>
```

▼図 4-12　アクション付きバッジの通常時（左）、アクション付きバッジのホバー時（右）

プログレス

Bootstrap の**プログレス**は、プログレスバーを作成するためのコンポーネントです。**プログレスバー**とは、作業の経過・進捗状況を横長のバーで視覚的に示すもので、グラフィカルな UI の 1 つです。

Bootstrap では、シンプルなバー、ストライプ状のバー、アニメーション背景のバーなど、さまざまなプログレスバーを作成できるコンポーネントが用意されており、それらを積み重ねたり、テキストラベルを付けたりして使用することができます。本節では、Bootstrap のプログレスを使用する方法を解説します。

4.4.1 基本的な使用例

Bootstrap の**プログレス**でプログレスバーを作成するには、まず、コンポーネント全体を包括する要素に **progress クラス**を追加し、プログレスバーの最大値を示すブロックを作成します（リスト 4-12 ❶）。次に、その子要素に **progress-bar クラス**を追加して、進捗状況を示すブロックを作成します（❷）。このコンポーネントでは、HTML5 の progress 要素（進行状況を表す要素）は使用しません。

▼リスト 4-12　プログレスバーの基本の使い方（progress-basic.html）

```
<div class="progress mb-3"> ―――――――――――――――――――――――――――――――――――――❶
  <div class="progress-bar" role="progressbar" aria-valuenow="0" aria-valuemin="0" ↩
aria-valuemax="100"></div> ――――――――――――――――――――――――――――――――――――❷
</div>
<div class="progress mb-3">
  <div class="progress-bar" style="width: 20%" role="progressbar" aria-valuenow="25" ↩
aria-valuemin="0" aria-valuemax="100"></div>
</div>
<div class="progress mb-3">
  <div class="progress-bar w-50" role="progressbar" aria-valuenow="50" aria-valuemin="0" ↩
aria-valuemax="100"></div>
</div>
<div class="progress mb-3">
  <div class="progress-bar" style="width:80%" role="progressbar" aria-valuenow="75" ↩
aria-valuemin="0" aria-valuemax="100"></div>
</div>
<div class="progress">
  <div class="progress-bar w-100" role="progressbar" aria-valuenow="100" aria-valuemin="0" ↩
aria-valuemax="100"></div>
</div>
```

progress-bar クラスを指定した要素には、進捗状況を示すバーの長さ（幅）を指定する必要があります。style 属性を使用して style="width:20%"、style="width:80%" のように幅のスタイルを指定するか、Sizing ユーティリティ（P.314 参照）の **w-{% 値 } クラス**を使用して 25%、50%、75%、100% の 4 段階で幅を指定します。

また、アクセシビリティへの配慮のために **role 属性**と **aria-* 属性**の追加が必要です。属性 **role="progressbar"** を追加することで、スクリーンリーダーなどの支援技術にプログレスバーの役割であることを伝えます。**aria-valuenow 属性には現在値、aria-valuemin には最小値、aria-valuemax 属性には最大値**を指定し、同様の支援技術にプログレスバーの状態を伝えます。

なお、プログレスバーを複数並べる場合、バーと次のバーの間に余白がないので、progress クラスが設定された要素に Spacing ユーティリティ（P.318 参照）を追加して、バーの間隔を調整してあげると良いでしょう。図 4-13 の例では、最後のプログレスバー以外のバーに Spacing ユーティリティの **mb-3 クラス**を指定して、下マージンを設定しています。

▼図 4-13　基本のプログレスバー

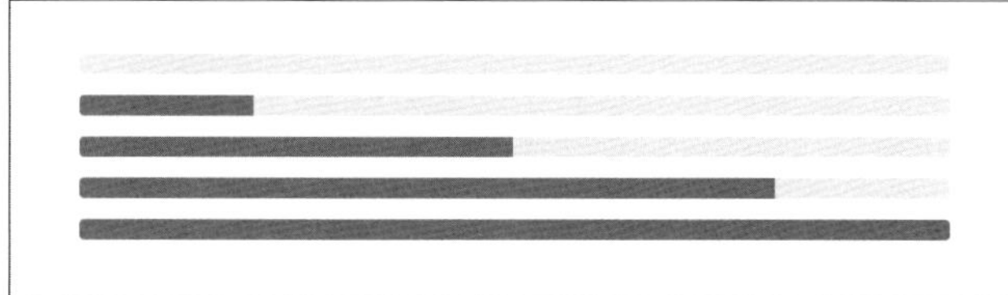

4.4.2 プログレスバーにテキストラベルを追加する

progress-bar クラスが設定された要素にテキストを配置すると、プログレスバーにテキストラベルが追加されます（リスト 4-13、図 4-14）。

▼リスト 4-13　プログレスバーにテキストラベルを追加する（progress-label.html）

```
<div class="progress">
  <div class="progress-bar w-25" role="progressbar" aria-valuenow="25" aria-valuemin="0" ⏎
aria-valuemax="100">25%</div>
</div>
```

▼図 4-14　プログレスバーにテキストラベルを追加する

4.4.3 プログレスバーの高さを変更する

プログレスバーの高さ（太さ）は、初期設定として 1rem（＝16px）が定義されています。バーの高さを変更するには、progressクラスを追加した要素にstyle属性でheight値を設定します。その値を変更すると、内部のprogress-barクラスを指定した要素は自動的にそれに応じたサイズに変更されます（リスト4-14、図4-15）。

▼リスト4-14　プログレスバーの高さを変更する（progress-height.html）

```
<h3 class="mb-3">1pxの高さのプログレスバー</h3>
<div class="progress mb-5" style="height: 1px;">
  <div class="progress-bar w-25" role="progressbar" aria-valuenow="25" aria-valuemin="0" ↩
aria-valuemax="100"></div>
</div>
<h3 class="mb-3">20pxの高さのプログレスバー</h3>
<div class="progress" style="height: 20px;">
  <div class="progress-bar w-25" role="progressbar" aria-valuenow="25" aria-valuemin="0" ↩
aria-valuemax="100"></div>
</div>
```

▼図4-15　プログレスバーの高さを変更する

1pxの高さのプログレスバー

20pxの高さのプログレスバー

4.4.4 プログレスバーの背景を変更する

プログレスバーの外観を変更するには、progress-barクラスが設定された要素にColorユーティリティ（P.302参照）の**bg-{色の種類}クラス**を追加します。色の種類には**primary**（青）、**secondary**（グレー）などの色の種類が入ります。何も指定しない場合は、初期設定のbg-primaryクラスが設定されて青色になります（リスト4-15、図4-16）。

▼リスト4-15　プログレスバーの背景を変更する（progress-background.html）

```
<h3 class="mb-2">bg-success</h3>
<div class="progress mb-3">
  <div class="progress-bar bg-success" role="progressbar" style="width: 25%" aria-valuenow="25" ↩
aria-valuemin="0" aria-valuemax="100"></div>
</div>
<h3 class="mb-2">bg-info</h3>
<div class="progress mb-3">
  <div class="progress-bar bg-info" role="progressbar" style="width: 50%" aria-valuenow="50" ↩
aria-valuemin="0" aria-valuemax="100"></div>
</div>
<h3 class="mb-2">bg-warning</h3>
```

```
<div class="progress mb-3">
  <div class="progress-bar bg-warning" role="progressbar" style="width: 75%" aria-valuenow="75" ↩
aria-valuemin="0" aria-valuemax="100"></div>
</div>
<h3 class="mb-2">bg-danger</h3>
<div class="progress mb-3">
  <div class="progress-bar bg-danger" role="progressbar" style="width: 100%" aria-valuenow="100" ↩
aria-valuemin="0" aria-valuemax="100"></div>
</div>
```

▼図 4-16　プログレスバーの背景を変更する

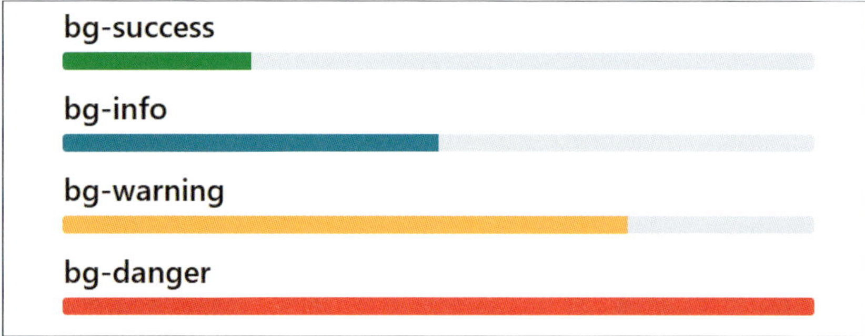

4.4.5 複数のプログレスバーを重ねて表示する

必要に応じて、複数のプログレスバーを重ねて表示することができます。progress クラスが設定された要素の中に、progress-bar クラスを指定した要素を複数追加するだけで実装できます（リスト 4-16、図 4-17）。

▼リスト 4-16　複数のプログレスバーを積み重ねる（progress-multiple-bars.html）

```
<div class="progress">
  <div class="progress-bar" role="progressbar" style="width: 15%" aria-valuenow="15" ↩
aria-valuemin="0" aria-valuemax="100"></div>
  <div class="progress-bar bg-success" role="progressbar" style="width: 30%" aria-valuenow="30" ↩
aria-valuemin="0" aria-valuemax="100"></div>
  <div class="progress-bar bg-info" role="progressbar" style="width: 20%" aria-valuenow="20" ↩
aria-valuemin="0" aria-valuemax="100"></div>
</div>
```

▼図 4-17　複数のプログレスバーを積み重ねる

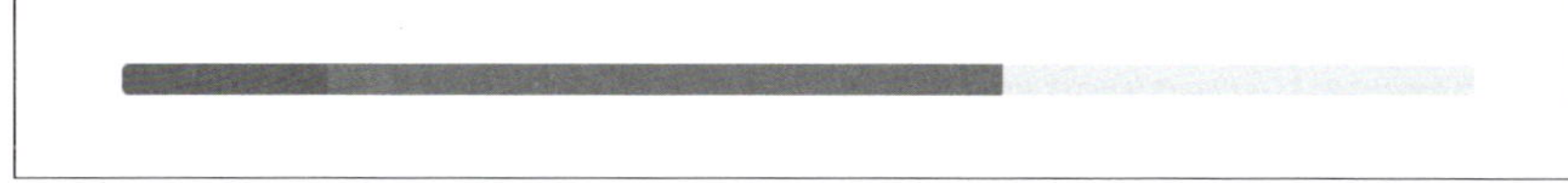

4.4.6 プログレスバーをストライプにする

progress-bar クラスが設定された要素に、**progress-bar-striped クラス**を追加すると、プログレスバーの背景色に CSS グラデーションを使用したストライプの模様を適用することができます（リスト 4-17、図 4-18）。

▼リスト 4-17　プログレスバーをストライプにする（progress-stripe.html）

```
<div class="progress mb-3">
  <div class="progress-bar progress-bar-striped" role="progressbar" style="width: 10%" ⮐
aria-valuenow="10" aria-valuemin="0" aria-valuemax="100"></div>
</div>
<div class="progress mb-3">
  <div class="progress-bar progress-bar-striped bg-success" role="progressbar" style="width: 25%" ⮐
aria-valuenow="25" aria-valuemin="0" aria-valuemax="100"></div>
</div>
<div class="progress mb-3">
  <div class="progress-bar progress-bar-striped bg-info" role="progressbar" style="width: 50%" ⮐
aria-valuenow="50" aria-valuemin="0" aria-valuemax="100"></div>
</div>
<div class="progress mb-3">
  <div class="progress-bar progress-bar-striped bg-warning" role="progressbar" style="width: 75%" ⮐
aria-valuenow="75" aria-valuemin="0" aria-valuemax="100"></div>
</div>
<div class="progress">
  <div class="progress-bar progress-bar-striped bg-danger" role="progressbar" style="width: 100%" ⮐
aria-valuenow="100" aria-valuemin="0" aria-valuemax="100"></div>
</div>
```

▼図 4-18　プログレスバーをストライプにする

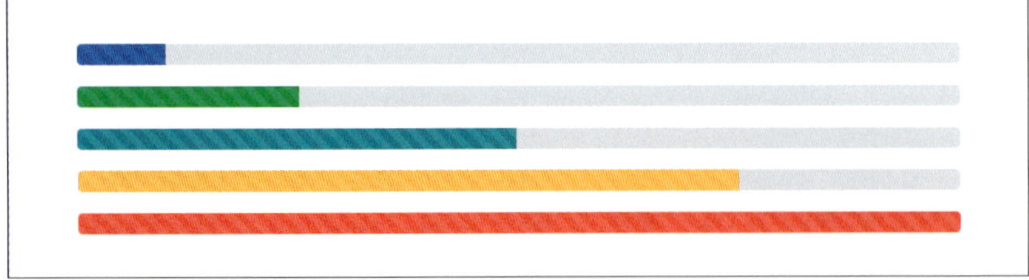

4.4.7 プログレスバーのストライプをアニメーションにする

CSS グラデーションを使用したストライプの模様は、アニメーションで動かすこともできます。progress-bar クラスが設定された要素に **progress-bar-animated クラス**を追加すると、CSS3 アニメーションを使用してストライプが右から左に動くアニメーションを表示できます。ただし、CSS3 のアニメーションをサポートしていない Opera 12 などのブラウザでは動作しません（リスト 4-18、図 4-19）。

▼リスト 4-18 プログレスバーのストライプをアニメーションさせる（progress-animation.html）

```
<div class="progress mb-3">
    <div class="progress-bar progress-bar-striped progress-bar-animated" role="progressbar" ⏎
aria-valuenow="25" aria-valuemin="0" aria-valuemax="100" style="width: 25%"></div>
  </div>
  <div class="progress mb-3">
    <div class="progress-bar progress-bar-striped progress-bar-animated bg-success" ⏎
role="progressbar" aria-valuenow="50" aria-valuemin="0" aria-valuemax="100" style="width: 50%"></div>
  </div>
  <div class="progress mb-3">
    <div class="progress-bar progress-bar-striped progress-bar-animated bg-info" ⏎
role="progressbar" aria-valuenow="75" aria-valuemin="0" aria-valuemax="100" style="width: 75%"></div>
  </div>
  <div class="progress mb-3">
    <div class="progress-bar progress-bar-striped progress-bar-animated bg-danger" ⏎
role="progressbar" aria-valuenow="100" aria-valuemin="0" aria-valuemax="100" style="width: 100%">⏎
</div>
  </div>
</div>
```

▼図 4-19 プログレスバーのストライプをアニメーションさせる

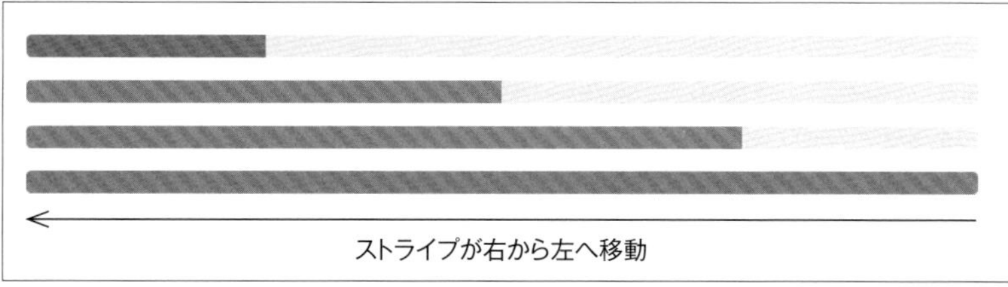

カード

Bootstrap の**カード**は、枠で囲まれたひとまとまりのコンテンツを作成するのための コンポーネントです。コンポーネント内には画像、テキスト、リストグループ、リンクなど、さまざまなコンテンツを含めることができます。またこのコンポーネントは flexbox をもとに構築されているため、レイアウトや他のコンポーネントとの組み合わせが容易です。本節では Bootstrap のカードを使用する方法を解説します。

なお、カードは Bootstrap 4 以降のコンポーネントで、Bootstrap 3 における**パネル**（Panels）、**サムネイル**（Thumbnails）、**ウェル**（Wells）が統廃合されたものです。

4.5.1 基本的な使用例

カードを作成するには、コンポーネント全体を包括する要素に **card クラス**を、枠の中に含まれる子要素に表 4-2 のクラスを追加します。

▼表 4-2　カード枠内の子要素に使用される主なクラス

クラス	概要
card-body	カードの本文エリアを作成
card-title	h 要素に追加し、カードの見出しを作成
card-subtitle	h 要素に追加し、カードの副見出しを作成
card-text	p 要素などのテキスト要素に追加し、カードのテキストを作成
card-link	a 要素に追加し、カードのリンクを作成
card-img-top	img 要素に追加し、カード上部に画像を配置
card-img-bottom	img 要素に追加し、カード下部に画像を配置
card-header	カードのヘッダーエリアを作成
card-footer	カードのフッターエリアを作成

それではカードの基本的な使用例を見てみましょう（リスト 4-19、図 4-20）。

▼リスト 4-19　基本的な使用例（card-basic.html）

```
<!-- カードの枠：card -->
<div class="card" style="max-width: 25rem;"> ――――――――――――――――――❶❼
<!-- カード上部にレイアウトされる画像：card-img-top -->
  <img class="card-img-top" src="..." alt="..."> ――――――――――――――――❷
<!-- カード本文：card-body -->
  <div class="card-body"> ――――――――――――――――――――――――――――――❸
    <!-- カード見出し：card-title -->
```

```
    <h4 class="card-title">カードの見出し</h4> ――――――――――――― ❹
    <!-- カードの副見出し：card-subtitle -->
    <h6 class="card-subtitle">カードの副見出し</h6> ――――――――――― ❺
    <!-- カードの内容文：card-text -->
    <p class="card-text">カードの内容文が入ります。</p> ―――――――― ❻
    <a href="#" class="btn btn-primary">ボタン</a>
  </div>
</div>
```

まずカードの枠を形作る親要素に**card クラス**を追加します（❶）。カード上部にレイアウトされる画像にはimg 要素に**card-img-top クラス**を追加し（❷）、カードの本文エリアとなる要素には**card-body** を追加します（❸）。カードの見出しとなる要素には**card-title クラス**を追加し（❹）、副見出しとなる要素には**card-subtitle** 追加します（❺）。内容文となる要素には**card-text クラス**を追加します（❻）。

なお、このコンポーネントには幅サイズが初期設定されていません。例では**card クラス**が設定された div 要素の style 属性に**max-width: 25rem** を追加して、幅サイズを 25rem 以下に設定しています（❼）。

▼図 4-20　カードの基本的な使用例

カードに画像を配置する

カード内の img 要素に**card-img-top クラス**を追加してカード上部に画像を配置する方法は既に述べましたが、img 要素に**card-img-bottom クラス**を追加することでカード下部に画像を配置することもできます（リスト 4-20、図 4-21）。

▼リスト 4-20　カード内に画像を配置する（card-image.html）

```
<!-- 画像：上部 -->
<div class="card mb-3" style="max-width: 25rem;">
  <!-- カード上部に画像を配置：card-img-top -->
  <img class="card-img-top" src="..." alt="...">
  <div class="card-body">
    <p class="card-text">カードの内容文が入ります。</p>
  </div>
</div>

<!-- 画像：下部 -->
```

```
<div class="card" style="width: max-width: 25rem;">
  <div class="card-body">
    <p class="card-text">カードの内容文が入ります。</p>
  </div>
  <!-- カード下部に画像を配置：card-img-bottom -->
  <img class="card-img-bottom" src="..." alt="...">
</div>
```

▼図 4-21　カード内の画像配置

カードにリストグループを組み込む

カード内にリストグループ（P.180 参照）を組み込む場合、**list-group クラス**が設定された要素に **list-group-flush クラス**を追加します（リスト 4-21、図 4-22）。

▼リスト 4-21　カードにリストグループを組み込む（card-list-group.html）

```
<div class="card" style="width: max-width: 25rem;">
  <!-- カード内のリストグループ:list-group-flush -->
  <ul class="list-group list-group-flush">
    <li class="list-group-item">リスト01</li>
    <li class="list-group-item">リスト02</li>
    <li class="list-group-item">リスト03</li>
  </ul>
</div>
```

▼図 4-22　カード内のリストグループ

リスト01

リスト02

リスト03

カード内にコンテンツを複合する

カード内には複数のコンテンツを複合することができます。次の例では、カード内に画像、テキスト、リストグループなどを複合しています（リスト4-22、図4-23）。

1 2 3 4 5 6 7 8 9 10

▼リスト4-22 カード内にコンテンツを複合する（card-kitchen-sink.html）

```
<div class="card" style="max-width: 25rem;">
  <!-- カード上部に画像を配置：card-img-top -->
  <img class="card-img-top" src="..." alt="...">
  <!-- カードの本文：card-body -->
  <div class="card-body">
    <!-- カードの見出し：card-title -->
    <h4 class="card-title">カードの見出し</h4>
    <!-- カードの内容文：card-te -->
    <p class="card-text">カードの内容文が入ります。</p>
  </div>
  <!-- カード内のリストグループ：list-group-flush -->
  <ul class="list-group list-group-flush">
    <li class="list-group-item">リスト01</li>
    <li class="list-group-item">リスト02</li>
    <li class="list-group-item">リスト03</li>
  </ul>
  <!-- カードの本文：card-body -->
  <div class="card-body">
    <!-- カード内リンク：card-link -->
    <a href="#" class="card-link">カード内リンク</a>
    <a href="#" class="card-link">カード内リンク</a>
  </div>
</div>
```

▼図4-23 カード内にコンテンツを複合する

カードのヘッダーとフッターを作成する

カード内にヘッダーやフッターのエリアを作成するには、ヘッダーエリアとなる要素に **card-header クラス**、フッターエリアとなる要素に **card-footer クラス**を追加します（リスト 4-23、図 4-24）。

▼リスト 4-23　カードのヘッダーとフッターを作成する（card-header-footer.html）

```
<div class="card" style="max-width: 25rem;">
  <!-- カードのヘッダー：card-header -->
  <div class="card-header">
    カードのヘッダー
  </div>
  <!-- カードの本文 -->
  <div class="card-body">
    <h4 class="card-title">カードの見出し</h4>
    <p class="card-text">カードの内容文が入ります。</p>
  </div>
  <!-- カードのフッター：card-footer -->
  <div class="card-footer">
    カードのフッター
  </div>
</div>
```

▼図 4-24　カード内のヘッダーとフッターを作成する

カード内の見出し要素に **card-header クラス**を追加して、見出し要素をヘッダーエリアとして設定することもできます（リスト 4-24、図 4-25）。

▼リスト 4-24　見出しに card-header クラスを使用する（card-header-h.html）

```
<div class="card" style="max-width: 25rem;">
  <!-- カードのヘッダー -->
  <h4 class="card-header">
    カードのヘッダー
  </h4>
 <!-- カードの本文 -->
  <div class="card-body">
    <h4 class="card-title">カードの見出し</h4>
    <p class="card-text">カードの内容文が入ります。</p>
  </div>
</div>
```

▼図 4-25　カード見出しに card-header クラスを使用する

カードのヘッダー
カードの見出し カードの内容文が入ります。

4.5.2 カードのスタイルを変更する

カードには、背景、ボーダー、色をカスタマイズするためのさまざまなオプションがあります。

カードの背景色や文字色を設定する

カードの色を変更するために、Color ユーティリティ（P.302 参照）の **text-{ 色の種類 } クラス**や **bg-{ 色の種類 } クラス**を使用することができます。色の種類には **primary**（青）、**secondary**（グレー）などが入ります。

次の例では、**text-white クラス**で文字色を白に、**bg-primary クラス**で背景色を青に、**bg-success クラス**で背景色を緑に調整しています（リスト 4-25、図 4-26）。

▼リスト 4-25　カードの背景色や文字色を設定する（card-background-color.html）

```
<!-- 背景色、文字色指定なし -->
<div class="card mb-3" style="max-width: 25rem;">
  <div class="card-header">カードのヘッダー</div>
  <div class="card-body">
    <h4 class="card-title">カードの見出し</h4>
    <p class="card-text">カードの内容文が入ります。</p>
  </div>
</div>

<!-- 背景色：bg-primary、文字色：text-white -->
<div class="card text-white bg-primary mb-3" style="max-width: 25rem;">
  …中略…
</div>

<!-- 背景色：bg-secondary、文字色：text-white -->
<div class="card text-white bg-secondary mb-3" style="max-width: 25rem;">
  …中略…
</div>

<!-- 背景色：bg-success、文字色：text-white -->
<div class="card text-white bg-success mb-3" style="max-width: 25rem;">
  …中略…
</div>

<!-- 背景色：bg-danger、文字色：text-white -->
<div class="card text-white bg-danger mb-3" style="max-width: 25rem;">
```

```
  …中略…
</div>

<!-- 背景色：bg-warning、文字色：text-white -->
<div class="card text-white bg-warning mb-3" style="max-width: 25rem;">
  …中略…
</div>

<!-- 背景色：bg-info、文字色：text-white -->
<div class="card text-white bg-info mb-3" style="max-width: 25rem;">
  …中略…
</div>

<!-- 背景色：bg-light -->
<div class="card bg-light mb-3" style="max-width: 25rem;">
  …中略…
</div>

<!-- 背景色：bg-dark、文字色：text-white -->
<div class="card text-white bg-darkmb-3" style="max-width: 25rem;">
  …中略…
</div>
```

▼図 4-26　カードの背景色や文字色を設定する

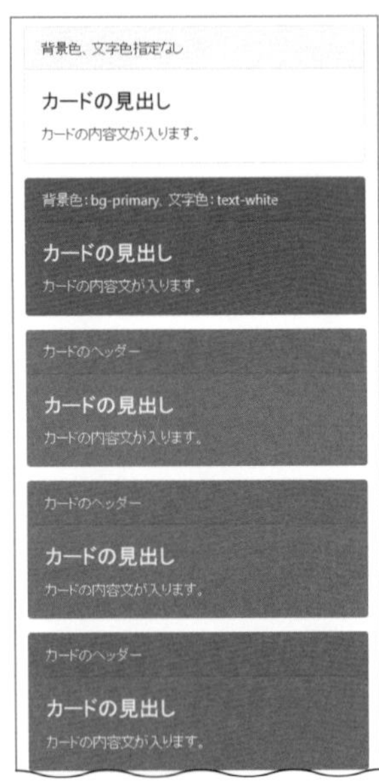

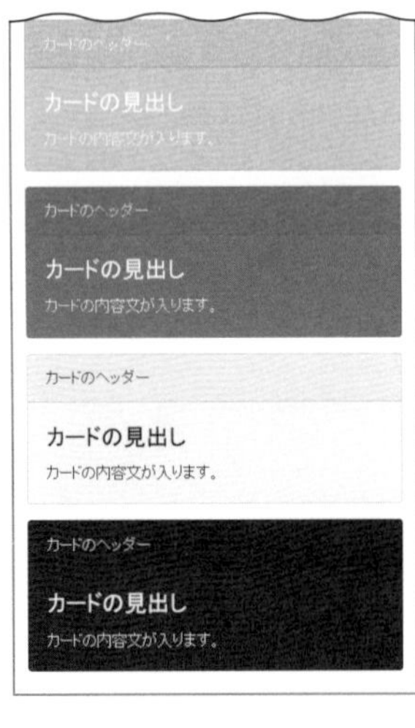

カードのボーダー色を設定する

カードのボーダー色を設定するために、Borderユーティリティ（P.306参照）の**border-{ 色の種類 } クラス**を使用することができます。色の種類には**primary**（青）、**secondary**（グレー）などが入ります。次の例では、cardクラスが設定されたカードの枠となる要素に**border-primary クラス**を追加し、ボーダー色を青色に設定しています。またcard-headerクラスが設定されたカードのヘッダーエリアとなる要素にも**border-primary クラス**を追加し、カード内のボーダー色も青色に設定しています（リスト4-26、図4-27）。

▼リスト4-26　カードのボーダー色を変更する（card-border.html）

```
<!-- カード枠のボーダー色：変更なし -->
<div class="card mb-3" style="max-max-width: 25rem">
  <!-- ヘッダーのボーダー色：変更なし -->
  <div class="card-header">カードのヘッダー</div>
    <div class="card-body">
    <h4 class="card-title">カードの見出し</h4>
    <p class="card-text">カードの内容文が入ります。</p>
  </div>
</div>

<!-- カード枠のボーダー色：青 border-primary -->
<div class="card border-primary mb-3" style="max-max-width: 25rem">
  <!-- ヘッダーのボーダー色：青 border-primary -->
  <div class="card-header border-primary">カードのヘッダー</div>
  <div class="card-body">
    <h4 class="card-title">カードの見出し</h4>
    <p class="card-text">カードの内容文が入ります。</p>
  </div>
</div>
```

▼図4-27　カードのボーダー色を変更する

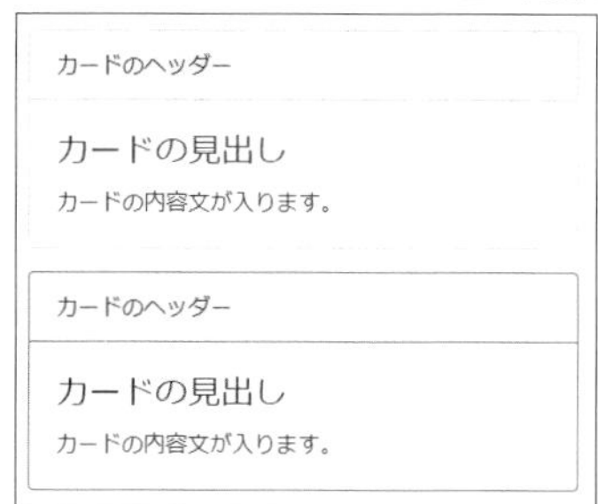

カードの背景色を除去する

カードのヘッダーやフッターには、初期設定で明るいグレーの背景色が設定されています。この背景色を除去する場合は、カードのヘッダーとしてcard-headerクラスが設定された要素や、フッターとしてcard-footer要素が設定された要素に、**bg-transparent クラス**を追加します（リスト4-27、図4-28）。

▼リスト 4-27　カードの背景色を除去する（card-bg-transparent.html）

```
<div class="card mb-3" style="max-width: 25rem;">
  <!-- ヘッダーの背景色 -->
  <div class="card-header">ヘッダー初期設定の背景色</div>
  <div class="card-body">
    <h4 class="card-title">カードの見出し</h4>
    <p class="card-text">カードの内容文が入ります。</p>
  </div>
  <!-- フッターの背景色 -->
  <div class="card-footer">フッター初期設定の背景色</div>
</div>

<div class="card mb-3" style="max-width: 25rem;">
  <!-- ヘッダー背景色の除去：bg-transparent -->
  <div class="card-header bg-transparent">背景色の除去：bg-transparent</div>
  <div class="card-body">
    <h4 class="card-title">カードの見出し</h4>
    <p class="card-text">カードの内容文が入ります。</p>
  </div>
  <!-- フッター背景色の除去：bg-transparent -->
  <div class="card-footer bg-transparent">背景色の除去：bg-transparent</div>
</div>
```

▼図 4-28　カードの背景色を除去する

4.5.3　カードのサイズを変更する

既に述べたように、カードには幅サイズが初期設定されていません。したがって幅サイズを設定しない場合は、コンポーネントの幅が親要素の 100 %のサイズになります。カードの幅サイズの設定を行うためには、style 属性や CSS の width プロパティで幅を指定する方法の他に、グリッドレイアウトにカードを組み込んでレイアウトを行う方法や、カードに Sizing ユーティリティ（P.314 参照）の **w-{% 値 } クラス**を使用して幅指定を行う方法があります。

グリッドレイアウトに組み込む方法

card クラスが設定された要素をグリッドレイアウト（P.22 参照）の中に組み込んで、グリッドのカラムとして幅指定を行います。次の例では、**col-sm-6 クラス**が設定された div 要素の中にカードを組み込んで、画面幅 sm 以上で 6 列カラムが 2 つ並ぶレイアウトになるように幅を設定しています（リスト 4-28、図 4-29）。

▼リスト 4-28　グリッドレイアウトに組み込んで幅を指定する（card-grid.html）

```
<div class="row">
  <!-- カラム01 -->
  <div class="col-sm-6">
    <div class="card">
      <div class="card-body">
        …中略…
      </div>
    </div>
  </div>
  <!-- カラム02 -->
  <div class="col-sm-6">
    <div class="card">
      <div class="card-body">
        …中略…
      </div>
    </div>
  </div>
</div>
```

▼図 4-29　グリッドレイアウトに組み込んで幅を指定する

カードの見出し カードの内容文が入ります。 ボタン	カードの見出し カードの内容文が入ります。 ボタン

Sizing ユーティリティを使用する方法

card クラスが設定された要素に Sizing ユーティリティ（P.314 参照）の **w-{% 値 } クラス**を追加して幅指定を行います。% 値には、25、50、75、100 が入ります。次の例では **card クラス**が設定された要素に **w-75 クラス**を追加して、カードの幅が親要素の幅の 75 %になるように設定しています（リスト 4-29、図 4-30）。

▼リスト 4-29　Sizing ユーティリティを使用して幅を指定する（card-sizing.html）

```
<!-- Sizingユーティリティ：w-{%値}クラスによる幅指定 -->
<div class="card w-75">
  <div class="card-body">
    <h4 class="card-title">カードの幅指定：w-75</h4>
```

```
    <p class="card-text">カードの幅が親要素の幅の75%になります。</p>
    <a href="#" class="btn btn-primary">ボタン</a>
  </div>
</div>
```

▼図 4-30　Sizing ユーティリティを使用して幅を指定する

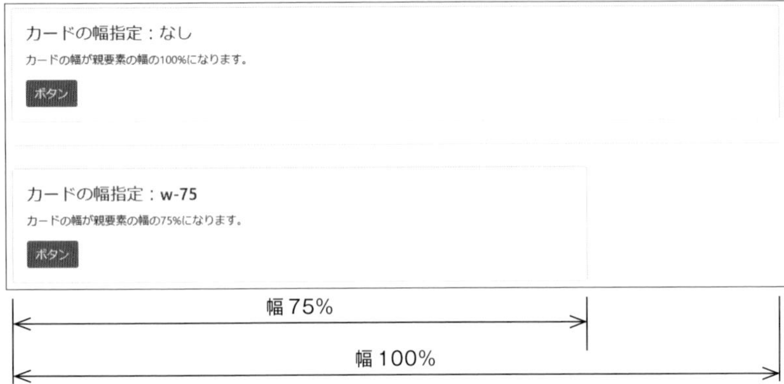

4.5.4 カードのテキストを整列する

カード内のテキストを整列する場合は、card クラスが設定された要素に Text ユーティリティ（P.347 参照）の **text-right クラス**（右寄せ）、**text-center クラス**（中央揃え）などを追加します。初期設定では左揃えになっています（リスト 4-30、図 4-31）。

▼リスト 4-30　カードのテキストを整列する（card-text-align.html）

```
<!-- 初期設定（左揃え） -->
<div class="card" style="max-width: 25rem">
  <div class="card-body">
    <h4 class="card-title">カードの見出し</h4>
    <p class="card-text">カードの内容文が入ります。</p>
    <a href="#" class="btn btn-primary">ボタン</a>
  </div>
</div>

<!-- 中央揃え：text-center -->
<div class="card text-center" style="max-width: 25rem">
  <div class="card-body">
    <h4 class="card-title">カードの見出し</h4>
    <p class="card-text">カードの内容文が入ります。</p>
    <a href="#" class="btn btn-primary">ボタン</a>
  </div>
</div>

<!-- 右揃え：text-right -->
```

```
<div class="card text-right" style="max-width: 25rem">
  <div class="card-body">
    <h4 class="card-title">カードの見出し</h4>
    <p class="card-text">カードの内容文が入ります。</p>
    <a href="#" class="btn btn-primary">ボタン</a>
  </div>
</div>
```

▼図 4-31　カードのテキストを整列する

4.5.5 カードにナビゲーションを組み込む

Bootstrap の**ナビゲーション**（P.150 参照）をカードのヘッダー内に組み込むことができます。

タブ型のナビゲーション

カードのヘッダー内にタブ型ナビゲーション（P.153 参照）を作成します。カードのヘッダー内に、**nav クラス**および **nav-tabs クラス**が設定された ul 要素を配置し、**card-header-tabs クラス**を追加します（リスト 4-31、図 4-32）。

▼リスト 4-31　タブ型のナビゲーション（card-nav-tabs.html）

```
<div class="card">
  <!-- カードのヘッダー -->
  <div class="card-header">
    <!-- タブ型のナビゲーション：card-header-tabs -->
    <ul class="nav nav-tabs card-header-tabs">
      <li class="nav-item">
        <a class="nav-link active" href="#">アクティブ</a>
      </li>
      <li class="nav-item">
        <a class="nav-link" href="#">リンク</a>
```

```
      </li>
      <li class="nav-item">
        <a class="nav-link" href="#">リンク</a>
      </li>
    </ul>
  </div>
  <!-- カードの本文 -->
  <div class="card-body">
    …中略…
  </div>
</div>
```

▼図 4-32　タブ型のナビゲーション

アクティブ　リンク　リンク
カードの見出し
カードの内容文が入ります。
ボタン

ピル型のナビゲーション

カードのヘッダー内にピル型ナビゲーション（P.154 参照）を作成します。カードのヘッダー内に、**nav** および **nav-pills** が設定された ul 要素を配置し、**card-header-pills クラス**を追加します（リスト 4-32、図 4-33）。

▼リスト 4-32　ピル型のナビゲーション（card-nav-pills.html）

```
<div class="card">
  <!-- カードのヘッダー -->
  <div class="card-header">
    <!-- ピル型のナビゲーションcard-header-pills -->
    <ul class="nav nav-pills card-header-pills">
      <li class="nav-item">
        <a class="nav-link active" href="#">アクティブ</a>
      </li>
      <li class="nav-item">
        <a class="nav-link" href="#">リンク</a>
      </li>
      <li class="nav-item">
        <a class="nav-link" href="#">リンク</a>
      </li>
    </ul>
  </div>
  <!-- カードの本文 -->
  <div class="card-body">
    …中略…
  </div>
</div>
```

▼図 4-33　ピル型のナビゲーション

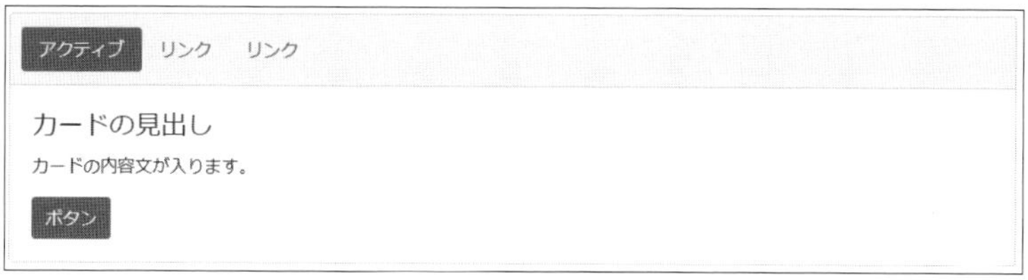

4.5.6 カードの画像とテキストを重ね合わせる

カード内のテキストブロックに **card-img-overlay クラス**を追加し、**card-img クラス**が設定された画像の上にテキストブロックを重ね合わせることができます（リスト 4-33、図 4-34）。

▼リスト 4-33　カードの画像とテキストを重ね合わせる（card-img-overlay.html）

```
<div class="card">
  <img class="card-img" src="..." alt="...">
  <!-- 画像と重ね合わせるテキストブロック：card-img-overlay -->
  <div class="card-img-overlay">
    <h4 class="card-title">カードの見出し</h4>
    <p class="card-text">カードの内容文が入ります。</p>
  </div>
</div>
```

▼図 4-34　カードの画像とテキストを重ね合わせる

4.5.7 カードをレイアウトする

Bootstrap のカードには、**カードグループ**、**カードデッキ**、**カードカラム**といった一連のカードをレイアウトするオプションのコンポーネントが用意されています。

カードグループによるレイアウト

カードグループは、一連のカードを連結して均一サイズでグループ化するコンポーネントです。カードグループを作成する場合は、一連のカードの親要素に **card-group クラス**を追加します（リスト 4-34 ❶）。**card-group クラス**のスタイルには、flexbox のレイアウトを指定する **display:flex** が定義されています。また、カードグループ内の各カードのフッターとなる要素に **card-footer** を追加（❷）すると、一連のフッターの縦位置が自動的に調整され、横並びに整列します（図 4-35）。

▼リスト 4-34　カードグループによるレイアウト（card-card-group.html）

```
<!-- カードグループ：card-group -->
<div class="card-group"> ―――――――――――――――――――――――― ❶
  <!-- カード01 -->
  <div class="card">
    <img class="card-img-top" src="..." alt="...">
    <div class="card-body">
      …中略…
    </div>
    <div class="card-footer"> ―――――┐
      …中略…                        │
    </div>                          │
  </div>                            │
                                    │
  <!-- カード02 -->                 │
  <div class="card">                │
    <img class="card-img-top" src="..." alt="...">
    <div class="card-body">         │
      …中略…                        │
    </div>                          │
    <div class="card-footer"> ―――――┤
      …中略…                        │
    </div>                          │
  </div>                            ├――――――――――― ❷
                                    │
  <!-- カード03 -->                 │
  <div class="card">                │
    <img class="card-img-top" src="..." alt="...">
    <div class="card-body">         │
      …中略…                        │
    </div>                          │
    <div class="card-footer"> ―――――┘
      …中略…
    </div>
  </div>
</div>
```

▼図 4-35　カードグループによるレイアウト

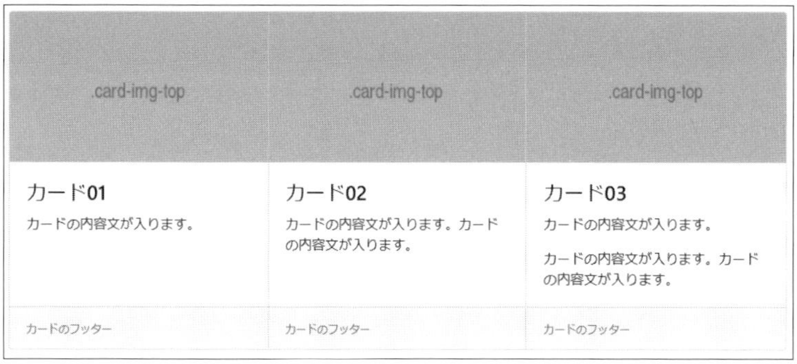

カードデッキによるレイアウト

カードデッキは、一連のカードを連結せずに均一サイズでグループ化するコンポーネントです。カードデッキを作成する場合は、一連のカードの親要素に **card-deck クラス**を追加します（リスト 4-35 ❶）。カードグループと同様、flexbox によるレイアウトが有効になり、一連のフッターの縦位置も自動調整されます（図 4-36）。

▼リスト 4-35　カードデッキによるレイアウト（card-card-deck.html）

```
<!-- カードデッキ：card-deck -->
<div class="card-deck"> ――――――――――――――――――――❶

  <!-- カード01 -->
    <div class="card">
      <img class="card-img-top" src="..." alt="...">
    <div class="card-body">
      …中略…
    </div>
    <div class="card-footer">
      …中略…
    </div>
  </div>

  <!-- カード02 -->
  <div class="card">
    <img class="card-img-top" src="..." alt="...">
    <div class="card-body">
      …中略…
    </div>
    <div class="card-footer">
      …中略…
    </div>
  </div>

  <!-- カード03 -->
  <div class="card">
```

```
    <img class="card-img-top" src="..." alt="...">
    <div class="card-body">
      …中略…
    </div>
    <div class="card-footer">
      …中略…
    </div>
  </div>

</div>
```

▼図 4-36　カードデッキによるレイアウト

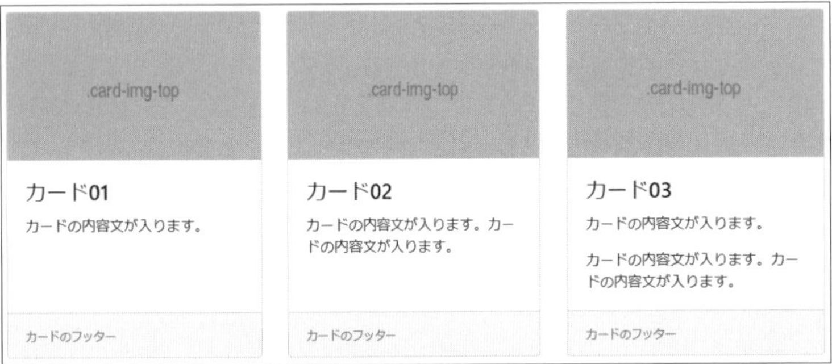

カードカラムによるレイアウト

カードカラムは、カードをタイル状の列にレイアウトするコンポーネントです。カードカラムを作成する場合は、一連のカードの親要素に **card-columns クラス**を追加します（リスト 4-36 ❶）。カードカラムは、画面幅 sm 以上でカラム数が 3 になるように初期設定されています。カードの順序は上から下へ、左から右へ並べられます（図 4-37）。

▼リスト 4-36　カードカラムによるレイアウト（card-column.html）

```
<div class="card-columns"> ――――――――――――――――――――――――――――――――――❶

  <!-- カード01 -->
  <div class="card">
    …中略…
  </div>

  <!-- カード02 -->
  <div class="card p-3">
    …中略…
  </div>

  <!-- カード03 -->
  <div class="card">
```

```
  …中略…
</div>

<!-- カード04 -->
<div class="card bg-secondary text-white text-center p-3">
  …中略…
</div>

<!-- カード05 -->
<div class="card text-center">
  …中略…
</div>

<!-- カード06 -->
<div class="card">
  …中略…
</div>

<!-- カード07 -->
<div class="card p-3 text-right">
  …中略…
</div>

<!-- カード08 -->
<div class="card">
  …中略…
</div>
```

▼図 4-37 カードカラムによるレイアウト

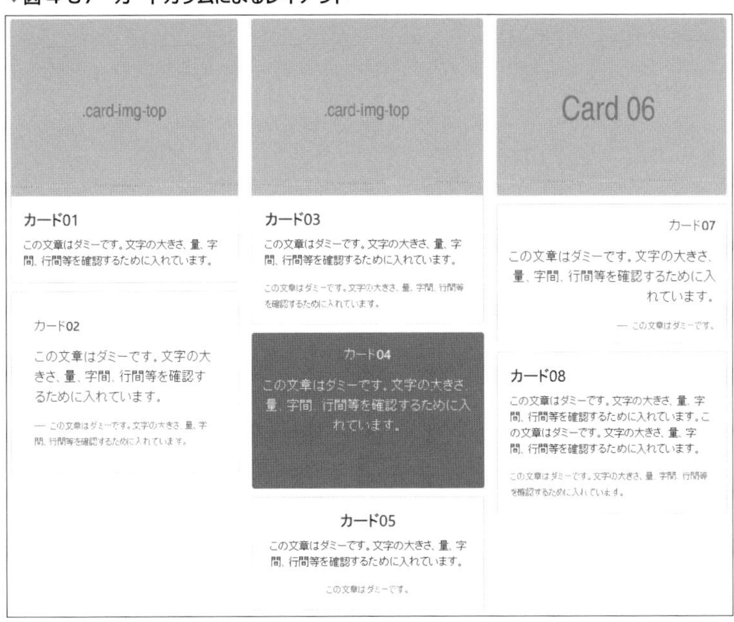

Bootstrap のカードは flexbox を基本に構築されていますが、このカードカラムによるレイアウトは flexbox ではなく、段組カラム数を指定する CSS の **column-count プロパティ**によって定義されています。

カードカラムを作成する **card-columns クラス**には、リスト 4-37 のスタイルのように、Webkit 系ブラウザ（Chrome、Edge、Internet Explorer、Opera、Safari）およびその他のブラウザでの段組のカラム数が 3 になるよう定義されています（❶❷）。また、カラム同士の間隔が 1.25rem になるように定義されています（❸❹）。

▼リスト 4-37　カードカラムの card-columns クラスに定義されているスタイル

```
.card-columns .card {
  margin-bottom: 0.75rem;
}

@media (min-width: 576px) {
  .card-columns {
    -webkit-column-count: 3; ――――――――❶
            column-count: 3; ――――――――❷
    -webkit-column-gap: 1.25rem; ――――――❸
            column-gap: 1.25rem; ――――――❹
  }
  .card-columns .card {
    display: inline-block;
    width: 100%;
  }
}
```

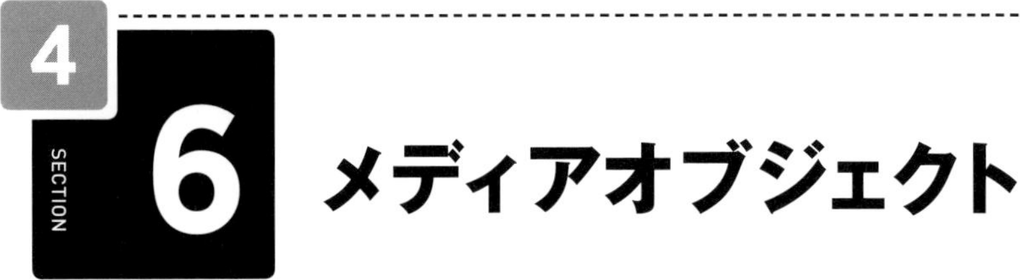

4 SECTION 6 メディアオブジェクト

Bootstrap の**メディアオブジェクト**は、横並びの「画像」と「メディア本文」で構成されます。たとえばブログや Twitter のコメント欄のように、投稿者のアイコン画像とコメントのセットを繰り返して一覧表示させるようなレイアウトを行う場合には、このコンポーネントを使用すると便利です（図 4-38）。

▼図 4-38　メディアオブジェクトの例

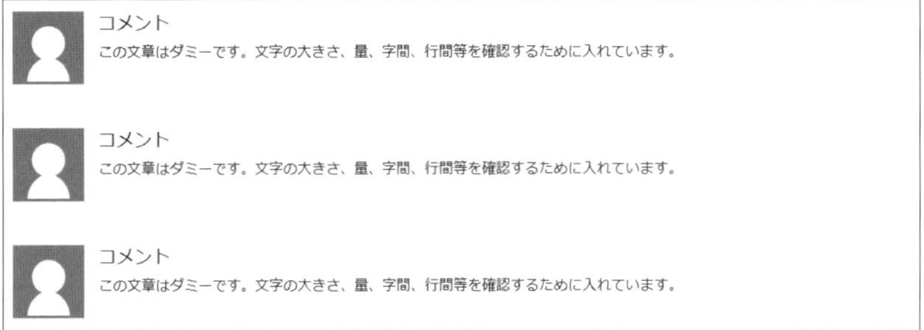

4.6.1 基本的な使用例

まず、div 要素に **media クラス**を追加してメディアオブジェクトの外枠を作成します（リスト 4-38 ❶）。次に、メディア本文となる要素に **media-body クラス**を追加し、画像（img 要素）とともにメディアオブジェクトの子要素として配置します（❷）。

media クラスのスタイルには、flexbox のレイアウトを指定する **display:flex** が定義されています。そのため、メディアオブジェクトの子要素である画像とメディア本文は横並びにレイアウトされます（図 4-39）。

▼リスト 4-38　メディアオブジェクトの基本的な使用例（media-object-basic.html）

```
<!-- メディアオブジェクト -->
<div class="media"> ──────────────────── ❶
  <!-- 画像 -->
  <img class="mr-3" alt="" src="...">
  <!-- メディア本文 -->
  <div class="media-body"> ──────────────── ❷
    <h5>…</h5>
    …中略…
  </div>
</div>
```

▼図 4-39　メディアオブジェクトの基本的な使用例

img　メディアオブジェクト
この文章はダミーです。文字の大きさ、量、字間、行間等を確認するために入れています。

なお先の例では、img 要素に Spacing ユーティリティ（P.318 参照）の **mr-3 クラス**を追加することで、画像とメディア本文とのマージンサイズを調整しています。

4.6.2　メディアオブジェクトの入れ子

media-body クラスが設定されたメディア本文の中に、**media クラス**を設定したメディアオブジェクトを配置することで、メディアオブジェクトを入れ子にすることができます。入れ子になったメディアオブジェクトは、ツリー状のコメント欄を作成する場合などに便利です（リスト 4-39、図 4-40）。

▼リスト 4-39　メディアオブジェクトの入れ子（media-object-nest.html）

```
<!-- メディアオブジェクト -->
<div class="media">
  <!-- 画像 -->
  <img class="mr-3" alt="" src="...">
  <!-- メディア本文 -->
  <div class="media-body">
    <h5>…</h5>
    …中略…
    <!-- メディアオブジェクトの入れ子 -->
    <div class="media mt-3">
      <!-- リンク画像 -->
      <a href="#"><img class="mr-3" alt="" src="..."></a>
      <!-- メディア本文 -->
      <div class="media-body">
        <h5>…</h5>
        …中略…
      </div>
    </div>
  </div>
</div>
```

▼図 4-40　メディアオブジェクトの入れ子

メディアオブジェクト
この文章はダミーです。文字の大きさ、量、字間、行間等を確認するために入れています。この文章はダミーです。文字の大きさ、量、字間、行間等を確認するために入れています。

メディアオブジェクト
この文章はダミーです。文字の大きさ、量、字間、行間等を確認するために入れています。この文章はダミーです。文字の大きさ、量、字間、行間等を確認するために入れています。

なお先の例では、img 要素に **mr-3 クラス**、media クラスが設定された入れ子のメディアオブジェクトに

mt-3 クラスといった Spacing ユーティリティ（P.318 参照）を追加することで、メディアオブジェクトの要素間のスペースが詰まりすぎないようにマージンサイズを調整しています。

4.6.3 メディアの位置合わせ

Flex ユーティリティ（P.322 参照）の **align-self-{ 整列方法 } クラス**を使用して、メディアオブジェクト内の画像などの要素を、上部、垂直方向中央、または下部に配置することができます。整列方法には、start（上部に配置）、center（垂直方向中央に配置）、end（下部に配置）が入ります。

次の例では、メディアオブジェクト内で画像を上部に配置するために、img 要素に **align-self-start クラス**を追加しています（リスト 4-40、図 4-41）。

▼リスト 4-40　メディアオブジェクトの上部に画像を配置（media-object-align-start.html）

```
<!-- メディアオブジェクト -->
<div class="media">
  <img class="align-self-start mr-3" alt="#" src="...">
  <!-- メディア本文 -->
  <div class="media-body">
    <h5>…</h5>
    …中略…
  </div>
</div>
```

▼図 4-41　align-self-start クラスで画像を上部に配置

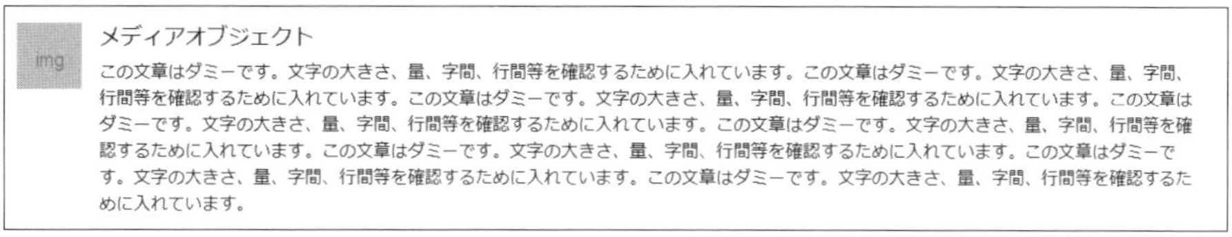
img
メディアオブジェクト
この文章はダミーです。文字の大きさ、量、字間、行間等を確認するために入れています。この文章はダミーです。文字の大きさ、量、字間、行間等を確認するために入れています。この文章はダミーです。文字の大きさ、量、字間、行間等を確認するために入れています。この文章はダミーです。文字の大きさ、量、字間、行間等を確認するために入れています。この文章はダミーです。文字の大きさ、量、字間、行間等を確認するために入れています。この文章はダミーです。文字の大きさ、量、字間、行間等を確認するために入れています。この文章はダミーです。文字の大きさ、量、字間、行間等を確認するために入れています。この文章はダミーです。文字の大きさ、量、字間、行間等を確認するために入れています。

img 要素に追加されたクラスを **align-self-center** に変更すると、画像がメディアオブジェクトの垂直方向中央に配置されます（図 4-42）。

▼図 4-42　align-self-center クラスで画像を垂直方向中央に配置

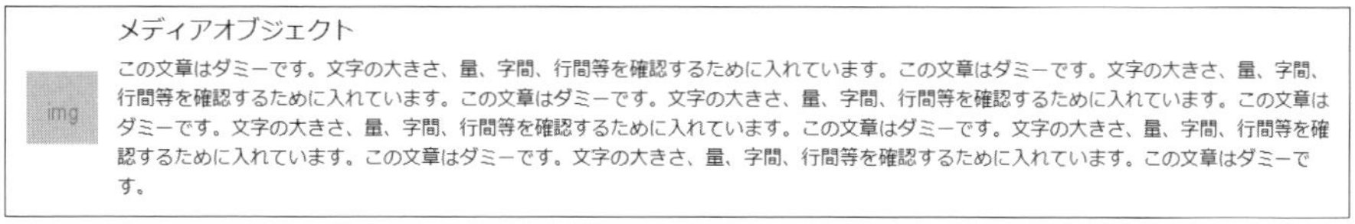
メディアオブジェクト
img
この文章はダミーです。文字の大きさ、量、字間、行間等を確認するために入れています。この文章はダミーです。文字の大きさ、量、字間、行間等を確認するために入れています。この文章はダミーです。文字の大きさ、量、字間、行間等を確認するために入れています。この文章はダミーです。文字の大きさ、量、字間、行間等を確認するために入れています。この文章はダミーです。文字の大きさ、量、字間、行間等を確認するために入れています。この文章はダミーです。文字の大きさ、量、字間、行間等を確認するために入れています。この文章はダミーです。

img 要素に追加されたクラスを **align-self-end** に変更すると、画像がメディアオブジェクトの下部に配置されます（図 4-43）。

▼図 4-43　align-self-end クラスで画像を下部に配置

img

メディアオブジェクト

この文章はダミーです。文字の大きさ、量、字間、行間等を確認するために入れています。この文章はダミーです。文字の大きさ、量、字間、行間等を確認するために入れています。この文章はダミーです。文字の大きさ、量、字間、行間等を確認するために入れています。この文章はダミーです。文字の大きさ、量、字間、行間等を確認するために入れています。この文章はダミーです。文字の大きさ、量、字間、行間等を確認するために入れています。この文章はダミーです。

なお先の例では、img 要素に Spacing ユーティリティ（P.318 参照）の **mr-3 クラス**を追加することで、メディアオブジェクトの要素間のスペースが詰まりすぎないようにマージンサイズを調整しています。

4.6.4 メディアオブジェクトの並べ替え

Flex ユーティリティ（P.322 参照）の **order-{ 順番 } クラス**を使用して、メディアオブジェクト内の画像とメディア本文の表示順序を入れ替えることができます。順番には、表示させたい順に 1 ～ 12 の数値が入ります。

次の例では、HTML の構造上は画像が先に、メディア本文が後に記述されていますが、画像に **order-2 クラス**、メディア本文に **order-1 クラス**を追加することで、表示上の順序を入れ替えています（リスト 4-41、図 4-44）。

▼リスト 4-41　メディアオブジェクトの並べ替え例（media-object-order.html）

```
<!-- メディアオブジェクト：通常 -->
<div class="media">
  <!-- 画像 -->
  <img class="mr-3" alt="" src="...">
  <!-- メディア本文 -->
  <div class="media-body">
    <h5>メディアオブジェクト：通常</h5>
    HTMLの構造上、画像を先に、メディア本文を後に記述しています。
  </div>
</div>

<hr>

<!-- メディアオブジェクト：並べ替え -->
<div class="media">
  <!-- 画像 -->
  <img class="order-2 ml-3" alt="" src="...">
  <!-- メディア本文 -->
  <div class="media-body order-1">
    <h5>メディアオブジェクト：並べ替え</h5>
    HTMLの構造上、画像を先に、メディア本文を後に記述していますが、order-*クラスを使用して表示上の↩
順序を入れ替えています。
  </div>
</div>
```

▼図 4-44　メディアオブジェクトの並べ替え例

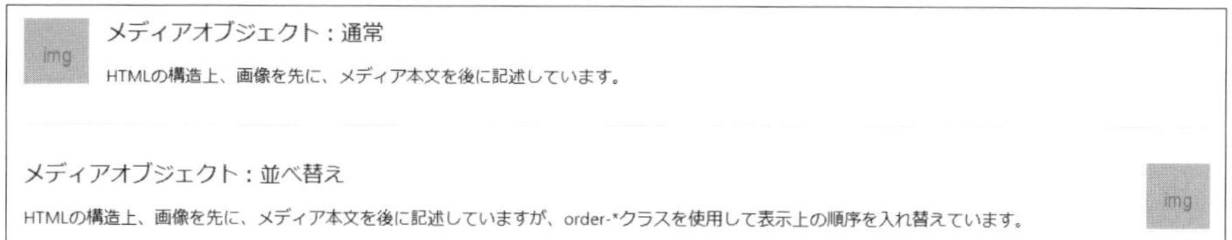

なお先の例では、img 要素に **ml-3 クラス**や **mr-3 クラス**といった Spacing ユーティリティ（P.318 参照）を追加することで、メディアオブジェクトの要素間のスペースが詰まりすぎないようにマージンサイズを調整しています。

4.6.5 メディアオブジェクトをリストに組み込む

メディアオブジェクトは、リスト（ul 要素、ol 要素）に組み込んで使用することができます。ul 要素や ol 要素に **list-unstyled クラス**（P.61 参照）を追加してリストスタイルをリセットした上で、li 要素に **media クラス**を追加します。

次の例では、メディアオブジェクトを ul 要素に組み込んで使用しています（リスト 4-42、図 4-45）。

▼リスト 4-42　メディアオブジェクトをリストに組み込んだ例（media-object-list.html）

```
<ul class="list-unstyled">
  <!-- メディアオブジェクト -->
  <li class="media mb-4">
    <!-- 画像 -->
    <img class="mr-3" src="..." alt="">
    <!-- メディア本文 -->
    <div class="media-body">
      <h5>…</h5>
      …中略…
    </div>
  </li>

  <!-- メディアオブジェクト -->
  <li class="media mb-4">
    <!-- 画像 -->
    <img class="mr-3" src="..." alt="">
    <!-- メディア本文 -->
    <div class="media-body">
      <h5>…</h5>
      …中略…
    </div>
  </li>

  <!-- メディアオブジェクト -->
  <li class="media mb-4">
```

```
    <!-- 画像 -->
    <img class="mr-3" src="..." alt="">
    <!-- メディア本文 -->
    <div class="media-body">
      <h5>…</h5>
      …中略…
    </div>
  </li>
</ul>
```

▼図 4-45　メディアオブジェクトをリストに組み込んだ例

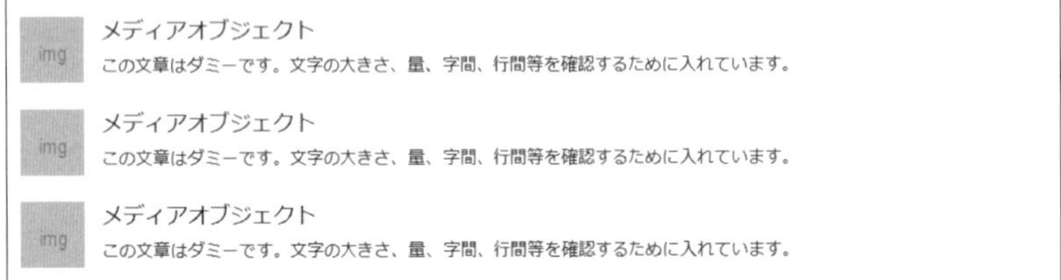

なお先の例では、li 要素に **mb-4 クラス**、img 要素に **mr-3 クラス**といった Spacing ユーティリティ（P.318 参照）を追加することで、メディアオブジェクトの要素間のスペースが詰まりすぎないようにマージンサイズを調整しています。

第5章

ナビゲーションのコンポーネント

Bootstrapには、ナビゲーションのUIを実装することに特化したコンポーネントがいくつも用意されています。これらを利用すれば、ページを遷移する機能だけではなく、ブランドやフォームといった複数の機能を組み込むことができるナビゲーションバー、ページ位置を示すパンくずリストやページネーション、リンクをひとまとまりに表示できるリストグループなど、多彩なUIを複雑なコードを記述することなく作成することができます。本章ではこれらナビゲーションのコンポーネントの使い方を解説します。

5 SECTION 1 ナビゲーション

Bootstrap の**ナビゲーション**は、ul 要素または nav 要素を使用してナビゲーションの UI を作成するコンポーネントです。このコンポーネントには、横並び、縦並びのナビゲーション、タブ型、ピル型のナビゲーション、ドロップダウンを組み込んだナビゲーションなどのバリエーションがあります。本節では Bootstrap のナビゲーションを使用する方法を解説します。

5.1.1 基本的な使用例

ul 要素または nav 要素に **nav クラス**を追加してナビゲーションを作成します。ul 要素と nav 要素のどちらの要素を使用するかによって、必要なクラスも違ってきますので、確認しながら進めていきましょう。

ul 要素を使用したナビゲーション

次の例は、ul 要素を使用してナビゲーションを作成した例です（リスト 5-1、図 5-1）。

▼リスト 5-1　ナビゲーションの基本的な使用例：ul 要素（navs-basic-ul.html）

```
<h3>ul要素にnavクラスを追加</h3>
<ul class="nav"> ―――――――――――――――――――――――――――――――――――――― ❶
  <li class="nav-item"><a class="nav-link" href="#">リンク</a></li> ―――――― ❷
  <li class="nav-item"><a class="nav-link active" href="#">アクティブ</a></li> ―― ❸
  <li class="nav-item"><a class="nav-link disabled" href="#">無効</a></li> ―― ❹
</ul>
```

▼図 5-1　ナビゲーションの基本的な使い方：ul 要素

（分かりやすくするため枠線を付けています）

ul要素にnavクラスを追加

リンク　アクティブ　無効

まず、ul 要素に **nav クラス**を追加してナビゲーション全体を作成します（❶）。次に、li 要素に **nav-item クラス**を追加してナビゲーション項目を作成し、その子要素の a 要素に **nav-link クラス**を追加してナビゲーションリンクを作成します（❷）。なお、後述するタブ型やピル型のナビゲーションなどでは、active クラスを追加することでアクティブ状態を示すことができますが、この基本のナビゲーションでは、アクティブ状態を示す特別なスタイルはなく、active クラスを追加しても見た目に変化はありません（❸）。また、**disabled クラス**を追加すると、リンクを無効状態にすることができます（❹）。

nav 要素を使用したナビゲーション

次の例は、nav 要素を使用してナビゲーションを作成した例です（リスト 5-2、図 5-2）。

▼リスト 5-2　ナビゲーションの基本的な使用例：nav 要素（navs-basic-nav.html）

```
<h3>nav要素にnavクラスを追加</h3>
<nav class="nav"> ―――――――――――――――――――――――――――――――――― ❶
  <a class="nav-link" href="#">リンク</a> ―――――――――――――――――――― ❷
  <a class="nav-link active" href="#">アクティブ</a> ――――――――――――― ❸
  <a class="nav-link disabled" href="#">無効</a> ―――――――――――――――― ❹
</nav>
```

▼図 5-2　ナビゲーションの基本的な使い方：nav 要素

nav要素にnavクラスを追加

リンク　アクティブ　無効

まず、nav 要素に **nav クラス**を追加してナビゲーション全体を作成します（❶）。次に、a 要素に **nav-link クラス**を追加してナビゲーションリンクを作成します（❷）。ul 要素の場合と同様、nav-link クラスが設定された a 要素に active クラスを追加してもリンクの状態は変化しません（❸）。**disabled クラス**を追加すると、リンクを無効状態にすることができます（❹）。

5.1.2　ナビゲーションに使用できるスタイル

Bootstrap のナビゲーションには、横並び、縦並び、タブ型、ピル型、ドロップダウンなど、さまざまなバリエーションのスタイルを定義したクラスが用意されています。

ナビゲーションの水平方向の位置合わせ

ナビゲーション項目の水平方向の位置を変更する場合は、nav クラスが設定された要素に Flex ユーティリティ（P.322 参照）の **justify-content-{ 整列方法 } クラス**を追加します。整列方法には center（中央）、end（終点）などが入ります。

ナビゲーション項目の位置は初期設定では左揃えですが、nav クラスが設定された要素に **justify-content-center クラス**を追加して中央揃えに、**justify-content-end クラス**を追加して右揃えにすることができます（リスト 5-3、図 5-3）。

▼リスト5-3　ナビゲーションの水平方向の位置合わせ（navs-horizontal-alignment.html）

```
<div class="container">
  <h3>中央揃え</h3>
  <ul class="nav justify-content-center"><!-- 中央揃え -->
    <li class="nav-item"><a class="nav-link active" href="#">アクティブ</a></li>
    <li class="nav-item"><a class="nav-link" href="#">リンク</a></li>
    <li class="nav-item"><a class="nav-link disabled" href="#">無効</a></li>
  </ul>
</div>
<div class="container">
  <h3>右揃え</h3>
  <ul class="nav justify-content-end"><!-- 右揃え -->
  …中略…
  </ul>
</div>
```

▼図5-3　ナビゲーションの水平方向の位置合わせ

通常

アクティブ　リンク　無効

中央揃え

アクティブ　リンク　無効

右揃え

アクティブ　リンク　無効

ナビゲーションを縦に並べる

navクラスが設定された要素にFlexユーティリティ（P.322参照）の**flex-columnクラス**を追加すると、ナビゲーション項目を縦に並べることができます（リスト5-4、図5-4）。

▼リスト5-4　ナビゲーションを縦に並べる（navs-vertical-ul.html）

```
<h3>ナビゲーションを縦に並べる：ul要素</h3>
<ul class="nav flex-column">
  <li class="nav-item"><a class="nav-link active" href="#">アクティブ</a></li>
  <li class="nav-item"><a class="nav-link" href="#">リンク</a></li>
  <li class="nav-item"><a class="nav-link disabled" href="#">無効</a></li>
</ul>
```

▼図 5-4　ナビゲーションを縦に並べる：ul 要素

ナビゲーションを縦に並べる：ul要素

アクティブ

リンク

無効

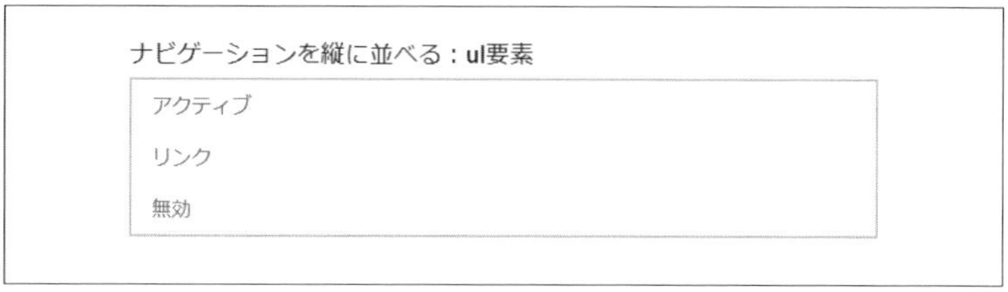

ul 要素ではなく、nav 要素を使用したナビゲーションも縦に並べることができます（リスト 5-5、図 5-5）。

▼リスト 5-5　ナビゲーションを縦に並べる（navs-vertical-nav.html）

```
<h3>ナビゲーションを縦に並べる：nav要素</h3>
<nav class="nav flex-column">
  <a class="nav-link active" href="#">アクティブ</a>
  <a class="nav-link" href="#">リンク</a>
  <a class="nav-link disabled" href="#">無効</a>
</nav>
```

▼図 5-5　ナビゲーションを縦に並べる：nav 要素

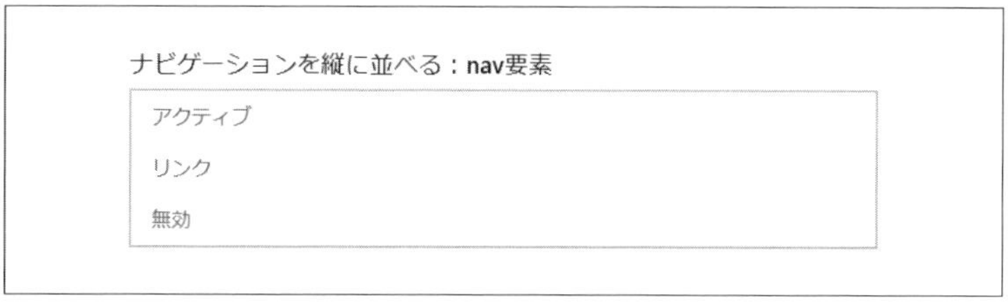

ナビゲーションを縦に並べる：nav要素

アクティブ

リンク

無効

タブ型ナビゲーションを作成する

nav クラスが設定された要素に **nav-tabs クラス**を追加すると、タブ型ナビゲーションを作成することができます。次の例では、ul 要素を使用したタブ型ナビゲーションを作成しています。このとき、最初に表示したいタブには、**active クラス**を追加してアクティブ化しておきます（リスト 5-6、図 5-6）。

▼リスト 5-6　タブナビゲーション（navs-tabs.html）

```
<ul class="nav nav-tabs">
  <li class="nav-item"><a class="nav-link active" href="#">アクティブ</a></li>
  <li class="nav-item"><a class="nav-link" href="#">リンク</a></li>
  <li class="nav-item"><a class="nav-link disabled" href="#">無効</a></li>
</ul>
```

▼図5-6 タブナビゲーション

ピル型ナビゲーションを作成する

navクラスが設定された要素に**nav-pill クラス**を追加すると、ピル型ナビゲーションを作成できます。次の例では、ul要素を使用したピル型ナビゲーションを作成しています。このとき、最初にハイライト表示したいリンクには、**active クラス**を追加してアクティブ化しておきます（リスト5-7、図5-7）。

▼リスト5-7 ピルナビゲーション（navs-pills.html）

```
<ul class="nav nav-pills">
  <li class="nav-item"><a class="nav-link active" href="#">アクティブ</a></li>
  <li class="nav-item"><a class="nav-link" href="#">リンク</a></li>
  <li class="nav-item"><a class="nav-link disabled" href="#">無効</a></li>
  </li>
</ul>
```

▼図5-7 ピル型ナビゲーション

ナビゲーション項目の幅を調整する

ナビゲーション項目のクリックできる領域を広げて、ナビゲーション全幅に渡って項目をレイアウトする場合は、navクラスが設定された要素に**nav-fill クラス**を追加します。このとき、クリックできる領域は、ナビゲーション項目の内容に合わせて幅が調整されますので、すべての項目が同じ幅にはならないことに注意してください（リスト5-8、図5-8）。

▼リスト5-8 ナビゲーション項目の幅を調整する：ul要素（navs-fill.html）

```
<div class="container">
  <h3>nav-fillクラスが無い時</h3>
  <ul class="nav nav-pills">
  …中略…
  </ul>
</div>
<div class="container">
  <h3>nav-fillクラスを追加した時</h3>
  <ul class="nav nav-pills nav-fill">
    <li class="nav-item"><a class="nav-link active" href="#">アクティブ</a></li>
    <li class="nav-item"><a class="nav-link" href="#">リンク</a></li>
```

```
    <li class="nav-item"><a class="nav-link disabled" href="#">無効</a></li>
  </ul>
</div>
```

▼図 5-8　ナビゲーション項目の幅を調整する

ul 要素ではなく、nav 要素を使用したナビゲーションの幅を調整する場合は、nav 要素に **nav-fill クラス**を追加し、nav-link クラスが設定された a 要素に **nav-item クラス**を追加します（リスト 5-9、図 5-9）。

▼リスト 5-9　ナビゲーション項目の幅を調整する：nav 要素（navs-fill-nav.html）

```
<h3>nav要素を使用したナビゲーション</h3>
<nav class="nav nav-pills nav-fill">
  <a class="nav-item nav-link active" href="#">アクティブ</a>
  <a class="nav-item nav-link" href="#">リンク</a>
  <a class="nav-item nav-link disabled" href="#">無効</a>
</nav>
```

▼図 5-9　ナビゲーション項目の幅を調整する：nav 要素

すべての項目を同じ幅にしたい場合は、nav クラスが設定された要素に **nav-justified クラス**を追加します。先の例と同様、a 要素には **nav-item クラス**が必要です。nav-fill クラスを追加した場合と異なり、すべての項目が同じ幅になります。なお次の例では背景色を付けて幅をわかりやすくするために、一部の項目に active クラスを追加しています（リスト 5-10、図 5-10）。

▼リスト 5-10　ナビゲーション項目の幅を等幅にする（navs-justified.html）

```
<div class="container">
  <h3>nav-justifiedクラスを追加した時</h3>
  <nav class="nav nav-pills nav-justified">
    <a class="nav-item nav-link active" href="#">リンク1</a>
    <a class="nav-item nav-link" href="#">リンク2</a>
    <a class="nav-item nav-link active" href="#">長いテキストリンク</a>
    <a class="nav-item nav-link" href="#">リンク3</a>
```

```
  </nav>
</div>
<div class="container">
  <h3>nav-fillクラスを追加した時</h3>
  <nav class="nav nav-pills nav-fill">
  …中略…
  </nav>
</div>
```

▼図5-10 ナビゲーション項目の幅を等幅に調整する

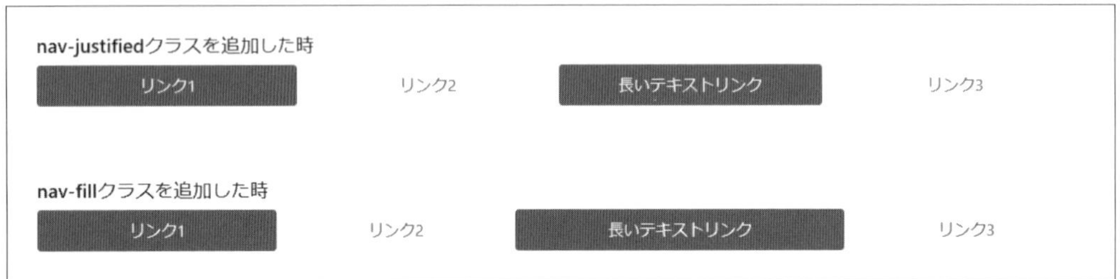

5.1.3 レスポンシブ対応のナビゲーション

レスポンシブ対応のナビゲーションが必要な場合は、Flexユーティリティ（P.322参照）を使用します。これらのユーティリティを使用すると、ブレイクポイントごとのレイアウト変更が容易になります。次の例では、navクラスが設定された要素に**flex-columnクラス**および**flex-sm-rowクラス**を追加して、画面幅が通常（最小以上）では項目が縦並び、画面幅sm以上では項目が横並びになるように設定しています。なおa要素にFlexユーティリティ（P.322参照）の**flex-sm-fillクラス**を追加して、画面幅sm以上で各項目が親要素の全幅に渡って等幅で並ぶように設定しています。さらに、Textユーティリティ（P.347参照）の**text-sm-centerクラス**を追加して、画面幅sm以上でナビゲーション項目内のテキストが中央寄せになるように設定しています（リスト5-11、図5-11）。

▼リスト5-11 Flexユーティリティを使用したレスポンシブなナビゲーション（navs-flex.html）

```
<nav class="nav nav-pills flex-column flex-sm-row">
  <a class="flex-sm-fill text-sm-center nav-link active" href="#">アクティブ</a>
  <a class="flex-sm-fill text-sm-center nav-link" href="#">リンク</a>
  <a class="flex-sm-fill text-sm-center nav-link disabled" href="#">無効</a>
</nav>
```

▼図5-11 通常（最小以上）では縦並び（左）、small以上では横並び（右）

COLUMN ナビゲーションのアクセシビリティ

ul要素を使用したナビゲーションを作成する場合、このコンポーネントの役割をスクリーンリーダーなどの支援技術に伝えるためには、ul要素の親要素に属性 **role="navigation"** を追加するか、ul要素を **nav要素**で囲むようにしましょう（リスト5-12）。

▼リスト5-12　ナビゲーションのアクセシビリティ対応（navs-basic-ul-accessibility.html）

```
<h3>ul要素の親要素にrole属性を追加</h3>
<div class="mb-4" role="navigation">
  <ul class="nav">
    …中略…
  </ul>
</div>

<h3>ul要素の親要素にnav要素を使用</h3>
<nav>
  <ul class="nav">
    …中略…
  </ul>
</nav>
```

このとき、ul要素に直接role属性を追加しないように注意してください。これはコンポーネントの役割が「リスト」として伝わってしまわないようにするためです。

5.1.4 ドロップダウンナビゲーション

ナビゲーションにドロップダウンを組み込み、ナビゲーション項目にドロップダウンメニューを作成することができます。本項では、タブ型ナビゲーションと、ピル型ナビゲーションにドロップダウンを組み込んだ例を紹介します。ドロップダウンについての説明は、6-5「ドロップダウン」（P.244参照）で解説していますのでここでの説明は割愛します。

タブ型ナビゲーションにドロップダウンを組み込む

次の例は、タブ型ナビゲーションにドロップダウンを組み込んだ例です。ややコードが長くなっていますが、基本的にはこれまでと同じで、li要素に **dropdownクラス**を追加し、ドロップダウンを設定します（リスト5-13）。

▼リスト5-13　ドロップダウンを組み込んだタブ型ナビゲーション（navs-tabs-dropdown.html）

```
<ul class="nav nav-tabs">
  <li class="nav-item">
    <a class="nav-link active" href="#">アクティブ</a>
  </li>
  <li class="nav-item dropdown"><!-- ここからドロップダウン -->
```

```
      <a class="nav-link dropdown-toggle" data-toggle="dropdown" href="#" role="button" ↩
aria-haspopup="true" aria-expanded="false">ドロップダウン</a>
      <div class="dropdown-menu">
        <a class="dropdown-item" href="#">リンク1</a>
        <a class="dropdown-item" href="#">リンク2</a>
        <a class="dropdown-item" href="#">リンク3</a>
        <div class="dropdown-divider"></div>
        <a class="dropdown-item" href="#">その他リンク</a>
      </div>
    </li>
    <li class="nav-item"><!-- ドロップダウンここまで -->
      <a class="nav-link" href="#">リンク</a>
    </li>
    <li class="nav-item">
      <a class="nav-link disabled" href="#">無効</a>
    </li>
  </ul>
```

nav クラスおよび nav-tabs クラスを設定したタブ型ナビゲーションの中に、表 5-1 のクラスを追加した要素を使用してドロップダウンメニューを作成しています（図 5-12）。詳しくは 6-5「ドロップダウン」（P.244）を参照してください。

▼表 5-1　ドロップダウンの作成に使用するクラス

クラス	概要
dropdown	li 要素に追加し、ドロップダウンの外枠を作成する
dropdown-toggle	a 要素に追加し、ドロップダウン表示の切り替えボタンを作成する
dropdown-menu	div 要素に追加し、ドロップダウンメニューの外枠を作成する
dropdown-item	a 要素に追加し、ドロップダウンメニューの各項目を作成する
dropdown-divider	a 要素に追加し、ドロップダウン表示される項目の区切り線を作成する

▼図 5-12　ドロップダウンを組み込んだタブ型ナビゲーション

ピル型ナビゲーションにドロップダウンを組み込む

タブ型ナビゲーションと同様に、ピル型ナビゲーションにもドロップダウンを組み込むことができます。先の例のタブ型ナビゲーションに設定されている nav-tabs クラスを **nav-pills クラス**に変更するだけで作成できます（リスト 5-14、図 5-13）。

▼リスト 5-14　ドロップダウンを組み込んだピル型ナビゲーション（navs-pills-dropdown.html）

```
<ul class="nav nav-pills">
・・・以降、前のコードと同様
</ul>
```

▼図 5-13　ドロップダウンを組み込んだピル型ナビゲーション

アクティブ　ドロップダウン▾　リンク　無効
リンク1
リンク2
リンク3
その他リンク

1
2
3
4
5
6
7
8
9
10

5.1.5 ナビゲーションの JavaScript 使用例

Bootstrap の JavaScript プラグイン（P.260 参照）を使用すると、タブ型またはピル型のナビゲーションを拡張した切り替えパネルを作成できます。これらを利用するには、データ属性を使う方法と JavaScript コードを書く方法の 2 種類があります。なお、ここではタブ型について説明していますがピル型の場合も同様の方法で利用できます。

データ属性を利用する

最初にデータ属性を利用した方法を見てみましょう。コードは次のとおりです（リスト 5-15、図 5-14）。

▼リスト 5-15　ナビゲーションをデータ属性 API で利用する（nav-js-data.html）

```
<!-- タブ部分 -->
<ul class="nav nav-tabs" id="myTab" role="tablist">
  <li class="nav-item"><a class="nav-link active" id="home-tab" data-toggle="tab" href="#home" ⮐
role="tab" aria-controls="home" aria-selected="true">ホーム</a></li>
  <li class="nav-item"><a class="nav-link" id="profile-tab" data-toggle="tab" href="#profile" ⮐
role="tab" aria-controls="profile" aria-selected="false">プロフィール</a></li>   ❶
  <li class="nav-item"><a class="nav-link" id="contact-tab" data-toggle="tab" href="#contact" ⮐
role="tab" aria-controls="contact" aria-selected="false">コンタクト</a></li>
</ul>
<!-- パネル部分 -->
<div class="tab-content mt-3" id="myTabContent">   ❷
  <div class="tab-pane fade show active" id="home" role="tabpanel" aria-labelledby="home-tab">⮐
ホームのコンテンツが入ります。</div>
  <div class="tab-pane fade" id="profile" role="tabpanel" aria-labelledby="profile-tab">⮐
プロフィールのコンテンツが入ります。</div>   ❸
  <div class="tab-pane fade" id="contact" role="tabpanel" aria-labelledby="contact-tab">⮐
コンタクトのコンテンツが入ります。</div>
</div>
```

▼図 5-14　タブ切り替えナビゲーションの例

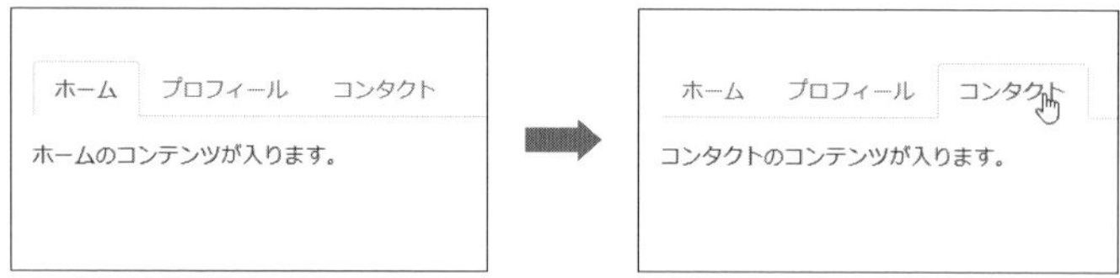

要素に属性 **data-toggle="tab"** または **data-toggle="pill"** を追加するだけで、JavaScript を記述することなくタブ切り替えまたはピル切り替えのナビゲーションを有効化できます（❶）。パネル部分は全体を div 要素で囲んで、**tab-content クラス**を追加します（❷）。各パネルとなる要素には、tab-pane クラスを追加し、最初に表示するパネルには、active および show クラスを追加します。パネルをフェードインさせるには、fade クラスを追加します（❸）。

JavaScript コードを使用する

データ属性を記述せずに、JavaScript コードを書いてパネルを切り替えることも可能です（リスト 5-16）。

▼リスト 5-16　ナビゲーションを JavaScript 経由で利用する（nav-js.html）

```
$('#myTab a').on('click',function (e) {
  e.preventDefault()
  $(this).tab('show')
})
```

上記の例では、#mytab 内の a 要素をクリックすると、関連するパネルを表示します。preventDefault() を使用することで a タグの href を無効化し、クリックしたリンク先へ移動するのを防げています。

5 SECTION 2 ナビゲーションバー

Bootstrap の**ナビゲーションバー**は、ロゴマークやナビゲーション、検索フォームなど複数のコンテンツを含んだナビゲーションバーを作成するコンポーネントです。本節では、Bootstrap のナビゲーションバーと、そこに含まれるコンテンツを作成するサブコンポーネントの使用法を解説します。ナビゲーションバーは、中に組み込むサブコンポーネントの種類が多くバリエーションも豊富です。その分、コードも非常に長くなるため、最初は覚えるのが大変ですが、コンポーネントの構造を把握しながら覚えていくようにしましょう（図 5-15）。

▼図 5-15　サブコンポーネントを配置したナビゲーションバーの例

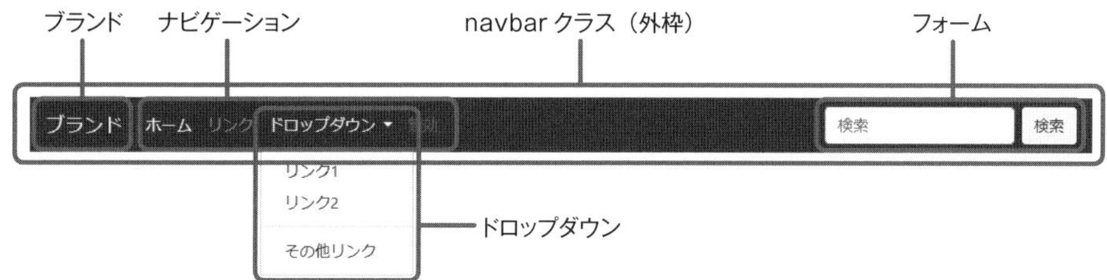

5.2.1 外枠の作成

まず nav 要素または div 要素に **navbar クラス**を追加して、ナビゲーションバーの外枠を作成します。ナビゲーションバーの外枠となる要素には、navbar クラスを含め表 5-2 のようなクラスを追加します。

▼表 5-2　ナビゲーションバーの外枠に使用するクラス

クラス	概要
navbar	ナビゲーションバーの外枠を作成
navbar-expand-{ ブレイクポイント }	ブレイクポイントでナビゲーション項目の表示を切り替え
navbar-{ 背景色の種類 }	背景色が dark の場合は明るい文字色、light の場合は暗い文字色を設定
bg-{ 色の種類 }	primary（青）、secondary（グレー）など背景色を設定

次の例では、navbar クラスを設定した nav 要素に **navbar-expand-lg クラス**を追加して、画面幅 lg 以上になるとナビゲーション項目が横に広がって表示され、画面幅 md 以下になると折り畳まれてアイコン表示になるナビゲーションバーを作成しています。また **bg-dark クラス**および **navbar-dark クラス**を追加して、ナビゲーションバーの背景色が暗いときにサブコンポーネントの文字色を明るくして読みやすくなるように設定しています（リスト 5-17）。なおサブコンポーネントについては次項より解説します。

▼リスト 5-17　ナビゲーションバーの基本的な使い方：nav 要素

```
<nav class="navbar navbar-expand-lg navbar-dark bg-dark">
ここにサブコンポーネントが入ります
</nav>
```

div 要素を使用してナビゲーションバーを作成する場合は、属性 **role="navigation"** を追加し、このコンポーネントの役割をスクリーンリーダーなどの支援技術に伝えましょう（リスト 5-18）。

▼リスト 5-18　ナビゲーションバーの基本的な使い方：div 要素

```
<div class="navbar navbar-expand-lg navbar-dark bg-dark" role="navigation">
ここにサブコンポーネントが入ります
</div>
```

ナビゲーションバーは、印刷時に非表示になるように初期設定されています。ナビゲーションバーを印刷時に表示する場合は、navbar クラスが設定された要素に **d-print クラス**を追加します（リスト 5-19）。詳しくは「Display ユーティリティ」（P.310）を参照してください。

▼リスト 5-19　ナビゲーションバーを印刷する

```
<nav class="navbar navbar-expand-lg navbar-dark bg-dark d-print">
ここにサブコンポーネントが入ります
</nav>
```

5.2.2　サブコンポーネントの作成

ナビゲーションバーの枠内に、ブランド名やナビゲーション、検索フォームなど複数のコンテンツを含めるための**サブコンポーネント**を組み込みます。次の例は、ナビゲーション項目が画面幅 lg 以上で展開表示され、画面幅 md 以下で折り畳まれて切り替えボタンが表示されるナビゲーションバーです（リスト 5-20）。

▼リスト 5-20　基本のナビゲーションバー（navbar-basic.html）

```
<nav class="navbar navbar-expand-lg navbar-dark bg-dark">
  <a class="navbar-brand" href="#">ブランド</a>
  <button class="navbar-toggler" type="button" data-toggle="collapse" data-target="#切り替え表示↵
されるコンテンツ名" aria-controls="切り替え表示されるコンテンツ名" aria-expanded="false" ↵
aria-label="ナビゲーション切り替え">
    <span class="navbar-toggler-icon"></span>
  </button>

  <div class="collapse navbar-collapse" id="切り替え表示されるコンテンツ名">
    <ul class="navbar-nav mr-auto">
      …中略…
    </ul>
    <form class="form-inline my-2 my-lg-0">
```

```
        …中略…
      </form>
    </div>
</nav>
```

ナビゲーションバーの枠内にロゴマークやナビゲーション、検索フォームなど複数のコンテンツを含めるために、表 5-3 のようなクラスを追加した要素を主なサブコンポーネントとして組み込みます（図 5-16）。

▼表 5-3　ナビゲーションバーの主なサブコンポーネントを作成するクラス

クラス	概要
navbar-brand	会社、製品、プロジェクトなどのブランド名やロゴを表示
navbar-toggler	ナビゲーションの表示切り替えボタンを作成
navbar-toggler-icon	ナビゲーション非表示時に表示されるアイコン（ハンバーガーアイコン）
collapse navbar-collapse	ナビゲーションバー内に切り替え表示されるコンテンツを作成
navbar-nav	ナビゲーションバー内にナビゲーションを作成
form-inline	フォームの入力コントロールなどを作成
navbar-text	ナビゲーションバー内の垂直方向中央に表示されるテキストを作成

▼図 5-16　基本のナビゲーションバー：画面幅 lg 以上（上）、画面幅 md 以下（中）、切り替えボタン押下時（下）

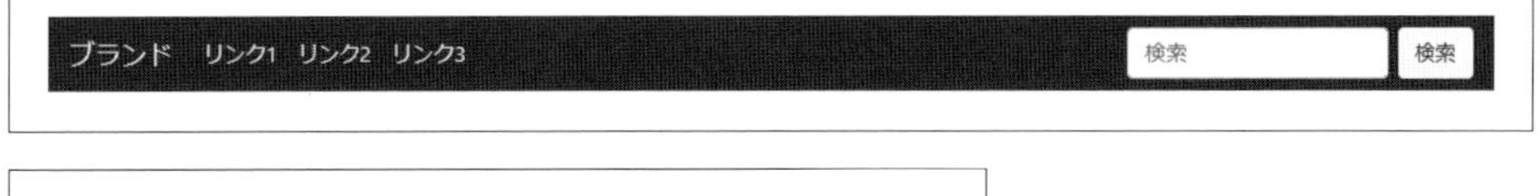

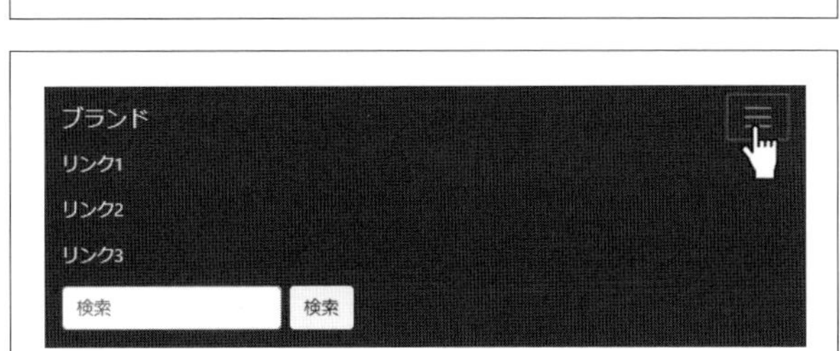

では、各サブコンポーネントについてより詳しく見ていきましょう。

ブランド

ブランドは、ナビゲーションバーにブランド名などの見出しやロゴなどの画像を表示させるサブコンポーネントです。ブランドとして表示させたい要素に **navbar-brand クラス**を追加します。a 要素や span 要素をはじめ、さまざまな要素を使用することができます（リスト 5-21、図 5-17）。

▼リスト 5-21　ナビゲーションバー：ブランドの例（navbar-brand.html）

```
<div class="container">
  <h3>a要素を使用したブランド</h3>
  <nav class="navbar navbar-dark bg-dark">
    <a class="navbar-brand" href="#">ブランド</a>
  </nav>
</div>
<div class="container">
  <h3>span要素を使用したブランド</h3>
  <nav class="navbar navbar-dark bg-dark">
    <span class="navbar-brand">ブランド</span>
  </nav>
</div>
<div class="container">
  <h3>a要素内に画像を使用したブランド</h3>
  <nav class="navbar navbar-dark bg-dark">
    <a class="navbar-brand" href="#">
      <img src="bootstrap-solid.svg" width="30" height="30" alt="">
    </a>
  </nav>
</div>
<div class="container">
  <h3>a要素内に画像とテキストを使用したブランド</h3>
  <nav class="navbar navbar-dark bg-dark">
    <a class="navbar-brand" href="#">
      <img src="bootstrap-solid.svg" width="30" height="30" class="d-inline-block align-top" alt="">
      Bootstrap
    </a>
  </nav>
</div>
```

▼図 5-17　ナビゲーションバー：ブランドの例

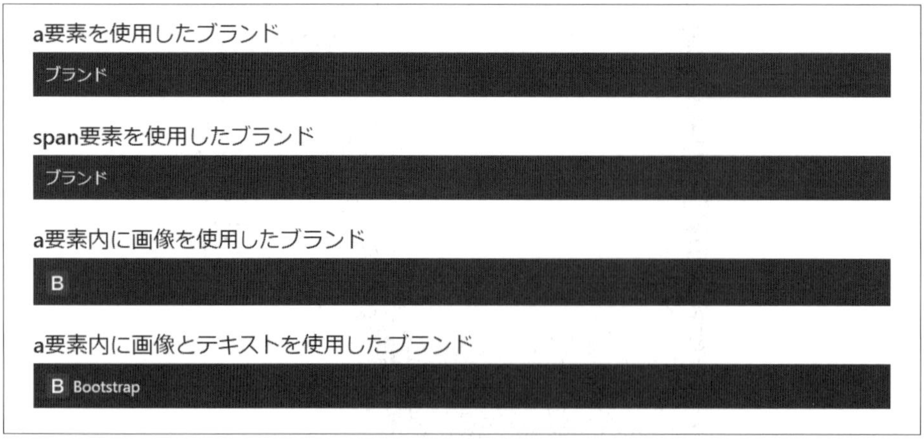

ナビゲーション

ul 要素または div 要素を使用して、ナビゲーションバーの枠内に**ナビゲーション**を作成します。ナビゲーションについては、5-1「ナビゲーション」（P.150 参照）で解説していますので、ここでの説明は割愛します。以下に示すのは、**ul 要素**を使用したナビゲーションを組み込んだ例です（リスト 5-22、図 5-18）。

▼リスト 5-22　ナビゲーションバー：ul 要素を使用したナビゲーション（navbar-nav-ul.html）

```
<nav class="navbar navbar-expand-lg navbar-dark bg-dark">
…中略…
  <div class="collapse navbar-collapse" id="navbarNav">
    <ul class="navbar-nav"><!-- ここからナビゲーション -->
      <li class="nav-item active">
        <a class="nav-link" href="#">リンク1<span class="sr-only">(現位置)</span></a>
      </li>
      <li class="nav-item">
        <a class="nav-link" href="#">リンク2</a>
      </li>
      <li class="nav-item">
        <a class="nav-link" href="#">リンク3</a>
      </li>
      <li class="nav-item">
        <a class="nav-link disabled" href="#">無効</a>
      </li>
    </ul><!-- /ここまでナビゲーション -->
  </div>
</nav>
```

▼図 5-18　ul 要素を使用したナビゲーション

ブランド　リンク1　リンク2　リンク3　無効

ul 要素ではなく **div 要素**を使用したナビゲーションを組み込むこともできます（リスト 5-23、図 5-19）。

▼リスト 5-23　ナビゲーションバー：div 要素を使用したナビゲーション（navbar-nav-div.html）

```
<nav class="navbar navbar-expand-lg navbar-dark bg-dark">
…中略…
  <div class="collapse navbar-collapse" id="navbarNav">
    <div class="navbar-nav"><!-- ここからナビゲーション -->
      <a class="nav-item nav-link active" href="#">リンク1<span class="sr-only">(現位置)</span></a>
      <a class="nav-item nav-link" href="#">リンク2</a>
      <a class="nav-item nav-link" href="#">リンク3</a>
      <a class="nav-item nav-link disabled" href="#">無効</a>
    </div>><!-- /ここまでナビゲーション -->
  </div>
</nav>
```

▼図 5-19　div 要素を使用したナビゲーション

ドロップダウン

ナビゲーションバーのナビゲーション項目に**ドロップダウン**を組み込むことができます（リスト 5-24、図 5-20、図 5-21）。ドロップダウンについては、6-5「ドロップダウン」（P.244 参照）で解説していますのでここでの説明は割愛します。

▼リスト 5-24　ナビゲーションバーのナビゲーションにドロップダウンを追加する（navbar-nav-dropdown.html）

```
<nav class="navbar navbar-expand-lg navbar-light bg-light">
…中略…
  <div class="collapse navbar-collapse" id="navbarNav">
    <ul class="navbar-nav">
      <li class="nav-item dropdown"><!-- ここからドロップダウン -->
        <a class="nav-link dropdown-toggle" href="#" id="navbarDropdownMenu" data-toggle=↵
"dropdown" aria-haspopup="true" aria-expanded="false">ドロップダウン切り替え</a>
        <div class="dropdown-menu" aria-labelledby="navbarDropdownMenu">
          <a class="dropdown-item" href="#">ドロップダウンリンク1</a>
          <a class="dropdown-item" href="#">ドロップダウンリンク2</a>
          <a class="dropdown-item" href="#">ドロップダウンリンク3</a>
        </div>
      </li><!-- /ここまでドロップダウン -->
…中略…
    </ul>
  </div>
</nav>
```

▼図 5-20　画面幅 lg 以上のときのドロップダウン

▼図 5-21　画面幅 md 以下のときのドロップダウン

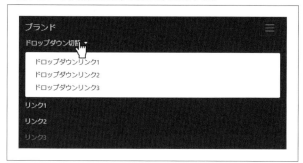

フォーム

ナビゲーションバーの枠内に検索フォームなどの**フォーム**（P.196 参照）を組み込むことができます（リスト 5-25、図 5-22）。

▼リスト 5-25　ナビゲーションバーにフォームを追加する（navbar-form.html）

```
<nav class="navbar navbar-dark bg-dark">
  <a class="navbar-brand">ブランド</a>
  <form class="form-inline"> ―――❶
    <input class="form-control mr-sm-2" type="search" placeholder="検索キーワード" aria-label=↵
"検索キーワード"> ―――❷
    <button class="btn btn-outline-success my-2 my-sm-0" type="submit">検索</button>
  </form>
</nav>
```

▼図 5-22　ナビゲーションバーにフォームを追加する

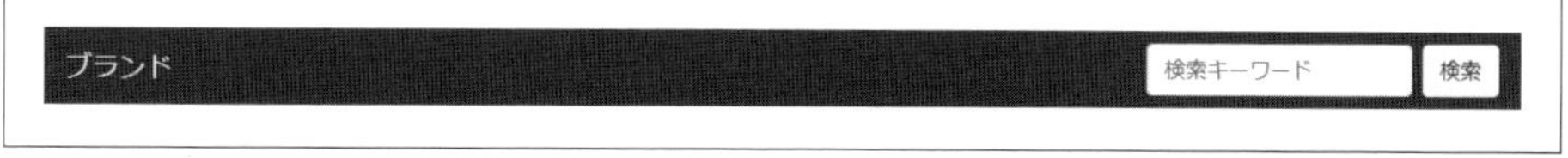

まず、form 要素に **form-inline クラス**を追加して、ナビゲーションバー内にフォームを作成します（❶）。次に、input 要素に **form-control クラス**を追加してフォームの入力コントロールを作成します（❷）。

またナビゲーションバーのフォームに**入力グループ**（P.223 参照）を使用することもできます（リスト 5-26、図 5-23）。

▼リスト 5-26　ナビゲーションバーに入力グループを追加する（navbar-input-group.html）

```
<nav class="navbar navbar-dark bg-dark">
  <form class="form-inline">
    <div class="input-group"> ―――❶
      <div class="input-group-prepend"> ―――❷
        <span class="input-group-text" id="basic-addon1">@</span>
```

```
      </div>
      <input type="text" class="form-control" placeholder="ユーザー名" aria-label="ユーザー名" ⮐
aria-describedby="basic-addon1">
    </div>
  </form>
</nav>
```

▼図 5-23　ナビゲーションバーに入力グループを追加する

入力グループは、div 要素に **input-group クラス**を追加して作成します（❶）。入力グループの先頭に「@」などのアドオン（追加機能）を作成するには、表示したいテキストを **input-group-text クラス**を設定した span 要素で囲み、さらに **input-group-prepend クラス**を設定した div 要素で囲みます（❷）。

ナビゲーションバーのフォーム内には、異なるサイズのボタンを配置することができます。ボタンのサイズを変更する場合は、ボタン（P.233 参照）のコンポーネントと同様に、button 要素に **btn-{ サイズ } クラス**を追加します。サイズには **lg**（大）、**sm**（小）を入れて、ボタンサイズを変更します（リスト 5-27、図 5-24）。

▼リスト 5-27　ナビゲーションバーにサイズ違いのボタンを配置する（navbar-button.html）

```
<nav class="navbar navbar-dark bg-dark">
  <form class="form-inline">
    <button class="btn btn-light mr-3" type="button">通常のボタン</button>
    <button class="btn btn-sm btn-light" type="button">小サイズのボタン⮐
</button>
  </form>
</nav>
```

▼図 5-24　ナビゲーションバーにサイズ違いのボタンを配置する

テキスト

ナビゲーションバーの枠内にテキストを追加するには、テキスト要素に **navbar-text クラス**を追加します。このクラスは、主にテキスト要素のパディングサイズを調整し、ナビゲーションバー内での縦方向の配置を調整します。なお次の例では、navbar-text クラスが設定された要素に Spacing ユーティリティ（P.318 参照）の **ml-auto クラス**を追加して、テキスト位置をナビゲーションバー内で右寄せにしています（リスト 5-28、図 5-25）。

▼リスト 5-28　ナビゲーションバーにテキストを追加する（navbar-text.html）

```
<nav class="navbar navbar-expand-lg navbar-dark bg-dark">
…中略…
  <div class="collapse navbar-collapse" id="navbarText">
…中略…
    <span class="navbar-text ml-auto">ナビゲーションバー内テキスト</span>
  </div>
</nav>
```

▼図 5-25　ナビゲーションバーにテキストを追加する

ブランド　ホーム　リンク1　リンク2　ナビゲーションバー内テキスト

5.2.3 ナビゲーションバーの配色

ナビゲーションバーの配色を行う場合は、まず navbar クラスが設定された要素に **navbar-light クラス**または **navbar-dark クラス**を追加します。**navbar-light クラス**を追加すると、明るい背景色で読みやすくなるように暗い文字色が設定されます。**navbar-dark クラス**を選択すると、暗い背景色で読みやすくなるように明るい文字色が設定されます。

次に Color ユーティリティ（P.302 参照）の **bg-{ 色の種類 } クラス**を追加するか、CSS でスタイルを追加して背景色を設定します。Color ユーティリティの色の種類には **primary**（青）、**secondary**（グレー）などコンテクストに対応した色の種類が入ります（リスト 5-29、図 5-26）。

▼リスト 5-29　ナビゲーションバーの配色を行う（navbar-color.html）

```
<h3>navbar-darkで文字色を明るくし、bg-darkで暗い背景色を設定</h3>
<nav class="navbar navbar-expand-lg navbar-dark bg-dark">
…中略…
</nav>
<h3>navbar-darkで文字色を明るくし、bg-primaryで青い背景色を設定</h3>
<nav class="navbar navbar-expand-lg navbar-dark bg-primary">
…中略…
</nav>
<h3>navbar-lightで文字色を暗くし、背景色をCSSで設定</h3>
<nav class="navbar navbar-expand-lg navbar-light" style="background-color: #e3f2fd;">
…中略…
</nav>
```

▼図 5-26　ナビゲーションバーの配色を行う

navbar-darkで文字色を明るくし、bg-darkで暗い背景色を設定

ブランド　リンク1　リンク2　リンク3　検索　検索

navbar-darkで文字色を明るくし、bg-primaryで青い背景色を設定

ブランド　リンク1　リンク2　リンク3　検索　検索

navbar-lightで文字色を暗くし、背景色をCSSで設定

ブランド　リンク1　リンク2　リンク3　検索　検索

5.2.4 ナビゲーションバーの幅の設定

ナビゲーションバーの幅は、初期設定で画面全幅に広がります。ナビゲーションバーをページの水平中央に配置する場合は、ナビゲーションバーを **container クラス**（P.23 参照）を設定した要素で囲みます（リスト 5-30、図 5-27）。

▼リスト 5-30　ナビゲーションバーを水平中央に配置（navbar-container.html）

```
<div class="container">
  <nav class="navbar navbar-expand-lg navbar-dark bg-dark">
    <a class="navbar-brand" href="#">ブランド</a>
    …中略…
  </nav>
</div>
```

▼図 5-27　ナビゲーションバーを水平中央に配置

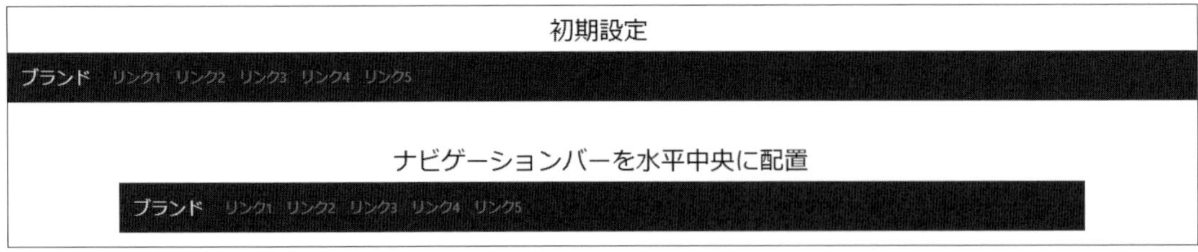

また、ナビゲーションバーの幅は画面全幅のまま、枠内のサブコンポーネントの配置をページの水平中央に配置する場合は、navbar クラスを設定した要素の中を container クラスを設定した要素で囲みます（リスト 5-31、図 5-28）。

▼リスト 5-31　サブコンポーネントをページの水平中央に配置（navbar-container2.html）

```
<nav class="navbar navbar-expand-lg navbar-dark bg-dark">
  <div class="container">
    <a class="navbar-brand" href="#">Navbar</a>
    …中略…
  </div>
</nav>
```

▼図 5-28　サブコンポーネントをページの水平中央に配置

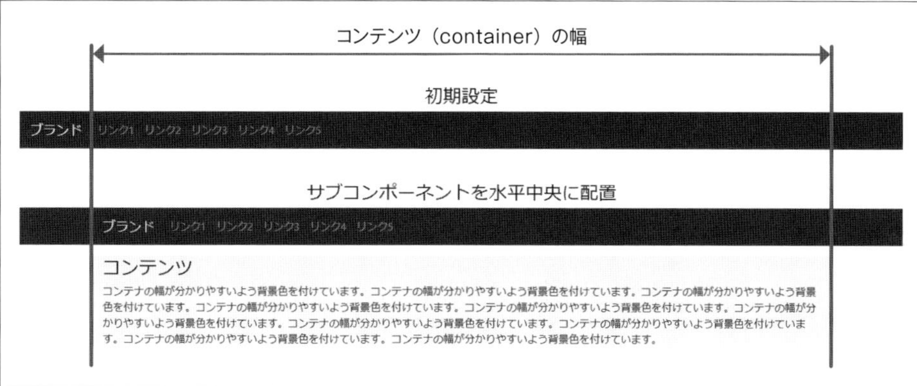

5.2.5 ナビゲーションバーの配置

ナビゲーションバーに Position ユーティリティ（P.342 参照）の **fixed-top クラス**、**fixed-bottom クラス**、**sticky-top クラス**を追加して、ナビゲーションバーをページ上部や下部に固定配置することができます。まずは次のサンプルでナビゲーションバーの初期設定の位置を確かめてください。下スクロールに伴って、ナビゲーションバーは見えなくなります（リスト 5-32、図 5-29）。

▼リスト 5-32　ナビゲーションバーの配置：初期設定（navbar-default.html）

```
<nav class="navbar navbar-dark bg-dark">
  <a class="navbar-brand" href="#">ブランド</a>
</nav>
```

▼図 5-29　ナビゲーションバー：ナビゲーションバーの配置：デフォルト

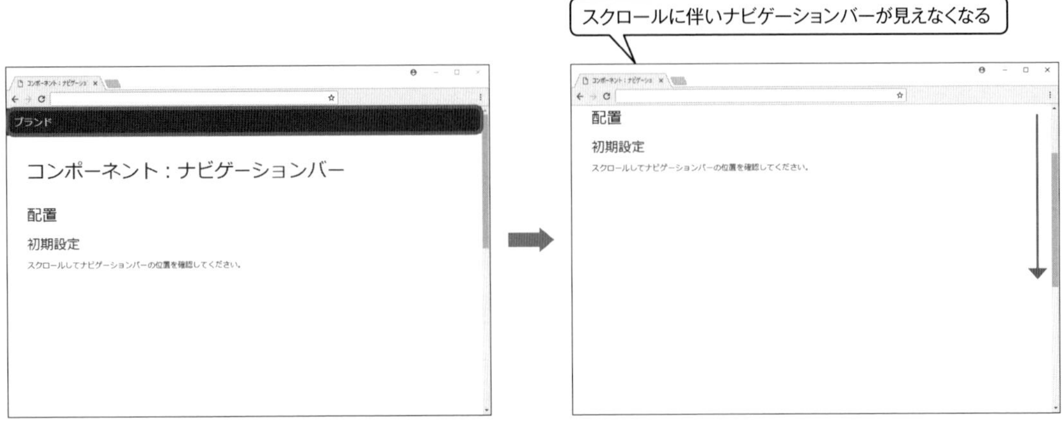

上部固定配置

ナビゲーションバーをページ上部に固定配置する場合は、navbar クラスが設定された要素に **fixed-top クラス**を追加します（リスト 5-33）。

▼リスト 5-33　ナビゲーションバーの配置：上部固定（navbar-fixed-top-pt50.html）

```
<body style="padding-top:50px">
<nav class="navbar fixed-top navbar-dark bg-dark">
  <a class="navbar-brand" href="#">ブランド</a>
</nav>
```

fixed-top クラスのスタイルには **position:fixed;** および **z-index: 1030;** が宣言されているため、ナビゲーションバーの重ね順が前面に指定され、コンテンツが部分的に隠れてしまいます（リスト 5-34）。

▼リスト 5-34　fixed-top クラスに定義されているスタイル

```
.fixed-top {
  position: fixed; /* ボックスの配置を固定 */
  top: 0;
  right: 0;
  left: 0;
  z-index: 1030; /* ボックスの重ね順を前面に指定 */
}
```

これを防ぐため、先の例では body 要素に属性 style="padding-top:50px;" を追加し、ナビゲーションバーの高さ分だけ上パディングを設け、コンテンツを下に位置調整しています（図 5-30）。

▼図 5-30　ナビゲーションバー：上部固定配置の際のコンテンツ位置調整

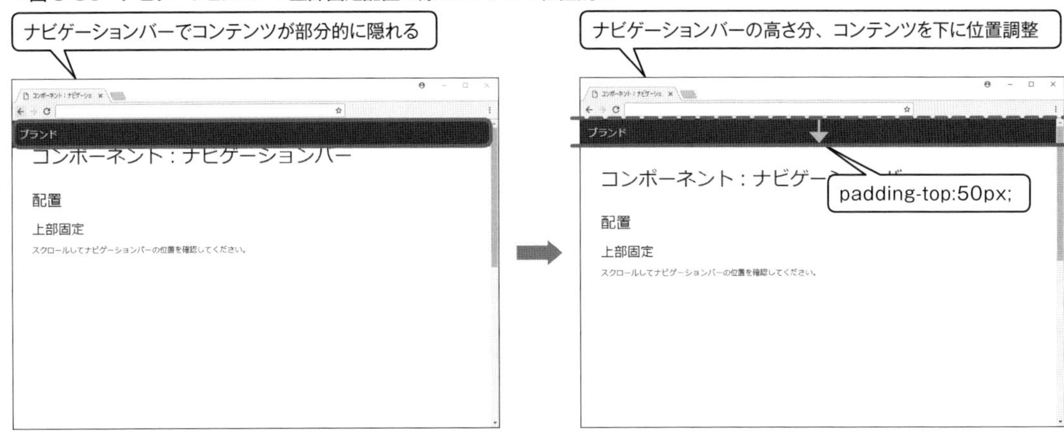

上部固定配置されたナビゲーションバーの位置を確かめてみてください。下スクロールしても、ナビゲーションバーは常にページ上部に固定されています（図 5-31）。

▼図 5-31　ナビゲーションバーの配置：上部固定

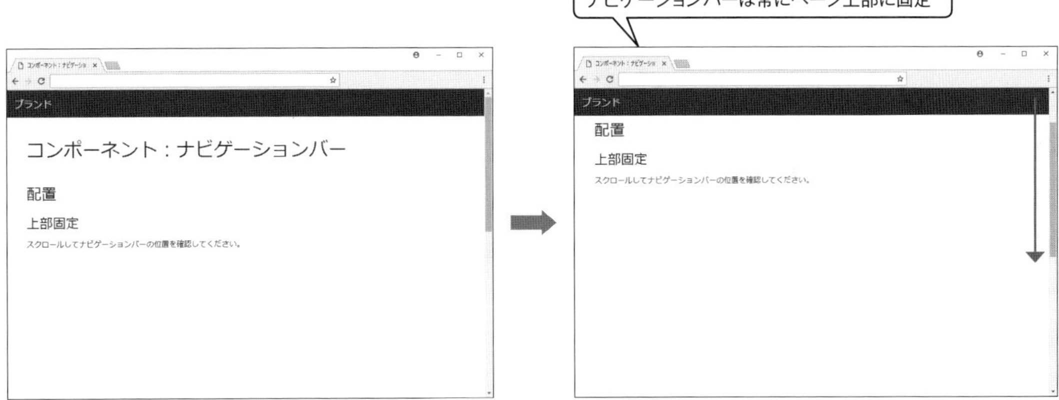

下部固定配置

ナビゲーションバーをページ下部に固定配置する場合は、navbar クラスが設定された要素に **fixed-bottom クラス**を追加します（リスト 5-35、図 5-32）。

▼リスト 5-35　ナビゲーションバーの配置：下部固定（navbar-fixed-bottom.html）

```
<nav class="navbar fixed-bottom navbar-dark bg-dark">
  <a class="navbar-brand" href="#">ブランド</a>
</nav>
```

▼図5-32　ナビゲーションバーの配置：下部固定

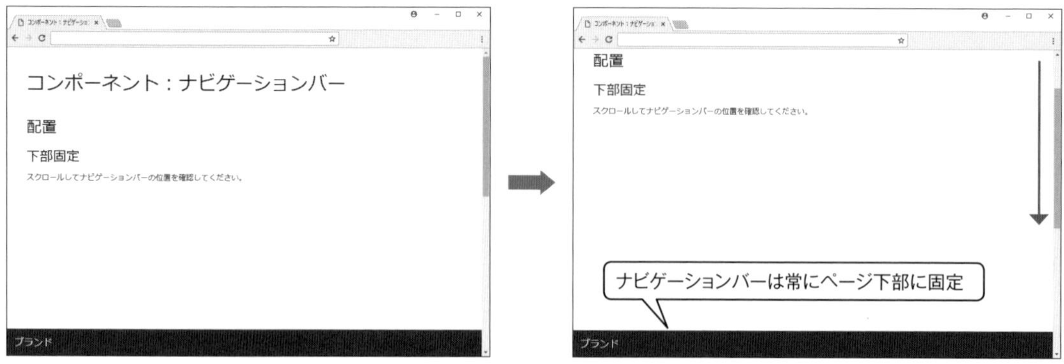

ページ上部に到達すると固定配置

ナビゲーションバーをスクロールに応じてページ上部に固定配置する場合は、navbarクラスが設定された要素に**sticky-topクラス**を追加します。sticky-topクラスが設定されたナビゲーションバーは、スクロールしてナビゲーションバーがページ上部に到達すると固定配置されます（リスト5-36、図5-33）。

▼リスト5-36　ナビゲーションバーの配置：ページ上部に到達すると固定（navbar-sticky-top.html）

```
<nav class="navbar sticky-top navbar-dark bg-dark">
  <a class="navbar-brand" href="#">ブランド</a>
</nav>
```

▼図5-33　ナビゲーションバーの配置：ページ上部に到達すると固定

なおsticky-topクラスに定義されているスタイル**position：sticky;**は、Internet Explorerなどのブラウザではサポートされておらず、これらのブラウザではナビゲーションが上部に固定されないことに注意してください。

5.2.6 レスポンシブ対応の設定

ナビゲーションバー内のコンテンツは、**navbar-toggler クラス**、**navbar-collapse クラス**、**navbar-expand-{ ブレイクポイント } クラス**などを使用して、画面幅によって表示を折り畳むかどうかを設定変更することができます。他のユーティリティと組み合わせると、特定の要素を表示するか非表示にするかを選択することもできます。

折り畳まないナビゲーション

常に展開した状態で、表示を折り畳まないナビゲーションバーを作成する場合は、navbar クラスが設定された要素に **navbar-expand クラス**を追加します（リスト 5-37、図 5-34）。

▼リスト 5-37　表示を折り畳まないナビゲーションバー（navbar-expand.html）

```
<nav class="navbar navbar-expand navbar-dark bg-dark">
  <a class="navbar-brand" href="#">ブランド</a>
…中略…
  <div class="collapse navbar-collapse" id="navbarNav">
…中略…
  </div>
</nav>
```

▼図 5-34　表示を折り畳まないナビゲーションバー

表示を折り畳まないナビゲーションバー
（画面幅 lg 以上）

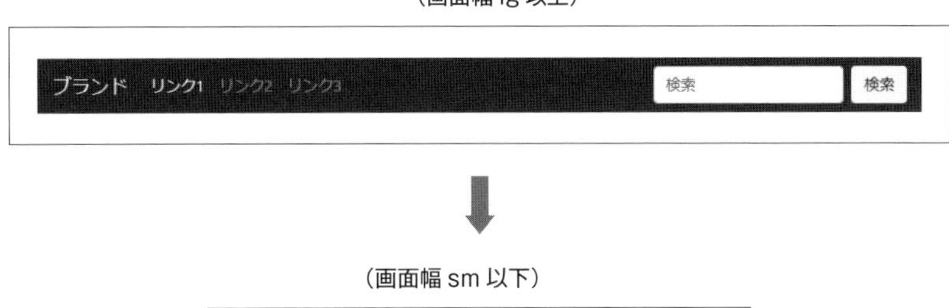

（画面幅 sm 以下）

ブランドの表示・非表示

ナビゲーションバー内のコンテンツが折り畳まれたとき、初期設定ではブランドの表示は折り畳まれずに残ります。これを隠したい場合は、**collapse クラス**および **navbar-collapse クラス**が設定された要素内にブランドを配置します。次の例は、ナビゲーション項目が画面幅 lg 以上で展開表示され、画面幅 md 以下で折り畳まれるナビゲーションバーです（リスト 5-38、図 5-35）。

▼リスト 5-38　ブランドを隠す（navbar-brand-hidden.html）

```
<nav class="navbar navbar-expand-lg navbar-dark bg-dark">
…中略…
  <div class="collapse navbar-collapse" id="navbarNav">
    <a class="navbar-brand" href="#">ブランドを隠す</a>
…中略…
  </div>
</nav>
```

▼図 5-35　ナビゲーションバーの配置：ページ上部に到達すると固定

画面幅 lg 以上

初期設定のナビゲーションバー
ブランドを表示　リンク1　リンク2　リンク3　検索　検索
ブランドを隠すナビゲーションバー
ブランドを隠す　リンク1　リンク2　リンク3　検索　検索

画面幅 md 以下

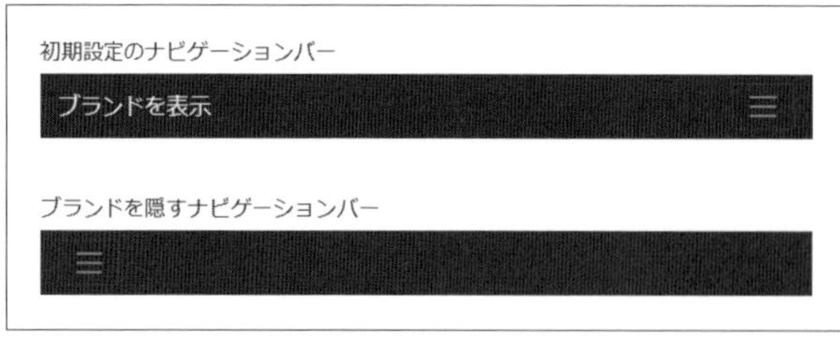

なおナビゲーションバーの切り替えボタンの位置は、ブランドがない場合は左揃えになり、ブランドが表示される場合は右揃えに配置されます。

ブランドと切り替えボタンの位置設定

ナビゲーションバー内のコンテンツが折り畳まれたとき、ブランドを左揃え、切り替えボタンを右揃えに配置する場合は、**navbar-brand クラス**が設定された要素の後に、**navbar-toggler クラス**を設定した要素を配置します。反対に、ブランドを右揃え、切り替えボタンを左揃えに配置する場合は、**navbar-brand クラス**が設定された要素の前に、**navbar-toggler クラス**を設定した要素を配置します。

次の例では、ナビゲーション項目が画面幅 lg 以上で展開表示され、画面幅 md 以下で折り畳まれるナビゲーションバーで、ブランドと切り替えボタンの位置を設定しています（リスト 5-39、図 5-36）。

▼リスト 5-39 ブランドと切り替えボタンの位置設定（navbar-toggler-brand.html）

```
<nav class="navbar navbar-expand-lg navbar-dark bg-dark">
  <a class="navbar-brand" href="#">ブランド</a>
  <button class="navbar-toggler" type="button" data-toggle="collapse" data-target=⏎
"#navbarNav01" aria-controls="navbarNav01" aria-expanded="false" aria-label=⏎
"ナビゲーション切り替え">
    <span class="navbar-toggler-icon"></span>
  </button>
…中略…
</nav>
```

▼図 5-36 ナビゲーションバーの配置：ページ上部に到達すると固定

画面幅 lg 以上

折り畳み時にブランドを左揃え、切替ボタンを右揃えに表示

ブランド リンク1 リンク2 リンク3 検索 検索

折り畳み時にブランドを右揃え、切替ボタンを左揃えに表示

ブランド リンク1 リンク2 リンク3 検索 検索

画面幅 md 以下

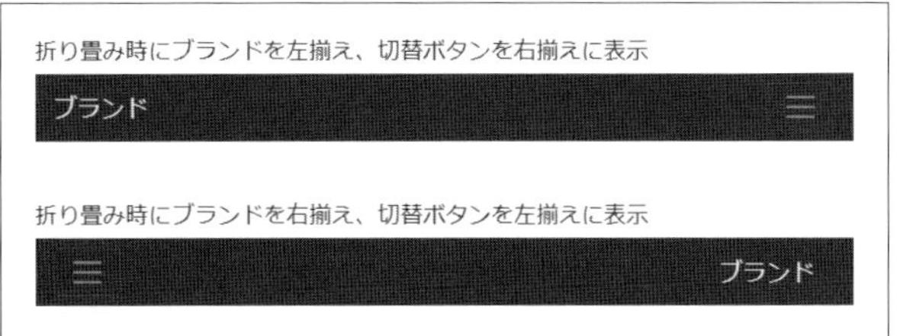

外部コンテンツ

ナビゲーションバー内の切り替えボタンを使用して、ページの別の場所にある隠しコンテンツを表示することもできます。**collapse クラス**を設定した要素で隠しコンテンツを囲み、ID 名を付けます。ナビゲーションバー内にある navbar-toggler クラスを設定した切り替えボタンには、属性 **data-toggle="collapse"**、**data-target="（隠しコンテンツの ID）"** を追加します（リスト 5-40、図 5-37）。

▼リスト 5-40　ナビゲーションバーで外部コンテンツの表示・非表示を切り替える（navbar-external.html）

```
<div class="collapse" id="navbarToggleExternalContent">
  <div class="bg-dark p-4">
    <h4 class="text-white">折り畳みコンテンツ</h4>
    <span class="text-muted">ナビゲーションバーブランド経由で切り替え可</span>
  </div>
</div>
<nav class="navbar navbar-dark bg-dark">
  <button class="navbar-toggler" type="button" data-toggle="collapse" data-target=⏎
"#navbarToggleExternalContent" aria-controls="navbarToggleExternalContent" aria-expanded="false" ⏎
aria-label="ナビゲーション切り替え">
    <span class="navbar-toggler-icon"></span>
  </button>
</nav>
```

▼図 5-37　外部コンテンツの表示・非表示を切り替える

5 SECTION 3

パンくずリスト

パンくずリストは、Webサイトにおいて現在見ているWebページの位置を階層的に示すためのリストです。Bootstrapには、リスト要素にクラスを追加するだけで簡単にパンくずリストを作成できるコンポーネントが用意されています。本節ではBootstrapの**パンくずリスト**を使用する方法を解説します。

1 2 3 4 5 6 7 8 9 10

5.3.1 基本的な使用例

nav要素内のol要素に**breadcrumbクラス**、li要素に**breadcrumb-itemクラス**を追加してパンくずリストを作成します。また、現在位置の項目となるli要素には**activeクラス**を追加します（リスト5-41、図5-38）。

▼リスト5-41　パンくずリストの基本的な使用例（breadcrumb.html）

```
<nav aria-label="breadcrumb" role="navigation">
  <ol class="breadcrumb">
    <li class="breadcrumb-item"><a href="#">ホーム</a></li>
    <li class="breadcrumb-item"><a href="#">ライブラリー</a></li>
    <li class="breadcrumb-item active" aria-current="page">データ</li>
  </ol>
</nav>
```

▼図5-38　パンくずリストの使用例

ホーム / ライブラリー / データ

またnav要素には、アクセシビリティへの配慮として**role属性**と**aria-*属性**を追加します。スクリーンリーダーなどの支援技術に対して、属性**role="navigation"**がナビゲーションの役割であることを伝え、属性**aria-label="breadcrumb"**がパンくずリストとしてのラベル付けを行います。

SECTION 5-4 リストグループ

Bootstrap の**リストグループ**は、リスト項目を枠で囲まれたひとまとまりのコンテンツとして表示するのためのコンポーネントです。Bootstrap には、アクティブ状態やホバー状態を示すことができるリンク付きリストや、バッジ付きのリストなどさまざまなデザインのリストグループが用意されています。本節では Bootstrap のリストグループを使用する方法を解説します。

5.4.1 基本的な使用例

ul 要素に **list-group クラス**、li 要素に **list-group-item クラス**を追加して、基本的なリストグループを作成します（リスト 5-42、図 5-39）。

▼リスト 5-42　リストグループの基本的な使用例（listgroup-basic.html）

```
<ul class="list-group">
  <li class="list-group-item">リスト項目1</li>
  <li class="list-group-item">リスト項目2</li>
  <li class="list-group-item">リスト項目3</li>
</ul>
```

▼図 5-39　リストグループの基本的な使用例

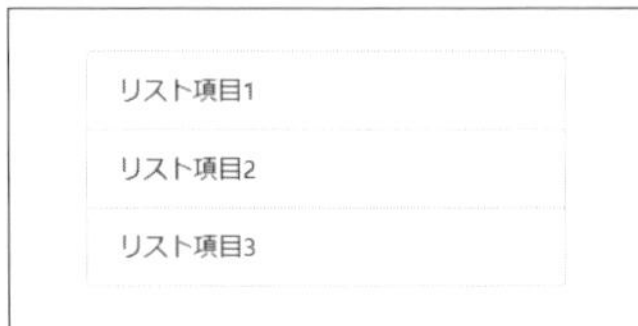

5.4.2 リスト項目をアクティブ状態にする

リスト項目をアクティブ状態で表示させるには、list-group-item クラスが設定された li 要素に **active クラス**を追加します（リスト 5-43、図 5-40）。

▼リスト 5-43　リスト項目をアクティブ状態にする（listgroup-active.html）

```
<ul class="list-group">
  <li class="list-group-item active">リスト項目1</li>
  <li class="list-group-item">リスト項目2</li>
```

```
  <li class="list-group-item">リスト項目3</li>
</ul>
```

▼図 5-40　リスト項目をアクティブ状態にする

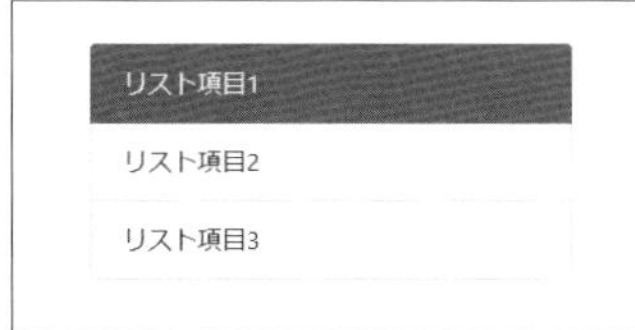

5.4.3 リスト項目を無効状態にする

リスト項目を選択が無効な状態で表示するには、list-group-item クラスが設定された li 要素に **disabled クラス**を追加します（リスト 5-44、図 5-41）。

▼リスト 5-44　リスト項目を無効状態にする（listgroup-disabled.html）

```
<ul class="list-group">
  <li class="list-group-item disabled">リスト項目1</li>
  <li class="list-group-item">リスト項目2</li>
  <li class="list-group-item">リスト項目3</li>
</ul>
```

▼図 5-41　リスト項目を無効状態にする

5.4.4 リンク付きリストグループ

ホバー、無効、アクティブといったリンクのアクションが可能なリストグループを作成することができます。このようなリンク付きリストグループを作成する場合は、親要素となる div 要素に **list-group クラス**、子要素となる a 要素または button 要素に **list-group-item-action クラス**を追加します（リスト 5-45）。このリストグループでは ul 要素や li 要素を使用しない点に注意してください。またこのコンポーネント内には **btn クラス**を使用したボタン（P.233 参照）のコンポーネントを使用しないでください。

▼リスト 5-45　リンク付きリストグループ（listgroup-links.html）

```
<div class="list-group">
  <a href="#" class="list-group-item list-group-item-action">リスト項目1</a>
```

```
  <a href="#" class="list-group-item list-group-item-action">リスト項目2</a>
  <a href="#" class="list-group-item list-group-item-action disabled">リスト項目3</a>
</div>
```

list-group-item-action クラスが追加された項目は、ホバー時の背景色が明るいグレーに変わります（図 5-42）。

▼図 5-42　ホバー時の項目

アクティブ時は、ホバー時より少し暗い背景色と文字色に変わります（図 5-43）。

▼図 5-43　アクティブ時のリスト項目

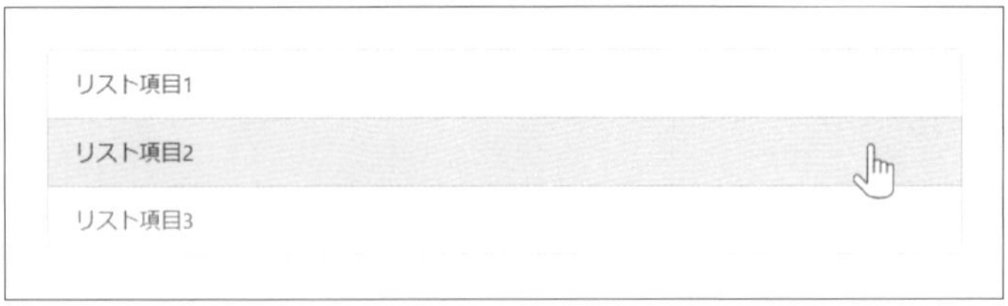

disabled クラスが追加されて無効状態になった項目は、アクションが無効化されて背景色が変わりません（図 5-44）。

▼図 5-44　無効状態のリスト項目

5.4.5　ボタンのリストグループ

a 要素と同様、button 要素に **list-group-item-action クラス**を追加して、リンクのアクションが可能なリストグループを作成することもできます。button 要素を使用した場合は、disabled クラスの代わりに **disabled 属性**を追加して無効状態の項目を作成することもできます（リスト 5-46）。

▼リスト 5-46　ボタンのリストグループ（listgroup-buttons.html）

```
<div class="list-group">
  <button type="button" class="list-group-item list-group-item-action">リスト項目1</button>
  <button type="button" class="list-group-item list-group-item-action">リスト項目2</button>
  <button type="button" class="list-group-item list-group-item-action">リスト項目3</button>
  <button type="button" class="list-group-item list-group-item-action" disabled>リスト項目4</button>
</div>
```

a 要素と同様に、button 要素の場合も **list-group-item-action クラス**が追加された項目は、ホバー時の背景色が明るいグレーに変わります（図 5-45）。

▼図 5-45　ホバー時の項目

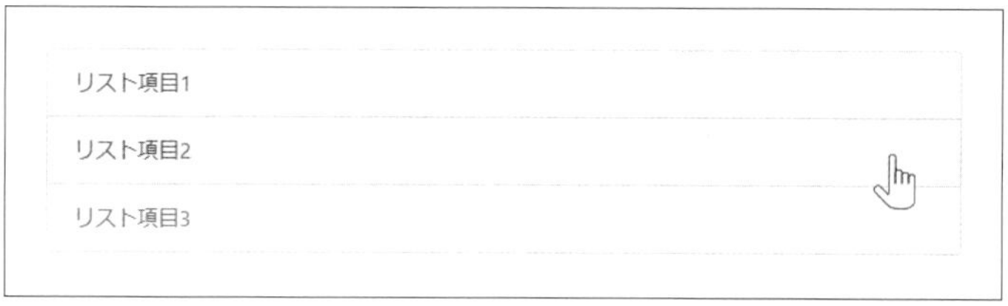

アクティブ時は、ホバー時より少し暗い背景色と文字色に変わります（図 5-46）。

▼図 5-46　アクティブ時のリスト項目

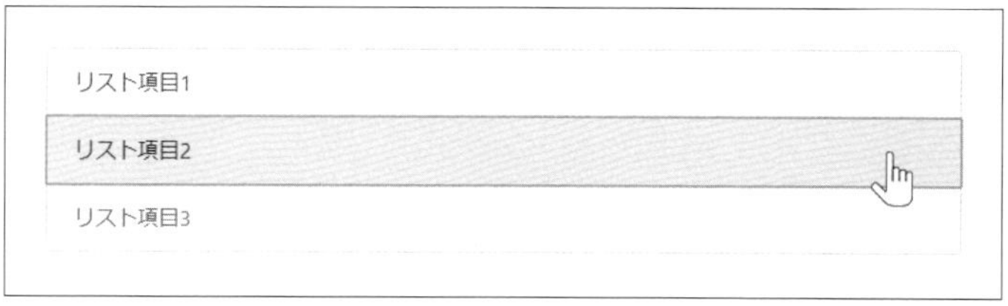

disabled クラスまたは disabled 属性を追加して無効状態になった項目は、アクションが無効化されて背景色が変わりません。この例では、disabled 属性を追加しています（図 5-47）。

▼図 5-47　無効状態のリスト項目

5.4.6 リストグループの背景色を変更する

list-group-item クラスが設定された要素に **list-group-item-{ 色の種類 }** を追加して、リスト項目の背景色を変更することができます。アラート（P.110 参照）と同様、色の種類には **primary**（青）、**secondary**（グレー）などコンテクストに対応した色の種類が入ります（リスト 5-47、図 5-48）。

▼リスト 5-47　リストグループの背景色を変更する（listgroup-background.html）

```
<ul class="list-group">
  <li class="list-group-item list-group-item-primary">これは「primary」のリスト項目です。</li>
  <li class="list-group-item list-group-item-secondary">これは「secondary」のリスト項目です。</li>
  <li class="list-group-item list-group-item-success">これは「success」のリスト項目です。</li>
  <li class="list-group-item list-group-item-danger">これは「danger」のリスト項目です。</li>
  <li class="list-group-item list-group-item-warning">これは「warning」のリスト項目です。</li>
  <li class="list-group-item list-group-item-info">これは「info」のリスト項目です。</li>
  <li class="list-group-item list-group-item-light">これは「light」のリスト項目です。</li>
  <li class="list-group-item list-group-item-dark">これは「dark」のリスト項目です。</li>
  <li class="list-group-item">これは「デフォルト」のリスト項目です。</li>
</ul>
```

▼図 5-48　リストグループの背景色を変更する

5.4.7 リンク付きリストグループの背景色を変更する

list-group-item-action クラスが設定された要素に **list-group-item-{ 色の種類 } クラス**を追加して、リンク付きのリスト項目の背景色を変更することもできます。この場合、ホバー時には背景色が少し暗く変わります（リスト 5-48、図 5-49）。

▼リスト 5-48　アクション可能な背景色クラスのリストグループ（listgroup-background-action.html）

```
<div class="list-group">
```

```
  <a href="#" class="list-group-item list-group-item-action list-group-item-primary">これは⏎
「primary」のリスト項目です。</a>
…中略…
</div>
```

▼図 5-49　アクション可能な背景色クラスのリストグループ

また、list-group-item-{ 色の種類 } クラスが設定された要素に **active クラス**を追加すると、背景色が濃くなってアクティブ状態を表すことができます（リスト 5-49、図 5-50）。

▼リスト 5-49　アクティブ状態のアクション可能な背景色クラスのリストグループ（listgroup-background-action-active.html）

```
<div class="list-group">
  <a href="#" class="list-group-item list-group-item-action list-group-item-primary active">これは⏎
アクティブ状態の「primary」のリスト項目です。</a>
…中略…
</div>
```

▼図 5-50　アクティブ状態のアクション可能な背景色クラスのリストグループ

COLUMN　支援技術に色の意味を伝えよう

Bootstrap の Color ユーティリティ（P.302 参照）やコンテクストと対応した色クラスを使用して色を変更すると、視覚的な情報の差別化ができますが、スクリーンリーダーなどの支援技術のユーザーにはそのコンテクスト（文脈や意味）が伝わりません。たとえば「重要」「注意」のように、色が表すコンテクストをテキストで記載したり、テキストを非表示にするスクリーンリーダー用ユーティリティ（P.354 参照）の **sr-only クラス**を使って情報を追加するなど、アクセシビリティに配慮した情報の伝達を心がけましょう。

5.4.8 バッジ付きリストグループ

リストグループに Display ユーティリティ（P.310 参照）や Flex ユーティリティ（P.322 参照）を使用して、バッジ（P.115 参照）を組み込むことができます。これによって、リストグループの項目に未読の数や活動数といったラベルやカウンターを表示することができます（リスト 5-50、図 5-51）。

▼リスト 5-50　バッジ付きリストグループ（listgroup-badges.html）

```
<ul class="list-group">
  <li class="list-group-item d-flex justify-content-between align-items-center"> ―― ❶
    リスト項目1
    <span class="badge badge-primary badge-pill">14</span> ―― ❷
  </li>
…中略…
</ul>
```

▼図 5-51　バッジ付きリストグループ

リスト項目1　14
リスト項目2　2
リスト項目3　1

先の例では、リスト項目の両端の上下中央にテキストとバッジをレイアウトするために、表 5-4 のクラスを使用しています（❶）。

▼表 5-4　バッジ付きリストのレイアウトに使用したクラス

クラス	概要	ユーティリティ
d-flex	レイアウトに flexbox を使用する	Display ユーティリティ（P.310 参照）
justify-content-between	アイテムを両端から均等に揃える	Flex ユーティリティ（P.322 参照）
align-items-center	アイテムを交差軸（主軸に対して垂直な軸）の中央に配置する	Flex ユーティリティ（P.322 参照）

また、span要素に**badgeクラス**、**badge-primaryクラス**、**badge-pillクラス**を追加して、リスト項目のカウンターとして青色で丸みを帯びたバッジを配置しています（❷）。バッジの色や形の指定について詳しくは「バッジ」（P.115）を参照してください。

5.4.9 カスタムコンテンツのリストグループ

リストグループにDisplayユーティリティ（P.310参照）やFlexユーティリティ（P.322参照）などを使用して、リスト項目内にヘッダーやリンク付きのコンテンツをレイアウトすることができます。バッジ付きのリストグループと同様、コンポーネントにユーティリティを組み合わせることでさまざまなバリエーションを生み出すことができます（リスト5-51、図5-52）。

▼リスト5-51　カスタムコンテンツのリストグループ（listgroup-custom-content.html）

```
<div class="list-group">
  <a href="#" class="list-group-item list-group-item-action flex-column align-items-start active"> ❶
    <div class="d-flex w-100 justify-content-between"> ――――――――― ❷
      <h5 class="mb-1">リスト項目1のヘッダー</h5>
      <small>3日前</small>
    </div>
    <p class="mb-1">リスト項目1のコンテンツの見本です。</p>
    <small>リスト項目1のサブコンテンツです</small>
  </a>
…中略…
</div>
```

▼図5-52　カスタムコンテンツのリストグループ

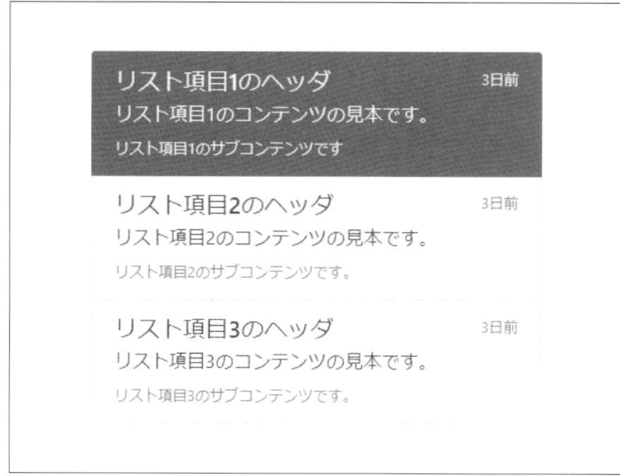

リスト項目（❶）のレイアウトには表5-5のクラスを使用しています。

▼表5-5　リスト項目のレイアウトに使用したクラス

クラス	概要	ユーティリティ
flex-column	アイテムを上から下に配置	Display ユーティリティ（P.310 参照）
align-items-start	アイテムを交差軸（主軸に対して垂直な軸）の始点に配置	Flex ユーティリティ（P.322 参照）

リスト項目内のコンテンツ（❷）のレイアウトには表5-6のクラスを使用しています。

▼表5-6　カスタムコンテンツのレイアウトに使用したクラス

クラス	概要	ユーティリティ
d-flex	レイアウトに flexbox を使用する	Flex ユーティリティ（P.322 参照）
w-100	アイテムの幅を親要素の 100% に設定する	Sizing ユーティリティ（P.314 参照）
justify-content-between	アイテムを両端から均等に揃える	Flex ユーティリティ（P.322 参照）

5.4.10　枠なしのリストグループ 4.1

list-group クラスが設定された要素に **list-group-flush クラス**を追加して、リストグループの外枠と角丸を削除することができます。これは、カード（P.124 参照）内にリストグループを組み込むような場合に、親要素の全幅に渡る幅のリストグループを作成できるため便利です（リスト5-52、図5-53）。

▼リスト5-52　Flex ユーティリティを使用したレスポンシブなナビゲーション（listgroup-flush.html）

```
<div>
  <ul class="list-group list-group-flush">
    <li class="list-group-item">リスト項目1</li>
    <li class="list-group-item">リスト項目2</li>
    <li class="list-group-item">リスト項目3</li>
  </ul>
</div>
```

▼図5-53　枠なしのリストグループ

SECTION 5 ページネーション

ページネーションは、一連の関連コンテンツが複数のページに渡って存在しているような場合に、ページ送りの機能を提供するナビゲーションです。Bootstrapには、リスト要素にクラスを追加するだけで簡単にページネーションを作成できるコンポーネントが用意されています。本節では、Bootstrapのコンポーネントとして用意されている**ページネーション**を、アクセシビリティに配慮しながら使用する方法を解説します。

5.5.1 基本的な使用例

nav要素内のul要素に**paginationクラス**、li要素に**page-itemクラス**を追加してページネーションを作成します（リスト5-53、図5-54）。

▼リスト5-53 ページネーションの基本的な使い方（pagination-basic.html）

```
<nav aria-label="ページネーションの例">
  <ul class="pagination">
    <li class="page-item"><a class="page-link" href="#">前</a></li>
    <li class="page-item"><a class="page-link" href="#">1</a></li>
    <li class="page-item"><a class="page-link" href="#">2</a></li>
    <li class="page-item"><a class="page-link" href="#">3</a></li>
    <li class="page-item"><a class="page-link" href="#">次</a></li>
  </ul>
</nav>
```

▼図5-54 基本のページネーション

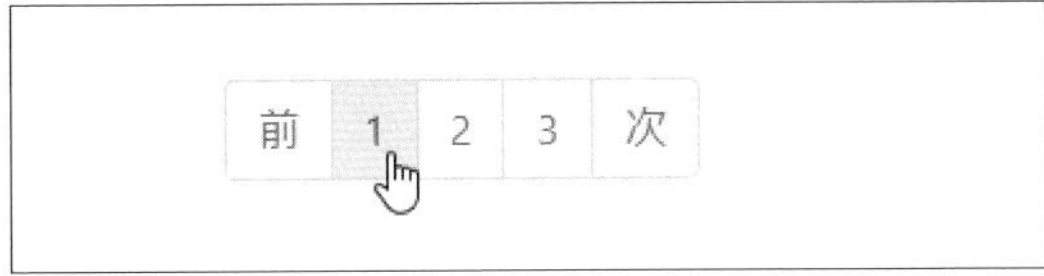

nav要素には、アクセシビリティへの配慮として**aria-label属性**を追加し、スクリーンリーダーなどの支援技術に対して、このナビゲーションがページネーションであることをラベル付けします。この属性で指定したラベルは画面上には表示されず、スクリーンリーダーなどで読み上げられます。また、ページネーションにul要素を使用することで、スクリーンリーダーは利用可能なリンクの数を伝えることができます。

5.5.2 ページネーションにアイコンを使用する

ページネーション内のリンク箇所に、「前へ」や「次へ」といったテキストを使わず、アイコンや記号を使用する場合は、**aria-* 属性**やスクリーンリーダー用ユーティリティ（P.354 参照）の **sr-only クラス**を使用してアクセシビリティに配慮する必要があります。

次の例では、「前」「次」のテキストリンクの代わりに、« で左二重角引用符「≪」、» で右二重角引用符「≫」の記号を使用しています（リスト 5-54、図 5-55）。

▼リスト 5-54　ページネーションにアイコンを使用する（pagination-icon.html）

```
<nav aria-label="ページネーションの例">
  <ul class="pagination">
    <li class="page-item">
      <a class="page-link" href="#" aria-label="前へ">
        <span aria-hidden="true">&laquo;</span>
        <span class="sr-only">前へ</span>
      </a>
    </li>
    <li class="page-item"><a class="page-link" href="#">1</a></li>
    <li class="page-item"><a class="page-link" href="#">2</a></li>
    <li class="page-item"><a class="page-link" href="#">3</a></li>
    <li class="page-item">
      <a class="page-link" href="#" aria-label="次へ">
        <span aria-hidden="true">&raquo;</span>
        <span class="sr-only">次へ</span>
      </a>
    </li>
  </ul>
</nav>
```

▼図 5-55　ページネーションにアイコンを使用する

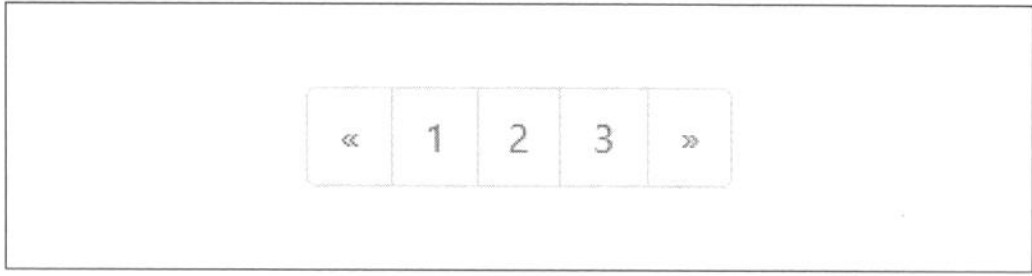

この例では、「前へ」と「次へ」を意味する記号には、それぞれ aria-label 属性を使ってその意味を記述し、属性 **aria-hidden="true"** を追加して記号自体が読み上げられないようにしています。さらに、スクリーンリーダー用ユーティリティ（P.354 参照）の **sr-only クラス**を使用して、スクリーンリーダー用に「前へ」「次へ」という非表示テキストを加えておきましょう。

5.5.3 リンクに無効状態や現在位置であることを示す

ページネーションのリンクは、無効状態を示したり現在位置であることを示すなど、さまざまな状態に合わせてカスタマイズすることができます（リスト 5-55）。

▼リスト 5-55　リンクの無効状態やアクティブ状態を指定する（pagination-disable-active.html）

```
<nav aria-label="ページナビゲーションの例">
  <ul class="pagination">
    <li class="page-item disabled"> ─────────────────────── ❶
      <a class="page-link" href="#" tabindex="-1">前</a> ──────────── ❷
    </li>
    <li class="page-item"><a class="page-link" href="#">1</a></li>
    <li class="page-item active"> ───────────────────────── ❸
      <a class="page-link" href="#">2 <span class="sr-only">(現ページ)</span></a> ── ❹
    </li>
    <li class="page-item"><a class="page-link" href="#">3</a></li>
    <li class="page-item">
      <a class="page-link" href="#">次</a>
    </li>
  </ul>
</nav>
```

リンクを無効状態で表示するには、page-item クラスが設定された要素に **disabled クラス**を追加します（❶）。さらに page-link クラスが設定された a 要素には、属性 **tabindex="-1"** を追加します（❷）。

リンクが現在位置であることを示すには、page-item クラスが設定された要素に **active クラス**を追加します（❸）。さらに page-link クラスが設定された a 要素内には、スクリーンリーダー用ユーティリティ（P.354 参照）の **sr-only クラス**を使用して、スクリーンリーダー用に現在位置であることを示す非表示テキストを加えておきましょう（❹）。

COLUMN　tabindex 属性でリンクを無効状態にする

Bootstrap で定義されている disabled クラスのスタイルには、**pointer-events: none;** が宣言されており、これによって a 要素のリンク機能を無効化します。ただしこの CSS プロパティはまだ標準化されておらず、Internet Explorer 10 以前など一部の古いブラウザには対応していません（2018 年 3 月現在）。またこのプロパティには、キーイベントを無効化する機能がないため、Tab キーを押してフォーカスを移動して該当箇所で Enter キーを押した場合などはページが遷移してしまいます（図 5-56）。

▼図 5-56　tabindex="-1" がない場合：Tab キーを押すと「前」にフォーカスが移動する

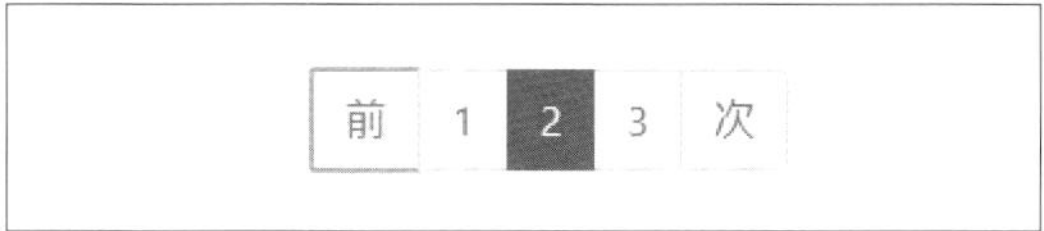

この問題を回避するため、a 要素に属性 **tabindex="-1"** を追加します。tabindex 属性は、Tab キーでフォーカスを移動する順序を明示的に指定するオプションですが、負の整数を指定するとリンク機能は残したままフォーカスが移動しなくなります（図 5-57）。

▼図 5-57　tabindex="-1" を指定：Tab キーによるフォーカス移動が効かなくなる（「前」のフォーカスはなくなり、「1」からフォーカスされる）

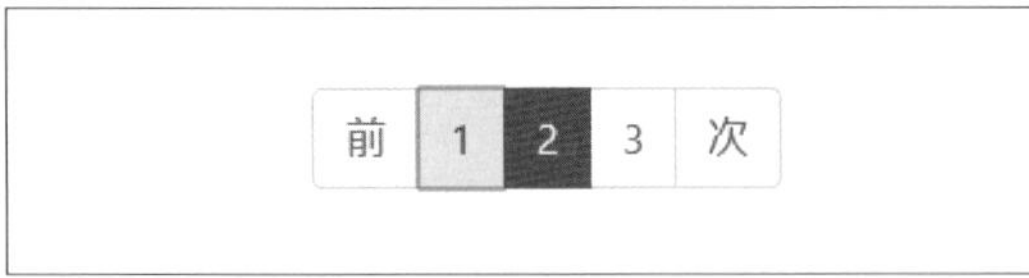

なお、完全にリンク機能を完全に無効化するには、JavaScript を使用する必要があります。次のコードは、jQuery を使ってリンクを無効にしたサンプルです（リスト 5-56）。

▼リスト 5-56　jQuery を使ってリンクを無効化する（pagination-disable-active.html）

```
<script>
$(function(){
  $('.disabled > a.page-link').click(function(){
    return false;
  });
});
</script>
```

ちなみに、リンクの無効状態や現在位置であることを示す要素は、a 要素ではなく span 要素でも構いません。span 要素を使用する場合は、先の tabindex="-1" の指定やリンクを無効化するコードは不要です（リスト 5-57）。

▼リスト 5-57　span 要素を使用してリンクの無効状態やアクティブ状態を指定する（pagination-disable-active-span.html）

```
<nav aria-label="ページネーションの例">
  <ul class="pagination">
    <li class="page-item disabled">
      <span class="page-link">前</span>
    </li>
    <li class="page-item"><a class="page-link" href="#">1</a></li>
    <li class="page-item active">
      <span class="page-link">
        2
        <span class="sr-only">(現ページ)</span>
      </span>
    </li>
    <li class="page-item"><a class="page-link" href="#">3</a></li>
    <li class="page-item">
      <a class="page-link" href="#">次</a>
    </li>
  </ul>
</nav>
```

5.5.4 ページネーションのサイズを変更する

ページネーションのサイズを変更する場合は、pagenationクラスが設定された要素に**pagination-{ サイズ } クラス**を追加します。サイズには**lg**（large）または**sm**（small）が入ります。

ページネーションのサイズを大きくする場合は**pagination-lg クラス**を使用し、小さくする場合は**pagination-sm クラス**を使用します（リスト5-58、図5-58）。

▼リスト5-58　ページネーションのサイズを変更する（pagination-sizing.html）

```
<h3>pagination-lg</h3>
<nav aria-label="ページネーションの例">
  <ul class="pagination pagination-lg">
…中略…
  </ul>
</nav>
<h3>pagination-sm</h3>
<nav aria-label="ページネーションの例">
  <ul class="pagination pagination-sm">
…中略…
  </ul>
</nav>
```

▼図5-58　ページネーションのサイズを変更する

5.5.5 ページネーションの配置

ページネーションの配置を変更する場合は、paginationクラスが設定された要素にFlexユーティリティ（P.322参照）の**justify-content-{ 整列方法 } クラス**を追加します。整列方法には、**center**（中央）、**end**（終点）などが入ります。

ページネーションを中央揃えにする場合は**justify-content-center クラス**を使用し、右揃えにするには**justify-content-end クラス**を使用します（リスト5-59、図5-59）。

▼リスト5-59　ページネーションの配置（pagination-align.html）

```
<section>
<h3>中央揃え（justify-content-center）</h3>
```

```
<nav aria-label="ページネーションの例">
  <ul class="pagination justify-content-center">
…中略…
  </ul>
</nav>
</section>
<section>
<h3>右揃え（justify-content-end）</h3>
<nav aria-label="Page navigation example">
  <ul class="pagination justify-content-end">
…中略…
  </ul>
</nav>
</section>
```

▼図 5-59　ページネーションの配置

第6章

フォームとボタンのコンポーネント

本章では、Bootstrap のフォームおよびボタンのコンポーネントについて解説します。Bootstrap では、リブートによって体裁の整えられた基本的なスタイルのフォームを利用できますが、それをさらに拡張したカスタムフォームと呼ばれる独自のスタイルも利用することができます。また、フォームでよく利用される入力検証機能や、JavaScript を利用した機能拡張についても見ていきましょう。

6 SECTION 1 フォーム

Bootstrapの**フォーム**は、リブートで設定されたフォームのスタイル（P.101参照）を拡張し、一貫性のあるスタイルの入力コントロールやレイアウトを作成するためのコンポーネントです。本節では、Bootstrapのフォームを使用する方法を解説します。

6.1.1 基本的な使用例

まずは、input要素やselect要素、textarea要素などで作成された入力コントロール（以下、「入力コントロール」）の例を見てみましょう（リスト6-1、図6-1）。

▼リスト6-1　基本的な使用例（form-basic.html）

```
<form>
  <!-- メールアドレス入力 -->
  <div class="form-group"> ―――――――――――――――――――――――――――――――――――❸
    <label for="email1">メールアドレス</label>
    <input type="email" class="form-control" id="email1" aria-describedby="emailHelp" ⮐
placeholder="メールアドレスを入力"> ――――――――――――――――――――――――――――――――――❶
    <small id="emailHelp" class="form-text text-muted">あなたに関する個人情報を収集⮐
することはありません。</small>
  </div>
  <!-- パスワード入力 -->
  <div class="form-group"> ―――――――――――――――――――――――――――――――――――❸
    <label for="password1">パスワード</label>
    <input type="password" class="form-control" id="password1" placeholder="パスワードを入力"> ―❶
  </div>
  <!-- プルダウンメニュー -->
  <div class="form-group"> ――――――――――――┐
    <label for="select1">プルダウンメニュー</label>
    <select class="form-control" id="select1"> ―――――――――――――――――――――――――❸
     <option>1</option>
     <option>2</option>
     <option>3</option>
     <option>4</option>
     <option>5</option>
    </select>
  </div>
  <!-- 複数選択のプルダウンメニュー -->
  <div class="form-group"> ――――――――――――┘
```

```
    <label for="select2">複数選択のプルダウンメニュー</label>
    <select multiple class="form-control" id="select2"> ――❶
      <option>1</option>
      <option>2</option>
      <option>3</option>
      <option>4</option>
      <option>5</option>
    </select>
  </div>
  <!-- 複数行のテキスト入力欄 -->
  <div class="form-group"> ――❸
    <label for="textarea1">複数行のテキスト入力欄</label>
    <textarea class="form-control" id="textarea1" rows="3"></textarea> ――❶
  </div>
  <!-- ファイル選択 -->
  <div class="form-group"> ――❸
    <label for="file1">ファイルを選択</label>
    <input type="file" class="form-control-file" id="file1"> ――❷
  </div>
  <!-- チェックボックス -->
  <div class="form-check">
    <input type="checkbox" class="form-check-input" id="check1">
    <label class="form-check-label" for="check1">チェックする</label>
  </div>
  <!-- 送信ボタン -->
  <button type="submit" class="btn btn-primary">送信</button>
</form>
```

▼図 6-1　基本的な使用例

メールアドレス

メールアドレスを入力

あなたに関する個人情報を収集することはありません。

パスワード

パスワードを入力

プルダウンメニュー

1

複数選択のプルダウンメニュー

1
2
3
4

複数行のテキスト入力欄

ファイルを選択

ファイルを選択　選択されていません

チェックする

送信

入力コントロールは、**form-control クラス**を使用して、一般的な外観、フォーカス状態、サイズなどをスタイリングします（❶）。また、入力コントロールにファイル選択の機能を持たせる場合は、form-control クラスの代わりに **form-control-file クラス**を追加します（❷）。

これらの入力コントロールと label 要素を、**form-group クラス**を追加した div 要素で囲み、グループ化して**フォームグループ**を作成します（❸）。form-group クラスのスタイルには「margin-bottom:1rem」が定義されており、フォームグループ間に余白が付いてフォーム全体が見やすくなります。

入力コントロールのサイズを調整する

入力コントロールの高さを大きくする場合は、**form-control クラス**が設定された要素に **form-control-lg クラス**を追加します。小さくする場合は **form-control-sm クラス**を追加します（リスト 6-2、図 6-2）。

▼リスト 6-2　入力コントロールのサイズを調整する（form-control-sizing.html）

```
<label for="input1">大サイズのテキスト入力欄</label>
<input class="form-control form-control-lg" id="input1" type="text" placeholder="form-control-lg">
…中略…
<label for="input2">標準サイズのテキスト入力欄</label>
<input class="form-control" id="input2" type="text" placeholder="Default size">
…中略…
<label for="input3">小サイズのテキスト入力欄</label>
<input class="form-control form-control-sm" id="input3" type="text" placeholder="form-control-sm">
…中略…
<label for="select1">大サイズのプルダウンメニュー</label>
<select class="form-control form-control-lg" id="select1">
  <option>form-control-lg</option>
</select>
…中略…
<label for="select2">標準サイズのプルダウンメニュー</label>
<select class="form-control" id="select2">
  <option>Default size</option>
</select>
…中略…
<label for="select3">小サイズのプルダウンメニュー</label>
<select class="form-control form-control-sm" id="select3">
  <option>form-control-sm</option>
</select>
```

▼図 6-2 入力コントロールのサイズを調整する

大サイズのテキスト入力欄

form-control-lg

標準サイズのテキスト入力欄

Default size

小サイズのテキスト入力欄

form-control-sm

大サイズのプルダウンメニュー

form-control-lg

標準サイズのプルダウンメニュー

Default size

小サイズのプルダウンメニュー

form-control-sm

レンジ入力を作成する 4.1

水平方向にスクロール可能な**レンジ入力**を作成するには、**form-control-range クラス**を使用します。レンジ入力とは、input 要素の type 属性で type="range" を指定するもので、だいたいこれくらい……といった範囲を入力するためのものです。たとえば、音量や画面の明るさ調節などの範囲などに使用できます（リスト 6-3、図 6-3）。

▼リスト 6-3 レンジ入力欄を作成する（form-range.html）

```
<div class="form-group">
  <label for="formControlRange">レンジ入力の例</label>
  <input type="range" class="form-control-range" id="formControlRange">
</div>
```

▼図 6-3 レンジ入力を作成する

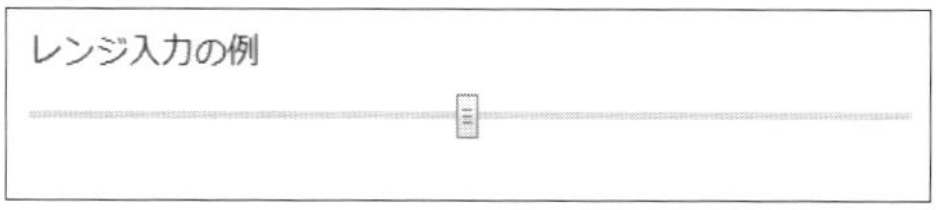

レンジ入力の例

読み取り専用のテキストを表示する

入力コントロールに **readonly 属性**を追加すると、入力値の変更ができない読み取り専用のテキストを表示できます。読み取り専用入力コントロールは、無効状態の入力と同様、薄い色のテキストで表示されますが、カーソルの表示は標準のまま保持されます（リスト 6-4、図 6-4）。

▼リスト 6-4 読み取り専用のテキストを表示する（form-readonly.html）

```
<input class="form-control" type="text" id="input1" placeholder="読み取り専用のテキスト" readonly>
```

▼図 6-4　読み取り専用のテキストを表示する

読み取り専用テキストの枠を非表示にする

入力コントロールの枠を非表示にし、読み取り専用テキストだけを表示させる場合は、input 要素に **form-control-plaintext クラス**を追加します。このクラスは、枠が非表示になった場合にもマージンとパディングのサイズを整えて、入力コントロールのレイアウトを保持します（リスト 6-5、図 6-5）。

▼リスト 6-5　読み取り専用テキストの枠を非表示にする（form-control-plaintext.html）

```
<input type="text" readonly class="form-control-plaintext" id="staticEmail" value="email@example.⏎
com">
…中略…
```

▼図 6-5　読み取り専用テキストの枠を非表示にする

6.1.2　チェックボックスとラジオボタン

続いて、選択肢の中から複数項目の選択が可能なチェックボックスや、1 項目のみ選択が可能なラジオボタンを作成する例を見てみましょう（リスト 6-6、図 6-6）。

▼リスト 6-6　チェックボックスとラジオボタン（form-check-stacked.html）

```
<!-- チェックボックス -->
<div class="form-check"> ―――――――――――――――――――― ❶
  <input class="form-check-input" type="checkbox" value="" id="check1"> ―――― ❸
  <label class="form-check-label" for="check1"> ――――――――――― ❷
    チェック1
  </label>
</div>
<div class="form-check"> ―――――――――――――――――――― ❶
  <input class="form-check-input" type="checkbox" value="" id="check2" disabled> ―― ❸
  <label class="form-check-label" for="check2"> ――――――――――― ❷
    チェック2（無効）
  </label>
</div>
<hr>
<!-- ラジオボタン -->
<div class="form-check"> ―――――――――――――――――――― ❶
```

```
  <input class="form-check-input" type="radio" name="radios" id="radios1" value="option1" checked> ❸
  <label class="form-check-label" for="radios1"> ❷
    オプション1
  </label>
</div>
<div class="form-check"> ❶
  <input class="form-check-input" type="radio" name="radios" id="radios2" value="option2"> ❸
  <label class="form-check-label" for="radios2"> ❷
    オプション2
  </label>
</div>
<div class="form-check"> ❶
  <input class="form-check-input" type="radio" name="radios" id="radios3" value="option3" ⏎
disabled> ❸
  <label class="form-check-label" for="radios3"> ❷
    オプション3（無効）
  </label>
</div>
```

▼図 6-6　チェックボックスとラジオボタン

チェック1
チェック2（無効）

オプション1
オプション2
オプション3（無効）

input 要素と label 要素を div 要素で囲んで **form-check クラス**を追加します（❶）。これにより、各項目は縦並びの配置でスタイリングされます。label 要素には **form-check-label クラス**を追加します（❷）。input 要素には **form-check-input クラス**を追加します（❸）。ラベルと入力コントロールは、label 要素の for 属性値と入力コントロールの id 属性値を一致させることで関連付けます。

また、選択無効な項目を設定する場合は、form-check-input クラスが設定された要素に **disabled** 属性を追加します。

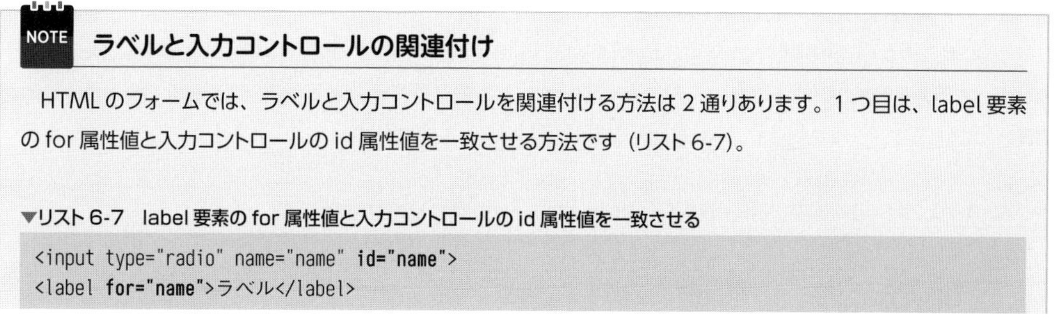

NOTE

ラベルと入力コントロールの関連付け

HTML のフォームでは、ラベルと入力コントロールを関連付ける方法は 2 通りあります。1 つ目は、label 要素の for 属性値と入力コントロールの id 属性値を一致させる方法です（リスト 6-7）。

▼リスト 6-7　label 要素の for 属性値と入力コントロールの id 属性値を一致させる

```
<input type="radio" name="name" id="name">
<label for="name">ラベル</label>
```

2つ目は、label要素の子要素として入力コントロールを内包する方法です（リスト6-8）。

▼リスト6-8 label要素の子要素として入力コントロールを内包する

```
<label>
  <input type="radio" name="name">ラベル
</label>
```

Bootstrapのチェックボックスとラジオボタンでは、input要素とlabel要素を分けた簡潔で利用しやすい構造を提供できるように、1つ目の方法が採用されています。

選択項目を横並びに変更する

選択項目を横並びのレイアウトに変更する場合は、form-checkクラスが設定されたdiv要素に**form-check-inline クラス**を追加します（リスト6-9、図6-7）。

▼リスト6-9 選択項目を横並びに変更する（form-check-inline.html）

```
<div class="form-check form-check-inline">
  <input class="form-check-input" type="checkbox" id="checkbox1" value="option1">
  <label class="form-check-label" for="checkbox1">1</label>
</div>
<div class="form-check form-check-inline">
  <input class="form-check-input" type="checkbox" id="checkbox2" value="option2">
  <label class="form-check-label" for="checkbox2">2</label>
</div>
<div class="form-check form-check-inline">
  <input class="form-check-input" type="checkbox" id="checkbox3" value="option3" disabled>
  <label class="form-check-label" for="checkbox3">3</label>
</div>
```

▼図6-7 選択項目を横並びに変更する

1 2 3

ラベル表示のない項目を作成する

ラベル表示のない選択項目を作成する場合は、form-check-inputクラスが設定された要素に**position-static クラス**を追加します。ただし、スクリーンリーダーなどの支援技術に対してラベル付けを行う**aria-label 属性**を追加して、アクセシビリティに配慮しましょう（リスト6-10、図6-8）。

▼リスト6-10 ラベル表示のない項目を作成する（form-check-without-label.html）

```
<div class="form-check">
  <input class="form-check-input position-static" type="checkbox" id="blankCheckbox" value=⏎
"option1" aria-label="...">
```

```
</div>
<div class="form-check">
  <input class="form-check-input position-static" type="radio" name="blankRadio" id="blankRadio1" ↩
value="option1" aria-label="...">
</div>
```

▼図 6-8 ラベル表示のない項目を作成する

6.1.3 レイアウトを調整する

Bootstrap のフォームでは、ほぼすべての入力コントロールのスタイルに **display:block** と **width:100%** が定義されています。そのため、コンポーネントの初期設定では入力コントロールが縦並びになります。このレイアウトに変更や調整を行う方法として、フォームにグリッドレイアウト（P.22 参照）を組み込む方法や、レイアウト調整のために定義されたクラスを追加する方法があります。

グリッドレイアウトを組み込む

まず、フォームをグリッドレイアウトで配置する方法を見ていきましょう。form-group クラスが設定された要素に **col-* クラス**や **col-{ ブレイクポイント }-* クラス**を追加して、row クラスで囲み、グリッドのカラムとして幅指定を行います。次の例では、姓の入力欄と名の入力欄が横並びのカラムになるように幅指定を行っています（リスト 6-11、図 6-9）。

▼リスト 6-11 グリッドレイアウトを組み込む（form-grid.html）

```
<form>
  <div class="row">
    <div class="col">
      <input type="text" class="form-control" placeholder="姓">
    </div>
    <div class="col">
      <input type="text" class="form-control" placeholder="名">
    </div>
  </div>
</form>
```

▼図 6-9 グリッドレイアウトを組み込む

姓 名

コンパクトなカラム間隔のフォームを作成する

グリッドレイアウトのフォームのカラム間隔をコンパクトにする場合は、div要素にrowクラスを追加する代わりに、**form-rowクラス**を追加します。

次の例では、メールアドレスの欄とパスワードの欄が、画面幅md以上で6列カラムとして2つ横並びになるようにレイアウトを設定しています。また、国と郵便番号と都道府県の欄は、画面幅md以上で4列、2列、6列カラムとして3つ横並びになるように設定しています（リスト6-12、図6-10）。

▼リスト6-12　コンパクトなカラム間隔のフォーム（form-row.html）

```
<form>
  <div class="form-row">
    <div class="form-group col-md-6">
      <label for="inputEmail">メールアドレス</label>
      <input type="email" class="form-control" id="inputEmail" placeholder="メールアドレスを入力">
    </div>
    <div class="form-group col-md-6">
      <label for="inputPassword">パスワード</label>
      <input type="password" class="form-control" id="inputPassword" placeholder="パスワードを入力">
    </div>
  </div>
  <div class="form-row">
    <div class="form-group col-md-4">
      <label for="inputState">国</label>
      <select id="inputState" class="form-control">
        <option selected>Choose...</option>
        <option>...</option>
      </select>
    </div>
    <div class="form-group col-md-2">
      <label for="inputZip">郵便番号</label>
      <input type="text" class="form-control" id="inputZip">
    </div>
    <div class="form-group col-md-6">
      <label for="inputCity">都道府県</label>
      <input type="text" class="form-control" id="inputCity">
    </div>
  </div>
…中略…
</form>
```

▼図 6-10 コンパクトなカラム間隔のフォーム

メールアドレス
メールアドレスを入力
パスワード
パスワードを入力
国
Choose...
郵便番号
都道府県
住所1
市町村
住所2
マンション名
チェックする
サインイン

水平配置のフォームを作成する

フォーム全体のレイアウトだけではなく、label 要素と入力コントロールのレイアウトにも、グリッドレイアウトを組み込むことができます。これによって、ラベルと入力コントロールを水平に配置することができます（リスト 6-13、図 6-11）。

▼リスト 6-13 水平配置のフォームを作成する（form-horizontal-form.html）

```
<form>
  <div class="form-group row"> ――――――――――――――――――――――――――――――――――――❶
    <label for="inputEmail" class="col-sm-2 col-form-label">メールアドレス</label> ―┐
    <div class="col-sm-10"> ――――――――――――――――――――――――――――――――――――――――――――┴❷
      <input type="email" class="form-control" id="inputEmail" placeholder="メールアドレスを入力">
    </div>
  </div>
  <div class="form-group row"> ――――――――――――――――――――――――――――――――――――❶
    <label for="inputPassword" class="col-sm-2 col-form-label">パスワード</label>―┐
    <div class="col-sm-10"> ――――――――――――――――――――――――――――――――――――――――――┴❷
      <input type="password" class="form-control" id="inputPassword" placeholder="パスワードを入力">
    </div>
  </div>
  <fieldset class="form-group">
    <div class="row"> ―――――――――――――――――――――――――――――――――――――――――――――❶
      <legend class="col-form-label col-sm-2 pt-0">ラジオボタン</legend> ――――┐
      <div class="col-sm-10"> ―――――――――――――――――――――――――――――――――――――――┴❷
        <div class="form-check">
          <input class="form-check-input" type="radio" name="radios" ⏎
id="radios1" value="option1" checked>
          <label class="form-check-label" for="radios1">
            オプション1
          </label>
        </div>
        …中略…
```

```
      </div>
    </div>
  </fieldset>
  <div class="form-group row"> ──────────────────────── ❶
    <div class="col-sm-2">チェックボックス</div> ─────────┐
    <div class="col-sm-10"> ─────────────────────────────┴❷
      <div class="form-check">
        <input class="form-check-input" type="checkbox" id="check1">
        <label class="form-check-label" for="check1">
          チェックする
        </label>
      </div>
    </div>
  </div>
  <div class="form-group row">
    <div class="col-sm-10">
      <button type="submit" class="btn btn-primary">サインイン</button>
    </div>
  </div>
</form>
```

▼図6-11　水平配置のフォームを作成する

まずフォームグループに**rowクラス**を追加して行を作ります（❶）。次に、ラベルと入力コントロールに**col-{ブレイクポイント}-*クラス**を追加して幅を指定し、ラベルと入力コントロールを水平に配置します。label要素に**col-form-labelクラス**を追加すると、ラベルを関連する入力コントロールの高さに合わせてレイアウトできます（❷）。

また、legend要素に**col-form-labelクラス**を追加して、label要素と同様のスタイルで表示することができます。

ラベルのサイズを調整する

入力コントロールのサイズ調整（P.198参照）に合わせて、ラベルのサイズを調整します。ラベルのサイズを大きくする場合は、label要素に**col-form-label-lgクラス**を追加します。小さくする場合は、label要素に**col-form-label-smクラス**を追加します（リスト6-14、図6-12）。

▼リスト6-14　ラベルサイズを調整する（form-label-sizing.html）

```
<label for="labelSm" class="col-sm-3 col-form-label col-form-label-sm">小サイズ：col-form-label-⏎
sm</label>
```

```
…中略…
<label for="labelDefault" class="col-sm-3 col-form-label">標準サイズ</label>
…中略…
<label for="labelLg" class="col-sm-3 col-form-label col-form-label-lg">大サイズ：col-form-label-⮐
lg</label>
```

▼図 6-12　ラベルサイズを調整する

小サイズ：col-form-label-sm　form-control-sm

標準サイズ　Default size

大サイズ：col-form-label-lg　form-control-lg

自動サイズ調整のカラムを作成する

内容によって幅サイズが自動調整されるカラムを作成する場合は、**col-* クラス**や **col-{ ブレイクポイント }-* クラス**の代わりに **col-auto クラス**を追加します。また隣り合うラベルや入力コントロールを垂直方向中央に揃える場合は、row クラスまたは form-row クラスが設定された div 要素に Flex ユーティリティ（P.322 参照）の **align-items-center クラス**を追加します（リスト 6-15、図 6-13）。

▼リスト 6-15　自動サイズ調整のカラムを作成する（form-auto-sizing.html）

```
<form>
  <div class="form-row align-items-center">
    <div class="col-auto">
      <label class="sr-only" for="inputName">氏名</label>
      <input type="text" class="form-control mb-2" id="inputName" placeholder="氏名を入力">
    </div>
    <div class="col-auto">
      <label class="sr-only" for="inputUsername">ユーザーネーム</label>
      <div class="input-group mb-2">
        <div class="input-group-prepend">
          <div class="input-group-text">@</div>
        </div>
        <input type="text" class="form-control" id="inputUsername" placeholder="ユーザーネームを⮐
入力">
      </div>
    </div>
    <div class="col-auto">
      <div class="form-check mb-2">
        <input class="form-check-input" type="checkbox" id="check">
        <label class="form-check-label" for="check">
          チェックする
        </label>
      </div>
    </div>
    <div class="col-auto">
```

```
      <button type="submit" class="btn btn-primary mb-2">送信</button>
    </div>
  </div>
</form>
```

▼図6-13　自動サイズ調整のカラムを作成する

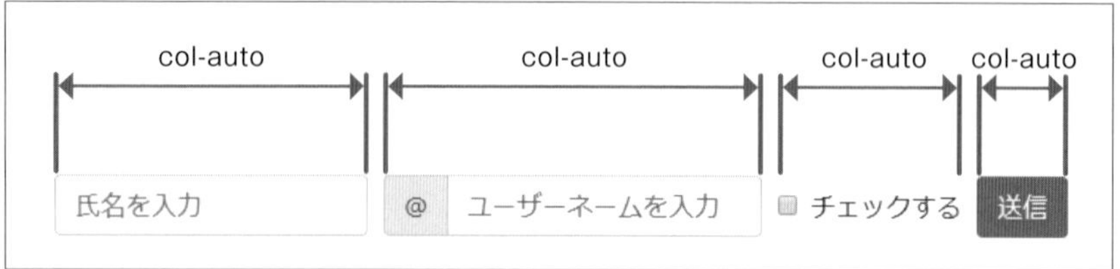

インラインのフォームを作成する

form要素に**form-inlineクラス**を追加すると、画面幅576px以上の際に、一連のラベル、フォームの入力コントロール、およびボタンをインライン表示にすることができます。form-inlineクラスのスタイルには、flexboxのレイアウトを指定する**display:flex**が定義されているため、Flexユーティリティ（P.322参照）やSpacingユーティリティ（P.318参照）を使った整列が可能になります。

また、ラベルを非表示にしたい場合は、label要素にスクリーンリーダー用ユーティリティ（P.354参照）の**sr-onlyクラス**を追加して、スクリーンリーダー用の非表示テキストにします。スクリーンリーダーなどの支援技術のユーザーにとって、label要素は入力コントロールに必要な要素です。削除してしまわないようにしましょう（リスト6-16、図6-14）。

▼リスト6-16　インラインのフォームを作成する（form-inline.html）

```
<form class="form-inline">
  <label class="sr-only" for="name">氏名</label>
  <input type="text" class="form-control mb-2 mr-sm-2" id="name" placeholder="氏名を入力">
  <label class="sr-only" for="username">ユーザーネーム</label>
  <div class="input-group mb-2 mr-sm-2">
    <div class="input-group-prepend">
      <div class="input-group-text">@</div>
    </div>
    <input type="text" class="form-control" id="username" placeholder="ユーザーネームを入力">
  </div>
  <div class="form-check mb-2 mr-sm-2">
    <input class="form-check-input" type="checkbox" id="check">
    <label class="form-check-label" for="check">
      チェックする
    </label>
  </div>
  <button type="submit" class="btn btn-primary mb-2">送信</button>
</form>
```

▼図 6-14　インラインのフォームを作成する

6.1.4 ヘルプテキストを表示する

入力コントロールの下に表示するヘルプテキスト（補助説明文）を作成する場合は、テキスト要素に **form-text クラス**を追加します。form-text クラスは、Bootstrap 3 で **help-block** と呼ばれていたクラスが変更されたものです。次の例では、small 要素に form-text クラスと Color ユーティリティ（P.302 参照）の **text-muted クラス**を追加して、小さくグレーで表示されるヘルプテキストを作成しています（リスト 6-17、図 6-15）。

▼リスト 6-17　ヘルプテキストを表示する（form-text.html）

```
<form>
  <label for="inputPassword">パスワード</label>
  <input type="password" id="inputPassword" class="form-control" aria-describedby=↵
"passwordHelpBlock">
  <small id="passwordHelpBlock" class="form-text text-muted">パスワードは8～20文字で、文字と数字を↵
含み、スペース、特殊文字、または絵文字を含むことはできません。</small>
</form>
```

▼図 6-15　ヘルプテキストを表示する

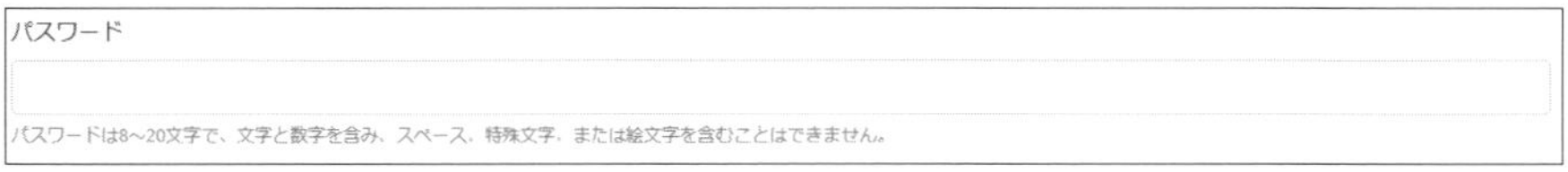

なお、form-text クラスのスタイルには **display:block** と **margin-top:0.25rem** が定義されているため、入力コントロールと縦並びの配置でヘルプテキストが表示されます。入力コントロールとヘルプテキストを横並びにインライン表示したい場合は、form-text クラスを追加せずにヘルプテキストを作成してください。

また、入力コントロールには属性 **aria-describedby="（ヘルプテキストの ID）"** を追加し、スクリーンリーダーなどの支援技術に対して、ヘルプテキストと入力コントロールとの関連を伝え、アクセシビリティに配慮しましょう。

6.1.5 一連のフォームグループをまとめて無効にする

ユーザーが操作できない入力コントロールを作成する場合、input 要素に **disabled 属性**を追加して選択を無効にできることは既に述べました（P.201 参照）。もし、グループ化されている一連の入力コントロールを一度にまとめて無効にする場合は、fieldset 要素に disabled 属性を追加します。disabled 属性が追加された要素の内容はグレー表示されます（リスト 6-18、図 6-16）。

▼リスト6-18　一連のフォームグループをまとめて無効にする（form-disabled-fieldset.html）

```
<form>
  <fieldset disabled>
    <div class="form-group">
      <label for="disabledTextInput">無効な入力欄</label>
      <input type="text" id="disabledTextInput" class="form-control" placeholder="Disabled input">
    </div>
    <div class="form-group">
      <label for="disabledSelect">無効なプルダウンメニュー</label>
      <select id="disabledSelect" class="form-control">
        <option>Disabled select</option>
      </select>
    </div>
    <div class="form-check">
      <input class="form-check-input" type="checkbox" id="disabledCheck" disabled>
      <label class="form-check-label" for="disabledCheck">無効なチェックボックス</label>
    </div>
    <button type="submit" class="btn btn-primary">無効な送信ボタン</button>
  </fieldset>
</form>
```

▼図6-16　一連のフォームグループをまとめて無効にする

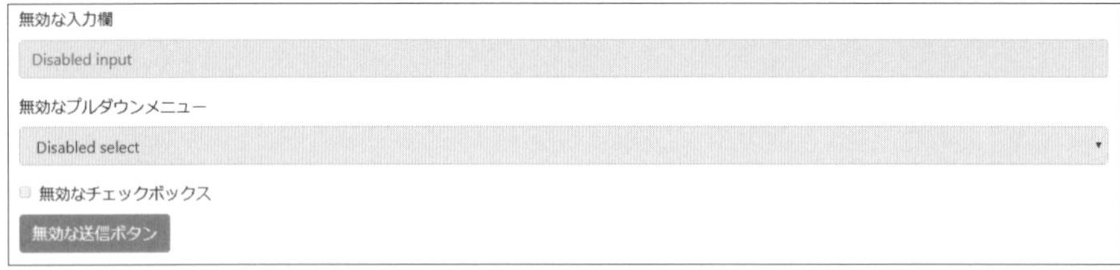

ただし、a要素にはdisabled属性がサポートされていないため、この方法ではフォーム内のa要素で作られたボタンを無効化することができません。a要素のボタンを無効化する場合は、「無効状態のボタンを作成する」(P.236) を参照してください。

また Internet Explorler 11 以降においては、fieldset要素でdisabled属性が完全にはサポートされていないため、JavaScriptをカスタムで追加するなどの対応が必要です。

6.1.6 フォームの入力検証機能を使う

ユーザーの入力データを検証してフィードバックを返す機能（以下、「入力検証機能」）については、HTML5に実装されているブラウザデフォルトの入力検証機能を使用するか、Bootstrapのフォームの検証機能を使用するかを選択することができます。ここでは、Bootstrapのフォームの入力検証機能を使用する方法について説明します。

Bootstrap のフォームの入力検証機能を使用する

まず、form 要素に **novalidate 属性**を追加して、ブラウザデフォルトの入力検証機能を無効化します。入力必須を指定する項目の入力コントロールには **required 属性**を追加しておきましょう。また、フィードバックの文章は、**valid-feedback クラス**や **invalid-feedback クラス**を追加した要素で囲みます。入力値が妥当な場合のフィードバックには valid-feedback クラスを使用し、緑色で表示します。妥当でない場合のフィードバックには invalid-feedback クラスを使用し、赤色で表示します（リスト 6-19）。

▼リスト 6-19 Bootstrap のフォームの入力検証機能を使用する（form-validation-custom.html）

```
<form class="needs-validation" novalidate>
  <div class="form-row">
    <div class="col-md-6 mb-3">
      <label for="validation01">姓</label>
      <input type="text" class="form-control" id="validation01" placeholder="First name" value=⏎
"山田" required>
      <div class="valid-feedback">
        入力済！
      </div>
    </div>
    <div class="col-md-6 mb-3">
      <label for="validation02">名</label>
      <input type="text" class="form-control" id="validation02" placeholder="Last name" value=⏎
"太郎" required>
      <div class="valid-feedback">
        入力済！
      </div>
    </div>
  </div>
  <div class="form-row">
    <div class="col-md-6 mb-3">
      <label for="validation03">市町村</label>
      <input type="text" class="form-control" id="validation03" placeholder="市町村名を入力" ⏎
required>
      <div class="invalid-feedback">
        市町村名を入力してください
      </div>
    </div>
    <div class="col-md-3 mb-3">
      <label for="validation04">都道府県</label>
      <input type="text" class="form-control" id="validation04" placeholder="都道府県名を入力" ⏎
required>
      <div class="invalid-feedback">
        国名を入力してください
      </div>
    </div>
    <div class="col-md-3 mb-3">
      <label for="validation05">郵便番号</label>
```

```
      <input type="text" class="form-control" id="validation05" placeholder="郵便番号を入力" ↩
required>
      <div class="invalid-feedback">
        郵便番号を入力してください
      </div>
    </div>
  </div>
  <button class="btn btn-primary" type="submit">送信する</button>
</form>
```

次に、JavaScriptコードを追加します。Bootstrapは、入力検証の結果が妥当であるかどうかを、CSSの擬似クラス **:invalid** と **:valid** として表します。:invalidおよび:validスタイルは、親要素であるform要素の **was-validated クラス**に対して付与されます。

そこで、無効な入力で送信しようとした場合に送信をキャンセルし、was-validatedクラスを追加するしくみをJavaScriptで実装します。これによって、ユーザーが無効な入力で送信しようとすると、入力コントロールにメッセージが表示されるようになります（リスト6-20、図6-17）。

▼リスト6-20　無効な入力がある場合にフォームの送信を無効にする（form-validation-custom.html）

```
<script>
(function() {
  'use strict';
  window.addEventListener('load', function() {
    // 入力検証のスタイルを適用するフォームを取得
    var forms = document.getElementsByClassName('needs-validation');
    // ループして帰順を防ぐ
    var validation = Array.prototype.filter.call(forms, function(form) {
      form.addEventListener('submit', function(event) {
      // バリデートが通らない場合、イベントをキャンセルして、was-vaildatedクラスを追加
        if (form.checkValidity() === false) {
          event.preventDefault();
          event.stopPropagation();
        }
        form.classList.add('was-validated');
      }, false);
    });
  }, false);
})();
</script>
```

▼図 6-17　フォームの入力検証機能を使用したフィードバック表示例

姓
山田
入力済！
名
太郎
入力済！
市町村
市町村名を入力
市町村名を入力してください
都道府県
都道府県名を入力
国名を入力してください
郵便番号
郵便番号を入力
郵便番号を入力してください
送信する

また、フィードバックをツールチップのスタイルで表示するには、フィードバックの文章に設定されている valid-feedback クラスを **valid-tooltip クラス**に、invalid-feedback クラスを **invalid-tooltip クラス**に置き換えます。ただし、ツールチップの配置には、親要素に **position: relative** のスタイルが設定されている必要があります。次の例では、親要素に追加されている col-{ ブレイクポイント }-* クラスに position: relative があらかじめ設定されています（リスト 6-21、図 6-18）。

▼リスト 6-21　フィードバックをツールチップのスタイルで表示する（form-validation-tooltip.html）

```
<form class="needs-validation" novalidate>
  <div class="row">
    <div class="col-md-6 mb-3">
      <label for="validation01">姓</label>
      <input type="text" class="form-control" id="validation01" placeholder="First name" value=↩
"山田" required>
      <div class="valid-tooltip">
        入力済！
      </div>
    </div>
    <div class="col-md-6 mb-3">
      <label for="validation02">名</label>
      <input type="text" class="form-control" id="validation02" placeholder="Last name" value=↩
"太郎" required>
      <div class="valid-tooltip">
        入力済！
      </div>
    </div>
  </div>
  <div class="row">
    <div class="col-md-6 mb-3">
      <label for="validation03">市町村</label>
      <input type="text" class="form-control" id="validation03" placeholder="市町村名を入力" ↩
required>
      <div class="invalid-tooltip">
        市町村名を入力してください
      </div>
    </div>
    <div class="col-md-3 mb-3">
```

```
      <label for="validation04">都道府県</label>
      <input type="text" class="form-control" id="validation04" placeholder="都道府県名を入力" ⏎
required>
      <div class="invalid-tooltip">
        国名を入力してください
      </div>
    </div>
    <div class="col-md-3 mb-3">
      <label for="validation05">郵便番号</label>
      <input type="text" class="form-control" id="validation05" placeholder="郵便番号を入力" ⏎
required>
      <div class="invalid-feedback">
        郵便番号を入力してください
      </div>
    </div>
  </div>
  <button class="btn btn-primary" type="submit">送信する</button>
</form>
```

▼図 6-18　ツールチップのスタイルで表示したフィードバック

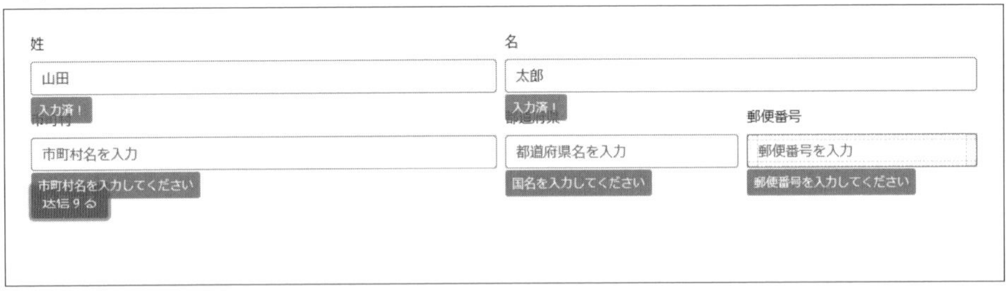

サーバー側で入力検証を行う場合

フォームの入力検証をJavaScriptではなく、サーバー側で行う場合は、無効な入力があった場合の表示に**is-invalid クラス**、有効な入力の表示に**is-valid クラス**を付与します。これらは、クライアント側で検証する際に使用される:validや:invalidに相当するスタイルで、サーバー側でこれらのスタイルを付与することで、検証結果に応じたスタイルを適用できます。

なお、フィードバックメッセージの表示には、これまでと同じ、**invalid-feedback クラス**を利用します（リスト6-22、図6-19）。

▼リスト 6-22　サーバー側での検証を行う（form-validation-server-side.html）

```
<form>
  <div class="form-row">
    <div class="col-md-6 mb-3">
      <label for="validationServer01">姓</label>
      <input type="text" class="form-control is-valid" id="validationServer01" placeholder=⏎
"First name" value="山田" required>
```

```
      </div>
      <div class="col-md-6 mb-3">
        <label for="validationServer02">名</label>
        <input type="text" class="form-control is-valid" id="validationServer02" placeholder=↩
"Last name" value="太郎" required>
      </div>
    </div>
    <div class="form-row">
      <div class="col-md-6 mb-3">
        <label for="validationServer03">市町村</label>
        <input type="text" class="form-control is-invalid" id="validationServer03" placeholder=↩
"市町村名を入力" required>
        <div class="invalid-feedback">
          市町村名を入力してください
        </div>
      </div>
      <div class="col-md-3 mb-3">
        <label for="validationServer04">都道府県</label>
        <input type="text" class="form-control is-invalid" id="validationServer04" placeholder=↩
"都道府県名を入力" required>
        <div class="invalid-feedback">
          都道府県名を入力してください
        </div>
      </div>
      <div class="col-md-3 mb-3">
        <label for="validationServer05">郵便番号</label>
        <input type="text" class="form-control is-invalid" id="validationServer05" placeholder=↩
"郵便番号を入力" required>
        <div class="invalid-feedback">
          郵便番号を入力してください
        </div>
      </div>
    </div>
    <button class="btn btn-primary" type="submit">送信する</button>
</form>
```

▼図 6-19　サーバー側で入力検証を行う場合のフィードバック表示例

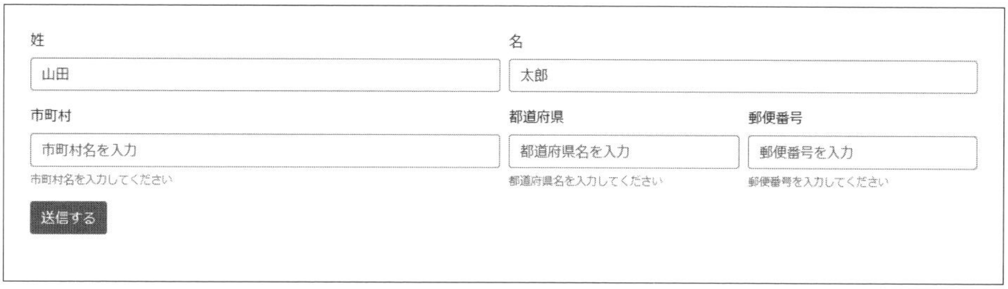

6.1.7 Bootstrap独自にスタイル設定されたフォームを使用する

Bootstrapのフォームには、より一貫性のあるスタイルにカスタマイズするためのクラスとして、**custom-{入力コントロールの種類}クラス**や**custom-control-{機能}クラス**が用意されています。入力コントロールの種類には**checkbox**や**radio**などが、機能には**input**（入力）や**indicator**（表示）、**description**（説明）などが入ります。Bootstrapでは、これらのクラスでスタイル設定されたフォームを**カスタムフォーム**と呼んでいます。

なお、Bootstrapのフォームの入力検証機能（P.210参照）は、カスタムフォームの入力コントロールにも利用できます。

チェックボックスとラジオボタンを作成する

次の例では、カスタムフォームのチェックボックスとラジオボタンを作成しています（リスト6-23、図6-20）。

▼リスト6-23　チェックボックスとラジオボタンを作成する（form-custom-input.html）

```
<form>
  <!-- カスタムフォームのチェックボックス -->
  <div class="custom-control custom-checkbox mb-3"> ――❶
    <input type="checkbox" class="custom-control-input" id="customCheck1"> ――❸
    <label class="custom-control-label" for="customCheck1">チェックする</label>
  </div>
  <!-- カスタムフォームのラジオボタン -->
  <div class="custom-control custom-radio"> ――❷
    <input type="radio" id="option1" name="option" class="custom-control-input"> ――❸
    <label class="custom-control-label" for="option1">オプション1</label> ――❹
  </div>
  <div class="custom-control custom-radio">
    <input type="radio" id="option2" name="option" class="custom-control-input"> ――❸
    <label class="custom-control-label" for="option2">オプション2</label> ――❹
  </div>
</form>
```

▼図6-20　通常のチェックボックスとラジオボタン（左）、カスタムフォームのチェックボタンとラジオボタン（右）

カスタムフォームのチェックボックスを作成する場合は、親要素となるdiv要素に**custom-controlクラス**と**custom-checkboxクラス**を追加します（❶）。同様に、ラジオボタンを作成する場合は、div要素に**custom-controlクラス**と**custom-radioクラス**を追加します（❷）。

次に、初期設定の入力コントロール部分を非表示にして、カスタムフォームの入力コントロール部分を新たに作成します。まず、input要素に**custom-control-inputクラス**を追加します。custom-control-inputクラスのスタイルには、色の透明度を指定する **opacity: 0;** が定義されているため、初期設定の入力コントロールが透明化されて非表示になります（❸）。

次に、label 要素に **custom-control-label クラス**を追加して、カスタムフォームの入力コントロールを新たに作成します（❹）。

カスタムフォームのチェックボックスに不確定状態（indeterminate）を指定する

HTML5 では、チェックボックスの input 要素に表 6-1 の属性を追加することで、3 つの選択状態を表示することができます。

▼表 6-1　チェックボックスに追加する属性と状態の表示

属性	状態
checked	選択済み
unchecked	未選択
indeterminate	不確定。選択か未選択かはっきりしない中間の状態

ただし、Bootstrap のカスタムフォームのチェックボックスでは、input 要素に indeterminate 属性を追加しても不確定の状態を表示することができません。カスタムフォームのチェックボックスに不確定の状態を表示する場合は、次のような jQuery を使用し、:indeterminate 擬似クラスを使ってスタイリングする必要があります（リスト 6-24）。

▼リスト 6-24　不確定の表示に使用する jQuery（form-custom-indeterminate.html）

```
$('.indeterminate-box').prop('indeterminate', true)
```

次の例では、カスタムフォームのチェックボックスに、「選択済み」、「未選択」、「不確定」の状態を表示させています（リスト 6-25、図 6-21）。

▼リスト 6-25　カスタムフォームのチェックボックスの 3 つの選択状態（form-custom-indeterminate.html）

```
<form>
  <!-- カスタムフォームのチェックボックス -->
  <div class="custom-control custom-checkbox mb-3">
    <input type="checkbox" class="custom-control-input" id="customCheck1" checked>
    <label class="custom-control-label" for="customCheck1">選択済み</label>
  </div>
  <div class="custom-control custom-checkbox mb-3">
    <input type="checkbox" class="custom-control-input" id="customCheck2" unchecked>
    <label class="custom-control-label" for="customCheck2">未選択</label>
  </div>
  <div class="custom-control custom-checkbox mb-3">
    <input type="checkbox" class="custom-control-input indeterminate-box" id="customCheck3">
    <label class="custom-control-label" for="customCheck3">不確定</label>
  </div>
</form>
```

▼図 6-21　カスタムフォームのチェックボックスの 3 つの選択状態を表示する

選択済み
未選択
不確定

チェックボックスとラジオボタンを無効にする

カスタムフォームのチェックボックスやラジオボタンも、input 要素に **disabled** 属性を追加することで選択を無効にすることができます（リスト 6-26、図 6-22）。

▼リスト 6-26　カスタムフォームのチェックボックスとラジオボタンを無効にする（form-custom-input-disabled.html）

```
<form>
  <!-- チェックボックスを無効にする -->
  <div class="custom-control custom-checkbox">
    <input type="checkbox" class="custom-control-input" id="customCheckDisabled" disabled>
    <label class="custom-control-label" for="customCheckDisabled">
      チェック（無効）
    </label>
  </div>
  <!-- ラジオボタンを無効にする -->
  <div class="custom-control custom-radio">
    <input type="radio" name="radioDisabled" id="customRadioDisabled" class="custom-control-input" ⏎
disabled>
    <label class="custom-control-label" for="customRadioDisabled">
      オプション（無効）
    </label>
  </div>
</form>
```

▼図 6-22　カスタムフォームのチェックボックスとラジオボタンを無効にする

チェック（無効）
オプション（無効）

カスタムフォームのプルダウンメニューを作成する

カスタムフォームのプルダウンメニューを作成する場合は、select 要素に **custom-select クラス**を追加します（リスト 6-27、図 6-23）。

▼リスト 6-27　カスタムフォームのプルダウンメニューを作成する（form-custom-select.html）

```
<form>
  <select class="custom-select">
    <option selected>選択してください</option>
    <option value="1">1</option>
```

```
    <option value="2">2</option>
    <option value="3">3</option>
  </select>
</form>
```

▼図 6-23　カスタムフォームのプルダウンメニューを作成する

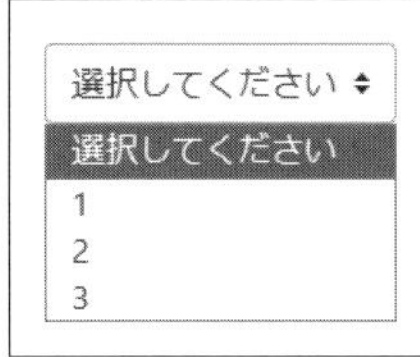

また、プルダウンメニューのサイズを変更することもできます。プルダウンメニューのサイズを大きくする場合は、custom-select クラスが設定された要素に **custom-select-lg クラス**を追加します。プルダウンメニューのサイズを小さくする場合は **custom-select-sm クラス**を追加します（リスト 6-28、図 6-24）。

▼リスト 6-28　プルダウンメニューのサイズを変更する（form-custom-select-sizing.html）

```
<div class="container">
  <h3>大サイズのプルダウンメニュー</h3>
  <form>
    <select class="custom-select custom-select-lg">
      <option selected>選択してください</option>
…中略…
    </select>
  </form>
</div>
<div class="container">
  <h3>標準サイズのプルダウンメニュー</h3>
  <form>
    <select class="custom-select">
      <option selected>選択してください</option>
…中略…
    </select>
  </form>
</div>
<div class="container">
 <h3>小サイズのプルダウンメニュー</h3>
  <form>
    <select class="custom-select custom-select-sm">
      <option selected>選択してください</option>
…中略…
    </select>
  </form>
</div>
```

▼図 6-24　プルダウンメニューのサイズを変更する

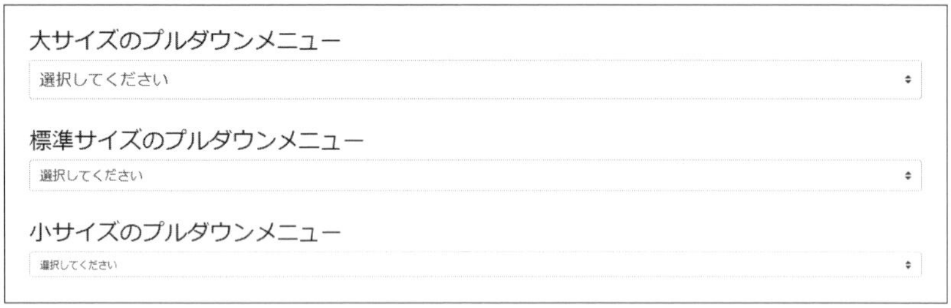

プルダウンメニューに追加できる属性

カスタムフォームのプルダウンメニューには、multiple 属性、size 属性を追加することができます。複数選択メニューを作成するには、custom-select クラスが設定された要素に multiple 属性を追加します。表示する選択肢の数を指定するには、size 属性を追加します。次の例では属性 size="2" を追加して、表示する選択肢を 2 つに指定しています（リスト 6-29、図 6-25）。

▼リスト 6-29　プルダウンメニューに multiple 属性と size 属性を追加する（form-custom-select-attr.html）

```
<div class="container">
 <h3>複数選択メニュー</h3>
  <form>
    <select class="custom-select" multiple>
      <option selected>選択してください</option>
…中略…
    </select>
  </form>
</div>
<div class="container">
 <h3>表示する選択肢の数を指定したメニュー</h3>
  <form>
    <select class="custom-select" size="2">
      <option selected>選択してください</option>
…中略…
    </select>
  </form>
</div>
```

▼図 6-25　プルダウンメニューに multiple 属性と size 属性を追加する

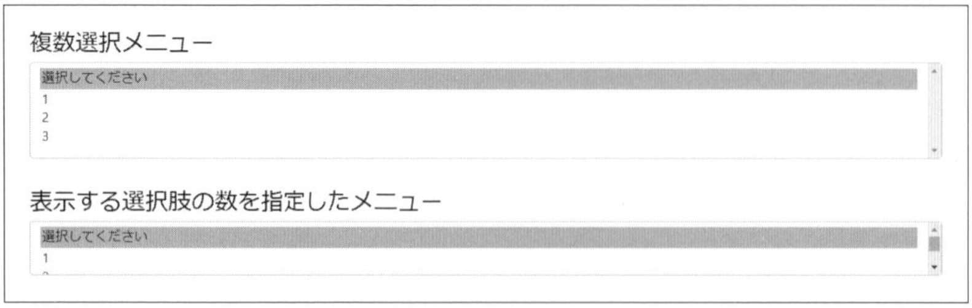

カスタムフォームのファイル選択を作成する

カスタムフォームのファイル選択を作成するには、**custom-file-input クラス**を追加します（リスト 6-30、図 6-26）。

▼リスト 6-30　カスタムフォームのファイル選択を作成する（form-custom-file.html）

```
<form>
  <!-- デフォルトのファイル選択 -->
  <div class="default-file mb-5">
    <input type="file" id="dafaultFile" lang="ja">
    <label for="dafaultFile">ファイル選択...</label>
  </div>
  <!-- カスタムフォームのファイル選択 -->
  <div class="custom-file">
    <input type="file" class="custom-file-input" id="customFile" lang="ja">
    <label class="custom-file-label" for="customFile">ファイル選択...</label>
  </div>
</form>
```

▼図 6-26　デフォルトのファイル選択（上）、カスタムフォームのファイル選択（下）

ファイルを選択　選択されていません　ファイル選択...

ファイル選択...　Browse

カスタムフォームのファイル選択では、「ファイルを選択」のボタンが「Browse」になります。これを日本語で「参照」の文字列に変えるには、CSS を次のように変更します。セレクタがやや複雑ですが、「custom-file-input クラスを持ち、lang 属性が ja の要素」の後に続く「custom-file-label クラスを持つ要素の後」に「参照」という文字列を追加、という意味になります（リスト 6-31、図 6-27）。

▼リスト 6-31　「Browse」を「参照」にする（form-custom-file-ja.html）

```
.custom-file-input:lang(ja) ~ .custom-file-label::after {
  content: "参照";
}
```

▼図 6-27　「Browse」を「参照」にする

ファイル選択...　参照

カスタムレンジ入力を作成する 4.1

属性 type="range" が設定された input 要素に **custom-range クラス**を使用すると、カスタムフォームのレンジ入力コントロール（以下、「カスタムレンジ入力」）を作成できます。トラック（背景）は、グレーのバー、つまみ（値）は円形でスタイリングされます（リスト 6-32、図 6-28）。

▼リスト 6-32　カスタムレンジ入力を作成する（form-range-custom.html）

```
<div class="form-group mb-5">
  <label for="formControlRange">レンジ入力の例</label>
  <input type="range" class="form-control-range" id="defaultRange">
</div>
<div class="form-group mb-5">
  <label for="customRange1">カスタムレンジ入力の例</label>
  <input type="range" class="custom-range" id="customRange1">
</div>
<div class="form-group mb-5">
  <label for="customRange2">カスタムレンジ入力の例 (min="0",max="5") </label>
  <input type="range" class="custom-range" min="0" max="5" id="customRange2"> ――❶
</div>
<div class="form-group mb-5">
  <label for="customRange3">カスタムレンジ入力の例 (step="0.5") </label>
  <input type="range" class="custom-range"  min="0" max="5" step="0.5" id="customRange3"> ――❷
</div>
```

▼図 6-28　カスタムレンジ入力を作成する

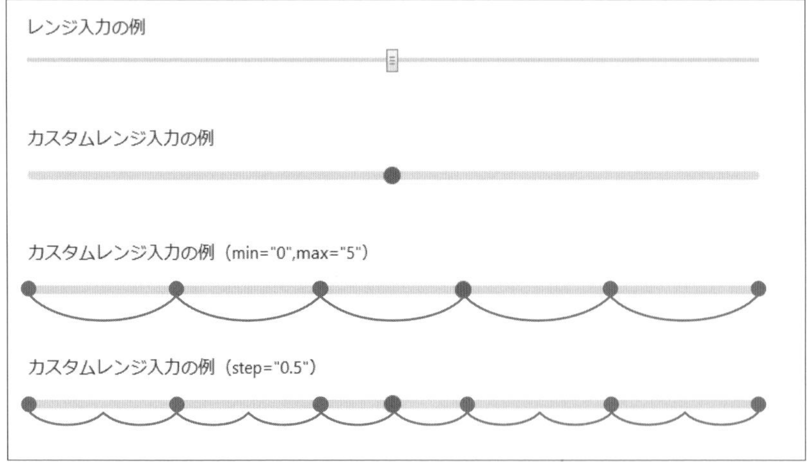

レンジ入力は、0～100の範囲の値を持っています。この範囲を変更するには、min 属性および max 属性を使用します。例では、0～5までに設定しています（❶）。つまみを動かすと5分割でスナップすることを確認できます。またレンジ入力は、デフォルトで整数値でスナップします。これを変更するには step 属性で値を指定します。例では、step="0.5" を指定して、ステップ数を2倍にしています（❷）。

6 SECTION 2 入力グループ

Bootstrapの**入力グループ**は、フォームの入力コントロールとテキストやボタンなどをグループ化して、入力欄を拡張するコンポーネントです。Bootstrapの定義済みクラスを追加するだけで、テキスト入力欄の両側に一体的なスタイルでアドオン（追加機能：たとえば「@」や「URL」など）を配置できます（図6-29）。他のコンポーネントと同様に、アクセシビリティに配慮しながら入力グループを作成する方法を見ていきましょう。

▼図6-29 入力グループのアドオンの例（input-group-basic-addons.html）

入力コントロールの前にアドオンを配置
@ ユーザー名

テキストエリアの前にアドオンを配置
テキストエリア用

入力コントロールの後にアドオンを配置
ユーザー名 @example.com

入力コントロールの前後にアドオンを配置
$ .00

ラベル付きの入力グループ
サイトのURL
https://example.com/users/

6.2.1 基本的な使用例

入力コントロールの隣にアドオンを配置する場合、アドオンと入力コントロールを、**input-group クラス**を追加したdiv要素で囲みます。

入力欄の前にアドオンを配置する

入力コントロールの前にアドオンを配置する場合、span要素に**input-group-text クラス**を追加してアドオン部分を作成し、**input-group-prepend クラス**を追加したdiv要素で囲って、入力コントロールの前に配置します。入力コントロールはinput要素に**form-control クラス**を追加して作成します。

また入力コントロールには、属性**aria-describedby="（アドオンのID）"**や**aria-label="（代替テキスト）"**などを追加し、スクリーンリーダーなどの支援技術に対して、アドオンと入力コントロールとの関連や役割を伝え、アクセシビリティに配慮しましょう（リスト6-33、図6-30）。

▼リスト 6-33　入力コントロールの前にアドオンを配置（input-group-basic-addon1.html）

```
<div class="input-group">
  <div class="input-group-prepend">
    <span class="input-group-text" id="basic-addon1">@</span>
  </div>
  <input type="text" class="form-control" placeholder="ユーザー名" aria-label="ユーザー名" ↩
aria-describedby="basic-addon1">
</div>
```

▼図 6-30　入力コントロールの前にアドオンを配置

textarea 要素による複数行の入力コントロールにアドオンを配置する場合も同様です（リスト 6-34、図 6-31）。

▼リスト 6-34　テキストエリアの前にアドオンを配置（input-group-basic-addon2.html）

```
<div class="input-group">
  <div class="input-group-prepend">
    <span class="input-group-text">テキストエリア用</span>
  </div>
  <textarea class="form-control" aria-label="テキストエリア用"></textarea>
</div>
```

▼図 6-31　テキストエリアの前にアドオンを配置

テキストエリア用

入力コントロールの後にアドオンを配置する

入力コントロールの後にアドオンを配置する場合、span 要素に **input-group-text クラス**を追加してアドオン部分を作成し、**input-group-append クラス**を追加した div 要素で囲って、入力コントロールの後に配置します。入力コントロールは input 要素に **form-control クラス**を追加して作成します。前に配置する場合と同様、入力コントロールには、属性 **aria-describedby="（アドオンの ID）"** や **aria-label="（代替テキスト）"** などを追加しておきましょう（リスト 6-35、図 6-32）。

▼リスト 6-35　入力欄の後にアドオンを配置（input-group-basic-addon3.html）

```
<div class="input-group">
  <input type="text" class="form-control" placeholder="ユーザー名" aria-label="ユーザー名" ↩
```

```
aria-describedby="basic-addon3">
  <div class="input-group-append">
    <span class="input-group-text" id="basic-addon3">@example.com</span>
  </div>
</div>
```

▼図 6-32　入力欄の後にアドオンを追加

ユーザー名	@example.com

入力コントロールの前後にアドオンを配置する

入力コントロールの前後両側にアドオンを配置することもできます。前に配置するアドオンは **input-group-prepend クラス**を追加した div 要素で囲み、後ろに配置するアドオンは **input-group-append クラス**を追加した div 要素で囲みます（リスト 6-36、図 6-33）。

▼リスト 6-36　入力コントロールの前後両側にアドオンを配置（input-group-basic-addon4.html）

```
<!-- 入力コントロールの前後両側にアドオンを追加 -->
<div class="input-group">
  <div class="input-group-prepend">
    <span class="input-group-text">&yen;</span>
  </div>
  <input type="text" class="form-control" aria-label="金額">
  <div class="input-group-append">
    <span class="input-group-text">.00</span>
  </div>
</div>
```

▼図 6-33　入力コントロールの前後両側にアドオンを配置

$		.00

ラベル付きの入力グループ

入力グループにラベルを作成する場合は、入力グループの外に label 要素を配置します。なおラベルと入力コントロールは、label 要素の for 属性値と入力コントロールの id 属性値を一致させることで関連付けます（リスト 6-37、図 6-34）。

▼リスト 6-37　ラベル付きの入力グループ（input-group-basic-addon5.html）

```
<label for="basic-url">サイトのURL</label>
<div class="input-group">
```

```
  <div class="input-group-prepend">
    <span class="input-group-text" id="basic-addon5">https://example.com/users/</span>
  </div>
  <input type="text" class="form-control" id="basic-url" aria-describedby="basic-addon5">
</div>
```

▼図 6-34　ラベル付きの入力グループ

サイトのURL

https://example.com/users/

6.2.2 入力グループのサイズ調整

入力グループのサイズを小さくする場合は、**input-group クラス**を設定した親要素に **input-group-sm クラス**を追加します。大きくする場合は、**input-group-lg クラス**を追加します。入力グループ内の内容は自動的にサイズ調整されるため、繰り返しサイズ調整をする必要はありません（リスト 6-38、図 6-35）。

▼リスト 6-38　入力グループのサイズ調整（input-group-sizing.html）

```
<!-- 小サイズの入力グループ -->
<div class="input-group input-group-sm mb-3">
  <div class="input-group-prepend">
    <span class="input-group-text" id="inputGroup-sizing-sm">Small</span>
  </div>
  <input type="text" class="form-control" aria-label="Small" aria-describedby="inputGroup-sizing-sm">
</div>
…中略…
<!-- 大サイズの入力グループ -->
<div class="input-group input-group-lg">
  <div class="input-group-prepend">
    <span class="input-group-text" id="inputGroup-sizing-lg">Large</span>
  </div>
  <input type="text" class="form-control" aria-label="Large" aria-describedby="inputGroup-sizing-sm">
</div>
```

▼図 6-35　入力グループのサイズ調整

Small

Default

Large

6.2.3 チェックボックスやラジオボタンのアドオン

入力グループのアドオンは、テキストだけでなくチェックボックスやラジオボタンも利用できます（リスト6-39、図6-36）。

▼リスト6-39 チェックボックスやラジオボタン付きのアドオン（input-group-checkbox-radio.html）

```
<!-- チェックボックス付きテキスト入力欄 -->
<div class="input-group mb-3">
  <div class="input-group-prepend">
    <div class="input-group-text">
      <input type="checkbox" aria-label="次のテキスト入力用のチェックボックス">
    </div>
  </div>
  <input type="text" class="form-control" aria-label="チェックボックス付きテキスト入力欄">
</div>

<!-- ラジオボタン付きテキスト入力欄 -->
<div class="input-group">
  <div class="input-group-prepend">
    <div class="input-group-text">
      <input type="radio" aria-label="次のテキスト入力用のラジオボタン">
    </div>
  </div>
  <input type="text" class="form-control" aria-label="ラジオボタン付きテキスト入力欄">
</div>
```

▼図6-36 チェックボックスやラジオボタンのアドオン

6.2.4 複数の入力コントロール

入力グループ内に複数のinput要素を含めて、複数の入力コントロールを一体的なスタイルでグループ化することができます。次の例では、氏名の入力欄を、姓と名とに分けた入力グループとして作成しています。

ただし、フォームの入力検証機能（P.210参照）は、1つの入力欄に、複数の入力コントロールを含めて扱うことができません。入力検証の対象とする場合は、1つの入力グループに含めるinput要素は1つまでにしましょう（リスト6-40、図6-37）。

▼リスト6-40　複数の入力コントロール（input-group-multiple-inputs.html）

```
<div class="input-group">
  <div class="input-group-prepend">
    <span class="input-group-text" id="...">姓名</span>
  </div>
  <input type="text" class="form-control" placeholder="姓">
  <input type="text" class="form-control" placeholder="名">
</div>
```

▼図6-37　複数の入力コントロール

姓名	姓	名

6.2.5 複数のアドオンを組み合わせる

ここまで紹介したテキストやチェックボックスなどを組み合わせて、複数のアドオンを設置することも可能です（リスト6-41、図6-38）。

▼リスト6-41　複数のアドオンを組み合わせる（input-group-multiple.html）

```
<div class="input-group mb-3">
  <div class="input-group-prepend">
    <div class="input-group-text">
      <input type="radio" aria-label="次のテキスト入力用のラジオボタン">
    </div>
    <span class="input-group-text">&yen;</span>
    <span class="input-group-text">0.00</span>
  </div>
  <input type="text" class="form-control" aria-label="金額">
</div>

<div class="input-group">
  <input type="text" class="form-control" aria-label="金額">
  <div class="input-group-append">
    <span class="input-group-text">&yen;</span>
    <span class="input-group-text">0.00</span>
    <div class="input-group-text">
      <input type="checkbox" aria-label="前のテキスト入力用のチェックボックス">
    </div>
  </div>
</div>
```

▼図 6-38　複数のアドオンを組み合わせる

6.2.6 ボタン付きアドオン

入力グループのアドオンには、**ボタン**（P.233 参照）のコンポーネントを組み込むこともできます。ボタン付きアドオンは、検索フォームなどを作成する場合に便利です。ボタンは、button 要素に **btn クラス**および **btn-{ 色の種類 } クラス**を追加して作成します。色の種類には **primary**（青）、**secondary**（グレー）などが入ります（リスト 6-42、図 6-39）。ボタンについての詳細は「ボタン」（P.233）を参照してください。

▼リスト 6-42　ボタン付きアドオン（input-group-button.html）

```
<div class="input-group mb-3">
  <input type="text" class="form-control" placeholder="検索キーワード" aria-label="検索キーワード" ↩
aria-describedby="basic-addon1">
  <div class="input-group-append">
    <button class="btn btn-secondary" type="button">検索</button>
  </div>
</div>
<div class="input-group mb-3">
  <div class="input-group-prepend">
    <button class="btn btn-secondary" type="button">好き</button>
  </div>
  <input type="text" class="form-control" placeholder="商品名" aria-label="商品名" ↩
aria-describedby="basic-addon2">
  <div class="input-group-append">
    <button class="btn btn-secondary" type="button">嫌い</button>
  </div>
</div>
```

▼図 6-39　ボタン付きアドオン

6.2.7 ドロップダウン付きアドオン

ボタン付きアドオンと同様に、入力グループのアドオンに**ドロップダウン**（P.244参照）のコンポーネントを組み込むこともできます。ドロップダウンは、button要素に**dropdown-toggleクラス**と属性**data-toggle="dropdown"**を追加して作成します。ドロップダウンの中のメニュー部分はdiv要素に**dropdown-menuクラス**を、リンク項目はa要素に**dropdown-itemクラス**を追加して作成します（リスト6-43、図6-40）。ドロップダウンについての詳細は「ドロップダウン」（P.244）を参照してください。

▼リスト6-43　ドロップダウン付きアドオン（input-group-dropdown.html）

```
<div class="input-group">
  <input type="text" class="form-control" aria-label="ドロップダウン付きテキスト入力欄">
  <div class="input-group-append">
    <button class="btn btn-secondary dropdown-toggle" type="button" data-toggle="dropdown" ⮐
aria-haspopup="true" aria-expanded="false">アクション</button>
    <div class="dropdown-menu">
      <a class="dropdown-item" href="#">リンク1</a>
      <a class="dropdown-item" href="#">リンク2</a>
      <a class="dropdown-item" href="#">リンク3</a>
    </div>
  </div>
</div>
```

▼図6-40　ドロップダウン付きアドオン

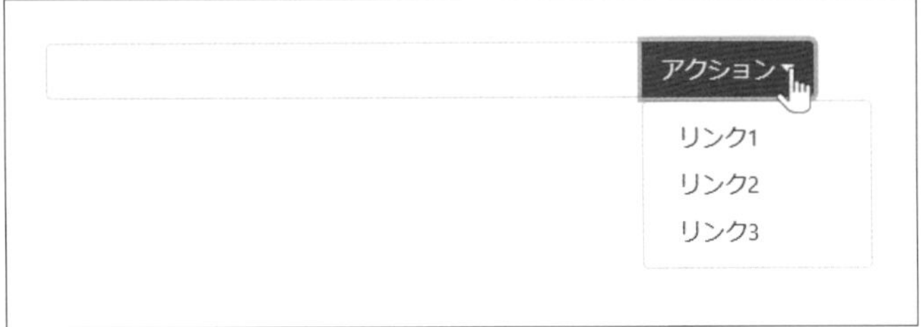

6.2.8 スプリットボタンのアドオン

前項のドロップダウン付きアドオンのボタン部分をアレンジし、ボタン内に切り替え用のキャレットアイコン（▼）とボタン本体とを分離したスプリットボタンにすることもできます。スプリットボタンのアドオンを作成する場合は、ボタン付きアドオン（P.229参照）と同様のボタンを配置した後に、**dropdown-toggleクラス**と**dropdown-toggle-splitクラス**を追加したドロップダウンを配置します（リスト6-44、図6-41）。

▼リスト 6-44 スプリットボタンのアドオン（input-group-segmented-buttons.html）

```
<div class="input-group">
  <input type="text" class="form-control" aria-label="スプリットボタン付きテキスト入力欄">
  <div class="input-group-append">
    <button type="button" class="btn btn-secondary">アクション</button>
    <button type="button" class="btn btn-secondary dropdown-toggle dropdown-toggle-split" ↩
data-toggle="dropdown" aria-haspopup="true" aria-expanded="false">
      <span class="sr-only">ドロップダウン切り替え</span>
    </button>
    <div class="dropdown-menu">
      <a class="dropdown-item" href="#">リンク1</a>
      <a class="dropdown-item" href="#">リンク2</a>
      <a class="dropdown-item" href="#">リンク3</a>
    </div>
  </div>
</div>
```

▼図 6-41 スプリットボタンのアドオン

6.2.9 カスタムフォームの組み込み

入力グループにカスタムフォーム（P.216 参照）のプルダウンメニューを組み込むことができます。次の例では、入力コントロールとして select 要素に **custom-select クラス**を追加したカスタムフォームのプルダウンを使用しています（リスト 6-45、図 6-42、図 6-43）。

▼リスト 6-45 カスタムフォームのプルダウンを組み込む（input-group-custom-select.html）

```
<div class="input-group mb-3">
  <div class="input-group-prepend">
    <label class="input-group-text" for="inputGroupSelect01">オプション</label>
  </div>
  <select class="custom-select" id="inputGroupSelect01">
    <option selected>選択してください</option>
    <option value="1">オプション1</option>
    <option value="2">オプション2</option>
    <option value="3">オプション3</option>
  </select>
</div>
```

▼図 6-42　カスタムフォームのプルダウンを組み込む

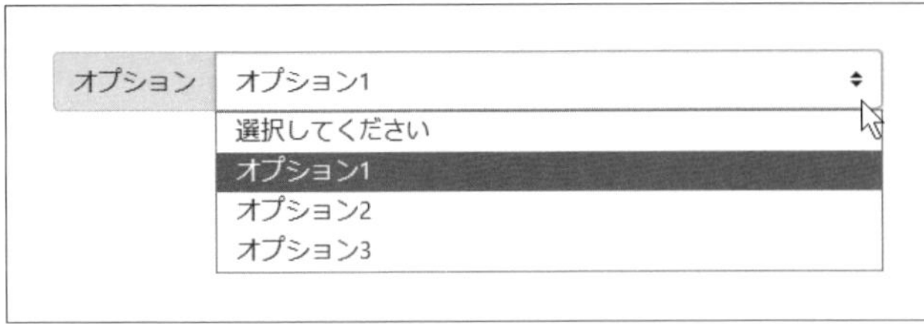

▼図 6-43　標準のプルダウンを組み込んだ場合

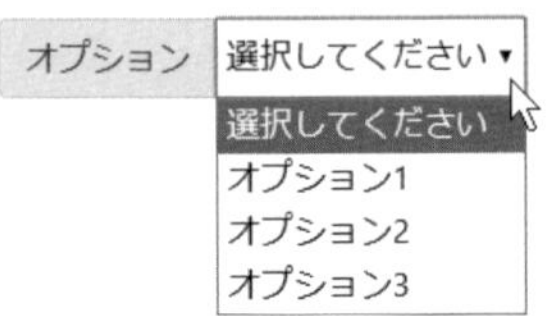

なお、カスタムフォーム以外のプルダウンは入力グループとしてサポートされません。select 要素に custom-select クラスを設定しない標準のプルダウンを組み込んだ場合は、サイズやレイアウト、角丸といった入力グループのスタイルが維持されません。

COLUMN　入力グループのアクセシビリティ

入力グループについては、スクリーンリーダーなどの支援技術に対して、その機能が伝えられているかどうかをよく確認する必要があります。たとえば、label 要素を使用してラベルを付ける（**sr-only クラス**を使用して非表示にする）、あるいは aria-describedby、aria-label、aria-labelledby 属性などを使用する方法があります。本書ではなるべく例を示すようにしていますが、どのような追加情報が必要かは、実装しているインターフェイスによって異なります。コードをそのまま使うのではなく内容を理解してアクセシビリティのためのコードを書くようにしましょう。

ボタン

Bootstrap にはさまざまなサイズ、状態のボタンがコンポーネントとして用意されており、定義済みクラスを要素に追加するだけで洗練された UI を実装することができます（図 6-44）。本節では、Bootstrap で**ボタン**を使用する方法を解説します。

▼図 6-44　通常のボタンとボタンコンポーネントとの比較（button-compare.html）

通常のボタン　ボタンコンポーネント

6.3.1 基本的な使用例

ボタンのコンポーネントは、button 要素や a 要素、input 要素に **btn クラス**と **btn-{ 色の種類 } クラス**を追加して作成します。アラート（P.110 参照）と同様、色の種類には **primary**（青）、**secondary**（グレー）などコンテクストに対応した色の種類が入ります。

button 要素でボタンを作成する

次の例では、button 要素に **btn クラス**と **btn-{ 色の種類 } クラス**を追加してボタンを作成しています（リスト 6-46、図 6-45）。

▼リスト 6-46　ボタンの基本的な使用例（button-basic.html）

```
<button type="button" class="btn btn-primary">btn-primary</button>
<button type="button" class="btn btn-secondary">btn-secondary</button>
<button type="button" class="btn btn-success">btn-success</button>
<button type="button" class="btn btn-danger">btn-danger</button>
<button type="button" class="btn btn-warning">btn-warning</button>
<button type="button" class="btn btn-info">btn-info</button>
<button type="button" class="btn btn-light">btn-light</button>
<button type="button" class="btn btn-dark">btn-dark</button>
<button type="button" class="btn btn-link">btn-link</button>
```

▼図 6-45　ボタンの基本的な使用例

btn-primary　btn-secondary　btn-success　btn-danger　btn-warning　btn-info　btn-light　btn-dark　btn-link

a 要素や input 要素でボタンを作成する

ボタンのコンポーネントは、button 要素にクラスを追加して作成するように設計されていますが、a 要素や input 要素で作成することもできます。ブラウザによっては若干異なるレンダリングが適用されることがあります。

次の例では、a 要素と input 要素に **btn クラス**と **btn-{ 色の種類 } クラス**を追加してボタンを作成しています。a 要素でボタンを作成する場合には、アクセシビリティへの配慮として属性 **role="button"** を追加し、スクリーンリーダーなどの支援技術にこのコンポーネントの役割がボタンであることを伝えましょう（リスト 6-47、図 6-46）。

▼リスト 6-47　a 要素や input 要素でボタンを作成する（button-tags.html）

```
<a class="btn btn-primary" href="#" role="button">a要素ボタン</a>
<input class="btn btn-primary" type="button" value="inputボタン">
<input class="btn btn-primary" type="submit" value="submitボタン">
<input class="btn btn-primary" type="reset" value="resetボタン">
```

▼図 6-46　a 要素や input 要素でボタンを作成する

a要素ボタン　inputボタン　submitボタン　resetボタン

role 属性

role 属性は、W3C が勧告しているアクセシビリティに関する仕様 **WAI-ARIA**（Web Accessibility Initiative Accessible Rich Internet Applications）で定義されている属性の 1 つで、要素の役割を伝えるための属性です。

たとえば、要素に **role="button"** を設定した場合は、その要素がボタンの役割を担っていることをブラウザに伝えることができます。

6.3.2　アウトラインボタンを作成する

背景色のないアウトラインで表現されたボタンを作成する場合は、ボタンの要素に設定された btn-{ 色の種類 } クラスを **btn-outline-{ 色の種類 } クラス**に置き換えます（リスト 6-48、図 6-47）。背景色の設定のないアウトラインボタンは、背景画像がある場合でも邪魔になりにくいデザインです。

▼リスト 6-48　アウトラインボタンを作成する（button-outline-buttons.html）

```
<button type="button" class="btn btn-outline-primary">outline-primary</button>
<button type="button" class="btn btn-outline-secondary">outline-secondary</button>
<button type="button" class="btn btn-outline-success">outline-success</button>
<button type="button" class="btn btn-outline-danger">outline-danger</button>
<button type="button" class="btn btn-outline-warning">outline-warning</button>
<button type="button" class="btn btn-outline-info">outline-info</button>
```

```
<button type="button" class="btn btn-outline-light">outline-light</button>
<button type="button" class="btn btn-outline-dark">outline-dark</button>
```

▼図 6-47 アウトラインボタンを作成する

アウトラインボタンに背景色を指定するには?

アウトラインボタンに背景色を合わせて指定するには、btn-{ 色の種類 } クラスではなく、bg-{ 色の種類 } クラスを使用します。

▼リスト 6-49 アウトラインボタンに背景色を指定する

```
<button type="button" class="btn btn-outline-primary bg-warning">アウトラインボタン＋背景色⏎
</button>
```

6.3.3 ボタンサイズを変更する

ボタンのサイズを大きくする場合は、ボタンの要素に **btn-lg クラス**を追加します。小さくする場合は **btn-sm クラス**を追加します（リスト 6-50、図 6-48）。

▼リスト 6-50 ボタンサイズを変更する（button-sizes.html）

```
<button class="btn btn-primary btn-lg">大サイズ</button>
<button class="btn btn-primary">通常サイズ</button>
<button class="btn btn-primary btn-sm">小サイズ</button>
```

▼図 6-48 ボタンサイズを変更する

6.3.4 ブロックレベルのボタンを作成する

親要素の全幅にまたがるブロックレベルのボタンを作成する場合は、ボタンの要素に **btn-block クラス**を追加します（リスト 6-51、図 6-49）。

▼リスト 6-51 ブロックレベルのボタンを作成する（button-btn-block.html）

```
<button type="button" class="btn btn-primary btn-lg btn-block">ブロックレベルボタン</button>
```

▼図 6-49 ブロックレベルのボタンを作成する

ブロックレベルボタン

6.3.5 アクティブ状態のボタンを作成する

ボタンにアクティブな状態の外観を強制的に作成する場合は、ボタンの要素に **active クラス**を追加します。また、アクセシビリティへの配慮として属性 **aria-pressed="true"** を追加し、スクリーンリーダーなどの支援技術にこのボタンがアクティブな状態であることを伝えましょう（リスト6-52、図6-50）。

▼リスト6-52　アクティブ状態のボタンを作成する（button-active-state.html）

```
<a href="#" class="btn btn-primary btn-lg active" role="button" aria-pressed="true">アクティブボタン</a>
<a href="#" class="btn btn-primary btn-lg" role="button">通常ボタン</a>
```

▼図6-50　アクティブ状態のボタンを作成する

6.3.6 無効状態のボタンを作成する

クリックできない無効な状態のボタンを作成する場合は、ボタンの要素に **disabled 属性**を追加します（リスト6-53、図6-51）。

▼リスト6-53　無効状態のボタンを作成する（button-disabled-state.html）

```
<button type="button" class="btn btn-lg btn-primary" disabled>無効ボタン</button>
<button type="button" class="btn btn-lg btn-primary">通常ボタン</button>
```

▼図6-51　無効状態のボタンを作成する

ただし、a要素はdisabled属性をサポートしていません。そのため、a要素で無効な状態のボタンを作成する場合は、ボタンの要素に **disabled クラス**を追加します。また、アクセシビリティへの配慮として属性 **aria-disabled="true"** を追加し、スクリーンリーダーなどの支援技術にこのボタンが無効な状態であることを伝えます（リスト6-54、図6-52）。

▼リスト6-54　a要素で無効状態のボタンを作成する（button-disabled-anchor.html）

```
<a href="#" class="btn btn-primary btn-lg disabled" role="button" aria-disabled="true">無効ボタン</a>
<a href="#" class="btn btn-primary btn-lg" role="button">通常ボタン</a>
```

▼図 6-52　a 要素で無効状態のボタンを作成する

無効ボタン　通常ボタン

NOTE

disabled クラスに定義されているスタイル

disabled クラスには、a 要素のリンク機能を無効にするスタイル **pointer-events: none** が定義されています。このプロパティはまだ標準化されていないため、ブラウザによってはボタンが無効化されません（2017 年 12 月現在）。また、このプロパティをサポートしているブラウザであっても、キーボードナビゲーション（マウスを使用しないキーボードのみの操作）は対象外となります。キーボードナビゲーションにおいてもボタンを無効化する場合は、タブキーでの移動によるフォーカスを受けないようにする属性 **tabindex="-1"** を追加し、JavaScript を使用して無効化する必要があります。

6.3.7 切り替えボタンを作成する

切り替えボタンを作成するには、ボタン要素に属性 **data-toggle="button"** を追加します。また、ブラウザの入力補完機能を無効にするために属性 **autocomplete="off"** を追加します。

ボタンをあらかじめプッシュ状態に切り替えておく場合は、ボタン要素に **active クラス**を追加し、支援技術にボタンが押されている状態であることを伝えるための属性 **aria-pressed="true"** を追加します。反対に、未プッシュ状態にしておくときは、属性 **aria-pressed="false"** を追加します（リスト 6-55、図 6-53）。

▼リスト 6-55　切り替えボタンを作成する（button-toggle.html）

```
<button type="button" class="btn btn-primary active" data-toggle="button" aria-pressed="true" ⏎
autocomplete="off">プッシュ状態</button>
<button type="button" class="btn btn-primary" data-toggle="button" aria-pressed="false" ⏎
autocomplete="off">未プッシュ状態</button>
```

▼図 6-53　切り替えボタンを作成する

プッシュ状態　未プッシュ状態

6.3.8 チェックボックスとラジオボタンを作成する

フォームの入力コントロールであるチェックボックスやラジオボタンの外観を、ボタンのスタイルに変更することができます。チェックボックスもラジオボタンも、フォームの label 要素に、ボタン用の **btn クラス**と **btn-{ 色の種類 } クラス**を追加します。また一連のボタンの親要素には、ボタングループ（P.240 参照）用の **btn-group クラス**と、属性 **data-toggle="buttons"** を追加します。

チェックボックスをスタイル変更する

次の例では、チェックボックスの外観をボタンのスタイルに変更しています（リスト 6-56、図 6-54）。

▼リスト 6-56　チェックボックスをボタンのスタイルに変更する（button-checkbox.html）

```
<div class="btn-group" data-toggle="buttons">
  <label class="btn btn-secondary active">
    <input type="checkbox" checked autocomplete="off"> チェックボックス1（選択済み）
  </label>
  <label class="btn btn-secondary">
    <input type="checkbox" autocomplete="off"> チェックボックス2
  </label>
  <label class="btn btn-secondary">
    <input type="checkbox" autocomplete="off"> チェックボックス3
  </label>
</div>
```

▼図 6-54　チェックボックスをボタンコンポーネントのスタイルに変更する

☑チェックボックス1（選択済み）　■チェックボックス2　■チェックボックス3

ラジオボタンをスタイル変更する

次の例では、ラジオボタンの外観をボタンのスタイルに変更しています（リスト 6-57、図 6-55）。

▼リスト 6-57　ラジオボタンをボタンのスタイルに変更する（button-radio.html）

```
<div class="btn-group" data-toggle="buttons">
  <label class="btn btn-secondary active">
    <input type="radio" checked autocomplete="off"> ラジオボタン1（選択済み）
  </label>
  <label class="btn btn-secondary">
    <input type="radio" autocomplete="off"> ラジオボタン2
  </label>
  <label class="btn btn-secondary">
    <input type="radio" autocomplete="off"> ラジオボタン3
  </label>
```

```
</div>
```

▼図 6-55　ラジオボタンをボタンコンポーネントのスタイルに変更する

6.3.9 メソッド

JavaScript でボタンの動作を指定するメソッドには表 6-2 の 2 つがあります。

▼表 6-2　JavaScript でボタンの動作を指定するメソッド

メソッド	概要
$().button('toggle')	ボタンのプッシュ状態を切り替え、アクティブ化された外観を与える
$().button('dispose')	ボタンを破棄する

次の例では、ボタンをクリックするとプッシュ状態の表示に切り替わり、ボタンのテキストが「押してね」から「押したね」に変化します（リスト 6-58、図 6-56）。

▼リスト 6-58　クリックするとボタンをプッシュ状態に切り替える（button-method.html）

```
<button type="button" class="btn btn-primary" aria-pressed="true" autocomplete="off" id=⏎
"toggle-btn">押してね</button>
…中略…
  <script>
    $("#toggle-btn").on('click',function(){
      $(this).button('toggle').text('押したね');
    });
  </script>
```

▼図 6-56　クリックするとボタンをプッシュ状態に切り替える：クリック前（左）、クリック後（右）

6 SECTION 4 ボタングループ

Bootstrap の**ボタングループ**は、一連のボタンのコンポーネントをグループ化して一体的に表示するためのコンポーネントです。本節では**ボタングループ**を使用する方法を解説します。

6.4.1 基本的な使用例

ボタンのコンポーネントをグループ化した**ボタングループ**を作成する場合は、div 要素に **btn-group クラス**を追加して一連のボタンを囲みます。またスクリーンリーダーなどの支援技術に対して、コンポーネントの役割がグループであることを伝える属性 **role="group"** と、ラベル付けを行う **aria-label** 属性を追加してアクセシビリティに配慮します（リスト 6-59、図 6-57）。

▼リスト 6-59　ボタングループの基本的な使用例（btn-group-basic.html）

```
<div class="btn-group" role="group" aria-label="基本的な使用例">
  <button type="button" class="btn btn-secondary">左ボタン</button>
  <button type="button" class="btn btn-secondary">中ボタン</button>
  <button type="button" class="btn btn-secondary">右ボタン</button>
</div>
```

▼図 6-57　ボタングループの基本的な使用例

左ボタン　中ボタン　右ボタン

6.4.2 ボタンツールバーを作成する

複数のボタングループを組み込んだより複雑なボタングループを、**ボタンツールバー**として簡単に作成することができます。

ボタンツールバーを作成する場合は、div 要素に **btn-toolbar クラス**を追加して、一連のボタングループの要素を囲みます。またスクリーンリーダーなどの支援技術に対して、コンポーネントの役割がツールバーであることを伝える属性 **role="toolbar"** と、ラベル付けを行う **aria-label** 属性を追加してアクセシビリティに配慮します。なお次の例では、ボタングループ間が詰まり過ぎて見にくくならないように、Spacing ユーティリティ（P.318 参照）の **mr-2 クラス**を使用してマージンを調整しています（リスト 6-60、図 6-58）。

▼リスト 6-60　ボタンツールバーを作成する（btn-group-btn-toolbar.html）

```
<div class="btn-toolbar" role="toolbar" aria-label="ボタンツールバー">
  <!-- ボタングループ1 -->
  <div class="btn-group mr-2" role="group" aria-label="ボタングループ1">
…中略…
  </div>
  <!-- ボタングループ2 -->
  <div class="btn-group mr-2" role="group" aria-label="ボタングループ2">
…中略…
  </div>
  <!-- ボタングループ3 -->
  <div class="btn-group" role="group" aria-label="ボタングループ3">
…中略…
  </div>
</div>
```

▼図 6-58　ボタンツールバーを作成する

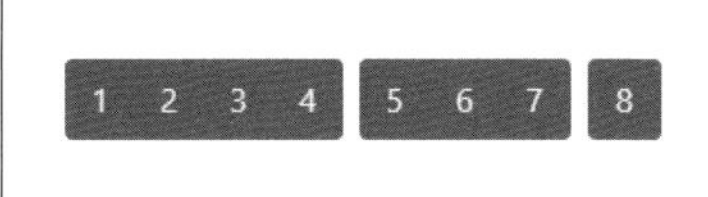

入力グループを組み込む

ボタンツールバーには、ボタングループだけでなく入力グループ（P.223 参照）のコンポーネントを組み込むこともできます。ボタングループと同様に、div 要素に **btn-toolbar クラス**を設定したボタンツールバーで、div 要素に **input-group クラス**を設定した入力グループを囲みます（リスト 6-61、図 6-59）。

▼リスト 6-61　入力グループを組み込む（btn-group-mix-groups.html）

```
<!-- ボタンツールバー -->
<div class="btn-toolbar mb-3" role="toolbar" aria-label="ボタンツールバー">
  <!-- ボタングループ -->
  <div class="btn-group mr-2" role="group" aria-label="ボタングループ">
…中略…
  </div>
  <!-- 入力グループ -->
  <div class="input-group">
    <div class="input-group-prepend">
      <div class="input-group-text" id="btnGroupAddon">@</div>
    </div>
    <input type="text" class="form-control" placeholder="入力グループの例" aria-label=⏎
"入力グループの例" aria-describedby="btnGroupAddon">
  </div>
</div>
```

▼図 6-59　入力グループを組み込む

6.4.3 サイズを変更する

ボタングループのサイズを大きくする場合は、ボタングループの要素に **btn-group-lg クラス**を追加します。小さくする場合は **btn-group-sm クラス**を追加します（リスト 6-62、図 6-60）。

▼リスト 6-62　ボタングループのサイズを変更する（btn-group-sizing.html）

```
<!-- 大サイズ -->
<div class="btn-group btn-group-lg" role="group" aria-label="グループ1">
…中略…
</div>

<!-- 標準サイズ -->
<div class="btn-group" role="group" aria-label="グループ2">
…中略…
</div>

<!-- 小サイズ -->
<div class="btn-group btn-group-sm" role="group" aria-label="グループ3">
…中略…
</div>
```

▼図 6-60　ボタングループのサイズを変更する

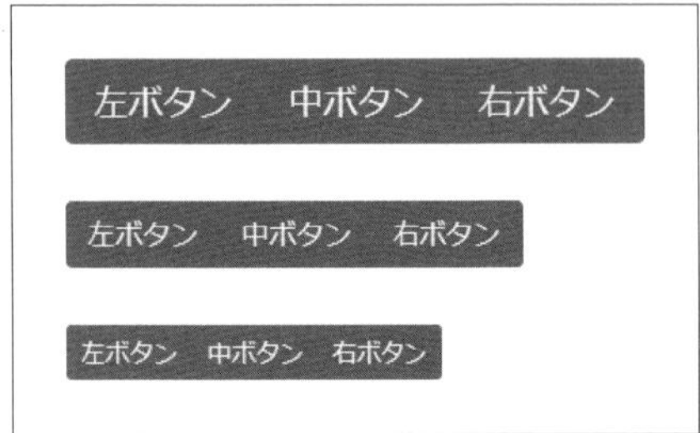

6.4.4 ドロップダウンメニューを入れ子にする

ボタングループの中にドロップダウン（P.244 参照）を含める場合は、切り替えボタンとドロップダウンメニューをグループ化するボタングループを作成して、全体のボタングループの入れ子にします（リスト 6-63、図 6-61）。

▼リスト 6-63　ドロップダウンメニューを入れ子にする（btn-group-nesting.html）

```
<div class="btn-group" role="group" aria-label="ドロップダウンを含むボタングループ">
```

```
  <button type="button" class="btn btn-secondary">1</button>
  <button type="button" class="btn btn-secondary">2</button>
  <div class="btn-group" role="group">
    <!-- 切り替えボタン -->
    <button id="drop1" type="button" class="btn btn-secondary dropdown-toggle" data-toggle=⏎
"dropdown" aria-haspopup="true" aria-expanded="false">
      ドロップダウン
    </button>
    <!-- ドロップダウンメニュー -->
    <div class="dropdown-menu" aria-labelledby="drop1">
      <a class="dropdown-item" href="#">リンク1</a>
      <a class="dropdown-item" href="#">リンク2</a>
    </div>
  </div>
</div>
```

▼図 6-61　ドロップダウンメニューを入れ子にする

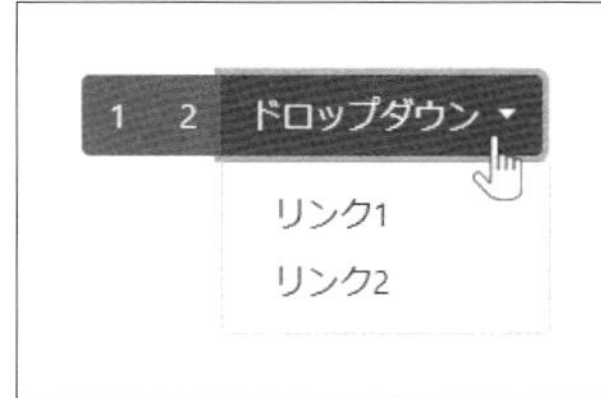

6.4.5 垂直方向のボタングループを作成する

垂直方向に縦並びになるボタングループを作成する場合は、ボタングループの要素に設定されたbtn-groupクラスを**btn-group-vertical クラス**に置き換え、垂直方向にグループ化します（リスト 6-64、図 6-62）。

ただし垂直方向にグループ化した場合、ボタン内に切り替え用のキャレットアイコン（▼）とボタン本体とを分離したスプリットボタンのドロップダウン（P.246 参照）は使えません。

▼リスト 6-64　垂直方向のボタングループを作成する（btn-group-vertical.html）

```
<div class="btn-group-vertical">
…中略…
</div>
```

▼図 6-62　垂直方向のボタングループ

6 SECTION 5 ドロップダウン

Bootstrapの**ドロップダウン**は、ボタンをクリックすることでドロップダウンメニューを表示するコンポーネントです。本節では**ドロップダウン**を使用する方法を解説します。なおこのコンポーネントは、サードパーティーのJavaScriptライブラリPopper.js上に構築されています。各種JavaScriptを読み込む際はbootstrap.jsの前にpopper.js（または軽量版のpoppoer.min.js）を読み込むか、popper.jsを組み込み済みのbootstrap.bundle.jsを使用する必要があります（P.16参照）。

6.5.1 基本的な使用例

ドロップダウンの基本的な使用例を見ていきましょう。このコンポーネントは、button要素またはa要素で作成した切り替えボタンと、ドロップダウンメニューとで構成されています。

切り替えボタンにbutton要素を使用したドロップダウン

次の例は、ドロップダウンの切り替えボタンにbutton要素を使用した例です（リスト6-65、図6-63）。

▼リスト6-65　ドロップダウンの基本的な使用例（dropdown-basic-button.html）

```
<!-- ドロップダウン -->
<div class="dropdown"> ―――――――――――――――――――――――――― ❶
  <!-- 切り替えボタン -->
  <button class="btn btn-secondary dropdown-toggle" type="button" id="dropdownMenuButton" ⮐
data-toggle="dropdown" aria-haspopup="true" aria-expanded="false"> ―――――――― ❷
    ドロップダウン
  </button>
  <!-- ドロップダウンメニュー -->
  <div class="dropdown-menu" aria-labelledby="dropdownMenuButton"> ―――――――― ❸
    <a class="dropdown-item" href="#">メニュー01</a> ―┐
    <a class="dropdown-item" href="#">メニュー02</a> ―┼―――――――――― ❷
    <a class="dropdown-item" href="#">メニュー03</a> ―┘
  </div>
</div>
```

▼図 6-63　通常時（左）、ドロップダウン表示時（右）

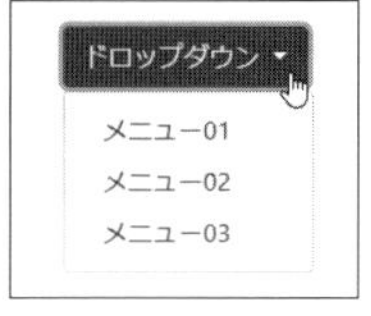

ドロップダウンを作成する場合は、**dropdown クラス**を設定した親要素で、切り替えボタンとドロップダウンメニューとを囲みます（❶）。

切り替えボタンは、button 要素または a 要素に **btn クラス**と **btn-{ 色の種類 } クラス**を設定した基本的なボタン（P.233 参照）のコンポーネントに、**dropdown-toggle クラス**と属性 **data-toggle="dropdown"** を追加して作成します（❷）。

ドロップダウンメニューは、まず **dropdown-menu クラス**を設定した親要素でメニューの枠を作成します（❸）。次に **dropdown-item クラス**を設定した子要素でメニューの項目を作成します（❹）。

NOTE

ドロップダウンのアクセシビリティ

ドロップダウンを作成する場合、アクセシビリティへの配慮として **aria-*** 属性を追加し、スクリーンリーダーなどの支援技術に対してコンポーネントの状態を伝えましょう。

切り替えボタンには表 6-3 の属性を追加します。

▼表 6-3　切り替えボタンに追加する属性

属性	概要
aria-haspopup="true"	ポップアップが含まれていることを伝える
aria-expanded="false"	切り替えが非表示の状態であることを伝える

ドロップダウンメニューには表 6-4 の属性を追加します。

▼表 6-4　ドロップダウンメニューに追加する属性

属性	概要
aria-labelledby="（切り替えボタンの ID）"	値が要素のラベルとして関連付いていることを伝える

切り替えボタンに a 要素を使用したドロップダウン

次の例では、a 要素を使用してドロップダウンの切り替えボタンを作成しています。先の例と同様に、ボタンの要素に **dropdown-toggle クラス**と属性 **data-toggle="dropdown"** を追加して切り替えボタンを作成することができます。ただしアクセシビリティへの配慮として、コンポーネントの役割がボタンであることをスクリーンリーダーなどの支援技術に伝える属性 **role="button"** を追加する必要があります（リスト 6-66、図 6-64）。

▼リスト 6-66　a 要素を使用したドロップダウンの切り替えボタン（dropdown-basic-link.html）

```
<!-- 切り替えボタン -->
<a class="btn btn-secondary dropdown-toggle" href="#" role="button" id="dropdownMenuLink" ⏎
data-toggle="dropdown" aria-haspopup="true" aria-expanded="false">
  ドロップダウン
</a>
```

▼図 6-64　切り替えボタンに a 要素を使用したドロップダウン

ボタングループに組み込むドロップダウン

dropdown クラスの代わりに **btn-group クラス**を使用して、ボタングループ（P.240 参照）にドロップダウンを組み込むことができます（リスト 6-67、図 6-65）。詳しくは「ボタングループ」（P.240）を参照してください。

▼リスト 6-67　ボタングループに組み込むドロップダウン（dropdown-btn-group.html）

```
<!-- ボタングループ -->
<div class="btn-group">
  <!-- 切り替えボタン -->
  <button type="button" class="btn btn-secondary dropdown-toggle" data-toggle="dropdown" ⏎
aria-haspopup="true" aria-expanded="false">
    ドロップダウン
  </button>
  <!-- ドロップダウンメニュー -->
  <div class="dropdown-menu">
    <a class="dropdown-item" href="#">メニュー01</a>
    <a class="dropdown-item" href="#">メニュー02</a>
    <a class="dropdown-item" href="#">メニュー03</a>
  </div>
</div>
```

▼図 6-65　ボタングループに組み込むドロップダウン

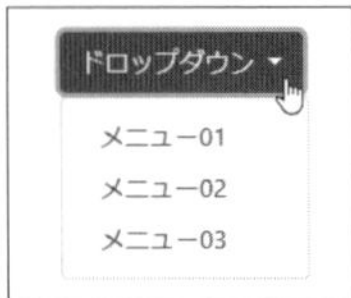

スプリットボタンのドロップダウン

ボタン内に切り替え用のキャレットアイコン（▼）とボタン本体と分離した**スプリットボタン**のドロップダウンを作成することができます（リスト 6-68、図 6-66）。

▼リスト 6-68 スプリットボタンのドロップダウン(dropdown-toggle-split.html)

```
<!-- ボタングループ -->
<div class="btn-group">
  <!-- ボタン本体 -->
  <button type="button" class="btn btn-secondary"> ―❶
    スプリットボタン
  </button>
  <!-- 切り替え用アイコン -->
  <button type="button" class="btn btn-secondary dropdown-toggle dropdown-toggle-split" ⏎
data-toggle="dropdown" aria-haspopup="true" aria-expanded="false"> ―❷
    <span class="sr-only">ドロップダウン切り替え</span> ―❸
  </button>
  <!-- ドロップダウンメニュー -->
  <div class="dropdown-menu">
…中略…
  </div>
</div>
```

▼図 6-66 通常時(左)、ドロップダウン表示時(右)

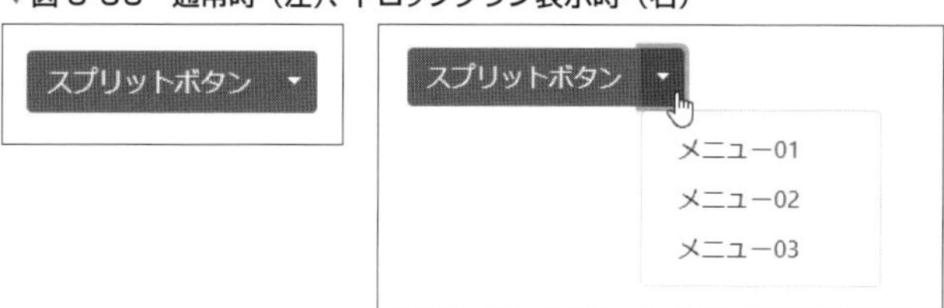

まずボタングループ内に **btn クラス**と **btn-{ 色の種類 } クラス**を設定した基本的なボタンのコンポーネントを、スプリットボタンの本体として配置します(❶)。次に切り替え用アイコンとなるボタンのコンポーネントを配置し、**dropdown-toggle クラス**と **dropdown-toggle-split クラス**を追加します(❷)。またアクセシビリティへの配慮として、スクリーンリーダー用ユーティリティ(P.354 参照)の **sr-only クラス**を使用し、スクリーンリーダー用の非表示テキストで切り替えアイコンの役割を記述しておきましょう(❸)。

6.5.2 ドロップダウン方向を変更する

ドロップダウン方向を下から上に変更する場合は、btn-group クラスが設定された要素に **dropup クラス**を追加します。同様に、右方向に変更する場合は **dropright クラス**を、左方向に変更する場合は **dropleft クラス**を追加します。ドロップダウン方向の変更は、スプリットボタンでも同様に設定することができます。

次の例では、**dropup クラス**を追加して、ドロップダウン方向を上に変更しています(リスト6-69、図6-67)。

▼リスト 6-69 上方向へのドロップ(dropdown-dropup.html)

```
<!-- 上方向へのドロップ -->
<div class="btn-group dropup">
```

```
  <!-- 切り替えボタン -->
  <button type="button" class="btn btn-secondary dropdown-toggle" data-toggle="dropdown" ⏎
aria-haspopup="true" aria-expanded="false">上方向へのドロップ</button>
  <!-- ドロップダウンメニュー -->
  <div class="dropdown-menu" aria-labelledby="dropdownMenuLink">
…中略…
  </div>
</div>
```

▼図6-67　上方向へのドロップ

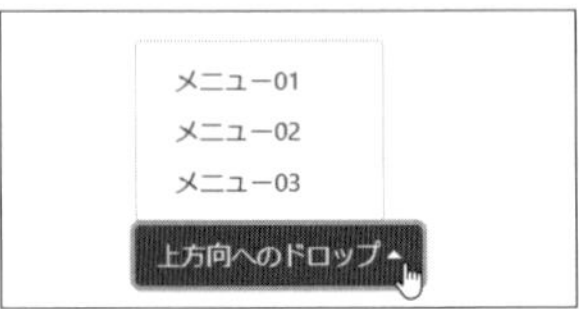

同様に**dropright クラス**を追加して、ドロップダウン方向を右に変更できます（図6-68）。

▼図6-68　右方向へのドロップ（dropdown-dropright.html）

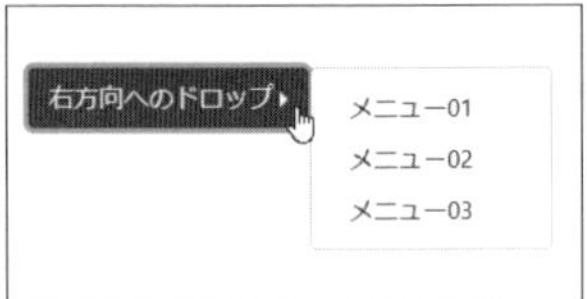

また**dropleft クラス**を追加して、ドロップダウン方向を左に変更できます（図6-69）。

▼図6-69　左方向へのドロップ（dropdown-dropleft.html）

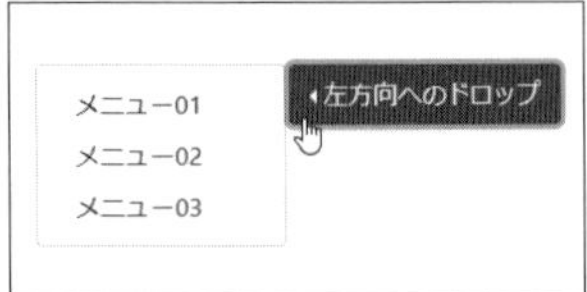

6.5.3 メニュー項目のリンクに使用できる要素

ドロップダウンメニューの各項目には、a要素だけでなくbutton要素も使用することができます（Bootstrap 3ではa要素のみが使用できます）。次の例では、ドロップダウンのメニュー項目にbutton要素を使用しています（リスト6-70、図6-70）。

▼リスト6-70　メニュー項目にbutton要素を使用する（dropdown-items-button.html）

```
<!-- ドロップダウン -->
<div class="dropdown">
  <!-- 切り替えボタン -->
```

```
  <button class="btn btn-secondary dropdown-toggle" type="button" id="dropdownMenuButton" ⏎
data-toggle="dropdown" aria-haspopup="true" aria-expanded="false">
    ドロップダウン
  </button>
  <!-- ドロップダウンメニュー -->
  <div class="dropdown-menu" aria-labelledby="dropdownMenuButton">
    <button class="dropdown-item" type="button">メニュー01</button>
    <button class="dropdown-item" type="button">メニュー02</button>
    <button class="dropdown-item" type="button">メニュー03</button>
  </div>
</div>
```

▼図 6-70　メニュー項目に button 要素を使用する

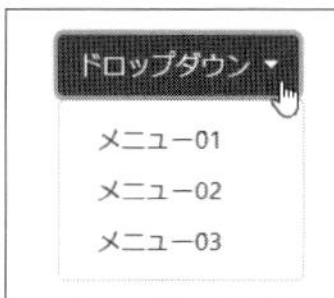

6.5.4 メニューの位置揃えを変更する

ドロップダウンの初期設定では、ドロップダウンメニューと切り替えボタンは左揃えに配置されます。これを右揃えに変更する場合は、dropdown-menu クラスが設定された要素に **dropdown-menu-right クラス**を追加します（リスト 6-71、図 6-71）。

▼リスト 6-71　メニューの位置をボタンと右揃えにする（dropdown-alignment.html）

```
<!-- ボタングループ -->
<div class="btn-group">
  <!-- 切り替えボタン -->
  <button type="button" class="btn btn-secondary dropdown-toggle" data-toggle="dropdown" ⏎
aria-haspopup="true" aria-expanded="false">
    メニューの位置を右揃えにしたドロップダウン
  </button>
  <!-- ドロップダウンメニュー -->
  <div class="dropdown-menu dropdown-menu-right">
…中略…
  </div>
</div>
```

▼図 6-71　メニューの位置をボタンと右揃えにする

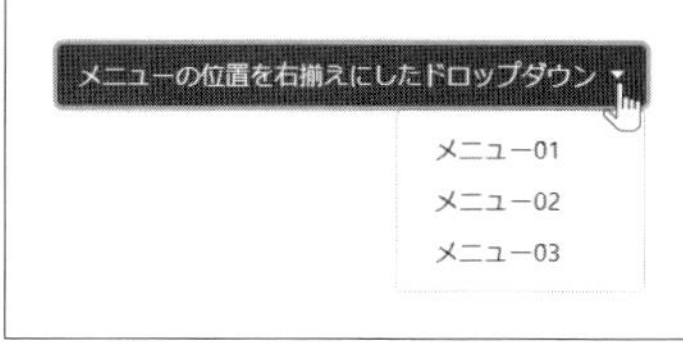

6.5.5 ドロップダウンメニューにさまざまな要素を組み込む

ドロップダウンメニュー内には、メニュー項目以外にもさまざまな要素を組み込むことができます。

次の例では、ドロップダウンメニュー内に見出しやフォーム、区切り線などを組み込んでいます（リスト6-72、図6-72）。

▼リスト6-72　ドロップダウンメニューにさまざまな要素を追加する（dropdown-includes.html）

```
<!-- ボタングループ -->
<div class="btn-group">
  <!-- 切り替えボタン -->
  <button type="button" class="btn btn-secondary dropdown-toggle" data-toggle="dropdown" ↩
aria-haspopup="true" aria-expanded="false">
    ドロップダウン
  </button>
  <!-- ドロップダウンメニュー -->
  <div class="dropdown-menu">
    <h6 class="dropdown-header">ドロップダウンメニューの見出し</h6> ――❶
    <form class="px-4 py-3"> ――❷
…中略…
    </form>
    <div class="dropdown-divider"></div> ――❸
    <a class="dropdown-item" href="#">初めての方</a>
    <a class="dropdown-item" href="#">パスワードをお忘れの方</a>
  </div>
</div>
```

▼図6-72　ドロップダウンメニューにさまざまな要素を追加する

ドロップダウンメニュー内に見出しを配置する場合は、見出し要素に**dropdown-header クラス**を追加します（❶）。

ドロップダウンメニュー内にフォームを配置する場合は、特に追加するべきクラスはありません（❷）。ただし、必要に応じてSpacingユーティリティ（P.318参照）を設定してマージンやパディングを調整し、フォームが読みやすくなるようにレイアウトを整えましょう。この例では**px-4 クラス**で水平方向のパディングを、**py-3 クラス**

で垂直方法のパディングをサイズ調整しています。

ドロップダウンメニューの各項目を分ける区切り線を作成する場合は、div 要素に **dropdown-divider クラス**を追加します（❸）。

6.5.6 ドロップダウンメニューに自由形式のテキストを配置する 4.1

ドロップダウンメニュー内には、p 要素など自由形式のテキストを配置できます。メニュー幅を制限するには、サイズを指定するスタイルを追加する必要があります。次の例では、ドロップダウンメニューに Spacing ユーティリティ（P.318 参照）の p-3 クラスを指定して 1rem 分のパディングを付けています。また、属性 style="max-width: 300px"; を指定し、メニューの最大幅が 300px になるよう制限しています（リスト 6-73、図 6-73）。

▼リスト 6-73　メニュー項目に自由形式のテキストを配置する（dropdown-text.html）

```
<div class="dropdown-menu p-3 text-muted" style="max-width: 300px;">
    <p>ドロップダウンメニュー内のテキストその1。</p>
    <p class="mb-0">ドロップダウンメニュー内のテキストその2。</p>
</div>
```

▼図 6-73　メニュー項目に自由形式のテキストを配置する

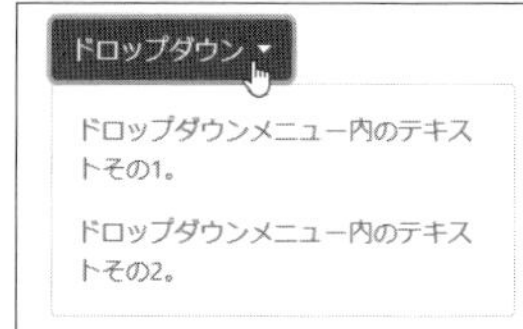

6.5.7 ドロップダウンのメニュー項目に無効やアクティブの状態を設定する

メニュー項目に、クリックできない無効な状態のスタイルを設定する場合は、dropdown-item クラスが設定された要素に **disabled クラス**を追加します。また、アクティブな状態のスタイルを設定する場合は、**active クラス**を追加します（リスト 6-74、図 6-74）。

▼リスト 6-74　メニュー項目に無効やアクティブの状態を設定する（dropdown-disabled-active.html）

```
<!-- メニュー -->
<div class="dropdown-menu">
  <a class="dropdown-item" href="#">メニュー01</a>
  <a class="dropdown-item disabled" href="#">メニュー02（無効）</a>
  <a class="dropdown-item active" href="#">メニュー03（アクティブ）</a>
</div>
```

▼図6-74 メニュー項目に無効やアクティブの状態を設定する

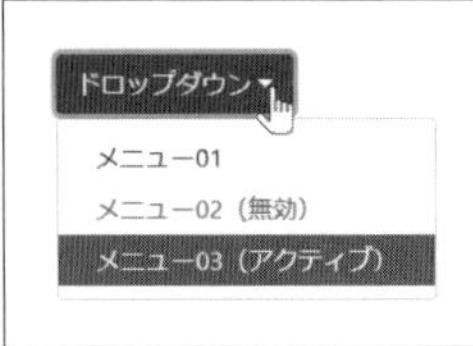

6.5.8 ドロップダウンにリンクなしのメニュー項目を追加する 4.1

ドロップダウンメニューの項目に **dropdown-item-text クラス**を追加して、リンクなしのメニュー項目を作成できます（リスト6-75、図6-75）。

▼リスト6-75 ドロップダウンにリンクなしのメニュー項目を追加する（dropdown-no-link.html）

```
<div class="dropdown-menu">
  <span class="dropdown-item-text">非リンクテキスト</span>
  <a class="dropdown-item" href="#">メニュー1</a>
  <a class="dropdown-item" href="#">メニュー2</a>
  <a class="dropdown-item" href="#">メニュー3</a>
</div>
```

▼図6-75 ドロップダウンにリンクなしのメニュー項目を追加する

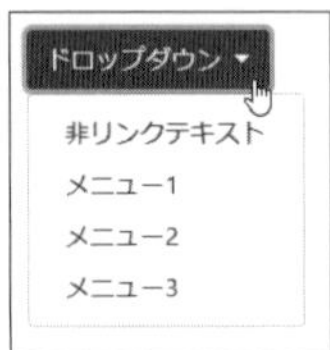

6 SECTION 6

ドロップダウンの JavaScript使用

既述のように、ドロップダウンのコンポーネントを利用するには、データ属性経由でdata-toggle="dropdown"を指定します。本節では、ドロップダウンコンポーネントをJavaScriptコードで呼び出しますが、この場合でも、**data-toggle="dropdown"は必要**となりますので注意してください。

6.6.1 ドロップダウンのオプション

ドロップダウンで定義されているオプションは表6-5のとおりです。オプションは、データ属性またはJavaScriptを使用して渡すことができます。データ属性の場合、data-offset="10"のようにdata-にオプション名を追加します。

▼表6-5 ドロップダウンのオプション

オプション名	値	説明
offset	px値や%値など。単位なしはpxと見なされる	ドロップダウンを配置する位置を指定
flip	true、false	メニューを表示する領域がない場合には反対側に表示
boundary	"scrollParent"、"viewport"、"window"、または任意のDOM要素	ドロップダウンメニューのオーバーフローを制約する境界
reference	"toggle"、"parent"または任意のDOM要素	ドロップダウンメニューを表す要素
display	"dynamic"、"static"	デフォルトではPopper.jsで、ドロップダウンを動的に位置決めして配置（dynamic）。staticでこれを無効にする

offset

offsetはターゲットに対するドロップダウンのオフセット値（配置する位置）を設定するオプションです。データ属性を使ってオフセット値を指定するには、オプション名「offset」の前に「data-」を付けて指定します。data-offset="10"のように値が1つの場合は横軸を指定したことになり、この場合は右へ10pxずらして配置されます。data-offset="10, 20"を指定すると右へ10px、下へ20pxずらした位置に配置されます（リスト6-76、図6-76）。

▼リスト6-76 ドロップダウンのオフセット値を設定する（dropdown-option-offset.html）

```
<div class="dropdown">
  <button type="button" class="btn btn-secondary dropdown-toggle" id="dropdownMenuButton" ↵
data-toggle="dropdown" data-offset="10, 20" aria-haspopup="true" aria-expanded="false">↵
ドロップダウンボタン</button>
  <div class="dropdown-menu" aria-labelledby="dropdownMenuButton">
```

```
    <a class="dropdown-item" href="#">メニュー1</a>
    <a class="dropdown-item" href="#">メニュー2</a>
    <a class="dropdown-item" href="#">メニュー3</a>
  </div>
</div>
```

▼図 6-76　ドロップダウンのオフセット値を設定する

また JavaScript コードでオプションを渡す場合は、リスト 6-77 のような書式で記述します。

▼リスト 6-77　ドロップダウンのオフセット値を設定する（dropdown-option-offset-js.html）

```
<script>
  $(function(){
    $('#dropdownMenuButton').dropdown({offset:'10, 20'})
  });
</script>
```

flip

flip は、ドロップダウンメニューを表示させるスペースがない場合に、反対側に表示させるオプションです。true または false で設定します（リスト 6-78、図 6-77）。

▼リスト 6-78　ドロップダウンメニューを表示させるスペースがない場合に、反対側に表示させる（dropdown-option-flip.html）

```
<div class="box" style="overflow: auto">
  <br><br><br><br><br>
  <div class="dropdown">
    <button class="btn btn-secondary dropdown-toggle" data-toggle="dropdown" data-flip="true">↵
ドロップダウンボタン</button>
    <div class="dropdown-menu">
      <a class="dropdown-item" href="#">メニュー1</a>
      <a class="dropdown-item" href="#">メニュー2</a>
      <a class="dropdown-item" href="#">メニュー3</a>
    </div>
  </div>
</div>
```

▼図6-77　ドロップダウンメニューを表示させるスペースがない場合に、反対側に表示させる

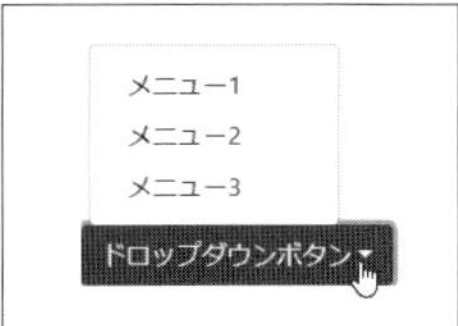

boundary

boundaryは、ドロップダウンメニューの表示領域の境界を設定します。次の例では、「scrollParent」を指定し、ドロップダウンメニューの表示をスクロールウィンドウ内に制約しています。スクロールウィンドウからはみ出る部分は表示されません（リスト6-79、図6-78）。

▼リスト6-79　ドロップダウンメニューのオーバーフローを制約する境界を設定する（dropdown-option-boundary.html）

```
<div class="bg-info text-center" style="width:250px;height:250px;overflow:scroll;">
  <br><br><br>
  <div class="dropdown">
    <button class="btn btn-secondary dropdown-toggle" data-toggle="dropdown" data-boundary=↩
"scrollParent">ドロップダウンボタン</button>
    <div class="dropdown-menu">
      <a href="#" class="dropdown-item">スクロールウィンドウ幅で制約されるドロップダウンメニュー</a>
      <a href="#" class="dropdown-item">スクロールウィンドウ幅で制約されるドロップダウンメニュー</a>
      <a href="#" class="dropdown-item">スクロールウィンドウ幅で制約されるドロップダウンメニュー</a>
    </div>
  </div>
</div>
```

▼図6-78　ドロップダウンメニューのオーバーフローを制約する境界を設定する

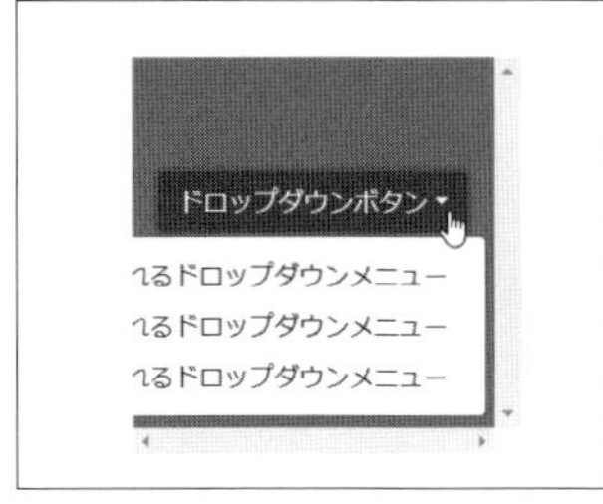

6.6.2 ドロップダウンのメソッド

ドロップダウンで定義されているメソッドは表6-6のとおりです。

▼表6-6　ドロップダウンのメソッド

メソッド	説明
$().dropdown('toggle')	ドロップダウンを開閉
$().dropdown('update')	要素のドロップダウンの位置を更新
$().dropdown('dispose')	要素のドロップダウンを破棄

次の例では、$().dropdown('toggle')を使用しています。通常はメニューが閉じられていてクリックすると開いた状態になりますが、最初からメニューが開いています（リスト6-80、図6-79）。

▼リスト6-80　ドロップダウンのメソッド：$().dropdown('toggle')（dropdown-method.html）

```
<script>
$(function(){
  $('#dropdownMenuButton').dropdown('toggle');
});
</script>
```

▼図6-79　最初から開いた状態のドロップダウンメニュー

6.6.3 ドロップダウンのイベント

ドロップダウンで定義されているイベントは表6-7のとおりです。ドロップダウンを開く直前や直後に何らかの処理を行いたい場合に使用します。

▼表6-7　ドロップダウンのイベント

イベント	説明
show.bs.dropdown	ドロップダウンを開く直前に発動
shown.bs.dropdown	ドロップダウンを開いた直後に発動
hide.bs.dropdown	ドロップダウンを閉じる直前に発動
hidden.bs.dropdown	ドロップダウンが閉じた直後に発動

これらのイベントでは、relatedTargetプロパティに、dropdownクラスを指定した要素のオブジェクトが格納されます。次の例では、ドロップダウンを開く直前にボタンの文字列を取得し、アラートに表示します（リスト6-81、図6-80）。

▼リスト6-81　ドロップダウンのイベント：show.bs.dropdown（dropdown-event.html）

```
<div class="dropdown">
  <button class="btn btn-primary dropdown-toggle" type="button" id="dropdownExample" data-toggle=⮐
"dropdown" aria-haspopup="true" aria-expanded="false">Sale!</button>
  <div class="dropdown-menu" aria-labelledby="dropdownExample">
    <a class="dropdown-item" href="#">メニュー01</a>
    <a class="dropdown-item" href="#">メニュー02</a>
    <a class="dropdown-item" href="#">メニュー03</a>
  </div>
</div>
…中略…
<script>
$(function(){
  $(".dropdown").on("show.bs.dropdown", function(event){
    var x = $(event.relatedTarget).text(); // ボタンのテキストを取得
    alert(x +'なくなり次第終了！');
  });
});
</script>
```

▼図6-80　ドロップダウンメニュー項目が表示される前にアラートを表示

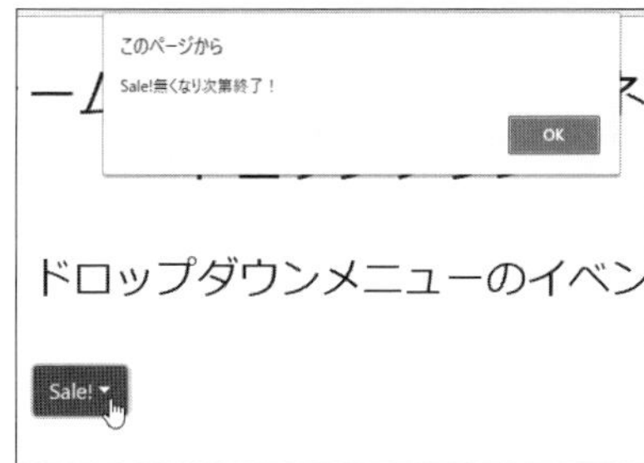

COLUMN　公式サイトで最新情報を確認する

本書の執筆時点での Bootstrap は「v4.1.1」が最新版（2018 年 4 月 30 日リリース）ですが、ここに至るまでメジャー、マイナーに関わらず頻繁なアップデートが行われてきました。本章まで紹介してきたコンポーネントの仕様についても、細かな改善が度々行われています。つまり、Bootstrap を正しく活用していくためには、最新情報をこまめにチェックする必要があると言えるでしょう。では、Bootstrap のバージョンなど最新情報を確認する方法を見ていきましょう。

公式サイトでバージョンを確認する

Bootstrap 公式サイト（https://getbootstrap.com/）のナビゲーションバー上で、現在の最新バージョンを確認することができます。また、過去バージョンのドキュメントと表示を切り替えることも可能です。

▼図 6-81　現在の最新バージョンを確認する

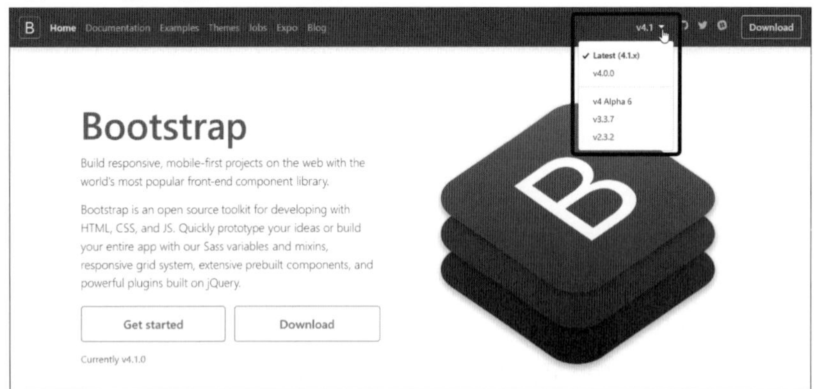

なお、メジャーアップデートされた内容については、公式サイトの「Documentation ＞ Migration（https://getbootstrap.com/docs/4.1/migration/）」で確認することができます。

▼図 6-82　現在の最新バージョンを確認する

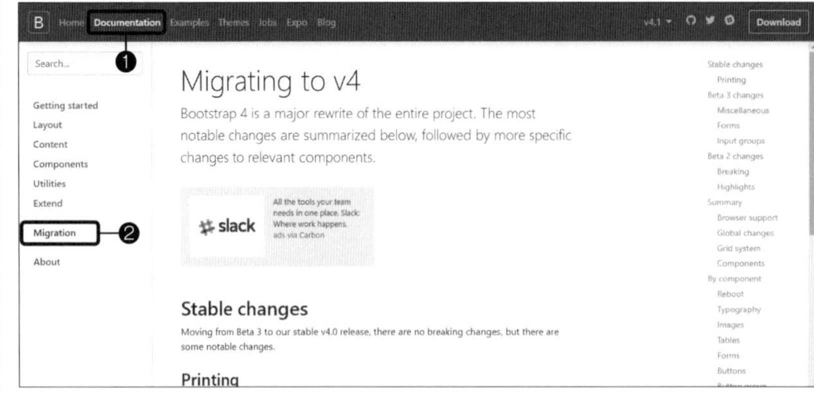

第 7 章

JavaScriptを利用したコンポーネント

前章までは、JavaScript を意識することなく、データ属性を利用してコンポーネントに動きを追加する方法を紹介しました。たとえば、アラートコンポーネントに data-dismiss="alert" を指定するだけで、アラートを閉じる機能を追加できました。このような方法をデータ属性 API と言いますが、本章では、JavaScript コードを記述して、コンポーネントにより柔軟な機能を追加する方法についても解説します。

Bootstrap の JavaScript プラグイン

Bootstrap の JavaScript プラグインを利用すると、コンポーネントに動きを追加することができます。プラグインは、Bootstrap が提供する個別の *.js ファイルを必要に応じて組み込むか、一括版を使用すれば利用できます。

7.1.1 Bootstrap の JavaScript ファイル

Bootstrap の個別の JavaScript ファイルは、ソースファイルの js/dist/ 内にあります。またそれらを結合した一括版にも２種類あり、ドロップダウン、ポップオーバー、ツールチップで必要になる Popper.js が組み込まれている bootstrap.bundle.js（もしくはその圧縮版の bootstrap.bundle.min.js）と、Popper.js が含まれていない bootstrap.js（もしくはその軽量版の bootstrap.min.js）があります（表 7-1）。

▼表 7-1　Bootstrap の JavaScript ファイル

<table>
<tr><th></th><th></th><th>JavaScript プラグイン</th><th>説明</th></tr>
<tr><td rowspan="12">bootstrap.bundle.js
bootstrap.bundle.min.js</td><td rowspan="11">bootstrap.js
bootstrap.min.js</td><td>alert.js</td><td>アラートメッセージ</td></tr>
<tr><td>button.js</td><td>コントロールボタン</td></tr>
<tr><td>carousel.js</td><td>カルーセル</td></tr>
<tr><td>collapse.js</td><td>折り畳み、ナビゲーションバーの切り替え</td></tr>
<tr><td>dropdown.js</td><td>ドロップダウン</td></tr>
<tr><td>modal.js</td><td>モーダル</td></tr>
<tr><td>popover.js</td><td>ポップオーバー</td></tr>
<tr><td>scrollspy.js</td><td>スクロールスパイ</td></tr>
<tr><td>tab.js</td><td>タブ、リストグループ切り替えパネル</td></tr>
<tr><td>tooltip.js</td><td>ツールチップ</td></tr>
<tr><td>util.js</td><td>ユーティリティ機能。他の JavaScript ファイルと一緒に読み込む必要あり</td></tr>
<tr><td></td><td>popper.js</td><td>ドロップダウン、ポップオーバ、ツールチップ使用時に必要</td></tr>
</table>

使わない機能を取り除いて、個別のプラグインを利用するとファイルサイズを小さくできますが、プラグインの依存関係に注意しましょう。ドロップダウン、ポップオーバー、ツールチップは popper.js に依存していて、util.js はすべてのプラグインに必要です。

また、Bootstrap の JavaScript のコードは、jQuery を利用しているため、jQuery を最初に読み込む必要があります。たとえばドロップダウンを使用する場合、jQuery、popper.js、util.js、alert.js の順で記述します（リスト 7-1）。

▼リスト 7-1　ドロップダウンプラグインの例

```
<script src="js/jquery-3.3.1.slim.min.js"></script><!-- jQuery -->
<script src="js/popper.js"></script><!-- ドロップダウンプラグインに必要 -->
<script src="js/util.js"></script><!-- 全プラグインに必要 -->
<script src="js/dropdown.js"></script><!-- ドロップダウンプラグイン -->
```

本書のサンプルはすべてのプラグインを使用可能にするために、全部入りの軽量版 bootstrap.bundle.min.js を前提として作成しています（リスト 7-2）。

▼リスト 7-2　すべてのプラグインを使用可能

```
<script src="js/jquery-3.3.1.slim.min.js"></script><!-- jQuery -->
<script src="js/bootstrap.bundle.min.js"></script><!-- 全部入り -->
```

7.1.2 Bootstrap のデータ属性 API

ほとんどの Bootstrap プラグインは、HTML にデータ属性を追加するだけで利用できます。たとえば、アラートコンポーネントに data-dismiss="alert" を指定して、アラートを閉じる機能を追加しました（P.113 参照）。このような方法を**データ属性 API** と言いますが、時には、この機能を無効にしたい場合もあります。データ属性 API を無効にするには、jQuery の off メソッドを使います（リスト 7-3）。

▼リスト 7-3　データ属性 API を無効にする

```
$(document).off('.data-api');
```

特定のプラグインを対象とするには、data-api の名前空間とともにプラグイン名を指定します。たとえばリスト 7-4 のようにすると、アラートコンポーネントのデータ属性 API を無効にします。

▼リスト 7-4　アラートのデータ属性 API を無効にする

```
$(document).off('.alert.data-api');
```

7 SECTION 2 カルーセル

コンポーネントで JavaScript を利用する際の基本をおさえたところで、カルーセルコンポーネントの使い方を見ていきましょう。

Bootstrap の**カルーセル**は、画像やテキストなどのコンテンツを、横方向に循環させるスライドショーにするためのコンポーネントです。カルーセルを使用することで、Web サイトのメインビジュアルなどのスライドショーを簡単に実装できます。また、必要に応じて、スライドを前後に送る**コントローラー**や、スライド数を表示・カウントする**インジケーター**、スライドの**キャプション**を表示することもできます。

7.2.1 基本的な使用例

まずは 3 枚のスライドを循環させる基本的なカルーセルの作り方を見ていきましょう（リスト 7-5、図 7-1）。

▼リスト 7-5　カルーセルの基本的な使用例（carousel-basic.html）

```
<div class="carousel slide" data-ride="carousel"> ――❶
  <div class="carousel-inner"> ――❷
    <!-- First slide -->
    <div class="carousel-item active"> ――❸
      <img class="d-block w-100" alt="First slide" src="..."> ――❹
    </div>
    <!-- Second slide -->
    <div class="carousel-item"> ――❸
      <img class="d-block w-100" alt="Second slide" src="..."> ――❹
    <!-- Third slide ->
    </div>
    <div class="carousel-item"> ――❸
      <img class="d-block w-100" alt="Third slide" src="..."> ――❹
    </div>
  </div>
</div>
```

▼図 7-1 カルーセルの基本的な使用例

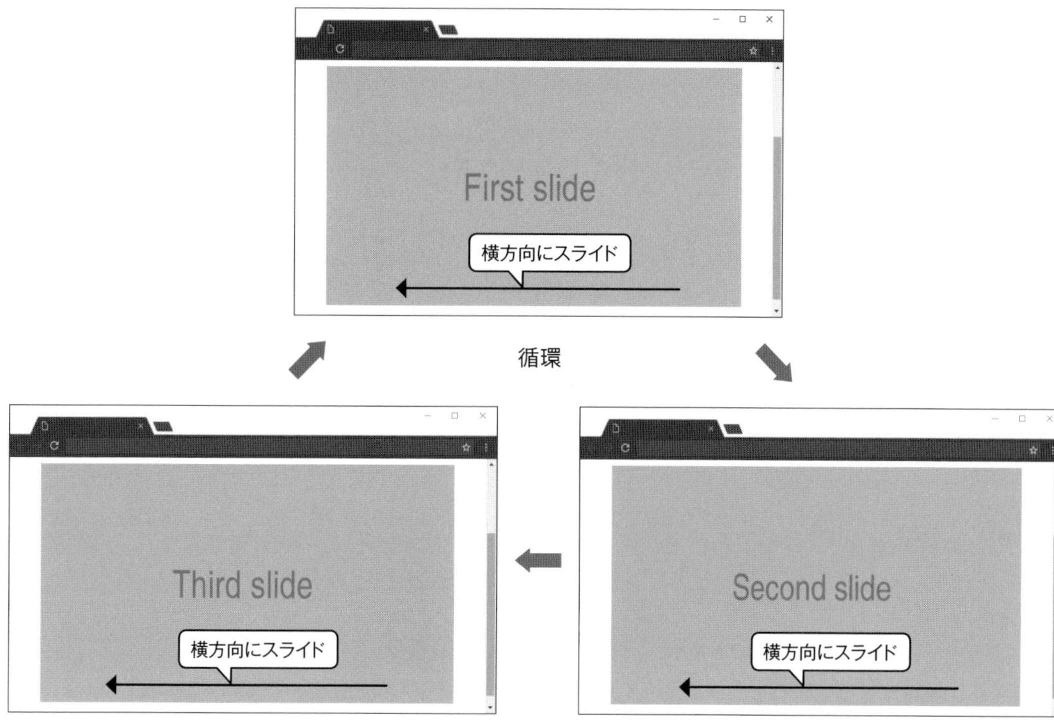

カルーセルを作成する場合は、まずカルーセルの外枠となる要素に**carousel クラス**と**slide クラス**、属性**data-ride="carousel"**を追加します（❶）。

カルーセルの内枠として複数のスライドをまとめる要素には**carousel-inner クラス**を追加します（❷）。各スライドには**carousel-item クラス**を追加し、初期画面で表示されるスライドには**active クラス**を加えます（❸）。スライドの中に active クラスがない場合は、カルーセルが表示されなくなるので注意してください。

なお、このコンポーネントはスライド内のコンテンツのサイズを自動調整してくれません。この例では、カルーセル内の画像が適切なサイズに表示されるように、各スライド画像に Display ユーティリティ（P.310 参照）の**d-block クラス**、Sizing ユーティリティ（P.314 参照）の**w-100 クラス**を追加しています（❹）。

7.2.2 コントローラーを表示させる

次の例では、カルーセルに「<」（前に戻るアイコン）や、「>」（次へ送るアイコン）といった、スライドを前後に送るコントローラーを表示させています（リスト 7-6、図 7-2）。

▼リスト 7-6 コントローラー付きカルーセル（carousel-controls.html）

```
<div id="carouselControls" class="carousel slide" data-ride="carousel"> ——— ❶
  <!-- カルーセル部分 -->
  <div class="carousel-inner">
```

```
    …中略…
  </div>
  <!-- コントローラー -->
  <!-- 前に戻るアイコン部分 -->
  <a class="carousel-control-prev" href="#carouselControls" role="button" data-slide="prev"> ❺
    <span class="carousel-control-prev-icon" aria-hidden="true"></span> ❻
    <span class="sr-only">前に戻る</span> ❼
  </a>
  <!-- 次に送るアイコン -->
  <a class="carousel-control-next" href="#carouselControls" role="button" data-slide="next"> ❷
    <span class="carousel-control-next-icon" aria-hidden="true"></span> ❸
    <span class="sr-only">次に送る</span> ❹
  </a>
</div>
```

▼図 7-2　コントローラー付きカルーセル

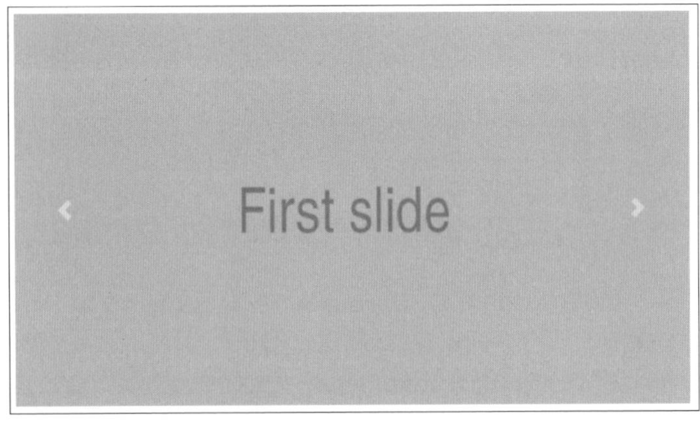

カルーセルにコントローラーを表示する場合は、carousel-inner クラスが設定されたカルーセル内枠の後に、2 つの a 要素を配置します。このとき、carousel クラスを指定したカルーセル外枠の ID と、コントローラーの a 要素の href 属性の値とを一致させ、コントローラーを有効化します（❶）。

次へ送るコントローラーを作成する場合は、まず a 要素に **carousel-control-next クラス**を追加し、属性 **data-slide="next"** を加えて JavaScript 経由でスライドを次に送る機能を有効化します（❷）。次に span 要素に **carousel-control-next-icon クラス**を追加し、「>」アイコンを作成します（❸）。またスクリーンリーダーなどの支援技術に対してアイコンの意味を伝えるために、span 要素にスクリーンリーダー用ユーティリティ（P.354 参照）の **sr-only クラス**を追加して「次に送る」などの非表示テキストを加えておきましょう（❹）。

前に戻るコントローラーを作成する場合は、同じように、a 要素に **carousel-control-prev クラス**を追加し、属性 **data-slide="prev"** を加えて JavaScript 経由でスライドを前に戻す機能を有効化します（❺）。次に span 要素に **carousel-control-prev-icon クラス**を追加し、「<」アイコンを作成します（❻）。次へ送るコントローラーと同様、span 要素に **sr-only クラス**を追加して「次に送る」などの非表示テキストを加えておきましょう（❼）。

7.2.3 インジケーターを表示させる

次の例では、カルーセルにスライド数をカウントする**インジケーター**を表示させています（リスト 7-7、図 7-3）。

▼リスト 7-7 インジケーター付きカルーセル（carousel-indicators.html）

```
<div id="carouselIndicators" class="carousel slide" data-ride="carousel">
  <!-- インジケーター部分 -->
  <ol class="carousel-indicators"> ❶
    <li data-target="#carouselIndicators" data-slide-to="0" class="active"></li> ❷
    <li data-target="#carouselIndicators" data-slide-to="1"></li>
    <li data-target="#carouselIndicators" data-slide-to="2"></li>
  </ol>
  <!-- カルーセル部分 -->
  <div class="carousel-inner">
    …中略…
 </div>
 <!-- コントローラー部分 -->
    …中略…
</div>
```

▼図 7-3 インジケーター付きカルーセル

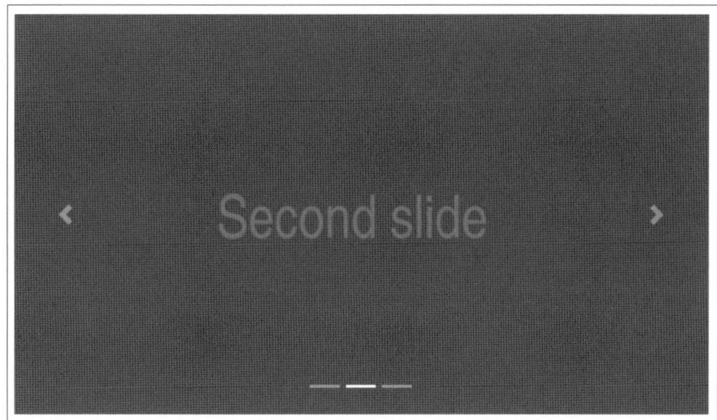

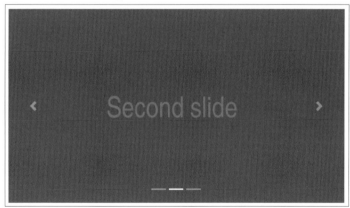

カルーセルにインジケーターを表示する場合は、carousel-inner クラスが設定されたカルーセル内枠の前に、**carousel-indicators クラス**を設定した ol 要素を配置します（❶）。このとき、carousel クラスを設定したカルーセル外枠の ID と、インジケーター内の li 要素の **data-target** 属性の値を一致させ、属性 **data-slide-to={ スライド番号 }** を追加します（❷）。スライド番号には 0 からはじまる数値が入ります。また、初期画面で表示されるスライドに対応する li 要素には **active クラス**を加えます。

7.2.4 スライドのキャプションを表示させる

カルーセルの各スライドにキャプションを表示させる場合、carousel-item クラスが設定された各スライドの子要素に、**carousel-caption クラス**を追加します。

次の例では、画面幅 md 以上でキャプションが表示されるように、Display ユーティリティ（P.310 参照）の **d-none クラス**と **d-md-block** を追加しています（リスト 7-8、図 7-4）。

▼リスト 7-8　キャプション付きカルーセル（carousel-captions.html）

```
<!-- slide -->
<div class="carousel-item">
  <img class="d-block w-100" alt="slide" src="...">
  <!-- キャプション -->
  <div class="carousel-caption d-none d-md-block">
    <h5>スライド見出し</h5>
    <p>スライドのキャプション文</p>
  </div>
</div>
```

▼図 7-4　キャプション付きカルーセル

7.2.5　フェードで遷移させる 4.1

カルーセルに **carousel-fade クラス**を追加すると、スライドではなくフェードで遷移させることができます（リスト 7-9、図 7-5）。

▼リスト 7-9　フェードで遷移するカルーセル（carousel-crossfade.html）

```
<div id="carouselSample" class="carousel slide carousel-fade" data-ride="carousel">
```

▼図 7-5　フェードで遷移させる

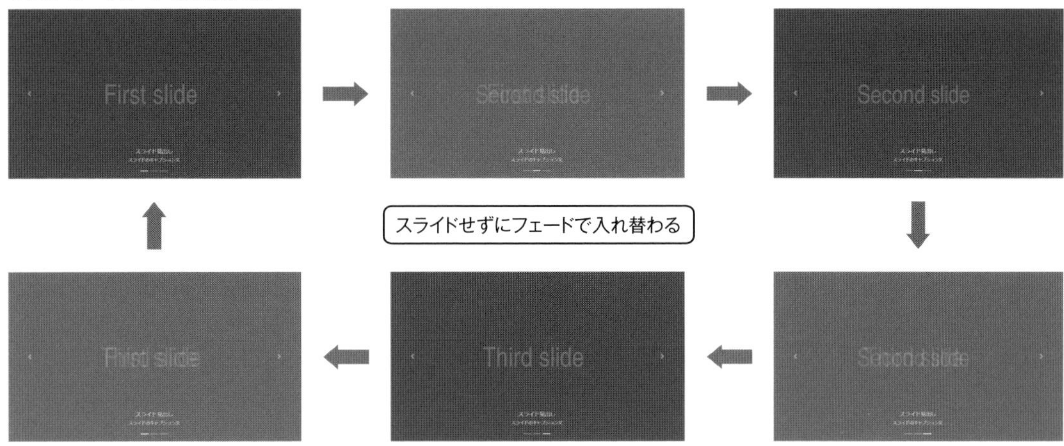

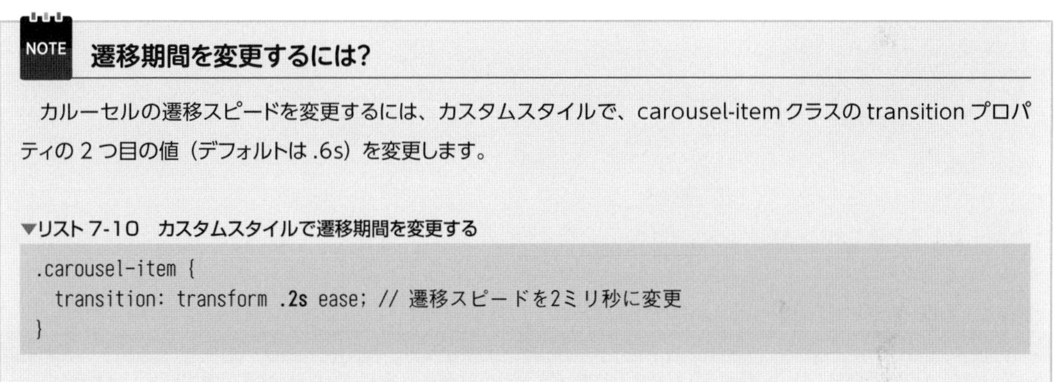

NOTE

遷移期間を変更するには?

カルーセルの遷移スピードを変更するには、カスタムスタイルで、carousel-item クラスの transition プロパティの 2 つ目の値（デフォルトは .6s）を変更します。

▼リスト 7-10　カスタムスタイルで遷移期間を変更する

```
.carousel-item {
  transition: transform .2s ease; // 遷移スピードを2ミリ秒に変更
}
```

カルーセルの JavaScript 使用

カルーセルコンポーネント（P.262 参照）は、**data-ride="carousel" 属性**を指定することで使用することができましたが、次のように、JavaScript 経由で呼び出すこともできます。JavaScript 経由でカルーセルを呼び出したり、後述のオプションを指定する場合は、data-ride="carousel" 属性は使用できないので注意しましょう（リスト 7-11）。

▼リスト 7-11　カルーセルを JavaScript 経由で呼び出す（carousel-js.html）

```
<div id="carouselExample" class="carousel slide"><!-- data-ride="carousel"は不要 -->
…中略…
<script>
$(function(){
  $('#carouselExample').carousel();
});
</script>
```

カルーセルで定義されているオプションは表 7-2 のとおりです。

▼表 7-2　カルーセルのオプション

名前	デフォルト	説明
interval	5000	自動的に切り替える時間（ミリ秒）。false の場合、カルーセルは自動的に切り替わらない
keyboard	true	カルーセルをキーボードイベントに反応させるかどうか
pause	"hover"	"hover" の場合、mouseenter でカルーセルを一時停止
ride	false	ユーザーが最初の項目を手動で動かした後、自動再生。"carousel" なら読み込み時に自動再生
wrap	true	最後まで再生した後、最初から繰り返すか、停止するかどうか

カルーセルのオプションは、データ属性または JavaScript を使用して渡せます。データ属性を使用する場合、data-interval="1000" のように、data- にオプション名を追加します（リスト 7-12）。

▼リスト 7-12　データ属性でオプションを指定（carousel-options-data.html）

```
<div id="carouselExample" class="carousel slide" data-ride="carousel" data-interval="1000">
```

JavaScript でオプションを渡す場合は次のように指定します（リスト 7-13）。

▼リスト 7-13　JavaScript コードでオプションを指定（carousel-options-js.html）

```
<div id="carouselExample" class="carousel slide"><!-- data-ride="carousel"は不要 -->
…中略…
<script>
$(function(){
  $('#carouselExample').carousel({
    interval: 1000
  });
});
</script>
```

7.3.1 カルーセルのメソッド

カルーセルで定義されているメソッドは表 7-3 のとおりです。

▼表 7-3　カルーセルのメソッド

メソッド	説明
.carousel('pause')	カルーセルの再生を停止
.carousel(number)	カルーセルを特定フレームに移動する（0 から数える）
.carousel('prev')	前のアイテムに移動
.carousel('next')	次のアイテムに移動
.carousel('dispose')	要素のカルーセルを破棄

次のコードは、メソッドを利用して各種コントロールボタンを作成した例です（リスト 7-14、図 7-6）。

▼リスト 7-14　カルーセルメソッドの例（carousel-methods.html）

```
<!-- コントロールボタン -->
<div class="control-buttons my-3">
  <input type="button" class="btn btn-primary start-slide" value="循環開始">
  <input type="button" class="btn btn-primary pause-slide" value="循環停止">
  <input type="button" class="btn btn-primary prev-slide" value="前へ循環">
  <input type="button" class="btn btn-primary next-slide" value="次へ循環">
  <input type="button" class="btn btn-primary slide-first" value="第1スライド">
  <input type="button" class="btn btn-primary slide-second" value="第2スライド">
  <input type="button" class="btn btn-primary slide-third" value="第3スライド">
</div>
…中略…
<script>
$(function(){
  // 循環開始
  $(".start-slide").on('click',function(){
    $("#carousel").carousel('cycle');
  });
  // 一時停止
```

```
  $(".pause-slide").on('click',function(){
    $("#carousel").carousel('pause');
  });
  // 前へ循環
  $(".prev-slide").on('click',function(){
    $("#carousel").carousel('prev');
  });
  // 次へ循環
  $(".next-slide").on('click',function(){
    $("#carousel").carousel('next');
  });
  // 特定のフレームに循環
  $(".slide-first").on('click',function(){
    $("#carousel").carousel(0);
  });
  $(".slide-second").on('click',function(){
    $("#carousel").carousel(1);
  });
  $(".slide-third").on('click',function(){
    $("#carousel").carousel(2);
  });
});
</script>
```

▼図 7-6　カルーセルのメソッド使用例

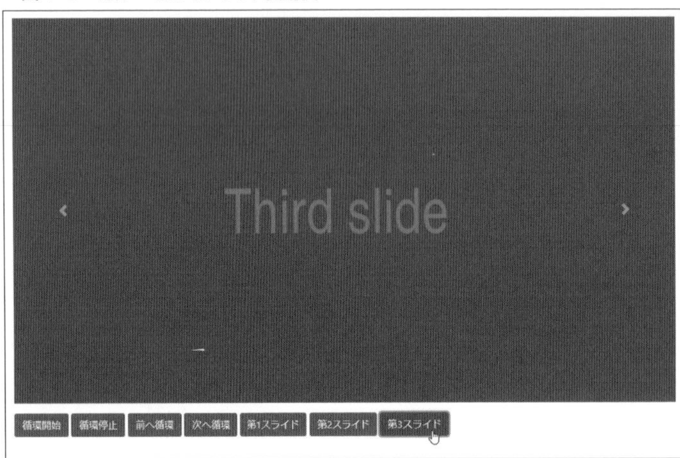

7.3.2 カルーセルのイベント

カルーセルで定義されているイベントは表 7-4 のとおりです。カルーセルのスライド遷移前や後に何らかの処理を挟みたい場合に使用できます。

▼表 7-4 カルーセルのイベント

イベント	説明
slide.bs.carousel	カルーセルのスライドが遷移する直前に発動
slid.bs.carousel	カルーセルのスライドが遷移した直後に発動

次のサンプルでは、キャプションをフワっと表示させるエフェクトを追加するために、スライド遷移前にキャプションを非表示にし、遷移後に表示しています（リスト 7-15）。

▼リスト 7-15 カルーセルのイベント：slid.bs.carousel (carousel-events.html)

```
<script>
$('#carouselExample').on('slide.bs.carousel', function () {
  $('#carouselExample .carousel-caption').hide();
});
$('#carouselExample').on('slid.bs.carousel', function () {
  $('#carouselExample .carousel-caption').show();
});
</script>
```

NOTE

よりフワっと表示させるには?

サンプルでは、jQuery のスリムバージョン（jquery-XXX.slim.min.js）を使用しているため、show() を利用していますが、jQuery の通常版（jquery-XXX.min.js）を利用すれば fadeIn() を利用して、よりフワっとしたフェードイン効果を追加することができます（リスト 7-16）。

▼リスト 7-16 fadeIn() を利用してキャプションをフェードする

```
$('#carouselExample').on('slid.bs.carousel', function () {
  $('#carouselExample .carousel-caption').fadeIn();
});
```

折り畳み

Bootstrap の**折り畳み**は、コンテンツの表示と非表示とを切り替える開閉パネルなどを作成するコンポーネントです。Bootstrap の定義済みクラスと、JavaScript のプラグインを使用して、簡単に実装することができます。

7.4.1 基本的な使用例

折り畳みは、切り替えボタンをクリックして、切り替え対象となる要素のクラスを変更し、コンテンツの表示と非表示とを切り替えます。表示の切り替えに使用される定義済みクラスを表 7-5 のとおりです。

▼表 7-5　折り畳みで主に使用される定義済みクラス

クラス	概要
collapse	コンテンツを非表示にする
collapsing	時間的変化を伴ってコンテンツを非表示にする（遷移が開始すると自動的に追加され、終了すると削除される）
collapse show	コンテンツを表示する

次の例では、基本的な折り畳みを作成しています（リスト 7-17、図 7-7、図 7-8）。

▼リスト 7-17　折り畳みの基本的な使用例（collapse-basic.html）

```
<!-- 切り替えボタン -->
<p>
<!-- a要素とhref属性による切り替えボタン -->
<p>
  <a class="btn btn-secondary" data-toggle="collapse" href="#collapseContent01" role="button" ⮐
aria-expanded="false" aria-controls="collapseContent01">a要素とhref属性によるボタン</a> ——❶
</p>
<!-- 切り替える対象となるコンテンツ -->
<div class="collapse" id="collapseContent01"> ——❸
  <div class="card card-body">
    a要素の切り替えボタンをクリックすることで表示と非表示とが切り替わるコンテンツ
  </div>
</div>

<!-- button要素とdata-target属性による切り替えボタン -->
<p>
  <button class="btn btn-secondary" type="button" data-toggle="collapse" data-target= ⮐
"#collapseContent02" aria-expanded="false" aria-controls="collapseContent02"> ⮐
```

```
button要素とdata-target属性によるボタン</button> ――❷
</p>
<!-- 切り替える対象となるコンテンツ -->
<div class="collapse" id="collapseContent02"> ――❸
  <div class="card card-body">
    button要素の切り替えボタンをクリックすることで表示と非表示とが切り替わるコンテンツ
  </div>
</div>
```

▼図 7-7　a 要素と href 属性による切り替えボタン

▼図 7-8　button 要素と data-target 属性による切り替えボタン

まず切り替えボタンを作成します。切り替えボタンには、a要素またはbutton要素を使用します。a要素を使用する場合は、href属性の値に切り替え対象の要素のIDやクラスを指定します（❶）。また、アクセシビリティへの配慮として属性 **role="button"** を追加し、このa要素の役割がボタンであることをスクリーンリーダーなどの支援技術に伝えましょう。button要素を使用する場合は、data-target属性の値に、切り替え対象の要素のIDやクラスを指定します（❷）。いずれの場合も、切り替えボタンには属性 **data-toggle="collapse"** を追加し、スクリーンリーダーなどの支援技術に対して要素の状態を伝える **aria-*** 属性を追加します。あらかじめ表示される要素には属性 **aria-expanded="true"** を、非表示の要素には属性 **aria-expanded="false"** を追加します。また属性 **aria-controls="（切り替える対象となる要素のIDやクラス）"** を追加し、切り替える対象であることをスクリーンリーダーなどの支援技術に伝えましょう。

次に、切り替え対象の要素に **collapse** を追加し、切り替えボタンによって表示と非表示とが切り替わるコンテンツ部分を作成します（❸）。

7.4.2 複数の要素の表示と非表示とを切り替える

複数のa要素のhref属性、またはbutton要素のdata-target属性に、それぞれ別の値を設定することで、複数の要素の表示と非表示とを切り替えることができます。

次の例では、切り替え対象の要素のIDをdata-target属性の値に指定することで個別コンテンツの表示を切り替え、共通のクラスを指定することで複数コンテンツの表示を同時に切り替える折り畳みを作成しています（リスト7-18、図7-9）。

▼リスト7-18 複数の要素の表示と非表示とを切り替える（collapse-multiple.html）

```
<p>
  <!-- ID「content-01」の切り替えボタン -->
  <button class="btn btn-secondary" type="button" data-toggle="collapse" data-target="#content-01" ⏎
aria-expanded="false" aria-controls="content-01">ID「content-01」を表示切り替え</button>
  <!-- ID「content-02」の切り替えボタン -->
  <button class="btn btn-secondary" type="button" data-toggle="collapse" data-target="#content-02" ⏎
aria-expanded="false" aria-controls="content-02">ID「content-02」を表示切り替え</button>
  <!-- クラス「contents」の切り替えボタン -->
  <button class="btn btn-secondary" type="button" data-toggle="collapse" data-target=".contents" ⏎
aria-expanded="false" aria-controls="contents-01 contents-02">クラス「contents」を同時に表示切り⏎
替え</button>
</p>
<div class="row">
  <div class="col">
    <!-- ID「content-01」、クラス「contents」 -->
    <div class="collapse contents" id="content-01">
      <div class="card card-body">
        ID「content-01」、class「contents」
      </div>
    </div>
  </div>
```

```
  <div class="col">
    <!-- ID「content-02」、クラス「contents」 -->
    <div class="collapse contents" id="content-02">
      <div class="card card-body">
        ID「content-02」、class「contents」
      </div>
    </div>
  </div>
</div>
```

▼図 7-9　複数の要素の表示と非表示とを切り替える

ID「content-01」を対象とした切り替え

ID「content-01」を表示切り替え　ID「content-02」を表示切り替え　クラス「contents」を同時に表示切り替え

ID「content-01」、クラス「contents」

ID「content-02」を対象とした切り替え

ID「content-01」を表示切り替え　ID「content-02」を表示切り替え　クラス「contents」を同時に表示切り替え

ID「content-02」、クラス「contents」

クラス「contents」を対象とした同時切り替え

ID「content-01」を表示切り替え　ID「content-02」を表示切り替え　クラス「contents」を同時に表示切り替え

ID「content-01」、クラス「contents」　ID「content-02」、クラス「contents」

7.4.3　アコーディオンを作成する

アコーディオンとは、コンテンツのヘッダー部分をクリックすることで、コンテンツの表示と非表示を折り畳みによって切り替える機能です。Bootstrap では、折り畳みとカード（P.124 参照）のコンポーネントを組み合わせることで、アコーディオンを作成することができます。

基本的なアコーディオン

次の例では、3 つのカード内にヘッダーとコンテンツを配置し、折り畳みを利用してコンテンツの表示を切り替えるアコーディオンを作成しています。カードの見出しの切り替えボタンをクリックすると、コンテンツの表示・非表示が切り替えられます。また、他のカードの切り替えボタンをクリックするとコンテンツが非表示になります（リスト 7-19、図 7-10）。カードの作成については「カード」（P.124）を参照してください。

▼リスト 7-19　基本的なアコーディオン（collapse-accordion.html）

```
<div class="accordion" id="accordion"> ――――――――――――――――――――――――――――――――――――❶
  <!-- カード01 -->
  <div class="card">
    <!-- カードヘッダー -->
    <div class="card-header" id="headingOne">
      <h5 class="mb-0">
        <button class="btn btn-link" type="button" data-toggle="collapse" data-target=⏎
"#collapseOne" aria-expanded="true" aria-controls="collapseOne"> ――――――――――――――❷
          カード01の切り替えボタン
        </button>
      </h5>
    </div>
    <!-- コンテンツ -->
    <div id="collapseOne" class="collapse show" aria-labelledby="headingOne" data-parent=⏎
"#accordion"> ―――――――――――――――――――――――――――――――――――――――――――――――――――❸
      <div class="card-body">
…中略…
      </div>
    </div>
  </div>
  <!-- カード02 -->
  <div class="card">
    <!-- カードヘッダー -->
    <div class="card-header" id="headingTwo">
      <h5 class="mb-0">
        <button class="btn btn-link collapsed" type="button" data-toggle="collapse" ⏎
data-target="#collapseTwo" aria-expanded="false" aria-controls="collapseTwo"> ――――――❷
          カード02の切り替えボタン
        </button>
      </h5>
    </div>
    <!-- コンテンツ -->
    <div id="collapseTwo" class="collapse" aria-labelledby="headingTwo" data-parent=⏎
"#accordion"> ―――――――――――――――――――――――――――――――――――――――――――――――――――❸
      <div class="card-body">
…中略…
      </div>
    </div>
  </div>
  <!-- カード03 -->
  <div class="card">
    <!-- カードヘッダー -->
    <div class="card-header" id="headingThree">
      <h5 class="mb-0">
        <button class="btn btn-link collapsed" type="button" data-toggle="collapse" ⏎
data-target="#collapseThree" aria-expanded="false" aria-controls="collapseThree"> ――――❷
          カード03の切り替えボタン
        </button>
```

```
      </h5>
    </div>
    <!-- コンテンツ -->
    <div id="collapseThree" class="collapse" aria-labelledby="headingThree" data-parent=⏎
"#accordion"> ——❸
      <div class="card-body">
…中略…
      </div>
    </div>
  </div>
</div>
```

▼図 7-10　基本的なアコーディオン

初期表示

カード01の切替ボタン

カード01のコンテンツ。カードヘッダー内の切替ボタンをクリックすると表示・非表示が切り替えられます。また、他のカードの切替ボタンをクリックすると非表示になります。

カード02の切替ボタン

カード03の切替ボタン

他のカードの切り替えボタンをクリックすると、そのカードのコンテンツが表示され、開いていたコンテンツは非表示になる

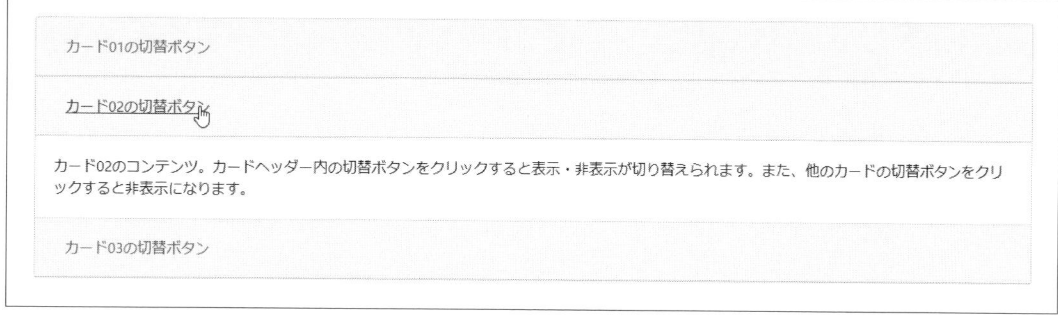

まず、アコーディオンの外枠を作成します。アコーディオンの外枠は、複数カードを含む親要素に **accordion クラス**を追加して作成します（❶）。

次に、各カードヘッダーの見出し内に折り畳みの切り替えボタンを作成します。この例では、button 要素に属性 **data-toggle="collapse"** を追加します。さらに **data-target 属性**を追加し、値に切り替え対象の要素の ID を指定しています（❷）。

そして、切り替えの対象となるコンテンツを作成します。コンテンツ部分は、card-body クラスが設定されたカード本文の親要素に **collapse クラス**を追加し、**data-parent 属性**の値にアコーディオンの外枠の要素の

ID を指定します（❸）。このとき、初期表示されるコンテンツには **collapse クラス**が設定された要素に **show クラス**を追加します。さらに、aria-labelledby 属性の値にカードヘッダーの ID を指定し、スクリーンリーダーなどの支援技術に対してカードヘッダーがこのコンテンツのラベルとして関連付けられていることを伝えましょう。

COLUMN　WAI-ARIA とは?

Bootstrap のコンポーネントで度々出てくる aria 属性や role 属性は、W3C によって定められている WAI-ARIA（https://www.w3.org/TR/wai-aria-1.1/）という仕様の一部です。WAI-ARIA は、「Web Accessibility Initiative - Accessible Rich Internet Applications」の頭文字をとったもので、HTML や SVG で利用できるアクセシビリティ向上のための属性の仕様です。

この仕様では、主に role 属性と aria 属性の 2 つが定義されています。role 属性は、コンテンツの役割を定義します。例えば、role="navigation" や role="banner"、role="search" など、要素が何なのか、何をするものなのかを定義します。

aria 属性は、コンテンツの状態を表したり、性質を表すために使用します。例えば、aria-disabled="true" は、フォームの input が現在 disabled の状態であることをスクリーンリーダーに対して伝えます。また別の例で、aria-required="true" は、フォームの input に値を入力しなければならない性質を表します。

Bootstrap の対話式コンポーネントは、タッチ、マウス、キーボード等のユーザーに対応しています。関連する WAI-ARIA の role 属性を使用することで、スクリーンリーダーなどの支援技術でも、これらのコンポーネントの役割を理解でき、操作可能になることを目指しています。

折り畳みの JavaScript 使用

データ属性 API を利用せずに、JavaScript を使って折り畳みコンポーネントを有効にしたい場合は、次のように呼び出します（リスト 7-20、図 7-11）。

▼リスト 7-20　折り畳みの JavaScript 使用（collapse-js.html）

```
<p><a class="btn btn-primary toggle-btn" href="#" role="button">a要素によるボタン</a></p>
<div class="collapse">
表示と非表示が切り替わるコンテンツ
</div>
…中略…
<script>
$('.toggle-btn').click(function(){
  $('.collapse').collapse();
});
</script>
```

▼図 7-11　折り畳みの JavaScript 使用

折り畳みコンポーネントで定義されているオプションは表 7-6 のとおりです。

▼表 7-6　折り畳みのイベント

名前	デフォルト	説明
parent	false	値には、セレクター、jQuery オブジェクト、DOM エレメントを指定。値が指定された場合、折り畳みコンテンツのうち、いずれか 1 つのコンテンツを開くと、他のコンテンツは閉じられる。false のときは、開かれたまま閉じられない
toggle	true	呼び出し時に折り畳み可能な要素の開閉を切り替える

オプションは、データ属性または JavaScript を使用して渡すことができます。データ属性の場合、data-parent="#sample" のように data- にオプション名を追加します。

次の例では、データ属性で parent オプションを指定しています。parent オプションに値が設定されると、折り畳みコンテンツのいずれかが開かれると、他の折り畳みコンテンツは折り畳まれます（リスト 7-21、図 7-12）。

▼リスト 7-21　折り畳みの JavaScript 使用（collapse-js-parent.html）

```
<div id="sample">
  <div class="container">
    <p>
      <a class="btn btn-secondary" data-toggle="collapse" href="#collapseContent01" ⮐
role="button" aria-expanded="false" aria-controls="collapseContent01">ボタン1</a>
    </p>
    <div class="collapse" id="collapseContent01" data-parent="#sample">
      <div class="card card-body">
        コンテンツ1
      </div>
    </div>
  </div>
  <div class="container">
…中略…
    <div class="collapse" id="collapseContent02" data-parent="#sample">
      <div class="card card-body">
        コンテンツ2
      </div>
    </div>
  </div>
  <div class="container">
…中略…
    <div class="collapse" id="collapseContent03" data-parent="#sample">
      <div class="card card-body">
        コンテンツ3
      </div>
    </div>
  </div>
</div>
```

▼図 7-12　データ属性で parent オプションを指定

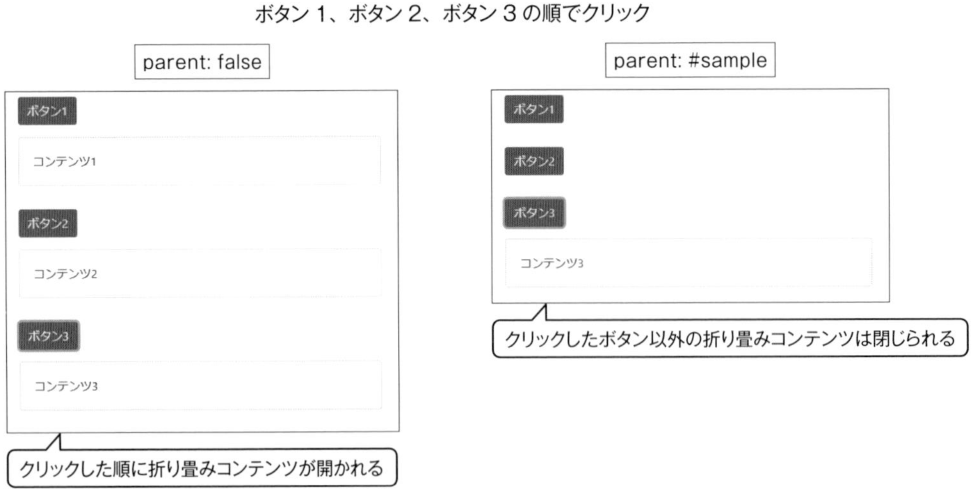

7.5.1 折り畳みのメソッド

折り畳みコンポーネントで定義されているメソッドは表 7-7 のとおりです。

▼表 7-7　折り畳みコンポーネントのメソッド

.collapse('toggle')	表示／非表示を切り替える
.collapse('show')	折り畳み可能な要素を表示する
.collapse('hide')	折り畳み可能な要素を非表示にする
.collapse('dispose')	要素の折り畳みを破棄する

次の例では、ボタンのクリックで折り畳みコンテンツの開閉を切り替えています（リスト 7-22、図 7-13)。

▼リスト 7-22　折り畳みの表示／非表示を切り替える（collapse-method.html)

```
<script>
$('.toggle-btn').click(function(){
  $('.collapse').collapse('toggle');
});
</script>
```

▼図 7-13　ボタンクリックで折り畳みコンテンツの開閉を切り替える

7.5.2 折り畳みのイベント

折り畳みコンポーネントでは、表 7-8 のようなイベントが利用できます。

▼表 7-8　折り畳みのメソッド

イベントタイプ	説明
show.bs.collapse	表示される直前に発生
shown.bs.collapse	表示された直後に発生
hide.bs.collapse	非表示にされる直前に発生
hidden.bs.collapse	非表示にされた直後に発生

次の例では、hide.bs.collapse と show.bs.collapse イベントを使用して、折り畳みコンテンツが表示・非表示にされる直前にボタンの内容を書き換えています（リスト 7-23、図 7-14)。

▼リスト7-23 折り畳みのイベント：show.bs.collapse（collapse-event.html）

```
<div class="container">
  <p><a class="btn btn-primary toggle-btn" data-toggle="collapse" href="#sample" role="button">↵
表示する</a></p>
  <div class="collapse" id="sample">
    表示と非表示が切り替わるコンテンツ
  </div>
</div>
…中略…
<script>
$(function(){
  $('#sample').on('hide.bs.collapse', function(){
    $('.toggle-btn').html('表示する');
  });
  $('#sample').on('show.bs.collapse', function(){
    $('.toggle-btn').html('非表示にする');
  });
});
</script>
```

▼図7-14 コンテンツの表示前後でボタンキャプションを書き換え

7 SECTION 6

モーダル

ボタンをクリックするとWebページ上に表示され、ユーザーが操作を完了するまで親ウィンドウへの操作を受け付けなくさせる子ウィンドウを**モーダルウィンドウ**と言います。モーダルウィンドウは、Webページ上の画像を拡大表示するライトボックスや、ユーザー通知のためのダイアログなどに使用されます。Bootstrapの**モーダル**は、モーダルウィンドウを表示するためのコンポーネントです。

7.6.1 基本的な使用例 4.1

Bootstrapのモーダルは、表示の切り替えボタンとモーダルウィンドウで構成されます。

次の例では、基本的なモーダルを作成しています（リスト7-24、図7-15）。

▼リスト7-24　モーダルの基本的な使用例（modal-basic.html）

```
<!-- 切り替えボタン -->
<button type="button" class="btn btn-secondary" data-toggle="modal" data-target="#exampleModal"> ――❶
  切り替えボタン
</button>
<!-- モーダルウィンドウ外枠 -->
<div class="modal" id="exampleModal" tabindex="-1" role="dialog" aria-labelledby=⏎
"exampleModalLabel" aria-hidden="true"> ――❸
  <!-- モーダルのダイアログ本体 -->
  <div class="modal-dialog" role="document">
    <!-- モーダルのコンテンツ部分 -->
    <div class="modal-content">
      <!-- モーダルのヘッダー -->
      <div class="modal-header">
        <!-- モーダルのタイトル -->
        <h5 class="modal-title" id="exampleModalLabel">モーダルのタイトル</h5>
        <!-- 閉じるアイコン -->
        <button type="button" class="close" data-dismiss="modal" aria-label="Close"> ――❷
          <span aria-hidden="true">&times;</span>
        </button>
      </div>
      <!-- モーダルの本文 -->
      <div class="modal-body">
        モーダルの本文が入ります。
      </div>
      <!-- モーダルのフッター -->
      <div class="modal-footer">
```

```
        <!-- 閉じるボタン -->
        <button type="button" class="btn btn-secondary" data-dismiss="modal">閉じる</button> ──❷
      </div>
    </div>
  </div>
</div>
```

▼図 7-15　モーダルの基本的な使用例

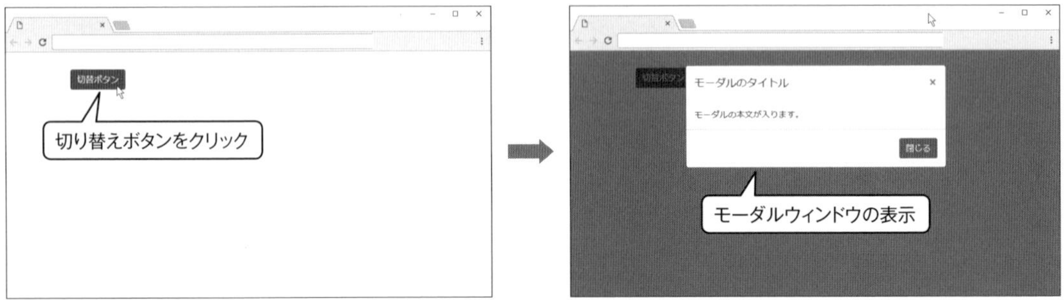

切り替えボタンの作成

モーダルウィンドウの表示を制御する切り替えボタンを作成します。**btn クラス**と **btn-{ 色の種類 } クラス**を設定した button 要素に、属性 **data-toggle="modal"** を追加して、JavaScript 経由でモーダルウィンドウを表示する機能を有効化します（❶）。色の種類には **primary**（青）、**secondary**（グレー）などコンテクストに対応した色の種類が入ります。モーダルウィンドウを閉じるボタンを作成する場合は、button 要素に属性 **data-dismiss="modal"** を追加し、モーダルを閉じる機能を有効化します（❷）。また、**data-target="（モーダルウィンドウの ID）"** を追加して、表示切り替えの対象となる要素を指定します。

モーダルウィンドウの作成

div 要素に **modal クラス**を追加し、モーダルウィンドウの外枠を作成します（❸）。この要素には、切り替えの対象となる ID 属性と、属性 **tabindex="-1"** を設定します。これによって、キーボードの Esc キーでもモーダルを閉じることができるようになります。また、アクセシビリティへの配慮として属性 **role="dialog"** を追加し、この要素の役割がダイアログであることをスクリーンリーダーなどの支援技術に伝えましょう。

モーダルウィンドウの作成に使用される定義済みクラスは表 7-9 のとおりです。

▼表 7-9　モーダルに作成するための主な定義済みクラス

クラス	概要
modal	モーダルウィンドウ外枠を形成する親要素に使用するクラス
modal-dialog	モーダルのダイアログ本体に使用するクラス
modal-content	モーダルのダイアログのコンテンツ部分に使用するクラス
modal-header	ダイアログのコンテンツ内にヘッダーを作成するためのクラス
modal-title	ダイアログのコンテンツ内にタイトルを作成するためのクラス
modal-body	ダイアログのコンテンツ本文に使用するクラス
modal-footer	ダイアログのコンテンツ内にフッターを作成するためのクラス

Bootstrap のモーダルでは、一度に 1 つのウィンドウしか開くことができません。モーダルウィンドウが開いている間は、親ウィンドウのスクロール操作を含む機能が無効化されます。そのため、スクロールはモーダルウィンドウを対象に機能します。

モーダルウィンドウ外の背景をクリックすると、自動的にモーダルが閉じます。モーダルには定義済みスタイルによって position : fixed が設定され、ウィンドウに対して固定配置されます。可能であれば、モーダルの HTML を入れ子にせず最上位に配置し、他の要素からの干渉を避けるようにしてください。

モーダルのアニメーション設定

modal クラスが設定された要素に **fade クラス**を追加して、モーダルウィンドウがページ上部からスライドしながらフェードインするアニメーションを作成することができます（リスト 7-25、図 7-16）。

▼リスト 7-25　モーダルのアニメーション設定（modal-animation.html）

```
<!-- モーダルウィンドウ外枠 -->
<div class="modal fade" id="exampleModal" tabindex="-1" role="dialog" aria-labelledby=⏎
"exampleModalLabel" aria-hidden="true">
…中略…
</div>
```

▼図 7-16　モーダルのアニメーション設定

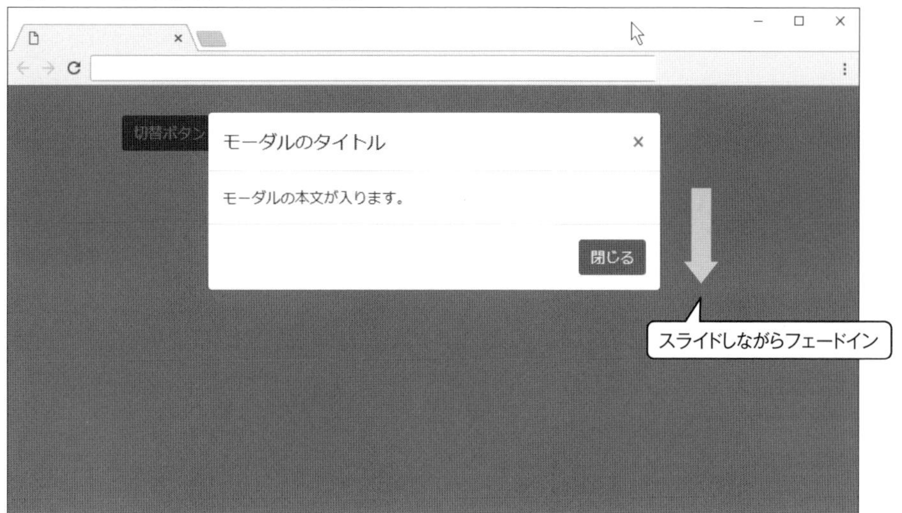

NOTE

スクロールが必要な長いコンテンツのモーダル

モーダルウィンドウ内のコンテンツが長くなると、モーダルは親ウィンドウとは別に独立してスクロールします（図7-17）。

▼図7-17　長いコンテンツのモーダルの例（modal-long.html）

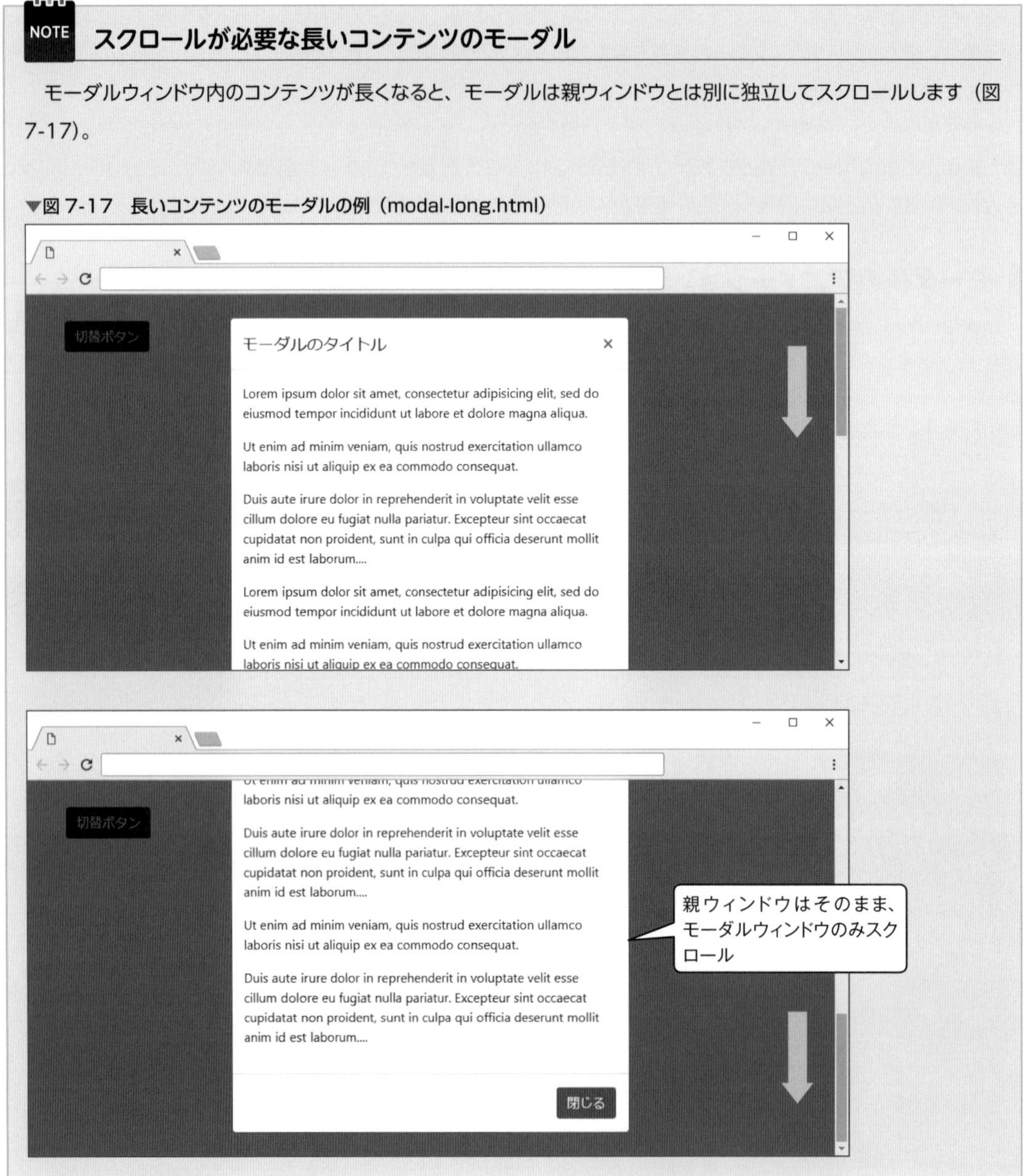

垂直方向中央に配置するモーダル

モーダルは通常、親ウィンドウの上方に配置されます。この配置を変更し、モーダルをウィンドウの垂直方向中央に配置する場合、modal-dialogクラスを設定したダイアログ本体の要素に、**modal-dialog-centeredクラス**を追加します（リスト7-26、図7-18）。

▼リスト 7-26 垂直方向中央に配置するモーダル（modal-dialog-centered.html）

```
<!-- モーダルウィンドウ外枠 -->
<div class="modal fade" id="exampleModal" tabindex="-1" role="dialog" aria-labelledby=⏎
"exampleModalLabel" aria-hidden="true">
  <!-- モーダルのダイアログ本体 -->
  <div class="modal-dialog modal-dialog-centered" role="document">
…中略…
  </div>
</div>
```

▼図 7-18 垂直方向中央に配置するモーダル

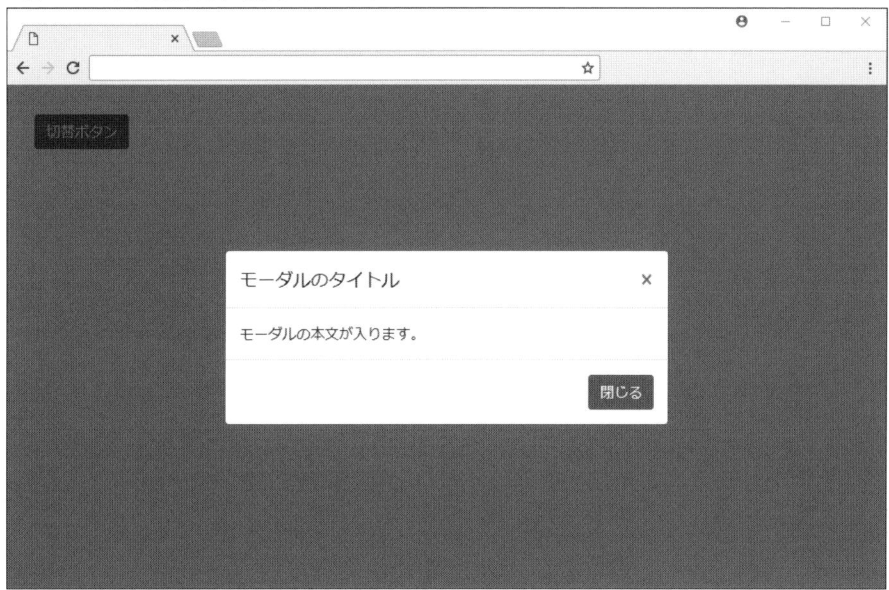

グリッドレイアウトを使用したモーダル

モーダルウィンドウ内のレイアウトに、グリッドレイアウト（P.22 参照）を使用することができます。グリッドレイアウトを使用する場合は、modal-body クラスを設定したダイアログのコンテンツ本文の要素内に、**container-fluid クラス**を設定した子要素を入れ子にし、グリッドを設定します。

次の例では、グリッドカラムの配置が見やすいように背景色の指定やスペーシングを適宜行っています（リスト 7-27、図 7-19）。

▼リスト 7-27 グリッドレイアウトを使用したモーダルの例（modal-grid.html）

```
<!-- モーダルの本文 -->
<div class="modal-body">
  <div class="container-fluid">
    <!-- 1行目 -->
    <div class="row">
      <div class="col-md-4">col-md-4</div>
```

```
      <div class="col-md-4 ml-auto">col-md-4、ml-auto</div>
    </div>
    <!-- 2行目 -->
    <div class="row">
      <div class="col-md-3 ml-auto">col-md-3、ml-auto</div>
      <div class="col-md-2 ml-auto">col-md-2、ml-auto</div>
    </div>
    <!-- 3行目 -->
    <div class="row">
      <div class="col-md-6 ml-auto">col-md-6、ml-auto</div>
    </div>
    <!-- 3行目 -->
    <div class="row">
      <div class="col-sm-9">
        Level 1: col-sm-9
        <div class="row">
          <div class="col-8 col-sm-6">
            Level 2: col-8、col-sm-6
          </div>
          <div class="col-4 col-sm-6">
            Level 2: col-4、col-sm-6
          </div>
        </div>
      </div>
    </div>
  </div>
</div>
```

▼図 7-19　グリッドレイアウトを使用したモーダルの例

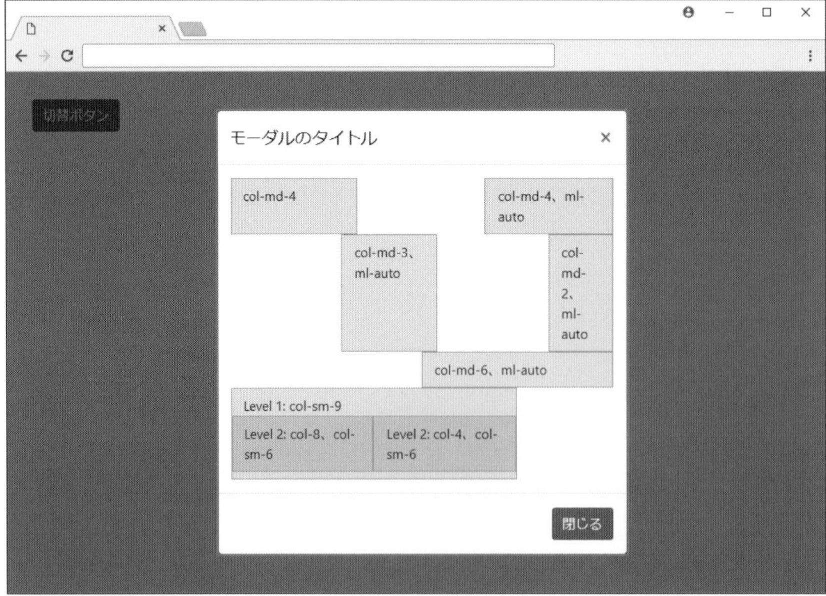

7.6.2 サイズのオプション 4.1

モーダルには２つのサイズ設定が用意されています。モーダルのサイズを大きくする場合は、modal-dialogクラスが設定されたダイアログ本体の要素に **modal-lg クラス**を、小さくする場合は **modal-sm クラス**を追加します（リスト 7-28、図 7-20）。

▼リスト 7-28　モーダルサイズのオプション（modal-sizing.html）

```
<!-- 大きなサイズのモーダル -->
<h3>大きなサイズのモーダル</h3>
<!-- 切り替えボタン -->
<button type="button" class="btn btn-secondary" data-toggle="modal" data-target="#largeModal">
  切り替えボタン (modal-lg)
</button>
<!-- モーダル -->
<div class="modal fade" id="largeModal" tabindex="-1" role="dialog" aria-labelledby=⮐
"largeModalLabel" aria-hidden="true">
  <!-- モーダルのダイアログ本体 -->
  <div class="modal-dialog modal-lg" role="document">
…中略…
  </div>
</div>
<!-- / 大きなサイズのモーダル -->
<!-- 小さなサイズのモーダル -->
<h3 class="mt-5">小さなサイズのモーダル</h3>
<!-- 切り替えボタン -->
<button type="button" class="btn btn-secondary" data-toggle="modal" data-target="#smallModal">
  切り替えボタン (modal-sm)
</button>
<!-- モーダル -->
<div class="modal fade" id="smallModal" tabindex="-1" role="dialog" aria-labelledby⮐
="smallModalLabel" aria-hidden="true">
  <!-- モーダルのダイアログ本体 -->
  <div class="modal-dialog modal-sm" role="document">
…中略…
  </div>
</div>
```

▼図7-20　モーダルサイズのオプション（上：大きなサイズのモーダル 、下：小さなサイズのモーダル）

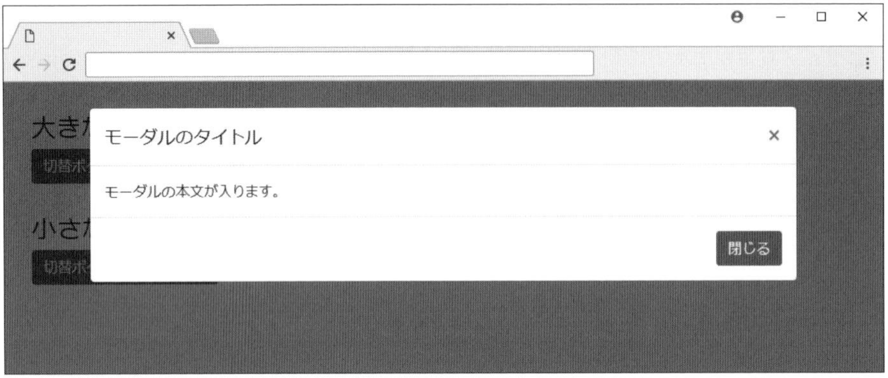

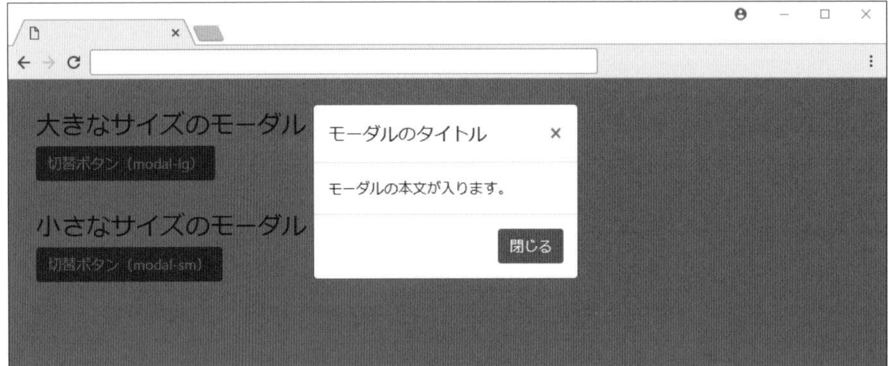

モーダルの JavaScript 使用

モーダルもデータ属性 API だけでなく、JavaScript コードから使用できます。モーダルコンポーネントで定義されているオプションは表 7-10 のとおりです。オプションは、データ属性または JavaScript を使用して渡すことができます。データ属性の場合、data-backdrop="static" のように data- にオプション名を追加して指定します。

▼表 7-10　モーダルのオプション

名前	デフォルト	説明
backdrop	true	モーダルの背景をオーバーレイ表示にする。true：有効／ false：無効。'static' を指定するとオーバレイ表示になるが、クリック時にモーダルを閉じない
keyboard	true	Esc キーが押されたときにモーダルを閉じる。true：有効／ false：無効
focus	true	初期化時にモーダルにフォーカスを移動。true：有効／ false：無効
show	true	初期化時にモーダルを表示。true：有効／ false：無効

7.7.1 モーダルのメソッド

モーダルで定義されているメソッドは表 7-11 のとおりです。

▼表 7-11　モーダルのメソッド

メソッド	説明
.modal('toggle')	表示／非表示を切り替える
.modal('show')	表示する
.modal('hide')	非表示にする
.modal('handleUpdate')	モーダルの高さがありスクロールバーが表示される際、モーダルの位置を手動で再調整する
.modal('dispose')	要素のモーダルを破棄する

次の例では、.modal('show') メソッドを使ってモーダルウィンドウを起動しています（リスト 7-29）。

▼リスト 7-29　.modal('show') メソッドを使ってモーダルウィンドウを起動（modal-method.html）

```
<script>
$('.btn').click(function(){
  $('#myModal').modal('show');
});
</script>
```

7.7.2 モーダルのイベント

モーダルで定義されているイベントは表 7-12 のとおりです。

▼表 7-12　モーダルのオプション

イベントタイプ	説明
show.bs.modal	表示される直前に発動。クリックによって発動した場合、そのオブジェクトが relatedTarget プロパティに格納される
shown.bs.modal	表示された直後に発動。クリックによって発動した場合、そのオブジェクトが relatedTarget プロパティに格納される
hide.bs.modal	非表示にされる直前に発動
hidden.bs.modal	非表示にされた直後に発動

次の例では、モーダルウィンドウが閉じられようとするときに、閉じてよいかを確認しています。［OK］を選択するとモーダルウィンドウが閉じられ、［キャンセル］が選択されると、閉じる動作をキャンセルします（リスト 7-30、図 7-21）。

▼リスト 7-30　モーダルのイベント：hide.bs.modal (modal-event.html)

```
<script>
$('#myModal').on('hide.bs.modal', function(e){
  if(!confirm('閉じてよろしいですか？')){
    e.preventDefault(); // イベントをキャンセル
  }
});
</script>
```

▼図 7-21　モーダルウィンドウが閉じられようとするときに、閉じてよいかを確認

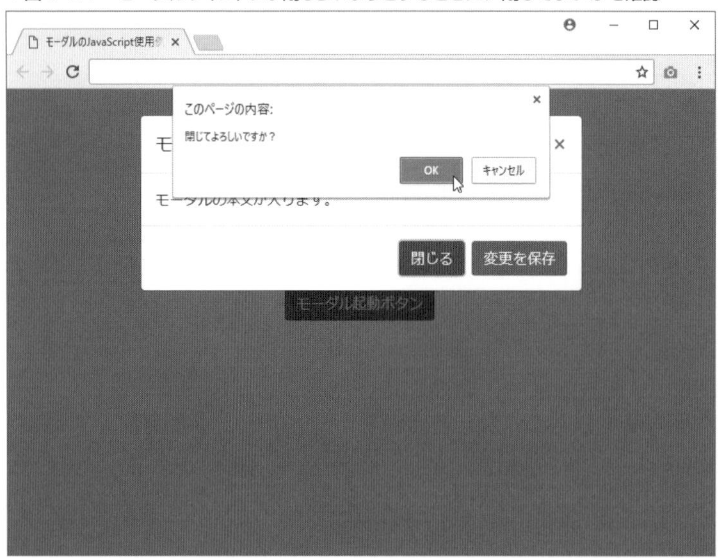

7 SECTION 8 スクロールスパイ

Bootstrap の**スクロールスパイ**は、コンテンツのスクロール位置を監視し、該当するリンク部分を自動的にアクティブ表示させるコンポーネントです。このコンポーネントは、Bootstrap の**ナビゲーション**（P.150 参照）または**リストグループ**（P.180 参照）のコンポーネントと組み合わせて使用します。

7.8.1 基本的な使用例

次の例は、ナビゲーションバー内の**ナビゲーション**（P.150 参照）と組み合わせて、body 要素を監視対象としたスクロールスパイです（リスト 7-31、図 7-22）。

▼リスト 7-31　スクロールスパイの基本的な使用例（scrollspy-basic.html）

```
<body data-spy="scroll" data-target="#navbar" style="position:relative padding-top: 70px;"> ――❶
…中略…
<!-- ナビゲーション -->
<nav id="navbar" class="navbar navbar-dark bg-dark fixed-top">
  <a class="navbar-brand" href="#">ナビゲーションバー</a>
  <ul class="nav nav-pills">
    <li class="nav-item">
      <a class="nav-link" href="#contents01">コンテンツ01</a>
    </li>
    <li class="nav-item">
      <a class="nav-link" href="#contents02">コンテンツ02</a>
    </li>
    <li class="nav-item dropdown">
      <a class="nav-link dropdown-toggle" data-toggle="dropdown" href="#" role="button" ⏎
aria-haspopup="true" aria-expanded="false">コンテンツ03</a>   ――❷
      <div class="dropdown-menu">
        <a class="dropdown-item" href="#contents03-01">01</a>
        <a class="dropdown-item" href="#contents03-02">02</a>
        <div role="separator" class="dropdown-divider"></div>
        <a class="dropdown-item" href="#contents03-03">03</a>
      </div>
    </li>
  </ul>
</nav>

<!-- コンテンツ -->
<div class="mb-5">
```

```
  <h4 id="contents01" style="padding-top: 60px; margin-top: -60px">コンテンツ01</h4>
…中略…
</div>

<div class="mb-5">
  <h4 id="contents02" style="padding-top: 60px; margin-top: -60px">コンテンツ02</h4>
…中略…
</div>

<div class="mb-5">
  <h4 id="contents03-01" style="padding-top: 60px; margin-top: -60px">コンテンツ03-01</h4>
…中略…
</div>

<div class="mb-5">
  <h4 id="contents03-02" style="padding-top: 60px; margin-top: -60px">コンテンツ03-02</h4>
…中略…
</div>

<div class="mb-5">
  <h4 id="contents03-03" style="padding-top: 60px; margin-top: -60px">コンテンツ03-03</h4>
…中略…
</div>
```

▼図 7-22　スクロールスパイの初期表示

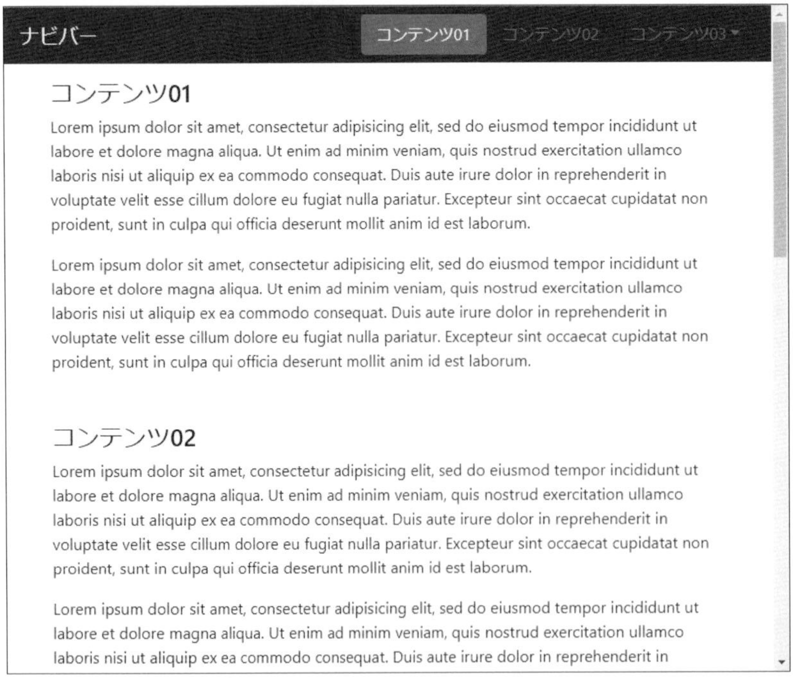

まず、スクロールスパイの監視対象となるbody要素に、属性 **data-spy="scroll"** と **data-target="（ナビゲーションのID）"** を追加します（❶）。監視対象となる要素には、CSSで相対配置にするためのスタイル **position:relative** が必要となります。次に、ナビゲーションのリンクをa要素で作成し、href属性の値にコンテンツの該当箇所のIDを設定します（❷）。なお、この例では、上部固定のナビゲーションバーの下にコンテンツが隠れてしまわないように、body要素の上パディングに **padding-top: 70px;** を設定しています。

正常に実装されると、表示位置のコンテンツに該当するa要素には、自動的に **active クラス**が追加され、リンクがアクティブ表示になります。

スクロールした表示位置のコンテンツに該当するリンクがアクティブ表示に変わります（図7-23）。

▼図7-23　表示位置に該当したリンクがアクティブ表示に変わる

入れ子になったリンクは、親リンクと合わせてアクティブ表示になります（図7-24）。

▼図 7-24　入れ子になったリンク部分のアクティブ表示

7.8.2 body 要素以外の要素での使用例

Bootstrap 3 におけるスクロールスパイは、ナビゲーション形式でのみ使用可能でしたが、Bootstrap 4 では、ナビゲーション形式に加え、**リストグループ**（P.180 参照）形式での使用も可能になりました。次の例は、グリッドレイアウトで配置した**リストグループ**と組み合わせて、特定の div 要素を監視対象としたスクロールスパイです（リスト 7-32）。

▼リスト 7-32　body 要素以外の要素にスクロールスパイを使用した例（scrollspy-listgroup.html）

```
<div class="container">
  <div class="row">
    <div class="col-4">
      <!-- リストグループ -->
      <div id="list-example" class="list-group">
        <a class="list-group-item list-group-item-action" href="#list-item-1">コンテンツ01</a>
        <a class="list-group-item list-group-item-action" href="#list-item-2">コンテンツ02</a>
        <a class="list-group-item list-group-item-action" href="#list-item-3">コンテンツ03</a>
        <a class="list-group-item list-group-item-action" href="#list-item-4">コンテンツ04</a>
      </div>
    </div>
    <div class="col-8">
```

```
      <!-- コンテンツ -->
      <div data-spy="scroll" data-target="#list-example" data-offset="0" class=↵
"scrollspy-example border px-1"> ❶
        <h4 id="list-item-1">コンテンツ01</h4>
…中略…
        <h4 id="list-item-2">コンテンツ02</h4>
…中略…                                                              ❷
        <h4 id="list-item-3">コンテンツ03</h4>
…中略…
        <h4 id="list-item-4">コンテンツ04</h4>
…中略…
      </div>
    </div>
  </div>
</div>
```

まず、スクロールスパイの監視対象となるdiv要素に、属性**data-spy="scroll"**と**data-target="（リストグループのID）"**を追加します（❶）。body要素以外の要素を監視対象とする場合は、CSSで相対配置にするためのスタイル**position:relative**の設定に加え、要素の高さを決めるためのスタイル**height:***（この例では400px）、スクロールバーを表示するためのスタイル**overflow-y:scroll;**を設定する必要があります（リスト7-33）。

▼リスト7-33　監視対象の要素に設定するスタイル（scrollspy-listgroup.html）

```
.scrollspy-example {
  position: relative;
  height: 400px;
  overflow-y: scroll;
}
```

次に、ナビゲーションのリンクをa要素で作成し、href属性の値にコンテンツの該当箇所のIDを設定します（❷）。正常に実装されると、表示位置のコンテンツに該当するa要素には、自動的に**active クラス**が追加され、リンクがアクティブ表示になります（図7-25）。

▼図 7-25　スクロールスパイの初期表示

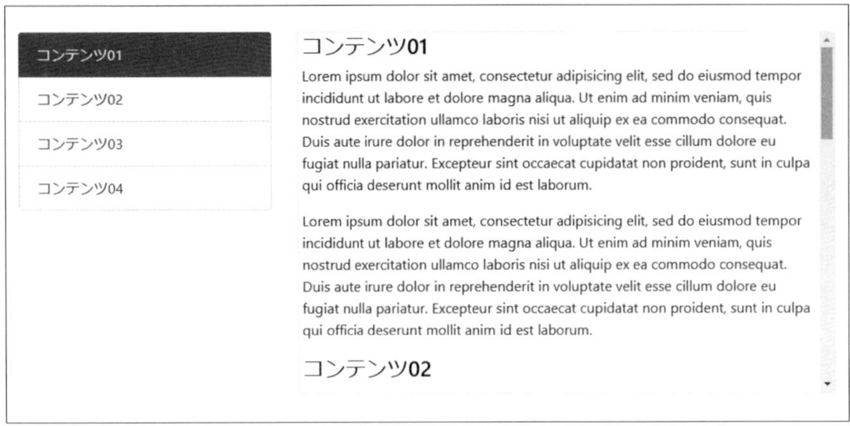

スクロールを実行すると、スクロールした表示位置のコンテンツに該当するリンクがアクティブ表示に変わります（図 7-26）。

▼図 7-26　表示位置に該当したリンクがアクティブ表示に変わる

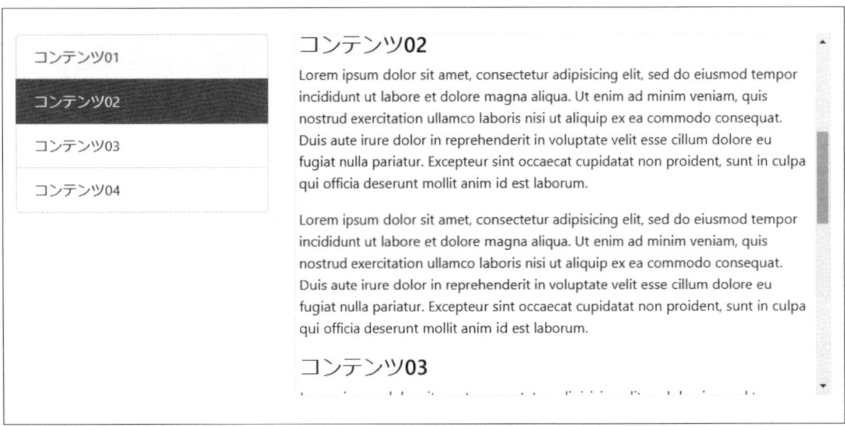

7 SECTION 9 スクロールスパイのJavaScript使用

スクロールスパイもデータ属性APIだけでなく、JavaScriptコードから使用できます。スクロールスパイで定義されているオプションは「offset」で、追従を開始するトップからのスクロール位置をピクセル単位で指定できます。デフォルトは10です。

オプションは、データ属性またはJavaScriptを使用して渡すことができます。データ属性の場合は、data-offset="10"のようにdata-にオプション名を追加します。

7.9.1 スクロールスパイのメソッド

スクロールスパイで定義されているメソッドは表7-13のとおりです。

▼表7-13 スクロールスパイのメソッド

メソッド	説明
.scrollspy('refresh')	スクロール位置を同期し直す
.scrollspy('dispose')	要素のスクロールスパイを破棄

スクロールスパイをDOMの要素の追加または削除と組み合わせて使用する場合は、refreshメソッドを次のように呼び出す必要があります。

▼リスト7-34 scrollspy('refresh') メソッド

```
+++スクリプト+++
$('[data-spy="scroll"]').each(function () {
  var $spy = $(this).scrollspy('refresh')
})
```

scrollspy('refresh') メソッドを呼び出すと、表示されている位置が再計算され、ナビゲーションバーやリストグループと同期がとられます。

7.9.2 スクロールスパイのイベント

スクロールスパイには、新しいアイテムがアクティブになったときに発動する**activate.bs.scrollspyイベント**が用意されています。次の例では、activate.bs.scrollspyイベントを使用して、アクティブなアイテムのテキストを取得し、<h2>に表示しています（リスト7-35、図7-27）。

▼リスト7-35　スクロールスパイのイベント：activate.bs.scrollspy（scrollspy-event.html）

```
<script>
$('[data-spy="scroll"]').on('activate.bs.scrollspy', function () {
  var currentSection = $('.list-group a.active').text();
  $('h2').html(currentSection);
})
</script>
```

▼図7-27　アクティブなアイテムのテキストを取得

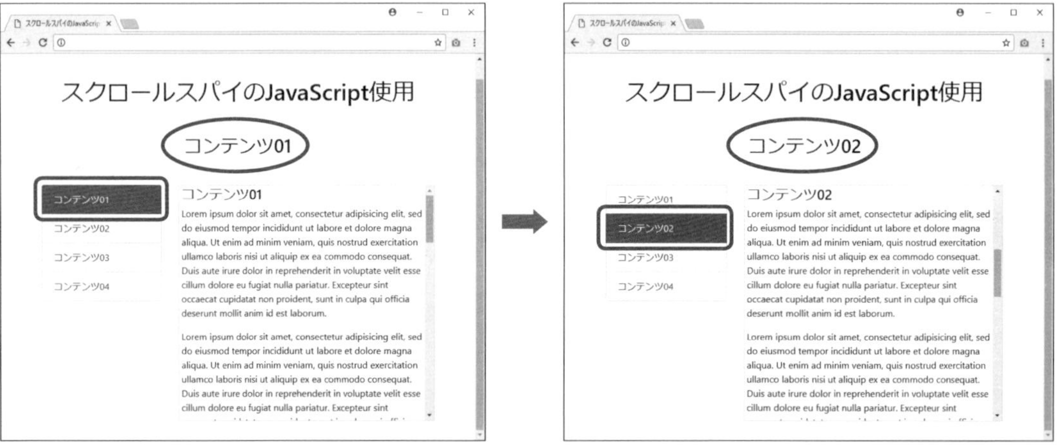

第8章

ユーティリティ

Bootstrap には、何度も同じスタイルを指定しなくても良いように、繰り返し使われる利用頻度の高いスタイルがユーティリティクラスとして用意されています。これらユーティリティクラスは、コンポーネントを配置した後の微調整に大変役立ちます。定義されている数が多いため、最初は覚えるのが大変ですが、CSS プロパティがわかる人なら概ね予想が付くクラス名になっています。そうではない人も、ある程度使用していくうちに覚えることができるでしょう。

Colorユーティリティ

Colorユーティリティを使用して、要素に文字色や背景色を設定することができます。Bootstrapでは、primary（重要）、success（成功）、danger（危険）などコンテクスト（文脈や意味）と対応したテーマカラーが用意されており、色で情報を伝えたいときなどにも便利です。これらのクラスを使って文字色や背景色を指定すると、WebサイトやWebアプリケーションで一貫性を保った配色をすることができます。

8.1.1 文字色を設定するクラス

文字色を指定するには、**text-{色の種類}クラス**を使用します。Bootstrapで定義済みの文字色クラスは表8-1のとおりです。

▼表8-1　文字色を設定するクラス一覧

クラス	文字色の種類
text-primary	青系
text-secondary	グレー
text-success	緑系
text-danger	赤系
text-warning	黄系
text-info	水色系
text-light	明るいグレー
text-dark	暗いグレー
text-body	Bootstrapでbody要素に設定されている文字色
text-muted	グレー
text-white	白
text-black-50	50%透過の黒
text-white-50	50%透過の白

これらのクラスは、リンクのホバー時やフォーカス時でもうまく機能するようにスタイルが設定されていますが、text-bodyクラス、text-mutedクラス、text-whiteクラス、text-black-50クラス、text-white-50クラスについては、リンク用のスタイルは設定されていません（そもそものa要素の設定でホバー時に下線が付くのみとなっています）。デフォルトでは、text-secondaryクラスとtext-mutedクラスは同じ色のグレーが定義されていますが、text-secondaryは、ホバー時に若干文字色が濃くなるのに対し、text-muteは変化しません。紙面では確認ができないほど微妙な変化なので、サンプルで確認してください（リスト8-1、図8-1）。

▼リスト 8-1　文字色を設定するクラスの例（color.html）

```
<p><a href="#" class="text-primary">text-primary</a></p>
<p><a href="#" class="text-secondary">text-secondary</a></p>
<p><a href="#" class="text-success">text-success</a></p>
<p><a href="#" class="text-danger">text-danger</a></p>
<p><a href="#" class="text-warning">text-warning</a></p>
<p><a href="#" class="text-info">text-info</a></p>
<p><a href="#" class="text-light bg-dark">text-light</a></p>
<p><a href="#" class="text-dark"text-dark</a></p>
<p><a href="#" class="text-muted">text-muted</a></p>
<p><a href="#" class="text-white bg-dark">White link</a></p>
```

▼図 8-1　文字色を設定するクラスの例

text-primary

text-secondary

text-success

text-danger

text-warning

text-info

text-light

text-dark

text-body

text-muted

text-white

text-black-50

text-white-50

色のみで情報を伝えない

色を使用すると重要度や緊急性など、情報を視覚的に伝えることができますが、スクリーンリーダーなどの支援技術には、そうした情報は伝わりません。色で示される情報をコンテンツ自体で明示にするか、またはスクリーンリーダー用の sr-only クラスを使用して代替手段を入れるようにしましょう（P.354 参照）。

8.1.2 背景色を設定するクラス

文字色同様、**bg-{ 色の種類 } クラス**を利用して背景色を指定できます。Bootstrap で定義済みの背景色クラスは表 8-2 のとおりです。

▼表 8-2　背景色を設定するクラス一覧

クラス	背景色の種類
bg-primary	青系
bg-secondary	グレー系
bg-success	緑系
bg-danger	赤系
bg-warning	黄系
bg-info	水色系
bg-light	明るいグレー系
bg-dark	暗いグレー系
bg-white	白
bg-transparent	透過

アンカー要素に指定した場合は、文字色クラスと同様にホバー時に色が濃くなります。背景色ユーティリティでは、文字色は定義されていないため、場合によっては文字色クラスと併用する必要があります。サンプルでは、背景色の明度に合わせて文字色クラスも指定しています。また、アンカー要素の背景色をわかりやすくするため、Display ユーティリティ（P.310 参照）の d-block クラスでブロックレベルの表示にし、Spacing ユーティリティ（P.318 参照）の py-2 クラスでパディングを付けて間隔を広げています（リスト 8-2、図 8-2）。

▼リスト 8-2　背景色を設定するクラスの例（bg-color.html）

```
<p><a href="#" class="bg-primary text-white d-block py-2">bg-primary</a></p>
<p><a href="#" class="bg-secondary text-white d-block py-2">bg-secondary</a></p>
<p><a href="#" class="bg-success text-white d-block py-2">bg-success</a></p>
<p><a href="#" class="bg-danger text-white d-block py-2">bg-danger</a></p>
<p><a href="#" class="bg-warning text-dark d-block py-2">bg-warning</a></p>
<p><a href="#" class="bg-info text-white d-block py-2">bg-info</a></p>
<p><a href="#" class="bg-light text-dark d-block py-2">bg-light</a></p>
<p><a href="#" class="bg-dark text-white d-block py-2">bg-dark</a></p>
<p><a href="#" class="bg-white text-dark d-block py-2">bg-white</a></p>
<p><a href="#" class="bg-transparent d-block py-2">bg-transparent</a></p>
```

▼図 8-2　背景色を設定するクラスの例

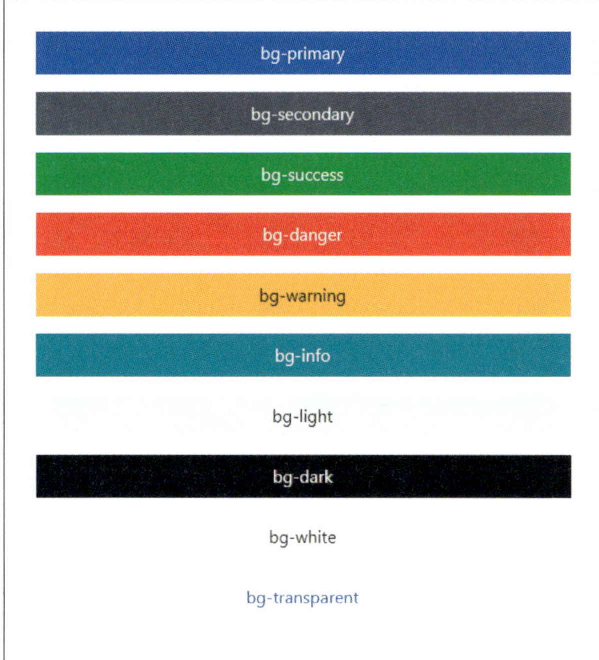

NOTE

グラデーション背景の設定

Bootstrap では、グラデーション背景のクラスも用意されていますが、デフォルトではこの機能が無効になっています。有効にするには Sass オプションでカスタマイズする必要があります（P.446 参照）。

8 SECTION 2

Border ユーティリティ

Border ユーティリティを使用して、要素にボーダーを表示したり、角丸にしたりすることができます。

8.2.1 ボーダーを追加するクラス

要素の上下左右のすべての辺にボーダーを表示するには **border クラス**を追加します。辺を選んで指定する場合は、border-top のような形式の **border-{ 辺 } クラス**を追加します。Bootstrap で定義済みのボーダー追加クラスは表 8-3 のとおりです。

▼表 8-3　ボーダーを表示するクラス一覧

クラス	ボーダーを表示する辺
border	全辺
border-top	上ボーダー
border-right	右ボーダー
border-bottom	下ボーダー
border-left	左ボーダー

デフォルトでは、ボーダー色は薄いグレー（#dee2e6）、1px の太さの実線で定義されています。サンプルではわかりやすいように背景色を付けています（リスト 8-3、図 8-3）。

▼リスト 8-3　ボーダーを表示するクラスの例（border.html）

```
<span class="border">border</span><!-- 全辺ボーダー -->
<span class="border-top">border-top</span><!-- 上ボーダー -->
<span class="border-right">border-right</span><!-- 右ボーダー -->
<span class="border-bottom">border-bottom</span><!-- 下ボーダー -->
<span class="border-left">border-left</span><!-- 左ボーダー -->
```

▼図 8-3　ボーダーを追加するクラスの例

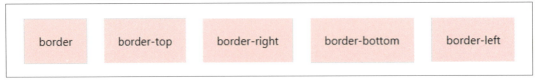

border　border-top　border-right　border-bottom　border-left

8.2.2 ボーダーを削除するクラス

既にボーダーの表示が設定されている要素から、すべてのボーダーを削除するには **border-0**、辺を選んで削除するには **border-{ 辺 }-0 クラス**を使用します。Bootstrap で定義済みのボーダー削除クラスは表 8-4 のとおりです。

▼表 8-4　ボーダーを削除するクラス一覧

クラス	ボーダーを削除する辺
border-0	全辺のボーダー
border-top-0	上ボーダー
border-right-0	右ボーダー
border-bottom-0	下ボーダー
border-left-0	左ボーダー

サンプルでは、border クラスで要素の全辺にボーダーを指定した上で、指定のボーダーを削除しています（リスト 8-4、図 8-4）。

▼リスト 8-4　ボーダーを削除するクラスの例（border-0.html）

```
<span class="border border-0">border-0</span><!-- 全ボーダー削除 -->
<span class="border border-top-0">border-top-0</span><!-- 上ボーダー削除 -->
<span class="border border-right-0">border-right-0</span><!-- 右ボーダー削除 -->
<span class="border border-bottom-0">border-bottom-0</span><!-- 下ボーダー削除 -->
<span class="border border-left-0">border-left-0</span><!-- 左ボーダー削除 -->
```

▼図 8-4　ボーダーを削除するクラスの例

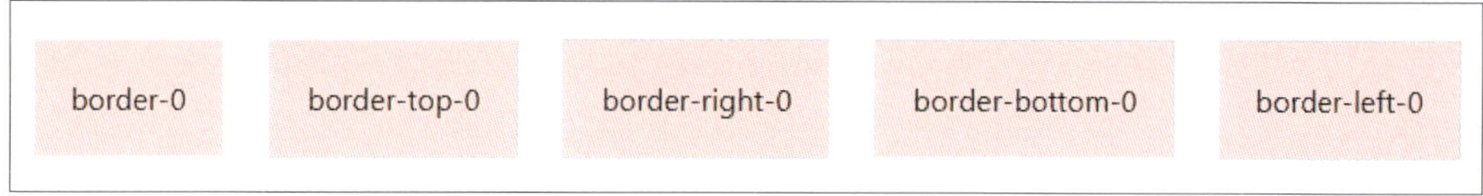

8.2.3 ボーダー色を設定するクラス

ボーダー色の指定には、border クラスが設定された要素に **border-{ 色の種類 } クラス**を追加します。Bootstrap で定義済みのボーダー色クラスは表 8-5 のとおりです。

▼表 8-5　ボーダー色を設定するクラス一覧

クラス	ボーダー色の種類
border-primay	青系
border-secondary	グレー系
border-success	緑系
border-danger	赤系
border-warning	黄系

クラス	ボーダー色の種類
border-info	水色系色
border-light	明るいグレー系
border-dark	暗いグレー系
border-white	白

サンプルでは、白ボーダー（border-white クラス）がわかるように body 要素にグレーの背景色を付けています（リスト 8-5、図 8-5）。

▼リスト 8-5　ボーダー色を設定するクラスの例（border-color.html）

```
<span class="border border-primary">border-primary</span>
<span class="border border-secondary">border-secondary</span>
<span class="border border-success">border-success</span>
<span class="border border-danger">border-danger</span>
<span class="border border-warning">border-warning</span>
<span class="border border-info">border-info</span>
<span class="border border-light">border-light</span>
<span class="border border-dark">border-dark</span>
<span class="border border-white">border-white</span>
```

▼図 8-5　ボーダー色クラスの例

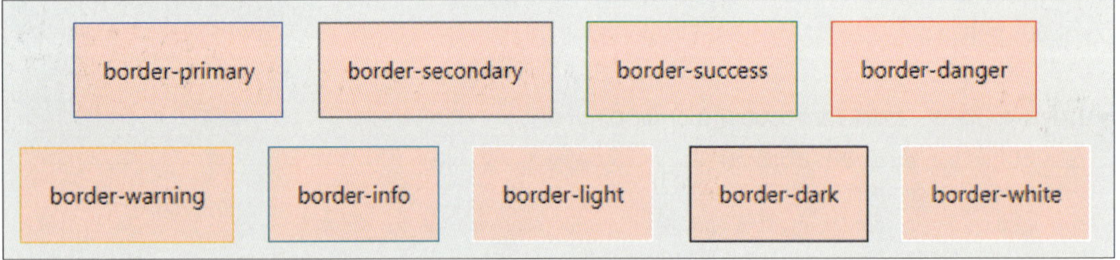

8.2.4 角丸を設定するクラス

要素に角丸を設定するには、**rounded クラス**または **rounded-{ 角丸の種類 } クラス**を追加します。rounded- に続く角丸の種類は、top、right、bottom、left のように角丸の場所を指定するものと、要素の高さと幅が同じ場合に正円になる circle、角丸を付けない 0 があります。Bootstrap で定義済みの角丸を設定するクラスは表 8-6 のとおりです。

▼表 8-6　角丸を設定するクラス一覧

クラス	角丸の種類
rounded	全辺を角丸
rounded-top	上が角丸
rounded-right	右が角丸
rounded-bottom	下が角丸
rounded-left	左が角丸
rounded-circle	円
rounded-0	角丸なし

roundedクラスは、CSSのborder-radiusプロパティを使っています。border-と名前がありますが、ボーダーを設定していなくても、背景色の設定されている要素やimg要素の四隅も丸くなります（リスト8-6、図8-6）。

▼リスト8-6　角丸を設定するクラスの例（rounded.html）

```
<span class="rounded">rounded</span>
<span class="rounded-top">rounded-top</span>
<span class="rounded-right">rounded-right</span>
<span class="rounded-bottom">rounded-bottom</span>
<span class="rounded-left">rounded-left</span>
<span class="rounded-circle">rounded-circle</span>
<span class="rounded-circle" id="circle">正円</span><!-- 幅と高さを同じ（100px）に設定 -->
<span class="rounded-0">rounded-0</span>
```

▼図8-6　角丸を設定するクラスの例

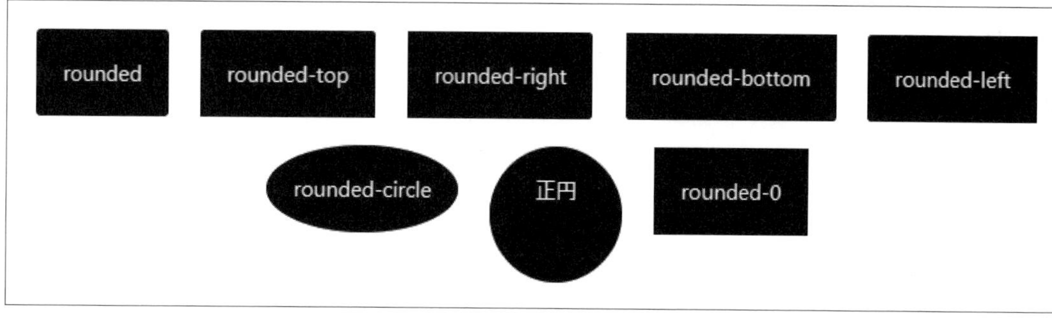

8 SECTION 3

Display ユーティリティ

Display ユーティリティは、要素の表示形式をレスポンシブに切り替えるために使います。

8.3.1 表示形式を設定するクラス

このユーティリティクラスには **d-{ 表示形式 }** が定義されており、表示形式には display プロパティで指定できる値を入れます。たとえば、d-none クラスは「display: none;」、d-block クラスは「display: block」を設定できるクラスです。

また、ブレイクポイントの接頭辞 sm、md、lg、xl と組み合わせた **d-{ ブレイクポイント }-{ 表示形式 }** の記法をとったクラスでは、ブレイクポイントごとに表示形式（または非表示）を切り替えることができます。たとえば、d-sm-none クラスを指定すると、画面幅が Small 以上では表示されません（表 8-7）。このブレイクポイントによる表示／非表示の切り替えについては次項で詳しく解説します。

▼表 8-7　表示形式を設定するクラスの一覧

クラス	レスポンシブ対応	機能	定義済みスタイル
d-none	d-{sm,md,lg,xl}-none	表示しない	display: none;
d-inline	d-{sm,md,lg,xl}-inline	インライン表示	display: inline;
d-inline-block	d-{sm,md,lg,xl}-inline-block	インラインブロック表示	display: inline-block;
d-block	d-{sm,md,lg,xl}-block	ブロック表示	display: block;
d-table	d-{sm,md,lg,xl}-table	テーブル表示	display: table;
d-table-cell	d-{sm,md,lg,xl}-table-cell	テーブルセル表示	display: table-cell;
d-table-row	d-{sm,md,lg,xl}-table-row	テーブル行表示	display: table-row;
d-flex	d-{sm,md,lg,xl}-flex	flex コンテナとして表示	display: flex;
d-inline-flex	d-{sm,md,lg,xl}-inline-flex	インラインの flex コンテナとして表示	display: inline-flex;

次の例では、div 要素に **d-inline クラス**を指定しています。本来ブロック表示される div 要素がインライン表示になり、改行されずに並んで配置されます。

その逆で、インライン表示される span 要素に **d-block クラス**を指定するとブロック表示になり、改行されて配置されます（リスト 8-7、図 8-7）。

▼リスト 8-7　Display ユーティリティクラスの例（display.html）

```
<div class="container text-center">
  <div class="bg-primary text-white">ブロック表示のdiv</div>
```

```
  <div class="bg-dark text-white">ブロック表示のdiv</div>
</div>
<div class="container text-center">
  <div class="d-inline bg-primary text-white">インライン表示のdiv</div>
  <div class="d-inline bg-dark text-white">インライン表示のdiv</div>
</div>
<div class="container text-center">
  <span class="bg-primary text-white">インライン表示のspan</span>
  <span class="bg-dark text-white">インライン表示のspan</span>
</div>
<div class="container text-center">
  <span class="d-block bg-primary text-white">ブロック表示のspan</span>
  <span class="d-block bg-dark text-white">ブロック表示のspan</span>
</div>
```

▼図 8-7　表示形式を設定するクラスの例

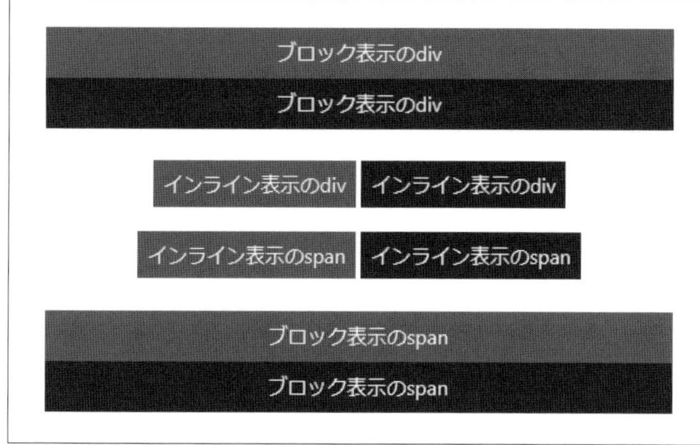

8.3.2 要素の表示／非表示を設定するレスポンシブなクラス

Bootstrap における開発では、画面幅ごとに表示および非表示を切り替えるレスポンシブなクラスが頻繁に使用されます。前項のとおり、要素を非表示にするには d-none クラスまたは、d-{sm,md,lg,xl}-none クラスのいずれかを使用します。要素を表示するには、d-block または d-{sm,md,lg,xl}-block クラスを使用します。指定された画面幅の範囲でのみ要素を表示するには、これらクラスを組み合わせて使用します。

Bootstrap は**モバイルファースト**の方針で設定されているため、基本となる画面幅は最小の xs（Extra Small）サイズです。d-xs-none というクラスは存在せず、d-none クラスを指定すると、xs ～ xl までの全画面幅において表示されないしくみです。

xs の画面幅のみ非表示にしたい場合は、まず d-none クラスで全画面幅を非表示にした上で、d-sm-none クラスを追加します。これにより、Small 以降の画面幅で表示されるようになります。

その逆で、d-block を指定すると xs ～ xl までの画面幅で表示されます。ただし、わざわざ d-block クラスを指定しなくても、デフォルトで表示されている状態なので、非表示のスタイル指定がされてない限りこのクラスは不要です（表 8-8）。

▼表 8-8　指定された画面幅の範囲で表示／非表示を切り替えるクラスの設定例

画面幅	クラス
すべて非表示	d-none
xs のみ非表示	d-none および d-sm-block
sm のみ非表示	d-sm-none および d-md-block
md のみ非表示	d-md-none および d-lg-block
lg のみ非表示	d-lg-none および d-xl-block
xl のみ非表示	d-xl-none
すべて表示	d-block（デフォルト）
xs のみ表示	d-block（デフォルト）および d-sm-none
sm のみ表示	d-none および d-sm-block および d-md-none
md のみ表示	d-none および d-md-block および d-lg-none
lg のみ表示	d-none および d-lg-block および d-xl-none
xl のみ表示	d-none および d-xl-block

次のコードは、lg のブレイクポイントで表示・非表示を切り替えた例です（リスト 8-8、図 8-8）。

▼リスト 8-8　要素の表示／非表示を設定するレスポンシブなクラスの例（d-none.html）

```
<div class="d-lg-none bg-primary text-white">lgより大きい画面幅で非表示</div>
<div class="d-none d-lg-block bg-secondary text-white">lgより大きい画面幅で表示</div>
```

▼図 8-8　要素の表示／非表示を設定するレスポンシブなクラスの例（上：lg サイズ未満、下：lg サイズ以上）

lgより大きい画面サイズで非表示

lgより大きい画面サイズで表示

8.3.3　印刷時の表示／非表示を設定するクラス

印刷時に要素の表示／非表示を切り替えるには、**d-print-{ 表示形式 } クラス**を使用します（表 8-9）。たとえば、ナビゲーションバーや広告など、印刷不要の要素によく使用されます。

▼表 8-9　印刷時の表示／非表示を設定するクラス一覧

クラス	説明
d-print-none	印刷時に非表示
d-print-inline	印刷時にインライン表示
d-print-inline-block	印刷時にインラインブロック表示
d-print-block	印刷時にブロック表示
d-print-table	印刷時にテーブル表示
d-print-table-row	印刷時にテーブル行表示
d-print-table-cell	印刷時にテーブルセル表示
d-print-flex	印刷時にフレックス表示
d-print-inline-flex	印刷時にインラインフレックス表示

次のコードは、d-print-none クラスを指定して印刷時に非表示になる要素と、その逆に、d-none と d-print-block クラスを指定して印刷時のみ表示する要素の例です（リスト 8-9、図 8-9）。

▼リスト 8-9　印刷時の表示／非表示を設定するクラスの例（d-print.html）

```
<div class="d-print-none">スクリーンのみ表示（印刷時のみ非表示）</div>
<div class="d-none d-print-block">印刷時のみ表示（スクリーンでは非表示）</div>
```

▼図 8-9　印刷時の表示／非表示を設定するクラスの例（上：PC 画面、下：印刷プレビュー画面）

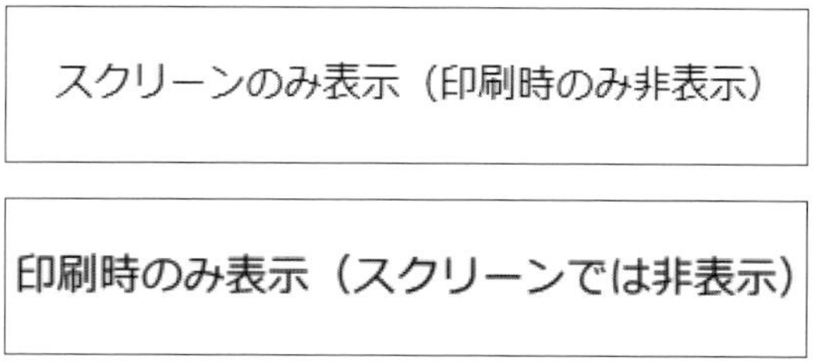

スクリーンのみ表示（印刷時のみ非表示）

印刷時のみ表示（スクリーンでは非表示）

8 SECTION 4 Sizing ユーティリティ

Sizing ユーティリティを使用して、要素の幅や高さを設定することができます。このユーティリティにはデフォルト時、25%、50%、75%、100% の幅と自動幅および高さを設定するクラスが定義されています。設定を変更するには P.451 を参照してください。

8.4.1 幅を設定するクラス

要素の幅を % 値で設定するには **w-{% 値 } クラス**を使用します。% 値には、25、50、75、100、auto が入ります（表 8-10）。

▼表 8-10　幅を設定するクラス一覧

クラス	説明
w-25	25% の幅を設定する
w-50	50% の幅を設定する
w-75	75% の幅を設定する
w-100	100% の幅を設定する
w-auto	自動（初期値）の幅を設定する

親要素を基準とするので、次のサンプルではコンテナ（container）を基準に、25%、50%、75%、100% の幅で表示されます（リスト 8-10、図 8-10）。

▼リスト 8-10　幅を設定するクラスの例（sizing-w.html）

```
<div class="container">
  <div class="w-25">w-25</div>
  <div class="w-50">w-50</div>
  <div class="w-75">w-75</div>
  <div class="w-100">w-100</div>
  <div class="w-auto">w-auto</div>
</div>
```

▼図8-10　幅を設定するクラスの例

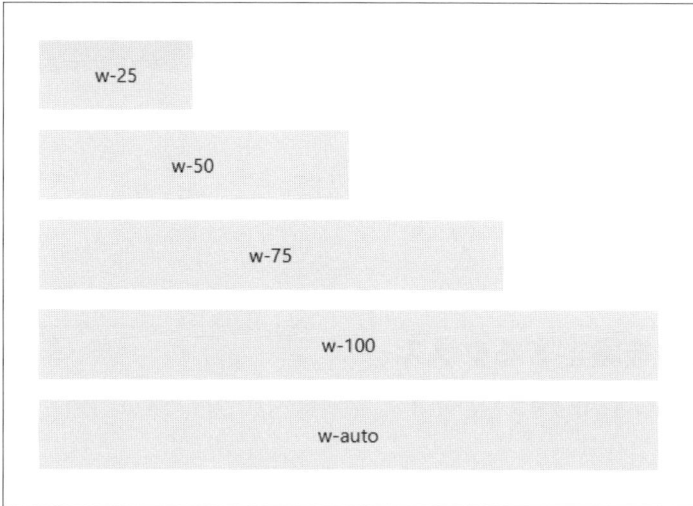

8.4.2 高さを設定するクラス

要素の高さを%値で設定するには**h-{%値}クラス**を指定します。%値には、25、50、75、100、autoが入ります（表8-11）。

▼表8-11　高さを設定するクラス一覧

クラス	説明
h-25	25%の高さを設定する
h-50	50%の高さを設定する
h-75	75%の高さを設定する
h-100	100%の高さを設定する
h-auto	自動（初期値）の高さを設定する

親要素を基準とするので、次のサンプルでは親要素となるコンテナ（container）に200pxの高さを指定しています。コンテナの各子要素には、d-inline-blockを指定して、横並びに配置し、それぞれクラスを指定して、25%、50%、75%、100%の高さで表示しています（リスト8-11、図8-11）。

▼リスト8-11　高さを設定するクラスの例（sizing-y.html）

```
<div class="container">
  <div class="h-25 d-inline-block">h-25</div>
  <div class="h-50 d-inline-block">h-50</div>
  <div class="h-75 d-inline-block">h-75</div>
  <div class="h-100 d-inline-block">h-100</div>
  <div class="h-auto d-inline-block">h-auto</div>
</div>
```

▼図8-11 高さを設定するクラスの例

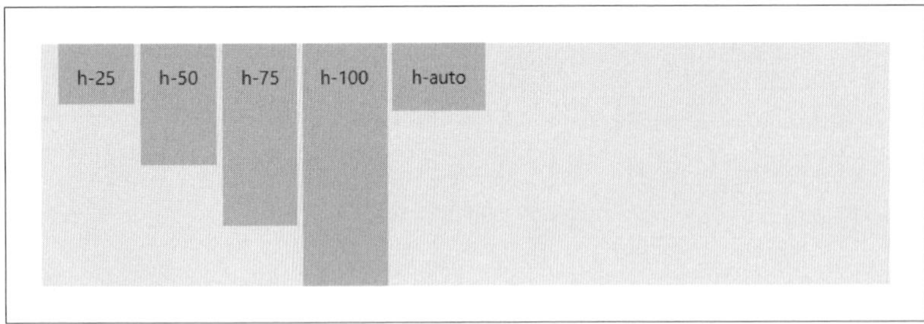

8.4.3 最大幅100%を設定するクラス

要素に最大幅100%を指定するには**mw-100クラス**を使用します。次の例では、画像にmw-100クラスを指定して最大幅100%になるよう設定しています。

ブラウザのサイズを拡大、縮小してもコンテナ内に収まるため、横スクロールが出ることはありません（リスト8-12、図8-12）。

▼リスト8-12 最大幅を設定するクラスの例（sizing-mw.html）

```
<div class="container">
  <img class="mw-100" src="img/sample.jpg" alt="コーヒー">
</div>
```

▼図8-12 最大幅を設定するクラスの例

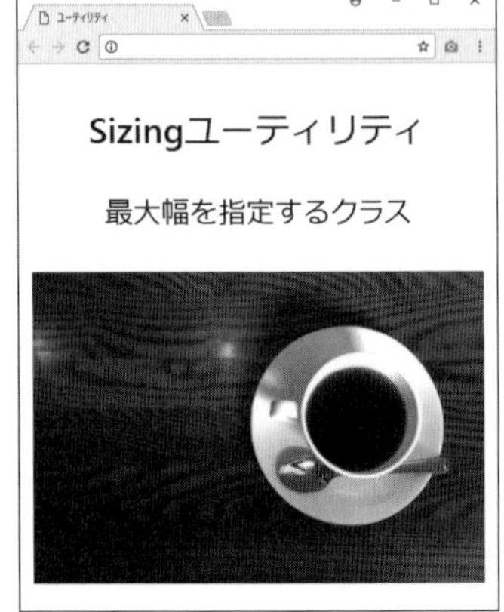

8.4.4 最大高100%を設定するクラス

同様に、要素に最大高を指定するには **mh-100 クラス**を使用します。

次の例では、コンテナに高さ200pxを指定しています。画像の元のサイズは縦800pxありますが、コンテナの高さの200pxに収まるよう表示されます（リスト8-13、図8-13）。

▼リスト8-13　最大幅を設定するクラスの例（sizing-mh.html）

```
<div class="container">
  <img class="mh-100" src="img/sample.jpg" alt="コーヒー">
</div>
```

▼図8-13　最大高を設定するクラスの例

8 SECTION 5 Spacing ユーティリティ

Spacing ユーティリティを使用して、要素やコンポーネント間のマージンおよびパディングを設定することができます。

8.5.1 Spacing ユーティリティの記法

Spacing ユーティリティは、マージンやパディングを設定するユーティリティクラスですが、適用する辺、サイズ、ブレイクポイントなどを組み合わせて使用できるため、たくさんの種類があります。その記法は **{ プロパティ }{ 辺 }-{ ブレイクポイント }-{ サイズ }** と少々複雑な形式になっています。

たとえば、mt-md-3 という形式のクラス名の場合は、{ マージン }{ 上 }-{Medium 以上 }-{3} で、Medium 以上の画面幅で上マージンを 3（1rem）に設定するという意味になります。1 つ 1 つ見ていきましょう。

プロパティ

{ プロパティ } には、m（マージン）または p（パディング）のどちらかが入ります。

辺

{ 辺 } には、top（上辺）、bottom（下辺）、left（左辺）、right（右辺）の頭文字を取った t、b、l、r または、左右の x、上下の y が入ります。{ 辺 } を付けない場合は、4 辺すべてにマージンまたはパディングを設定します。

ブレイクポイント

{ ブレイクポイント } には、各ブレイクポイントに対応したクラス接頭辞、sm（Small）、md（Medium）、lg（Large）、xl（Extra large）が入ります。

サイズ

{ サイズ } には、0 ～ 5 までの数字または auto が入ります。「0」は 0、「1」は 0.25rem、「2」は 0.5rem、「3」は 1rem、「4」は 1.5rem、「5」は 3rem 分のマージンまたはパディングが定義されています（「rem」はルート要素の font-size の高さを 1 とする単位）。また、auto は、マージンを auto に設定するクラスです。これは Bootstrap のデフォルトの設定ですが、この内容は Sass を使って編集することできます。詳しくは、P.450 を参照してください。

上記をまとめた Spacing ユーティリティ一覧が表 8-12 と表 8-13 になります。

▼表 8-12　マージンに関するユーティリティ一覧

クラス	定義済みスタイル	レスポンシブ対応
m-0	全マージンを 0	m-{sm,md,lg,xl}-0
m-1	全マージンを 0.25rem	m-{sm,md,lg,xl}-1
m-2	全マージンを 0.5rem	m-{sm,md,lg,xl}-2
m-3	全マージンを 1rem	m-{sm,md,lg,xl}-3
m-4	全マージンを 1.5rem	m-{sm,md,lg,xl}-4
m-5	全マージンを 3rem	m-{sm,md,lg,xl}-5
m-auto	全マージンを auto	m-{sm,md,lg,xl}-auto
mt-0	上マージンを 0	mt-{sm,md,lg,xl}-0
mt-1	上マージンを 0.25rem	mt-{sm,md,lg,xl}-1
mt-2	上マージンを 0.5rem	mt-{sm,md,lg,xl}-2
mt-3	上マージンを 1rem	mt-{sm,md,lg,xl}-3
mt-4	上マージンを 1.5rem	mt-{sm,md,lg,xl}-4
mt-5	上マージンを 3rem	mt-{sm,md,lg,xl}-5
mt-auto	上マージンを auto	mt-{sm,md,lg,xl}-auto
mr-0	右マージンを 0	mr-{sm,md,lg,xl}-0
mr-1	右マージンを 0.25rem	mr-{sm,md,lg,xl}-1
mr-2	右マージンを 0.5rem	mr-{sm,md,lg,xl}-2
mr-3	右マージンを 1rem	mr-{sm,md,lg,xl}-3
mr-4	右マージンを 1.5rem	mr-{sm,md,lg,xl}-4
mr-5	右マージンを 3rem	mr-{sm,md,lg,xl}-5
mr-auto	右マージンを auto	mr-{sm,md,lg,xl}-auto
mb-0	下マージンを 0	mb-{sm,md,lg,xl}-0
mb-1	下マージンを 0.25rem	mb-{sm,md,lg,xl}-1
mb-2	下マージンを 0.5rem	mb-{sm,md,lg,xl}-2
mb-3	下マージンを 1rem	mb-{sm,md,lg,xl}-3
mb-4	下マージンを 1.5rem	mb-{sm,md,lg,xl}-4
mb-5	下マージンを 3rem	mb-{sm,md,lg,xl}-5
mb-auto	下マージンを auto	mb-{sm,md,lg,xl}-auto
ml-0	左マージンを 0	ml-{sm,md,lg,xl}-0
ml-1	左マージンを 0.25rem	ml-{sm,md,lg,xl}-1
ml-2	左マージンを 0.5rem	ml-{sm,md,lg,xl}-2
ml-3	左マージンを 1rem	ml-{sm,md,lg,xl}-3
ml-4	左マージンを 1.5rem	ml-{sm,md,lg,xl}-4
ml-5	左マージンを 3rem	ml-{sm,md,lg,xl}-5
ml-auto	左マージンを auto	ml-{sm,md,lg,xl}-auto
mx-0	左右マージンを 0	mx-{sm,md,lg,xl}-0
mx-1	左右マージンを 0.25rem	mx-{sm,md,lg,xl}-1
mx-2	左右マージンを 0.5rem	mx-{sm,md,lg,xl}-2
mx-3	左右マージンを 1rem	mx-{sm,md,lg,xl}-3
mx-4	左右マージンを 1.5rem	mx-{sm,md,lg,xl}-4
mx-5	左右マージンを 3rem	mx-{sm,md,lg,xl}-5
mx-auto	左右マージンを auto	mx-{sm,md,lg,xl}-auto
my-0	上下マージンを 0	my-{sm,md,lg,xl}-0
my-1	上下マージンを 0.25rem	my-{sm,md,lg,xl}-1
my-2	上下マージンを 0.5rem	my-{sm,md,lg,xl}-2
my-3	上下マージンを 1rem	my-{sm,md,lg,xl}-3
my-4	上下マージンを 1.5rem	my-{sm,md,lg,xl}-4
my-5	上下マージンを 3rem	my-{sm,md,lg,xl}-5
my-auto	上下マージンを auto	my-{sm,md,lg,xl}-auto

▼表8-13 パディングに関するユーティリティ一覧

クラス	定義済みスタイル	レスポンシブ対応
p-0	全パディングを0	p-{sm,md,lg,xl}-0
p-1	全パディングを0.25rem	p-{sm,md,lg,xl}-1
p-2	全パディングを0.5rem	p-{sm,md,lg,xl}-2
p-3	全パディングを1rem	p-{sm,md,lg,xl}-3
p-4	全パディングを1.5rem	p-{sm,md,lg,xl}-4
p-5	全パディングを3rem	p-{sm,md,lg,xl}-5
pt-0	上パディングを0	pt-{sm,md,lg,xl}-0
pt-1	上パディングを0.25rem	pt-{sm,md,lg,xl}-1
pt-2	上パディングを0.5rem	pt-{sm,md,lg,xl}-2
pt-3	上パディングを1rem	pt-{sm,md,lg,xl}-3
pt-4	上パディングを1.5rem	pt-{sm,md,lg,xl}-4
pt-5	上パディングを3rem	pt-{sm,md,lg,xl}-5
pr-0	右パディングを0	pr-{sm,md,lg,xl}-0
pr-1	右パディングを0.25rem	pr-{sm,md,lg,xl}-1
pr-2	右パディングを0.5rem	pr-{sm,md,lg,xl}-2
pr-3	右パディングを1rem	pr-{sm,md,lg,xl}-3
pr-4	右パディングを1.5rem	pr-{sm,md,lg,xl}-4
pr-5	右パディングを3rem	pr-{sm,md,lg,xl}-5
pb-0	下パディングを0	pb-{sm,md,lg,xl}-0
pb-1	下パディングを0.25rem	pb-{sm,md,lg,xl}-1
pb-2	下パディングを0.5rem	pb-{sm,md,lg,xl}-2
pb-3	下パディングを1rem	pb-{sm,md,lg,xl}-3
pb-4	下パディングを1.5rem	pb-{sm,md,lg,xl}-4
pb-5	下パディングを3rem	pb-{sm,md,lg,xl}-5
pl-0	左パディングを0	pl-{sm,md,lg,xl}-0
pl-1	左パディングを0.25rem	pl-{sm,md,lg,xl}-1
pl-2	左パディングを0.5rem	pl-{sm,md,lg,xl}-2
pl-3	左パディングを1rem	pl-{sm,md,lg,xl}-3
pl-4	左パディングを1.5rem	pl-{sm,md,lg,xl}-4
pl-5	左パディングを3rem	pl-{sm,md,lg,xl}-5
px-0	左右パディングを0	px-{sm,md,lg,xl}-0
px-1	左右パディングを0.25rem	px-{sm,md,lg,xl}-1
px-2	左右パディングを0.5rem	px-{sm,md,lg,xl}-2
px-3	左右パディングを1rem	px-{sm,md,lg,xl}-3
px-4	左右パディングを1.5rem	px-{sm,md,lg,xl}-4
px-5	左右パディングを3rem	px-{sm,md,lg,xl}-5
py-0	上下パディングを0	py-{sm,md,lg,xl}-0
py-1	上下パディングを0.25rem	py-{sm,md,lg,xl}-1
py-2	上下パディングを0.5rem	py-{sm,md,lg,xl}-2
py-3	上下パディングを1rem	py-{sm,md,lg,xl}-3
py-4	上下パディングを1.5rem	py-{sm,md,lg,xl}-4
py-5	上下パディングを3rem	py-{sm,md,lg,xl}-5

8.5.2 自動マージンの応用

mx-auto クラスは、左右マージンを auto に設定するクラスです。これを使用すると、固定幅のブロックレベルコンテンツを水平方向にセンタリングすることができます（リスト 8-14、図 8-14）。

▼リスト 8-14　自動マージンによる水平方向中央揃え（mx-auto.html）

```
<div class="mx-auto">mx-auto</div>
```

▼図 8-14　mx-auto クラスで要素を水平方向にセンタリングした例

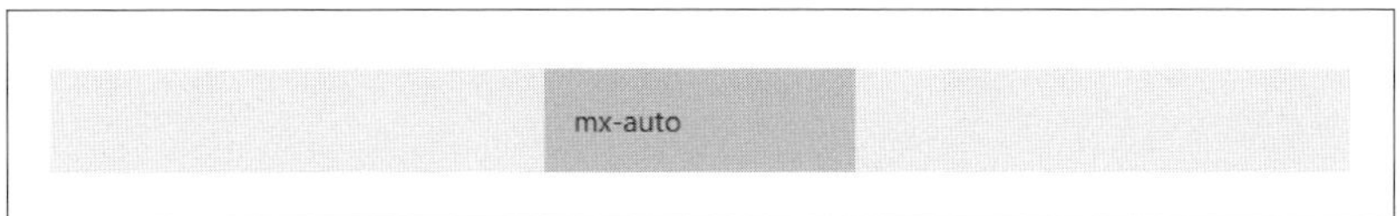

Bootstrap 3 では、ブロックレベルの中央寄せの方法として、center-block クラスが使用されていました。Bootstrap 4 では、center-block クラスは廃止され、新しく mx-auto クラスが定義されたので注意しましょう。

また、左マージンや右マージンだけを自動で配置する ml-auto や mr-auto クラスは、2 つ以上の要素を左右に分離して配置する場合に、flexbox（P.322 参照）の柔軟性を発揮できる非常に便利なクラスです。flexbox における左右の自動マージンの具体的な使用方法については、P.334 を参照してください。

1
2
3
4
5
6
7
8
9
10

8 SECTION 6 Flex ユーティリティ

Flex ユーティリティは、CSS3 の **Flexible Box**（フレキシブルボックス）または **flexbox**（フレックスボックス）と呼ばれるレイアウトモードを使用できるユーティリティです。flexbox を使ったレイアウトでは、従来の float を使ったレイアウトより、より柔軟に要素を配置することができます。

8.6.1 flexbox を有効にするクラス

flexbox を利用するには、要素に Display ユーティリティ（P.310 参照）の **d-flex クラス**（display:flex）または **d-inline-flex クラス**（display:inline-flex）を追加します。これにより、要素は **flex コンテナ**となり、またその子要素は自動的に **flex アイテム**となります。flex アイテムとなった子要素は、flex コンテナ内で任意の方向にレイアウトすることが可能になります（リスト 8-15、図 8-15）。

▼リスト 8-15　flexbox を有効にするクラスの例（d-flex.html）

```
<div class="d-flex">d-flex</div>
<div class="d-inline-flex">d-inline-flex</div>
```

▼図 8-15　flexbox を有効にするクラスの例

flexコンテナ

インラインのflexコンテナ

また各ブレイクポイントに対応する接頭辞 sm、md、lg、xl 付きの **d-{sm,md,lg,xl}-flex クラス**、および **d-{sm,md,lg,xl}-inline-flex クラス**も定義されています。たとえば、**d-sm-flex クラス**を指定すると、Small 以上の画面幅で表示形式を flex コンテナとして設定することができます（表 8-14）。

▼表 8-14　flexbox を有効にするクラス一覧

クラス	レスポンシブ対応クラス	説明
d-flex	d-{sm,md,lg,xl}-flex	flex コンテナをブロックレベルにする
d-inline-flex	d-{sm,md,lg,xl}-inline-flex	flex コンテナをインラインレベルにする

そもそもBootstrap 4のレイアウトはflexboxをもとに構築されており、ほとんどのコンポーネントにおいてもflexboxが使えるようになっていますが、すべての要素の表示形式が「display:flex」になっているわけではありません（この表示形式による多くの不必要な上書きや、キーブラウザの挙動に起こる予期せぬ変更を避けるため）。flexboxのサイジング、位置合わせ、スペーシングなど、その他のFlexユーティリティを使用できるようにするには、このユーティリティクラスが必要になります。

8.6.2 flexコンテナの主軸方向を設定するクラス

flex-{ 方向 } クラスを指定すると、flexコンテナの**主軸**の方向を設定できます。flexアイテムはこの主軸の方向に沿って配置されます。{ 方向 } は、row（左から右）、reverse（右から左）、column（上から下）、reverse（下から上）から選択できます。

また、各ブレイクポイントに対応する接頭辞sm、md、lg、xl付きの**flex-{sm,md,lg,xl}-{ 方向 } クラス**も定義されています。たとえば、flexコンテナに**flex-md-reverse クラス**を指定すると、Small以上の画面幅でflexアイテムを右から左に配置します（表8-15）。

▼表8-15　flexコンテナの主軸方向を設定するクラス一覧

クラス	レスポンシブ対応クラス	説明
flex-row	flex-{sm,md,lg,xl}-row	左から右に配置
flex-row-reverse	flex-{sm,md,lg,xl}-row-reverse	右から左に配置
flex-column	flex-{sm,md,lg,xl}-column	上から下に配置
flex-column-reverse	flex-{sm,md,lg,xl}-column-reverse	下から上に配置

ほとんどのケースでは、ブラウザのデフォルトはflex-direction:row（左から右に配置）であるため、このクラスを省略できます。しかし、レスポンシブレイアウトなどで、この値を明示的に設定しなければならない場合にこれを使用します（リスト8-16、図8-16）。

▼リスト8-16　flexコンテナの主軸方向を設定するクラスの例（flex-direction.html）

```
<h3>左から右（flex-row）</h3>
<div class="d-flex flex-row">
  <div>flexアイテム01</div>
  <div>flexアイテム02</div>
  <div>flexアイテム03</div>
</div>
<h3>右から左（flex-row-reverse）</h3>
<div class="d-flex flex-row-reverse">
  <div>flexアイテム01</div>
  <div>flexアイテム02</div>
  <div>flexアイテム03</div>
</div>
<h3>上から下（flex-column）</h3>
```

```
<div class="d-flex flex-column">
  <div>flexアイテム01</div>
  <div>flexアイテム02</div>
  <div>flexアイテム03</div>
</div>
<h3>下から上 (flex-column-reverse) </h3>
<div class="d-flex flex-column-reverse">
  <div>flexアイテム01</div>
  <div>flexアイテム02</div>
  <div>flexアイテム03</div>
</div>
```

▼図 8-16　flex コンテナの主軸方向を設定するクラスの例

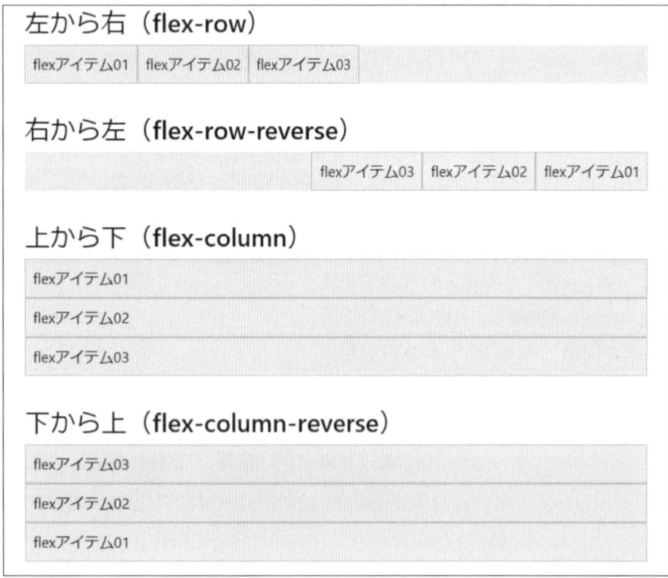

flexbox は2つの軸を持っており、主軸に対して垂直な軸を**交差軸**と言います。flex アイテムは、flex コンテナの主軸に沿って平行に配置されますが、それぞれの軸の始点や終点も flex アイテムのレイアウトの基準として使われます。図 8-17 は、flex-row の場合の主軸と交差軸、それぞれの軸の始点と終点を示したものです。flex-column の場合は、主軸が垂直、交差軸が水平になります。

▼図 8-17　主軸方向が flex-row の場合の主軸と交差軸

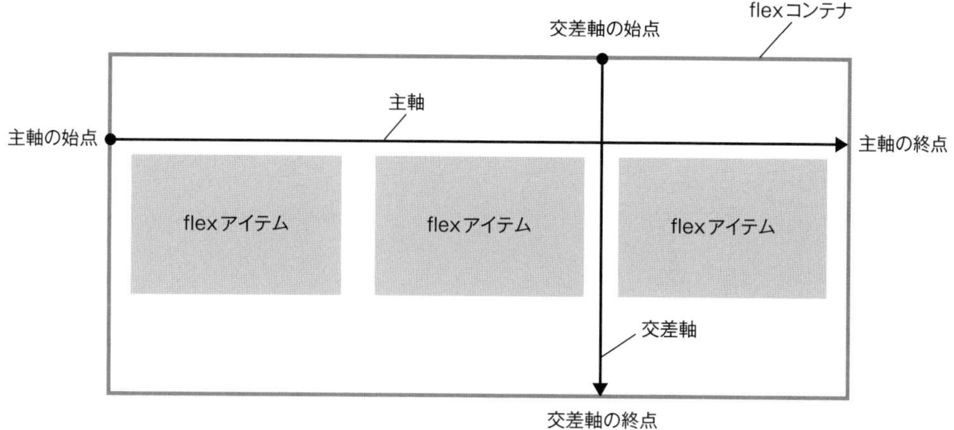

8.6.3 主軸方向の整列をするクラス

justify-content-{ 整列方法 } クラスを使用すると、flex コンテナの主軸に沿って、flex アイテムをどのように配置するかを設定できます。主軸方向が row（デフォルト）の場合は、水平方向の配置を制御します。{ 整列方法 } は、start（始点）、end（終点）、center（中央）、between（両端から均等）、around（等間隔）から選択できます。ブラウザのデフォルトは start です。

また各ブレイクポイントに対応する接頭辞 sm、md、lg、xl 付きの **justify-content-{sm,md,lg,xl}-{ 整列方法 } クラス**も定義されています。主軸方向の整列をするクラス一覧は表 8-16 のとおりです。

▼表 8-16　主軸方向の整列をするクラス一覧

クラス	レスポンシブ対応クラス	説明
justify-content-start	justify-content-{sm,md,lg,xl}-start	主軸の始点に揃える（デフォルト）
justify-content-end	justify-content-{sm,md,lg,xl}-end	主軸の終点に揃える
justify-content-center	justify-content-{sm,md,lg,xl}-center	主軸の中央に揃える
justify-content-between	justify-content-{sm,md,lg,xl}-between	flex アイテムを両端から均等に揃える
justify-content-around	justify-content-{sm,md,lg,xl}-around	主軸に対し flex アイテムを等間隔に配置

justify-content-between と **justify-content-around クラス**の違いがわかりにくいのですが、justify-content-between クラスは、最初の flex アイテムを主軸の始点、最後の flex アイテムを終点に揃え、残りを均等に配置するのに対し、justify-content-around クラスは、主軸に対しすべての flex アイテムを等間隔に配置します（リスト 8-17、図 8-18）。

▼リスト 8-17　主軸方向の整列をするクラスの例（justify-content.html）

```
<h3>justify-content-start</h3>
<div class="d-flex justify-content-start">
  <div>flexアイテム01</div>
```

```
  <div>flexアイテム02</div>
  <div>flexアイテム03</div>
</div>
<h3>justify-content-end</h3>
<div class="d-flex justify-content-end">
  <div>flexアイテム01</div>
  <div>flexアイテム02</div>
  <div>flexアイテム03</div>
</div>
<h3>justify-content-center</h3>
<div class="d-flex justify-content-center">
  <div>flexアイテム01</div>
  <div>flexアイテム02</div>
  <div>flexアイテム03</div>
</div>
<h3>justify-content-between</h3>
<div class="d-flex justify-content-between">
  <div>flexアイテム01</div>
  <div>flexアイテム02</div>
  <div>flexアイテム03</div>
</div>
<h3>justify-content-around</h3>
<div class="d-flex justify-content-around">
  <div>flexアイテム01</div>
  <div>flexアイテム02</div>
  <div>flexアイテム03</div>
</div>
```

▼図8-18 主軸方向の整列をするクラスの例

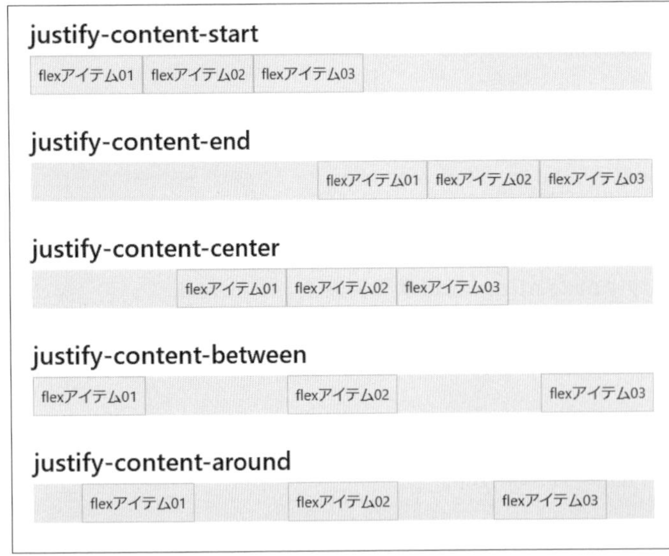

8.6.4 交差軸方向の整列をするクラス

align-items-{ 整列方法 } クラスを使用して、交差軸の flex アイテムの配置を設定できます。主軸方向が row（デフォルト）の場合は、垂直方向の配置を制御します。{ 整列方法 } は、stretch（交差軸に合わせて伸縮）、start（始点）、end（終点）、center（中央）、baseline（ベースライン）から選択できます。デフォルトは stretch です。

また、各ブレイクポイントの接頭辞 sm、md、lg、xl 付きの **align-items-{sm,md,lg,xl}-{ 整列方法 } クラス**も定義されています（表 8-17、リスト 8-18、図 8-19）。

▼表 8-17　交差軸方向の整列をするクラス一覧

クラス	レスポンシブ対応クラス	説明
align-items-start	align-items-{sm,md,lg,xl}-start	交差軸の始点に配置
align-items-end	align-items-{sm,md,lg,xl}-end	交差軸の終点に配置
align-items-center	align-items-{sm,md,lg,xl}-center	交差軸の中央に配置
align-items-baseline	align-items-{sm,md,lg,xl}-baseline	flex アイテム内のベースラインが揃うように配置
align-items-stretch	align-items-{sm,md,lg,xl}-stretch	交差軸の幅（高さ）に合わせて伸縮して配置

▼リスト 8-18　交差軸方向の整列をするクラスの例（align-items.html）

```
<h3>align-items-stretch</h3>
<div class="d-flex align-items-stretch" style="height: 200px">
  <div>flexアイテム01</div>
  <div>flexアイテム02</div>
  <div>flexアイテム03</div>
</div>
<h3>align-items-start</h3>
<div class="d-flex align-items-start" style="height: 200px">
  <div>flexアイテム01</div>
  <div>flexアイテム02</div>
  <div>flexアイテム03</div>
  </div>
<h3>align-items-end</h3>
<div class="d-flex align-items-end" style="height: 200px">
  <div>flexアイテム01</div>
  <div>flexアイテム02</div>
  <div>flexアイテム03</div>
</div>
<h3>align-items-center</h3>
<div class="d-flex align-items-center" style="height: 200px">
  <div>flexアイテム01</div>
  <div>flexアイテム02</div>
  <div>flexアイテム03</div>
</div>
<h3>align-items-baseline</h3>
<div class="d-flex align-items-baseline" style="height: 200px">
  <div style="padding: 2rem">flexアイテム01 <br> (padding: 2rem) </div>
```

```
  <div style="padding: 4rem">flexアイテム02 <br> (padding: 4rem) </div>
  <div style="padding: 1rem">flexアイテム03 <br> (padding: 1rem) </div>
</div>
```

▼図 8-19　交差軸方向の整列をするクラスの例

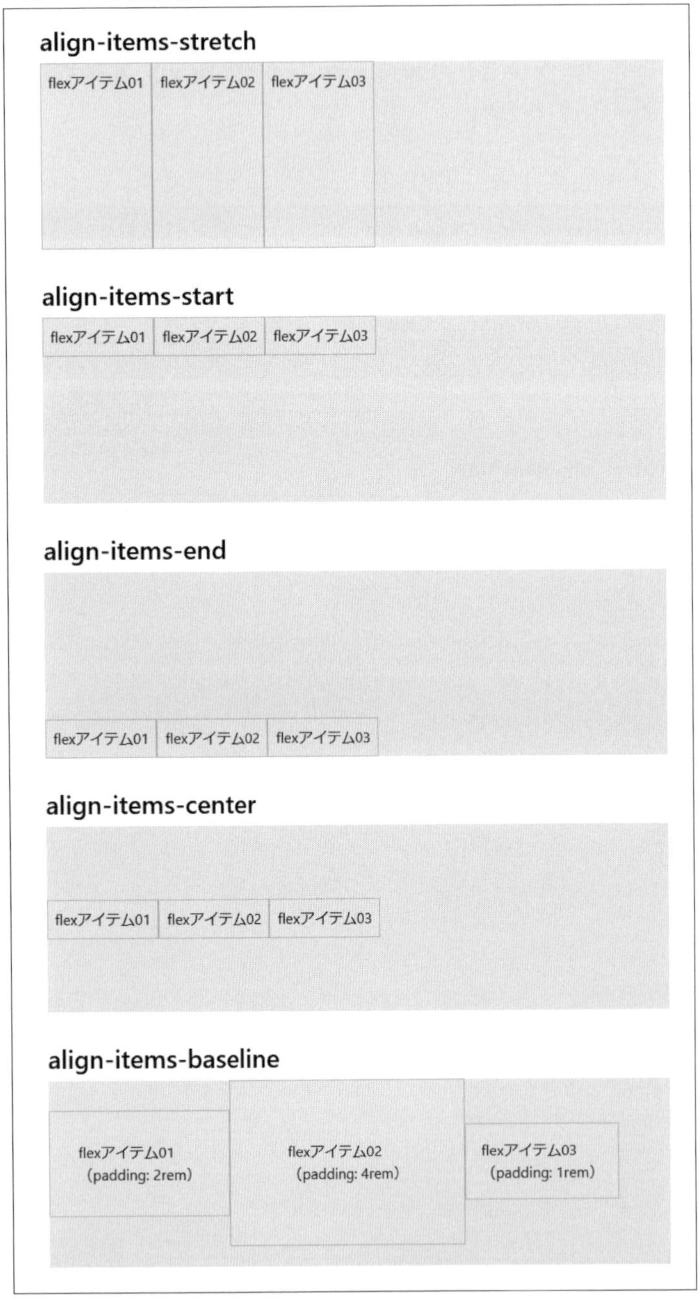

align-items-stretch

flexアイテム01 flexアイテム02 flexアイテム03

align-items-start

flexアイテム01 flexアイテム02 flexアイテム03

align-items-end

flexアイテム01 flexアイテム02 flexアイテム03

align-items-center

flexアイテム01 flexアイテム02 flexアイテム03

align-items-baseline

flexアイテム01 (padding: 2rem)

flexアイテム02 (padding: 4rem)

flexアイテム03 (padding: 1rem)

8.6.5 flex アイテムを交差軸上で個別に整列するクラス

align-self-{ 整列方法 } クラスを使用して、flex アイテムの交差軸上の配置を個別に変更できます。{ 整列方法 } は、前項の align-items と同じ stretch（ブラウザのデフォルト）、start、end、center、baseline から選択可能です。また各ブレイクポイントに対応する接頭辞 sm、md、lg、xl 付きの **align-self-{sm,md,lg,xl}-{ 整列方法 } クラス**も定義されています。flex アイテムを交差軸上で個別に整列するクラス一覧は表 8-18 のとおりです。

▼表 8-18　flex アイテムを交差軸上で個別に整列するクラス一覧

クラス	レスポンシブ対応クラス	説明
align-self-start	align-self-{sm,md,lg,xl}-start	交差軸の始点に配置
align-self-end	align-sel-{sm,md,lg,xl}f-end	交差軸の終点に配置
align-self-center	align-self-{sm,md,lg,xl}-center	交差軸の中央に配置
align-self-baseline	align-self-{sm,md,lg,xl}-baseline	flex アイテム内のベースラインが揃うように配置
align-self-stretch	align-self-{sm,md,lg,xl}-stretch	交差軸の幅（高さ）に合わせて伸縮して配置

前項の align-items が flex コンテナに指定するのに対し、このクラスは個々の flex アイテムに指定します。また align-item より優先されます（リスト 8-19、図 8-20）。

▼リスト 8-19　flex アイテムを交差軸上で個別に整列するクラス（align-self.html）

```
<h3>align-self-stretch</h3>
<div class="d-flex" style="height: 100px">
  <div>flexアイテム01</div>
  <div class="align-self-stretch">flexアイテム02 (align-self-stretch) </div>
  <div>flexアイテム03</div>
</div>
<h3>align-self-start</h3>
<div class="d-flex" style="height: 100px">
  <div>flexアイテム01</div>
  <div class="align-self-start">flexアイテム02 (align-self-start) </div>
  <div>flexアイテム03</div>
</div>
<h3>align-self-end</h3>
<div class="d-flex" style="height: 100px">
  <div>flexアイテム01</div>
  <div class="align-self-end">flexアイテム02 (align-self-end) </div>
  <div>flexアイテム03</div>
</div>
<h3>align-self-center</h3>
<div class="d-flex" style="height: 100px">
  <div>flexアイテム01</div>
  <div class="align-self-center">flexアイテム02 (align-self-center) </div>
  <div>flexアイテム03</div>
</div>
```

```
<h3>align-self-baseline</h3>
<div class="d-flex" style="height: 100px">
  <div>flexアイテム01</div>
  <div class="align-self-baseline">flexアイテム02 (align-self-baseline) </div>
  <div>flexアイテム03</div>
</div>
```

▼図 8-20　flex アイテムを交差軸上で個別に整列するクラス

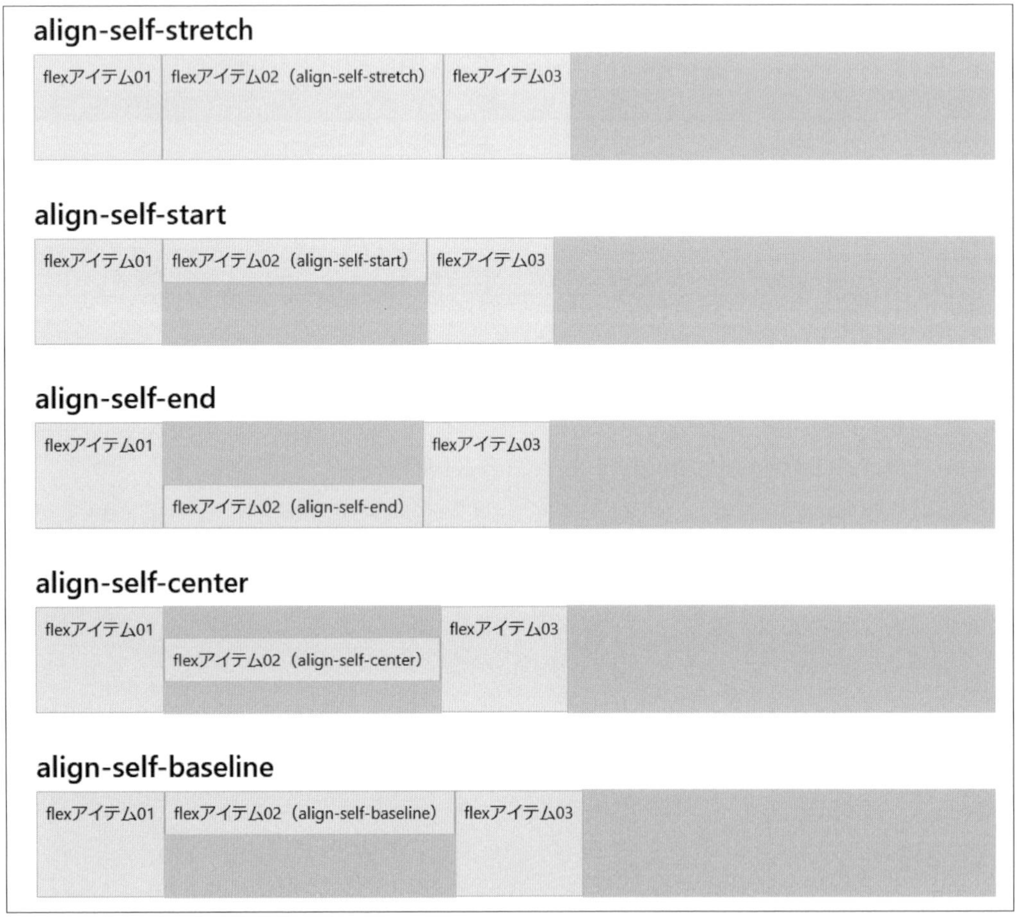

align-self-stretch

flexアイテム01 | flexアイテム02（align-self-stretch） | flexアイテム03

align-self-start

flexアイテム01 | flexアイテム02（align-self-start） | flexアイテム03

align-self-end

flexアイテム01 | flexアイテム02（align-self-end） | flexアイテム03

align-self-center

flexアイテム01 | flexアイテム02（align-self-center） | flexアイテム03

align-self-baseline

flexアイテム01 | flexアイテム02（align-self-baseline） | flexアイテム03

8.6.6 flex コンテナ全幅に渡って等幅で整列するクラス

flex-fill クラスを使用して、flex コンテナ全幅に渡って flex アイテムが等幅で並ぶように設定することができます。また各ブレイクポイントに対応する接頭辞 sm、md、lg、xl 付きの **flex-{sm,md,lg,xl}-fill クラス**も定義されています（表 8-19、リスト 8-20、図 8-21）。

▼表 8-19　flex コンテナ全幅に渡って等幅で整列するクラス一覧

クラス	レスポンシブ対応クラス	説明
flex-fill	flex-{sm,md,lg,xl}-fill	flex コンテナ全幅に渡って等幅で整列

▼リスト 8-20　flex コンテナ全幅に渡って等幅で整列するクラス（flex-fill.html）

```
<div class="d-flex">
  <div class="flex-fill">flexアイテム01</div>
  <div class="flex-fill">flexアイテム02</div>
  <div class="flex-fill">flexアイテム03</div>
</div>
```

▼図 8-21　flex コンテナ全幅に渡って等幅で整列するクラス

8.6.7 flex アイテムの幅の伸縮を指定するクラス

flex-grow-* クラスを使用して、flex アイテムの幅を伸長し、flex コンテナの余白領域を埋めることができます。* には「0」（伸長しない）または「1」（伸長する）が入ります。その逆に、**flex-shrink-*** クラスを使用して、flex アイテムの幅を縮小することができます。* には「0」（縮小しない）または「1」（縮小する）が入ります（表 8-20）。

▼表 8-20　flex アイテムの伸縮を指定するクラス一覧

クラス	レスポンシブ対応クラス	説明
flex-grow-0	flex-{sm,md,lg,xl}-grow-0	flex アイテムの幅を伸長しない
flex-grow-1	flex-{sm,md,lg,xl}-grow-1	flex アイテムの幅を伸長する
flex-shrink-0	flex-{sm,md,lg,xl}-shrink-0	flex アイテムの幅を縮小しない
flex-shrink-1	flex-{sm,md,lg,xl}-shrink-1	flex アイテムの幅を縮小する

次の例（リスト8-21、図8-22）では、flexアイテムにflex-grow-1クラスを追加して幅を伸長し、flexコンテナの余白領域を埋めています（❶）。また、flexアイテムにflex-shrink-1クラスを追加して幅を縮小し、w-100クラスが設定された他のflexコンテナのスペースを増やすことで、flexコンテナの余白領域を埋めています（❷）。

▼リスト8-21　flexアイテムの伸縮を指定するクラス（flex-grow-shrink.html）

```
<h3>デフォルト</h3>
<div class="d-flex" style="height: 100px">
  <div class="p-2">flexアイテム01</div>
  <div class="p-2">flexアイテム02</div>
  <div class="p-2">flexアイテム03</div>
</div>
<!-- flexアイテムの幅を伸長する -->
<h3>flex-grow</h3>
<div class="d-flex" style="height: 100px">
  <div class="p-2 flex-grow-1">flexアイテム01 (flex-grow-1) </div> ❶
  <div class="p-2">flexアイテム02</div>
  <div class="p-2">flexアイテム03</div>
</div>
<!-- flexアイテムの幅を縮小する -->
<h3>flex-shrink</h3>
<div class="d-flex" style="height: 100px">
  <div class="p-2 flex-shrink-1">flexアイテム01 (flex-shrink-1) </div> ❷
  <div class="p-2 w-100">flexアイテム02</div>
  <div class="p-2 w-100">flexアイテム03</div>
</div>
```

▼図8-22　flexアイテムの伸縮を指定するクラス

8.6.8 flex アイテムの折り返しを設定するクラス

flex アイテムが flex コンテナ内でどのように折り返すかを指定するには、**flex-nowrap クラス**（折り返しなし）、**flex-wrap クラス**（折り返し）または **flex-wrap-reverse クラス**（逆方向へ折り返し）を選択して設定することができます（表 8-21、リスト 8-22、図 8-23）。

▼表 8-21　flex アイテムの折り返しを設定するクラス一覧

クラス	レスポンシブ対応クラス	説明
flex-nowrap	flex-{sm,md,lg,xl}-nowrap	折り返しなし
flex-wrap	flex-{sm,md,lg,xl}-wrap	折り返し
flex-wrap-reverse	fflex-{sm,md,lg,xl}-wrap-reverse	逆方向へ折り返し

▼リスト 8-22　flex アイテムの折り返しを設定するクラス（flex-wrap.html）

```
<h3>flex-nowrap</h3>
<div class="d-flex flex-nowrap">
  <div>flexアイテム01</div>
…中略…
  <div>flexアイテム12</div>
</div>
<h3>flex-wrap</h3>
<div class="d-flex flex-wrap">
…中略…
</div>
<h3>flex-wrap-reverse</h3>
<div class="d-flex flex-wrap-reverse">
…中略…
</div>
```

▼図 8-23　flex アイテムの折り返しを設定するクラス

flex-nowrap

flexアイテム01 flexアイテム02 flexアイテム03 flexアイテム04 flexアイテム05 flexアイテム06 flexアイテム07 flexアイテム08 flexアイテム09 flexアイテム10 flexアイテム11 flexアイテム12

flex-wrap

flexアイテム01 flexアイテム02 flexアイテム03 flexアイテム04 flexアイテム05 flexアイテム06 flexアイテム07
flexアイテム08 flexアイテム09 flexアイテム10 flexアイテム11 flexアイテム12

flex-wrap-reverse

flexアイテム08 flexアイテム09 flexアイテム10 flexアイテム11 flexアイテム12
flexアイテム01 flexアイテム02 flexアイテム03 flexアイテム04 flexアイテム05 flexアイテム06 flexアイテム07

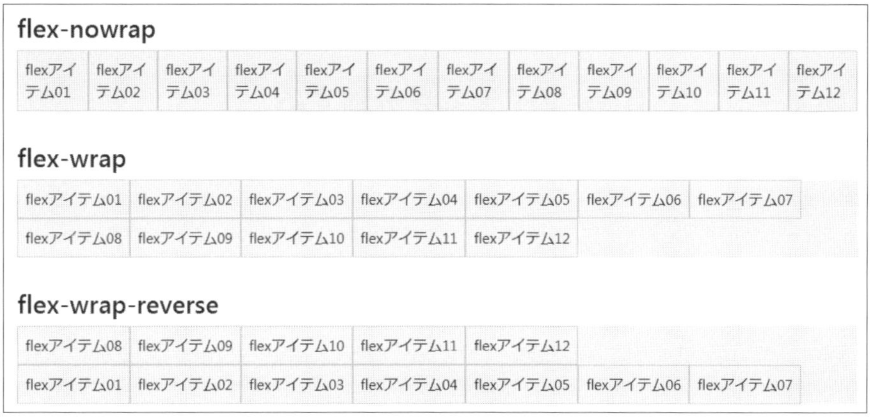

8.6.9　特定の flex アイテムの表示順序を入れ替えるクラス

特定の flex アイテムの表示順序を変更するには、**order-{ 順番 } クラス**使用します。{ 順番 } は、flex アイテムを並べたい順に 0 ～ 12 の数値を設定可能です。同じ順番のクラスを指定された要素は、ソースコード内の記載順に配置されます。

また、各ブレイクポイントに対応する接頭辞 sm、md、lg、xl 付きの **order-{sm,md,lg,xl}-{ 順番 } クラス**も定義されていますが、ブレイクポイントの接頭辞が設定されていない要素が優先的に先に表示されます。設定する際は、{sm,md,lg,xl} を揃えるようにしてください。

特定の flex アイテムの表示順序を入れ替えるクラス一覧は表 8-22 のとおりです。

▼表 8-22　特定の flex アイテムの表示順序を入れ替えるクラス一覧

クラス	レスポンシブ対応クラス	説明
order-{0 ～ 12}	order-{sm,md,lg,xl}-{0 ～ 12}	値が小さい要素から順に配置

次の例では、HTML 上では、flex アイテム 01、flex アイテム 02、flex アイテム 03 の順で書かれていますが、**order-1、order-2、order-3** で指定された順に表示されます（リスト 8-23、図 8-24）。

▼リスト 8-23　特定の flex アイテムの表示順序を入れ替えるクラスの例（flex-order.html）

```
<div class="d-flex">
  <div class="order-1">flexアイテム01</div>
  <div class="order-3">flexアイテム02</div>
  <div class="order-2">flexアイテム03</div>
</div>
```

▼図 8-24　特定の flex アイテムの表示順序を入れ替えるクラスの例

flexアイテム01　flexアイテム03　flexアイテム02

8.6.10　自動マージンで flex アイテムを分離する

Flex ユーティリティの整列と Spacing ユーティリティの自動マージン（P.321 参照）を混在させると、flexbox の柔軟な機能を利用できます。

たとえば、ある flex アイテム以降の flex アイテムを右または左に分離したい場合に便利です。右側にアイテムを分離したい場合は、**mr-auto クラス**を右に分離したい直前のアイテムに入れます。左側にアイテムを分離したい場合は、**ml-auto クラス**を左に分離したい直後のアイテムに入れます（リスト 8-24、図 8-25）。

ただし、Internet Explorer 10、11 では、親要素がデフォルト以外の justify-content の値を持つ flex アイテムの自動マージンを正しくサポートしていないので注意してください。

▼リスト 8-24　自動マージンで flex アイテムを分離した例（mr-auto.html）

```
<h3>デフォルト（自動マージンなし）</h3>
<div class="d-flex">
  <div>Flexアイテム1</div>
  <div>Flexアイテム2</div>
  <div>Flexアイテム3</div>
</div>
<h3>右側に分離（mr-auto）</h3>
<div class="d-flex">
  <div class="mr-auto">Flexアイテム1</div>
  <div>Flexアイテム2</div>
  <div>Flexアイテム3</div>
</div>
<h3>左側に分離（ml-auto）</h3>
<div class="d-flex">
  <div>Flexアイテム1</div>
  <div>Flexアイテム2</div>
  <div class="ml-auto p-2">Flexアイテム3</div>
</div>
```

▼図 8-25　自動マージンで flex アイテムを分離した例

デフォルト（自動マージンなし）

Flexアイテム1	Flexアイテム2	Flexアイテム3

右側に分離（mr-auto）

Flexアイテム1		Flexアイテム2	Flexアイテム3

左側に分離（ml-auto）

Flexアイテム1	Flexアイテム2		Flexアイテム3

8.6.11 複数行における flex アイテムの交差軸の整列をするクラス

align-content-{ 整列方法 } クラスを使用して、flex アイテムを交差軸上に整列できます。注意点として、単一行の flex アイテムは制御できません。{ 整列方法 } は、start、end、center、between、around、stretch から選択可能です。また、各ブレイクポイントに対応する接頭辞 sm、md、lg、xl 付きの **align-content-{sm,md,lg,xl}-{ 整列方法 } クラス**も定義されています（表 8-23）。

▼表 8-23　複数行における flex アイテムの交差軸の整列をするクラス

クラス	レスポンシブ対応クラス	説明
align-content-start	align-content-{sm,md,lg,xl}-start	行を交差軸の始点に揃えて配置
align-content-end	align-content-{sm,md,lg,xl}-end	行を交差軸の終点に揃えて配置
align-content-center	align-content-{sm,md,lg,xl}-center	行を交差軸の中央に配置
align-content-between	align-content-{sm,md,lg,xl}-center	行を両端から均等に並べる
align-content-around	align-content-{sm,md,lg,xl}-around	行を等間隔に並べる
align-content-stretch	align-content-{sm,md,lg,xl}-stretch	行を交差軸いっぱいに伸縮して配置

次の例では、これらユーティリティの動きを確認するために、flex-wrap: wrap を強制し、flex アイテムの数を増やしています（リスト 8-25、図 8-26）。

▼リスト 8-25　複数行における flex アイテムの交差軸の整列をするクラス（align-content.html）

```
<h3>align-content-start</h3>
<div class="d-flex align-content-start flex-wrap" style="height: 200px">
  <div>flexアイテム01</div>
  <div>flexアイテム02</div>
  <div>flexアイテム03</div>
  <div>flexアイテム04</div>
  <div>flexアイテム05</div>
  <div>flexアイテム06</div>
  <div>flexアイテム07</div>
  <div>flexアイテム08</div>
  <div>flexアイテム09</div>
  <div>flexアイテム10</div>
  <div>flexアイテム11</div>
  <div>flexアイテム12</div>
</div>
<h3>align-content-end</h3>
<div class="d-flex align-content-end flex-wrap" style="height: 200px">
…中略…
</div>
<h3>align-content-center</h3>
<div class="d-flex align-content-center flex-wrap" style="height: 200px">
…中略…
</div>
<h3>align-content-between</h3>
<div class="d-flex align-content-between flex-wrap" style="height: 200px">
…中略…
</div>
<h3>align-content-around</h3>
<div class="d-flex align-content-around flex-wrap" style="height: 200px">
…中略…
</div>
<h3>align-content-stretch</h3>
<div class="d-flex align-content-stretch flex-wrap" style="height: 200px">
…中略…
</div>
```

▼図 8-26　複数行における flex アイテムの交差軸の整列をするクラス

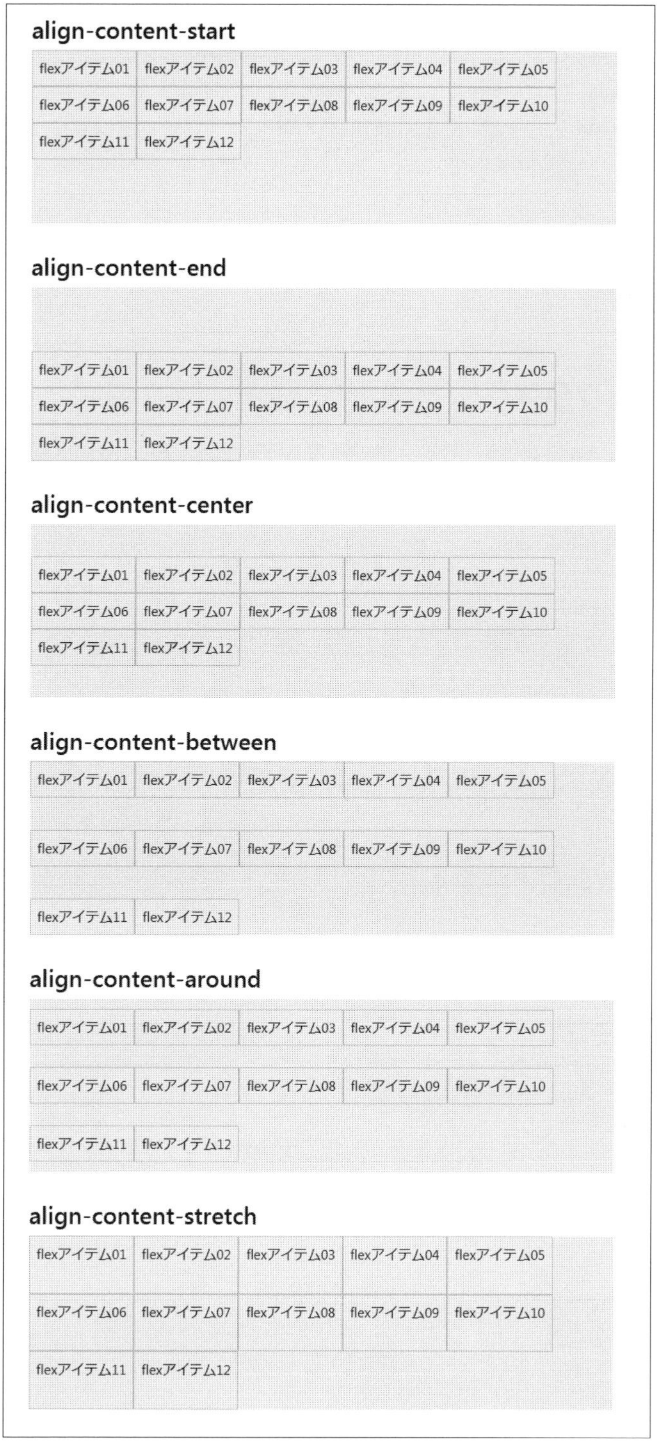

align-content-start

flexアイテム01 flexアイテム02 flexアイテム03 flexアイテム04 flexアイテム05
flexアイテム06 flexアイテム07 flexアイテム08 flexアイテム09 flexアイテム10
flexアイテム11 flexアイテム12

align-content-end

flexアイテム01 flexアイテム02 flexアイテム03 flexアイテム04 flexアイテム05
flexアイテム06 flexアイテム07 flexアイテム08 flexアイテム09 flexアイテム10
flexアイテム11 flexアイテム12

align-content-center

flexアイテム01 flexアイテム02 flexアイテム03 flexアイテム04 flexアイテム05
flexアイテム06 flexアイテム07 flexアイテム08 flexアイテム09 flexアイテム10
flexアイテム11 flexアイテム12

align-content-between

flexアイテム01 flexアイテム02 flexアイテム03 flexアイテム04 flexアイテム05
flexアイテム06 flexアイテム07 flexアイテム08 flexアイテム09 flexアイテム10
flexアイテム11 flexアイテム12

align-content-around

flexアイテム01 flexアイテム02 flexアイテム03 flexアイテム04 flexアイテム05
flexアイテム06 flexアイテム07 flexアイテム08 flexアイテム09 flexアイテム10
flexアイテム11 flexアイテム12

align-content-stretch

flexアイテム01 flexアイテム02 flexアイテム03 flexアイテム04 flexアイテム05
flexアイテム06 flexアイテム07 flexアイテム08 flexアイテム09 flexアイテム10
flexアイテム11 flexアイテム12

8 SECTION 7 Float ユーティリティ

Float ユーティリティを使用すると、要素を包含ブロックの左または右に沿うように配置し、他の要素がその周りを回り込むように設定できます。このユーティリティはブレイクポイントと組み合わせることもできます。

8.7.1 フロートを設定するクラス

Float ユーティリティは、float プロパティを設定できるクラスです。フロートを設定したい要素に **float-{ 配置の種類 } クラス**を設定します。{ 配置の種類 } には、left（左）、right（右）、none（なし）のいずれかを選択します（リスト 8-26、図 8-27）。

▼リスト 8-26　フロートを設定するクラスの例（float.html）

```
<div class="container">
  <span class="float-left">float-left</span><br>
  <span class="float-right">float-right</span><br>
  <span class="float-none">float-none</span>
</div>
```

▼図 8-27　フロートを設定するクラスの例

8.7.2 ブレイクポイントでフロートを切り替えるクラス

各ブレイクポイントに対応したクラス接頭辞 sm、md、lg、xl と組み合わせた **float-{ ブレイクポイント }-{ 配置の種類 } クラス**も使用できます。

次の例では、各ブレイクポイントで要素を右寄せにしています（リスト 8-27、図 8-28）。

▼リスト 8-27　ブレイクポイントでフロートを切り替えるクラスの例（float-responsive.html）

```
<div class="container">
  <span class="float-sm-right">SM (small)以上で左寄せ</span>
</div>
<div class="container">
```

```
  <span class="float-md-right">MD (medium)以上で左寄せ</span>
</div>
<div class="container">
  <span class="float-lg-right">LG (large)以上で左寄せ</span>
</div>
<div class="container">
  <span class="float-xl-right">XL (extra-large)以上で左寄せ</span>
</div>
```

▼図 8-28　ブレイクポイントでフロートを切り替えるクラスの例（上：Small 未満、下：Small）

SM(small)以上で左寄せ
MD (medium)以上で左寄せ
LG (large)以上で左寄せ
XL (extra-large)以上で左寄せ

MD (medium)以上で左寄せ　SM(small)以上で左寄せ
LG (large)以上で左寄せ
XL (extra-large)以上で左寄せ

8.7.3 Clearfix ユーティリティ

Clearfix ユーティリティは、フロートを指定した要素の**親要素**に設定し、フロートを解除するのに使用します。

次の例では、子要素に右フロートをかけています。親要素には、背景色クラス bg-danger を指定していますが、中の要素が浮いた（フロートした）状態になっているため、親ボックスの高さが算出されず、背景色が敷かれていません（リスト 8-28、図 8-29）。

▼リスト 8-28　フロートを解除していない例（clearfix-before.html）

```
<div class="w-50 mx-auto bg-danger">
  <div class="float-right bg-success">右フロート</div>
</div>
```

▼図 8-29　フロートを解除していない例

その他、マージンが効かない、後続の要素の配置が崩れるといったことも、フロートを解除しなかった場合に起こりがちな問題です。こういったケースでは、親要素に clearfix クラスを指定してフロートを解除します（リスト 8-29、図 8-30）。

▼リスト 8-29　clearfix でフロートを解除した例（clearfix-after.html）

```
<div class="w-50 mx-auto bg-danger cleafix">
  <div class="float-right bg-success">右フロート</div>
</div>
```

▼図 8-30　clearfix でフロートを解除した例

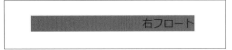

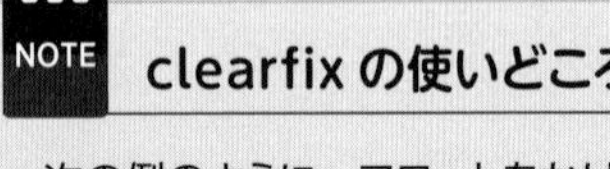

clearfix の使いどころ

次の例のように、フロートをかけた要素の後に、フロートを解除できる兄弟要素があれば clearfix は必要ありません（リスト 8-30、図 8-31）。

▼リスト 8-30　clearfix クラスが不要のケース

```
<div class="container">
    <div class="float-left">左フロート</div>
    <div class="float-right">右フロート</div>
    <div style="clear:both">フロート解除</div>  <!-- ここで解除 -->
</div>
```

▼図 8-31　clearfix クラスが不要のケース

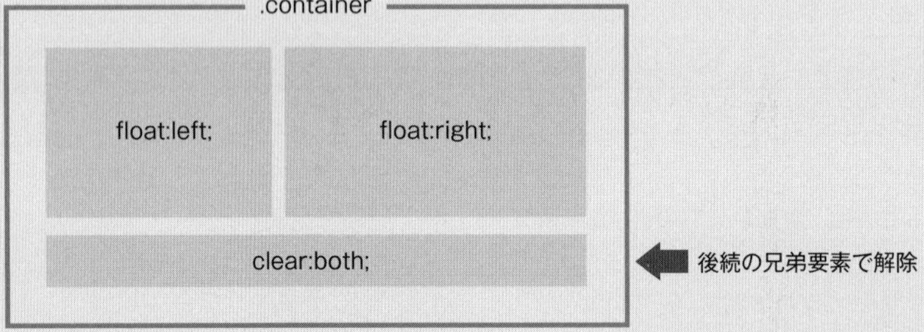

次の例のように、後続の兄弟要素がない場合に、親要素に clearfix クラスを指定します（リスト 8-31）。

▼リスト 8-31　clearfix クラスが必要になるケース

```
<div class="container clearfix">
    <div class="float-left">左フロート</div>
    <div class="float-right">右フロート</div>
</div>
```

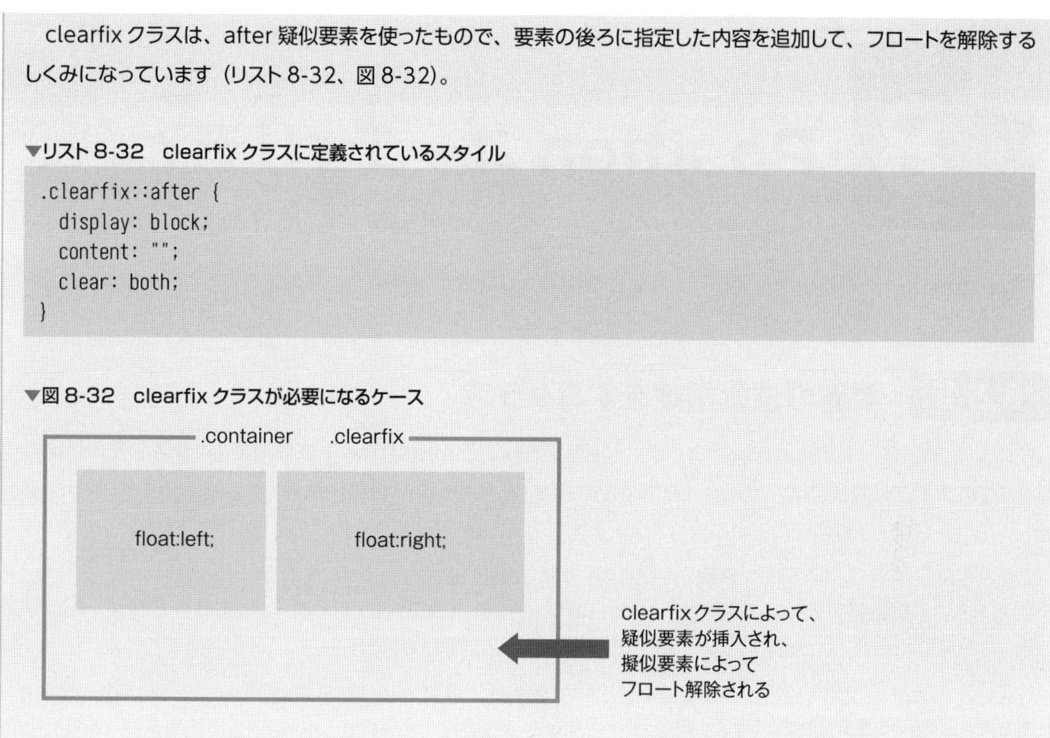

clearfix クラスは、after 疑似要素を使ったもので、要素の後ろに指定した内容を追加して、フロートを解除するしくみになっています（リスト 8-32、図 8-32）。

▼リスト 8-32　clearfix クラスに定義されているスタイル

```
.clearfix::after {
  display: block;
  content: "";
  clear: both;
}
```

▼図 8-32　clearfix クラスが必要になるケース

SECTION 8 Position ユーティリティ

Position ユーティリティを使用して、相対位置や絶対位置など、要素の位置指定を行うことができます。

8.8.1 要素の位置指定をするクラス

このユーティリティは、position プロパティを設定するもので、**position-{ 位置指定 } クラス**で要素の位置指定を設定します。位置指定は、static（通常の位置指定）、relative（相対位置指定）、absolute（絶対位置指定）、fixed（固定位置指定）、sticky（Sticky 位置指定）から選択できます（表 8-24）。ただしこのユーティリティクラスは、ブレイクポイント（sm、md、lg、xl）を付けたレスポンシブなクラスには対応していません。また実際のところ位置指定を設定する際は、top、left、right、bottom プロパティなどと組み合わせて配置を指定することが多いため、このクラスの使いどころは限られているかもしれません。

▼表 8-24　要素の位置指定をするクラス一覧

クラス	説明
position-static	通常の位置指定
position-relative	相対位置指定
position-absolute	絶対位置指定
position-fixed	固定位置指定
position-sticky	Sticky 位置指定

NOTE

Sticky とは?

Sticky 位置指定とは、CSS3 で position プロパティに新たに追加された値で、相対位置指定と固定位置指定を組み合わせたものです。指定したしきい値に達するまで相対位置指定として振る舞い、しきい値に達したら固定位置指定として扱われます。

たとえば sticky といクラス名を付けた要素に、リスト 8-33 のようなスタイルを指定した場合、上端から 100px の位置に到達するまでは、position: relative のように振る舞い、上端から 100px の位置に到達するとそこで固定されます。

▼リスト 8-33　position: stycky; の例

```
.sticky {
  position: sticky;
  top: 10px; /* 上端から100pxのところで固定 */
```

```
}
```

ただし、Internet Explorer 10、11 など、position: sticky; に未対応のブラウザもあるので注意してください。リスト 8-34 のように @supports クエリを使用すると、サポートしているブラウザにのみ position: sticky; を、未対応ブラウザには positio: fixed を適用することができます。

▼リスト 8-34　サポートブラウザにのみ position: stycky; を適用

```
@supports (position: sticky) { /* サポートブラウザ用 */
  .sticky {
    position: sticky;
  }
}
@supports not (position: sticky) { /* 未サポートブラウザ用 */
  .sticky {
    position: fixed;
  }
}
```

1 2 3 4 5 6 7 8 9 10

8.8.2 最上部に固定するクラス

fixed-top クラスを使用すると、要素を画面の最上部に固定できます。たとえば、ナビゲーションバーの固定などで使用します。リスト 8-35 のサンプルでは、fixed-top クラスを指定した要素の前に、h1 要素や h2 要素などがありますが、それらの見出し要素よりも上の最上部に要素が固定配置されます。

▼リスト 8-35　fixed-top クラスの例（fixed-top.html）

```
<h1 class="my-5 text-center">Positionユーティリティ</h1>
<h2 class="my-5 text-center">最上部に固定するクラス（fixed-top）</h2>
<div class="container">
  <div class="fixed-top py-3 px-3 bg-dark text-center" id="nav"><a href="#test" class="text-light">⏎
#testへ</a></div>
  <h3 id="test">#test</h3>
  <div class="box">このボックスには高さ1000pxが設定されています。</div>
</div>
```

ただし、固定位置指定で要素を配置すると、その要素の下に他の要素が隠れてしまう場合があります。サンプルの「#test へ」のアンカーリンクをクリックすると、test という ID 名を付けた h3 要素が、最上部に固定された要素の下に隠れているのを確認できます（図 8-33）。

▼図8-33　要素を最上部に固定配置したことによる影響

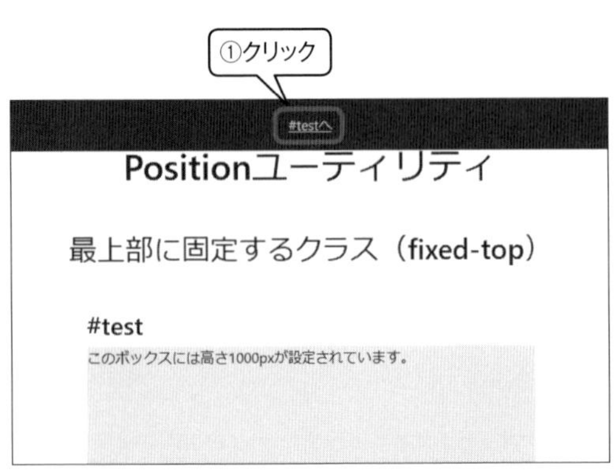

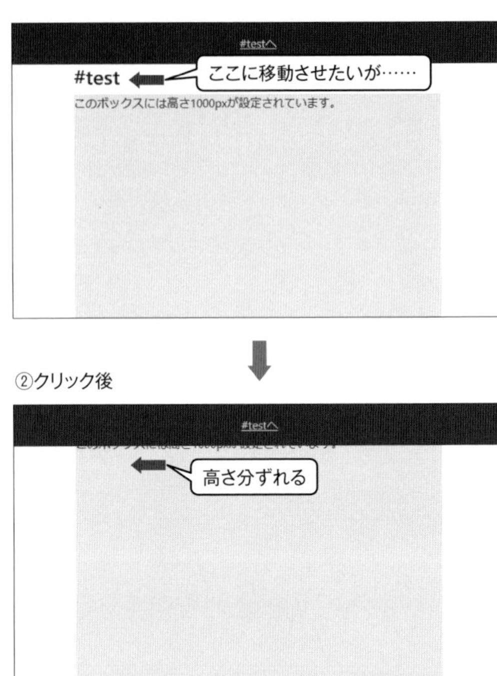

そのようなときには、追加CSSで調整が必要です。今回の場合は、バーの高さを56pxで指定しているので、対象の要素の上マージンに、その高さ分のネガティブマージン-56pxを指定します。このままだと前の要素との間隔が56px分詰まってしまいますので、上パディングを追加します（リスト8-36）。

▼リスト8-36　固定配置によるズレを調整する追加CSS（fixed-top2.html）

```
#test {
  margin-top: -56px; /* 固定した要素の高さ分のネガティブマージンを設定 */
  padding-top: 56px; /* 打消し用の上パディング */
}
```

8.8.3　最下部に固定するクラス

fixed-bottomクラスを使用すると、要素を画面の最下部に固定できます。こちらも前項と同じように、要素を固定位置指定したことによる影響を考慮する必要があります。次の例では、ページトップへのアンカーリンクを画面下部に設置していますが、固定配置した要素の下に隠れてしまっています（リスト8-37、図8-34）。

▼リスト8-37　fixed-bottomクラスの例（fixed-bottom.html）

```
<div class="fixed-bottom py-3 px-3 bg-dark text-center" id="nav"><a href="#test" class=↵
"text-light">#testへ</a></div>
<h3 id="test">#test</h3>
```

```
<div class="box">このボックスには高さ1000pxが設定されています。</div>
<p class="pagetop text-right"><a href="#top">ページトップへ</a></p>
```

▼図 8-34　要素を最下部に固定配置したことによる影響

今回は、固定配置した要素の高さ分の下パディングを追加して調整します（リスト 8-38、図 8-35）。

▼リスト 8-38　固定配置によるズレを調整する追加 CSS（fixed-bottom2.html）

```
.pagetop {
  padding-bottom: 56px; /* 固定した要素の高さ分、下パディングを追加 */
}
```

▼図 8-35　追加 CSS で調整後

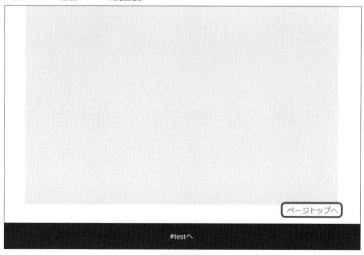

8.8.4 最上部に達すると固定するクラス

sticky-top クラスを使用すると、要素がスクロールして最上部に達すると固定されます。このクラスも、ナビゲーションバーの固定などで使用できます（リスト 8-39、図 8-36）。

▼リスト 8-39　fixed-bottom クラスの例（sticky-top.html）

```
<div class="sticky-top py-3 px-3 bg-dark text-center" id="nav"><a href="#test" class="text-light">↵
#testへ</a></div>
```

▼図 8-36　スクロールして最上部に達すると固定

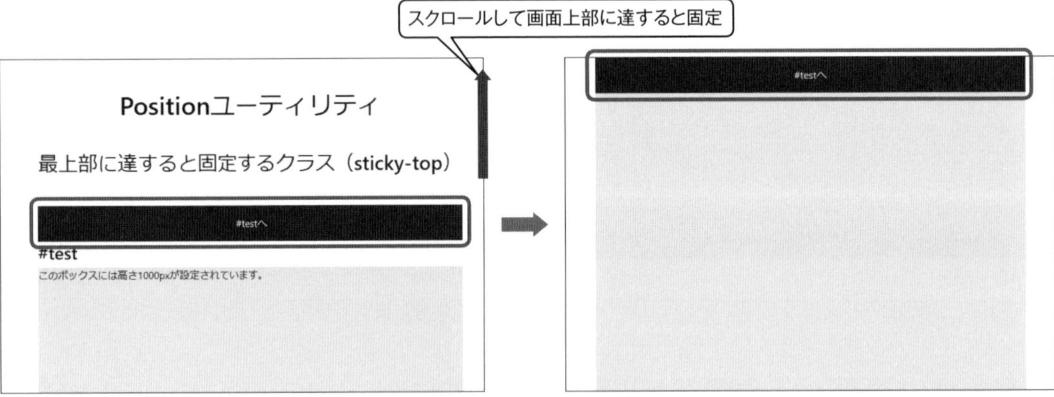

sticky-top ユーティリティは、CSS の position: sticky を使用していますが、これはすべてのブラウザで完全にサポートされているわけではありません。たとえば、Internet Explorer 10、11 は position : sticky; を position : relative; としてレンダリングします。そのため、Bootstrap では、スタイルを @support クエリで囲み、適切にレンダリングできるブラウザのみに適用する方法を採用しています（リスト 8-40）。

▼リスト 8-40　sticky-top クラスに定義されているスタイル

```
@supports ((position: -webkit-sticky) or (position: sticky)) {
  .sticky-top {
    position: -webkit-sticky;
    position: sticky;
    top: 0;
    z-index: 1020;
  }
}
```

8 SECTION 9 Text ユーティリティ

Text ユーティリティを使用して、文字の整列、折り返し、太さなどを設定できます。

8.9.1 文字の均等割り付けを設定するクラス

文字を均等割り付けするには、**text-justify クラス**を指定します(リスト 8-41、図 8-37)。

▼リスト 8-41　文字の均等割り付けの例(text-justify.html)

```
<p class="text-justify">Bootstrapは、HTML/CSS/JavaScriptから構成されるもっとも有名なWeb↵
アプリケーションフレームワークの1つです。Bootstrapは、HTML/CSS/JavaScriptから構成されるもっとも↵
有名なWebアプリケーションフレームワークの1つです。・・・略
</p>
```

▼図 8-37　text-justify 設定前(左)と設定後(右)

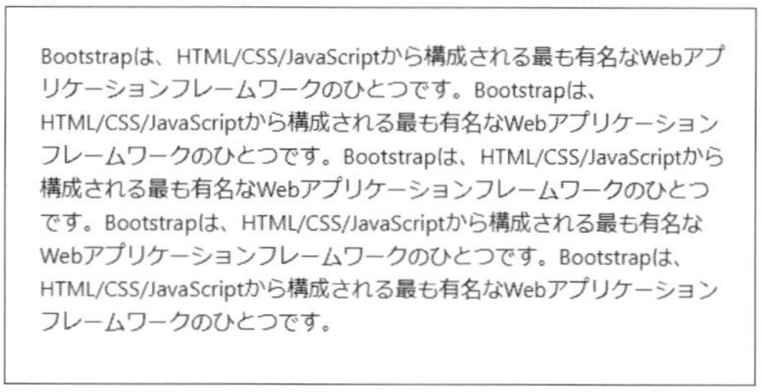

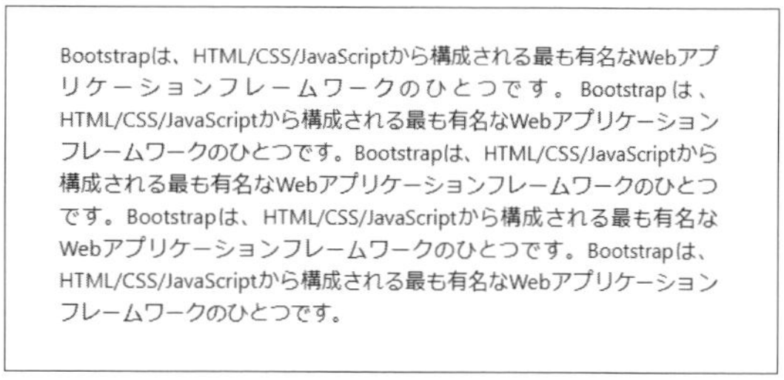

Bootstrapは、HTML/CSS/JavaScriptから構成される最も有名なWebアプリケーションフレームワークのひとつです。Bootstrapは、HTML/CSS/JavaScriptから構成される最も有名なWebアプリケーションフレームワークのひとつです。Bootstrapは、HTML/CSS/JavaScriptから構成される最も有名なWebアプリケーションフレームワークのひとつです。Bootstrapは、HTML/CSS/JavaScriptから構成される最も有名なWebアプリケーションフレームワークのひとつです。Bootstrapは、HTML/CSS/JavaScriptから構成される最も有名なWebアプリケーションフレームワークのひとつです。	Bootstrapは、HTML/CSS/JavaScriptから構成される最も有名なWebアプリケーションフレームワークのひとつです。Bootstrap は、HTML/CSS/JavaScriptから構成される最も有名なWebアプリケーションフレームワークのひとつです。Bootstrapは、HTML/CSS/JavaScriptから構成される最も有名なWebアプリケーションフレームワークのひとつです。Bootstrapは、HTML/CSS/JavaScriptから構成される最も有名なWebアプリケーションフレームワークのひとつです。Bootstrapは、HTML/CSS/JavaScriptから構成される最も有名なWebアプリケーションフレームワークのひとつです。

8.9.2 文字の左寄せ/右寄せ/中央揃えを設定するクラス

文字を左寄せにするには、**text-left クラス**、右寄せにするには **text-right クラス**、中央寄せにするには **text-center クラス**を使用します(リスト 8-42、図 8-38)。

▼リスト 8-42　文字の左寄せ/中央揃え/右寄せを設定するクラスの例(text-align.html)

```
<p class="text-left">text-left</p>
<p class="text-center">text-center</p>
<p class="text-right">text-right</p>
```

▼図8-38　字の左寄せ／中央揃え／右寄せを設定するクラスの例

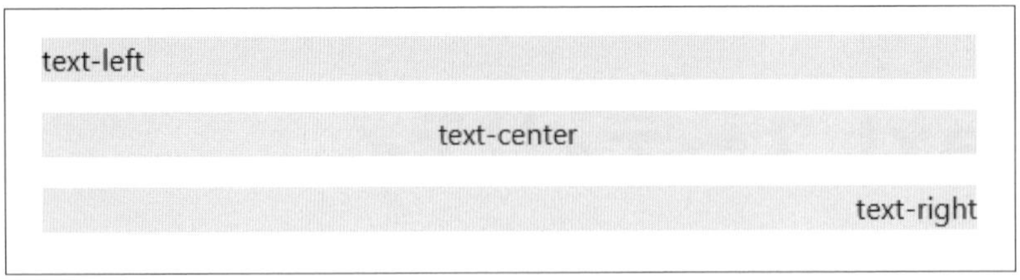

また、text-sm-rightのように、ブレイクポイントsm、md、lg、xlを組み合わせたレスポンシブなクラスも利用可能です（表8-25）。

▼表8-25　字の左寄せ／中央揃え／右寄せを設定するクラス一覧

クラス	説明
text-left	すべての画面サイズで左寄せ
text-sm-left	sm以上で左寄せ
text-lg-left	lg以上で左寄せ
text-xl-left	xl以上で左寄せ
text-right	すべての画面サイズで右寄せ
text-sm-right	sm以上で右寄せ
text-lg-right	lg以上で右寄せ
text-xl-right	xl以上で右寄せ
text-center	すべての画面サイズで中央揃え
text-sm-center	sm以上で中央揃え
text-lg-center	lg以上で中央揃え
text-xl-center	xl以上で中央揃え

8.9.3 文字を折り返さないよう設定するクラス

text-nowrapクラスを使用すると、テキストが折り返されないように設定することができます。次の例では、幅の狭いテーブルの見出しセルに、text-nowrapクラスを指定しています。この例のようにテーブルのセルで使用されることが多いクラスです（リスト8-43、図8-39）。

▼リスト8-43　文字を折り返さないよう設定するクラスの例（text-nowrap.html）

```
<table class="w-50 mx-auto">
  <tr>
    <th class="text-nowrap">おりかえしたくない</th><td>折り返しても良い</td>
  </tr>
</table>
```

▼図 8-39　text-nowrap クラス指定前（左）と指定後（右）

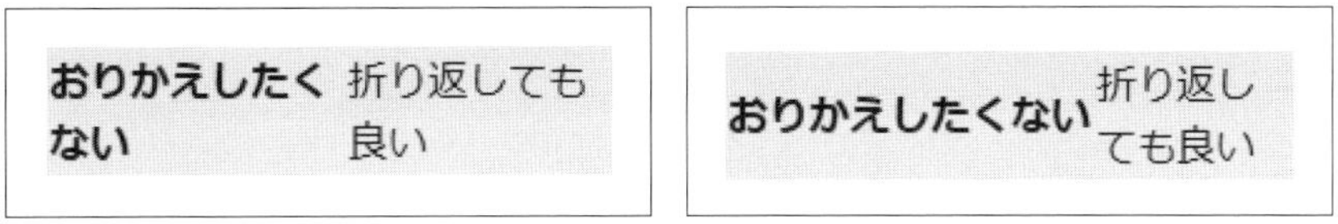

8.9.4 長いテキストを省略記号で表すクラス

設定された幅より長いテキストを丸めて省略記号で表すには、**text-truncate クラス**を使用します。丸められる要素の表示形式はインラインブロック表示（display:inline-block;）またはブロック表示（display: inline-block）である必要があります（リスト 8-44、図 8-40）。

▼リスト 8-44　テキストを省略記号で表すクラス（text-truncate.html）

```
<p class="text-truncate w-25">Bootstrapは、HTML/CSS/JavaScriptから構成されるもっとも有名なWeb⏎
アプリケーションフレームワークの1つです。</p>
```

▼図 8-40　テキストを省略記号で表すクラス

8.9.5 文字を大文字や小文字に変換するクラス

文字を大文字や小文字に変換するには、**text-{ 文字変換の種類 } クラス**を使用します。{ 文字変換の種類 } は、lowercase（すべて小文字）、uppercase（すべて大文字）、capitalize（最初の文字が大文字）から選択します（表 8-26）。

▼表 8-26　文字を大文字や小文字に変換するクラス一覧

クラス	説明
text-lowercase	すべて小文字
text-uppercase	すべて大文字
text-capitalize	最初の文字を大文字

text-capitalize クラスは、最初の文字だけを変換し、他の文字には影響しません。サンプルでどのように変換されるか確認してください（リスト 8-45、図 8-41）。

▼リスト 8-45　文字を大文字や小文字に変換するクラス（text-transform.html）

```
<p class="text-lowercase">Text-Lowercase（すべて小文字）</p>
<p class="text-uppercase">text-uppercase（すべて大文字）</p>
<p class="text-capitalize">text-capitalize（最初の文字を大文字）</p>
```

▼図8-41　文字を大文字や小文字に変換するクラス

text-lowercase（すべて小文字）

TEXT-UPPERCASE（すべて大文字）

Text-Capitalize（最初の文字を大文字）

8.9.6 文字の太さとイタリック体を設定するクラス

文字の太さを設定するには、**font-weight-{文字の太さ}クラス**を使用します。{文字の太さ}は、bold（太字）、normal（通常）、light（細字）から選択します。また、文字を斜体にするには**font-italicクラス**を指定します（表8-27）。

▼表8-27　文字の太さとイタリック体を設定するクラス一覧

クラス	説明
font-weight-bold	文字を太字にする
font-weight-normal	文字を通常にする
font-weught-light	文字を細字にする
font-italic	文字をイタリック体にする

次のコードは、文字の太さやイタリック体を設定するユーティリティクラスを使用した例です（リスト8-46、図8-42）。

▼リスト8-46　文字の太さとイタリック体を設定するクラス（text-font.html）

```
<p class="font-weight-bold">太字 (font-italic) </p>
<p class="font-weight-normal">通常 (font-weight-normal) </p>
<p class="font-weight-light">細字 (font-weight-light) </p>
<p class="font-italic">イタリック体 (font-italic) </p>
```

▼図8-42　テキストを省略記号で表すクラス

太字（font-italic）

通常（font-weight-normal）

細字（font-weight-light）

イタリック体（font-italic）

8.9.7 等幅フォントを指定するクラス 4.1

テキストを等幅フォントに変更するには **text-monospace クラス**を指定します（リスト 8-47、図 8-43）。

1 2 3 4 5 6 7 8 9 10

▼リスト 8-47　等幅フォントを指定するクラス（text-monospace.html）

```
<div class="container mb-5">
  <h3 class="text-monospace">等幅フォント</h3>
  <p class="text-monospace">This is in monospace<br>日本語の場合</p>
</div>
<div class="container">
  <h3>通常のフォント（参考）</h3>
  <p>This is in monospace<br>日本語の場合</p>
</div>
```

▼図 8-43　等幅フォントを指定する

等幅フォント

This is in monospace
日本語の場合

通常のフォント（参考）

This is in monospace
日本語の場合

8 SECTION 10 Vertical align ユーティリティ

Vertical align ユーティリティを使えば、インラインレベルおよびテーブルのセル要素の垂直方向の配置を簡単に変更することができます。ブロックレベル要素には使用できない点に注意してください。使用できるクラスは表8-28のとおりです。

▼表8-28 垂直方向の整列クラス一覧

クラス	説明	スタイル
align-baseline	ベースライン揃え	vertical-align: baseline;
align-top	上端揃え	vertical-align: top;
align-middle	中央揃え	vertical-align: middle;
align-bottom	下端揃え	vertical-align: bottom;
align-text-top	テキストの上端揃え	vertical-align: text-top;
align-text-bottom	テキストの下端揃え	vertical-align-text-bottom;

8.10.1 インライン要素の垂直方向の整列

次の例では、インライン要素に Vertical align ユーティリティを設定しています。サンプルではわかりやすいように親要素にボーダーや高さを設定しています（リスト8-48、図8-44）。

▼リスト8-48 インライン要素の垂直方向の整列の例（vertical-align-inline.html）

```
<div class="box">
  <span class="align-baseline">baseline</span><!-- ベースライン -->
  <span class="align-top">top</span><!-- 上揃え -->
  <span class="align-middle">middle</span><!-- 上揃え -->
  <span class="align-bottom">bottom</span><!-- 上揃え -->
  <span class="align-text-top">text-top</span><!-- テキストの上揃え -->
  <span class="align-text-bottom">text-bottom</span><!-- テキストの下揃え -->
</div>
```

▼図8-44 インライン要素の垂直方向の整列の例

baseline top middle bottom text-top text-bottom

8.10.2 テーブルセルの垂直方向の整列

次の例では、インライン要素にVertical alignユーティリティを設定しています。サンプルではわかりやすいように親要素にボーダーや高さを設定しています（リスト8-49、図8-45）。

▼リスト8-49 テーブルセルの垂直方向の整列の例（vertical-align-table.html）

```
<table style="height: 100px;" class="mx-auto">
  <tbody>
    <tr>
      <td class="align-baseline">baseline</td><!-- ベースライン -->
      <td class="align-top">top</td><!-- 上揃え -->
      <td class="align-middle">middle</td><!-- 上揃え -->
      <td class="align-bottom">bottom</td><!-- 上揃え -->
      <td class="align-text-top">text-top</td><!-- テキストの上揃え -->
      <td class="align-text-bottom">text-bottom</td><!-- テキストの下揃え -->
    </tr>
  </tbody>
</table>
```

▼図8-45 テーブルセルの垂直方向の整列の例

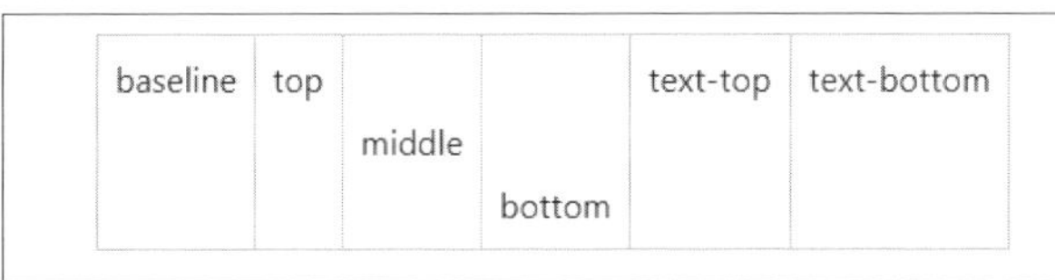

水平方向の配置を設定したい場合はFloatユーティリティ（P.338参照）を、flexboxの整列については、P.325を参照してください。

8 SECTION 11 その他のユーティリティクラス

前節までに説明したユーティリティクラスは、どのようなサイトにも利用できる使用頻度の高いものですが、それ以外にも、Bootstrapにはさまざまなクラスがユーティリティとしてまとめられています。本節では、一般的ではないかもしれませんが、限定的に使用されるその他のユーティリティクラスを紹介します。

8.11.1 スクリーンリーダー用ユーティリティ

sr-only クラスを使用すると、スクリーンリーダーを除くすべてのデバイスにおいて、要素を非表示にします。また、sr-onlyクラスと**sr-only-focusable クラス**を組み合わせると、たとえばキーボード利用のみのユーザーなどに対し、フォーカス時に要素を再表示させることができます。sr-onlyクラスは、アクセシビリティのための設定として、よく利用されるクラスです（リスト8-50、図8-46）。

▼リスト8-50　スクリーンリーダー用クラスの例（sr-only.html）

```
<a class="sr-only sr-only-focusable" href="#content">メインコンテンツへスキップ</a>
```

▼図8-46　通常時（左）、tabキーでフォーカス時（右）

メインコンテンツへスキップ

8.11.2 Visibility ユーティリティ

Visibility ユーティリティは、要素の表示形式（displayプロパティ）を変更せずに、可視性（visibility）だけを切り替える場合に使います。このユーティリティクラスには**visible**（visibility:visible）と**invisible**（visibility:hidden）が定義されています。要素自体の表示を消す（display:none）のではなく、見た目の上で要素を隠す（visibility:hidden）だけなので、スクリーンリーダーには表示されます（表8-29、リスト8-51、図8-47）。

▼表8-29　Visivbility ユーティリティ

クラス	説明	スタイル
visible	要素を表示する	visibility: visible;
invisible	要素を非表示にする	visibility: visible;

▼リスト 8-51　invisible と d-none クラスの違い（visibility.html）

```
<ol>
  <li>リストその1</li>
  <li class="invisible">リストその2</li><!-- ボックスを保ったまま非表示 -->
  <li>リストその3</li>
  <li class="d-none">リストその4</li><!-- ボックスごと非表示 -->
  <li>リストその5</li>
</ol>
```

▼図 8-47　invisible と d-none クラスの違い

1. リストその1

3. リストその3
4. リストその5

1 2 3 4 5 6 7 8 9 10

8.11.3 クローズアイコンユーティリティ

Bootstrap では、モーダルやアラートなどのコンテンツを閉じる「クローズアイコン」を次のようなコードで実装できます。button 要素に **close クラス**を追加します。アイコンとなる「×」は、乗算記号「×」の文字実体参照です。span 要素で囲んで button 要素の中に配置します。アクセシビリティの設定として、button 要素に aria-label 属性でアイコンボタンのラベルを付けます。span 要素には aria-hidden="true" を指定し、スクリーンリーダーなどでの読み上げをスキップするよう指定します。例の場合は「閉じる」が読み上げられ「×」は読み上げられません（リスト 8-54、図 8-49）。このクラスはクローズアイコン表示を実装するもので閉じる機能はありません。これを機能させるにはアラート（P.113）やモーダル（P.283）を参照してください。

▼リスト 8-54　クローズアイコンの例（close.html）

```
<button type="button" class="close" aria-label="閉じる">
  <span aria-hidden="true">&times;</span>
</button>
```

▼図 8-49　クローズアイコンの例

×

8.11.4 Embed ユーティリティ

Embed ユーティリティを使用して、レスポンシブなビデオやスライドショーなどをアスペクト比を保ったまま設定できます。子要素として配置できるのは、iframe、embed、video、object 要素のいずれかです。

埋め込むコンテンツを囲み、**embed-responsive クラス**、およびアスペクト比を持つ **embed-responsive-{ アスペクト比 } クラス**を指定します。{ アスペクト比 } は、16by9（16:9）のように指定します。指定できるアスペクト比は表 8-30 のとおりです。

▼表 8-30　Embed ユーティリティで設定できるアスペクト比

クラス	アスペクト比
embed-responsive-21by9	21:9
embed-responsive-16by9	16:9
embed-responsive-4by3	4:3
embed-responsive-16by1	1:1

例では、16:9 のアスペクト比を持つ動画を埋め込んでいます。フルスクリーン表示に対応するために iframe 要素に allowfullscreen を指定しています（この指定がない場合、YouTube では「全画面表示はご利用いただけません」という表示が出ます）。子要素には、**embed-responsive-item クラス**を指定しています。これは厳密には必須ではありませんが、子要素を明示的にするクラスとして推奨されています（リスト 8-55、図 8-50）。

▼リスト 8-55　埋め込みクラスの例（embed.html）

```
<div class="embed-responsive embed-responsive-16by9">
  <iframe class="embed-responsive-item" src="https://www.youtube.com/embed/zpOULjyy-n8?rel=0" ↩
allowfullscreen></iframe>
</div>
```

▼図 8-50　埋め込みクラスの例

8.11.5 Shadowsユーティリティ 4.1.0

ボックスに影を追加または削除するには、Shadowsユーティリティを使用します。影のサイズは、shadow（標準)、shadow-sm（小さめ）、shadow-lg（大きめ）から選択できます。また、影を消したい時は、shadow-noneクラスを指定します。

▼表8-31 ボックスの影を設定するクラス一覧

クラス	説明
shadow-none	影なし
shadow-sm	小さめの影
shadow	標準の影
shadow-lg	大きめの影

次のコードは、Shadowsユーティリティを使用してボックスに影を設定した例です。

▼リスト8-56 Shadowsユーティリティの例（shadow.html）

```
<div class="shadow-none p-3 mb-5 bg-light rounded">影なし (shadow-none) </div>
<div class="shadow-sm p-3 mb-5 bg-light rounded">小さめの影 (shadow-sm) </div>
<div class="shadow p-3 mb-5 bg-light rounded">標準の影 (shadow) </div>
<div class="shadow-lg p-3 mb-5 bg-light rounded">大きめの影 (shadow-lg) </div>
```

▼図8-51 Shadowsユーティリティの例

コンポーネントの影を有効にする

Bootstrap では、コンポーネントの影はデフォルトでは無効になっています。Shadows ユーティリティを使用して影を追加または削除する他に、Sass 変数の $enable-shadows を使って有効にすることも可能です（P.447 参照）。

第 9 章

Bootstrapで モックアップを作る

本章では、Bootstrap を使用して Mr. M COFFEE（ミスターエムコーヒー）というカフェの Web サイトのモックアップを作成します。これまで数々の Bootstrap のコンポーネントやユーティリティについて説明を行ってきましたが、あとはグリッドレイアウトや基本スタイリングに、ユーティリティで調整したコンポーネントを組み込むだけです。自分でコードを書くよりも、格段に速くレスポンシブな Web サイトを構築できることを実感してみてください。

サイト概要とファイルの準備

実際の作業に入る前に、どのようなサイトを作るか確認しておきましょう。サンプルサイトの概要や設計内容を確認した後、Web ページを各コンテンツのエリアに分け、ヘッダー、ナビゲーション、スライドというように上から下に向かって順番に作成していきます。

9.1.1 サイト概要

このサイトは、トップページと下層ページの合計 2 ページで構成する Web サイトです。

トップページ

トップページには、新着情報、カフェ紹介、メニュー表やクーポン、店舗概要やアクセスマップといったコンテンツが含まれます（図 9-1）。

▼図 9-1　トップページのデザイン（デスクトップ PC 用）

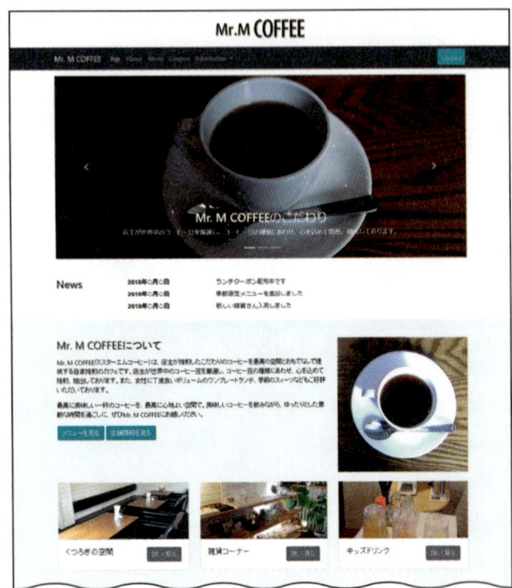

下層ページ

下層ページには、お問合せフォームが含まれます（図 9-2）。

▼図 9-2　下層ページのデザイン（デスクトップ PC 用）

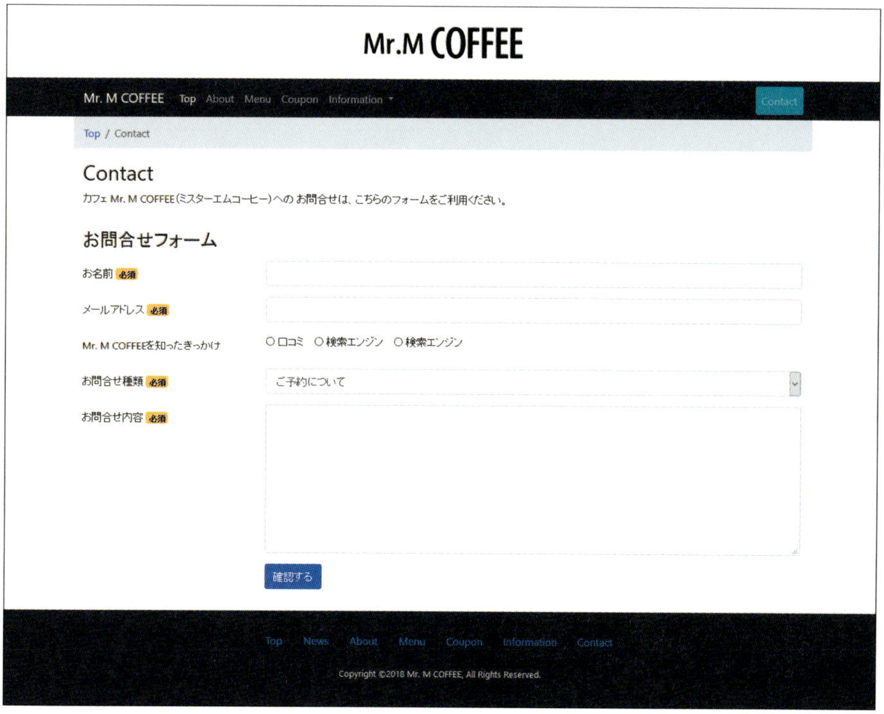

9.1.2 ワイヤーフレームの確認

ワイヤーフレームとは、Web ページの「どこに、何を、どのように」配置するかを枠線で示した Web ページの設計図です。レイアウトの方向性を定めるためのもので、ワイヤーフレームの段階では、色や装飾を含めずにページの骨組みを作ります。

本章のサンプルサイトのワイヤーフレームでは、各コンテンツのエリア分けや、レスポンシブ対応のレイアウト変更などが設計されています。

トップページのワイヤーフレーム

まずはトップページのワイヤーフレームで Web ページのレイアウトの仕様を確認しましょう。上からヘッダー、ナビゲーション、メインビジュアルのスライドショー、コンテンツ 01「News」、コンテンツ 02「About」（Mr.M COFFEE について）、コンテンツ 03「Menu」、コンテンツ 04「Coupon」、コンテンツ 05「Information」、フッターなどのコンテンツエリアがあります（図 9-3）。

▼図 9-3　トップページのワイヤーフレーム（デスクトップ PC 用）

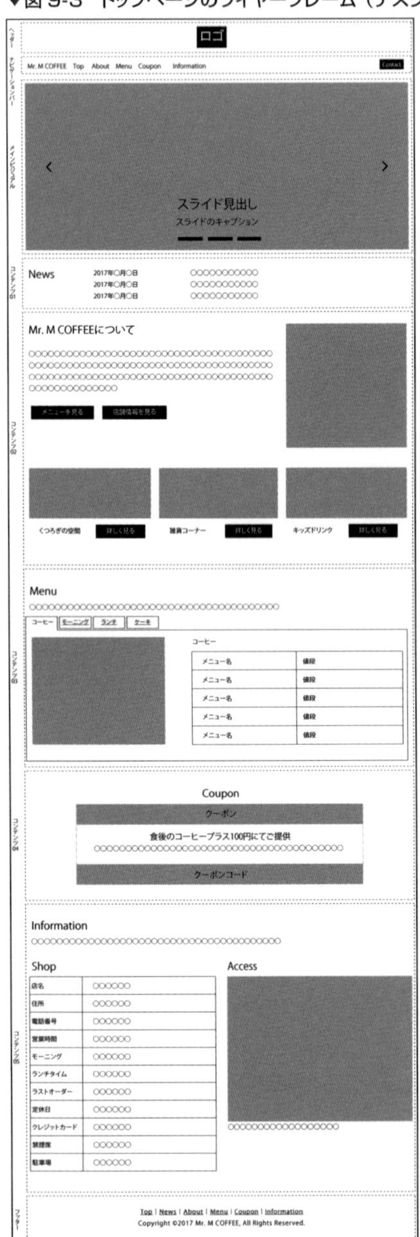

デスクトップPC（画面幅md以上）での閲覧時と、モバイル端末（画面幅sm以下）での閲覧時とで、図9-4のようにレイアウトが変更されるような設計です。

▼図9-4 トップページのワイヤーフレーム（モバイル端末用）

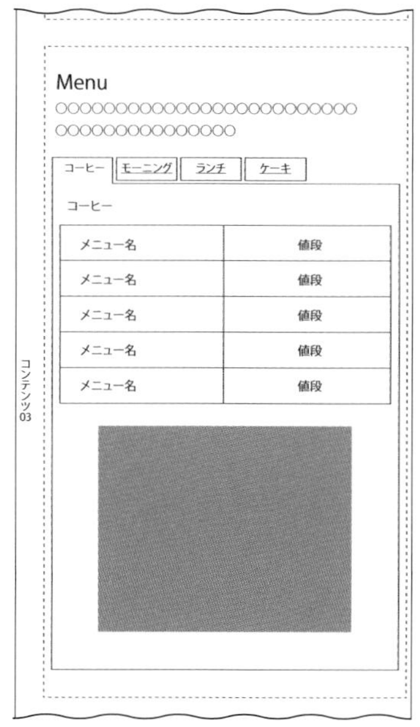

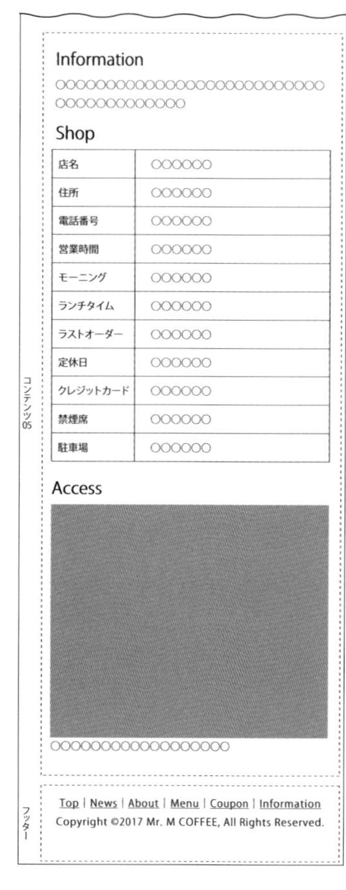

下層ページのワイヤーフレーム

次に、下層ページのワイヤーフレームを確認しましょう。

ヘッダーとフッターはトップページと共通で、パンくずリストやフォームがレイアウトされています（図 9-5）。

▼図 9-5　下層ページのワイヤーフレーム（デスクトップ PC 用）

デスクトップ PC（画面幅 md 以上）での閲覧時と、モバイル端末（画面幅 sm 以下）での閲覧時とで、図 9-6 のようにレイアウトが変更されるような設計です。

▼図 9-6　下層ページのワイヤーフレーム（モバイル端末用）

ロゴ

Mr. M COFFEE

パンくずリスト

Top / Contact

Contact

○○○○○○○○○○○○○○○○○○○○○○○○○○○
○○○○○○○○○○○○○○○○

お問合せフォーム

お名前

メールアドレス

コンテンツ

きっかけ

○口コミ　○検索エンジン　○その他

お問合せ種類

お問合せ内容

確認する

フッター

Top | News | About | Menu | Coupon | Information

Copyright ©2017 Mr. M COFFEE, All Rights Reserved.

9.1.3 使用する主なコンポーネント

各ページに使用する主なコンポーネントを確認しておきましょう。

トップページに使用するコンポーネント

トップページには、ページ上から、ナビゲーションバー（P.161 参照）、ボタン（P.233 参照）、カルーセル（P.262 参照）、カード（P.124 参照）、ナビゲーション（P.150 参照）を使用します。また、カフェのメニュー表には縞模様のテーブル（P.77 参照）、店舗概要にはマウスオーバー表示のテーブル（P.80 参照）を使用します（図 9-7）。

▼図 9-7　トップページに使用する主なコンポーネント

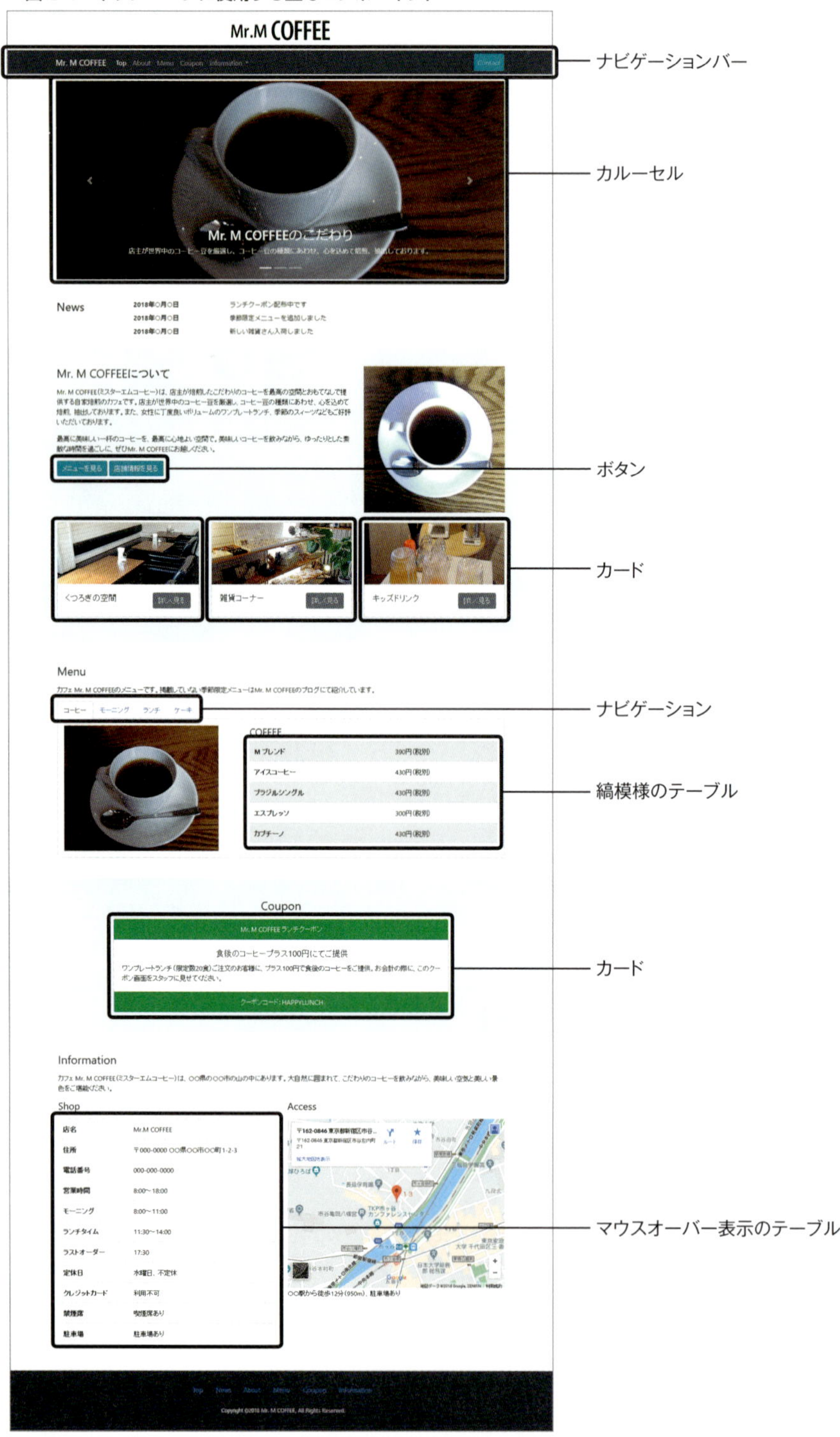

下層ページに使用するコンポーネント

下層ページには、パンくずリスト（P.179参照）とフォーム（P.196参照）を使用します。ナビゲーションバーはトップページと共通です（図9-8）。

▼図9-8　下層ページに使用する主なコンポーネント

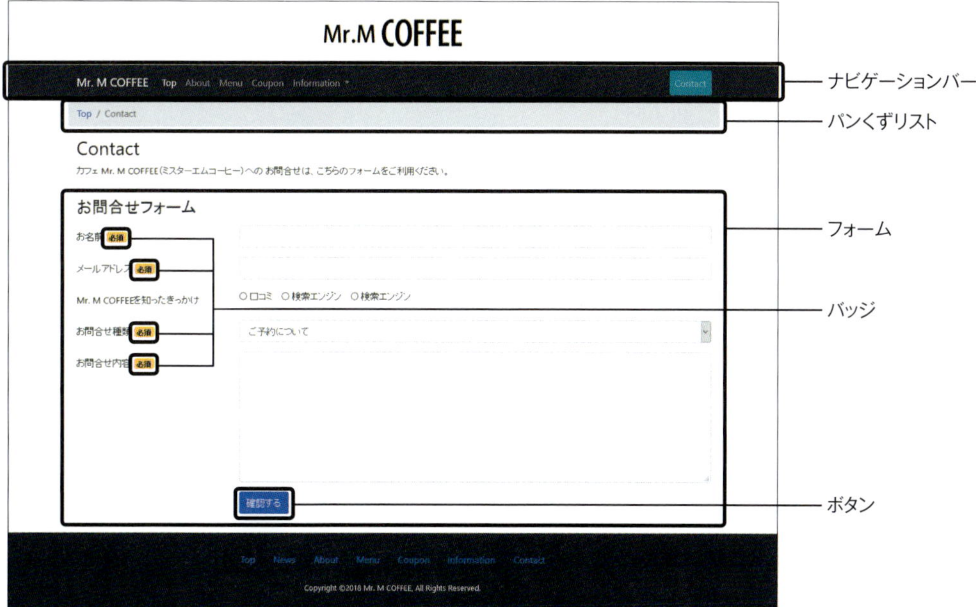

9 SECTION 2 新規ファイル作成

「HTMLの雛形」（P.17参照）を参考に、必要なディレクトリを作成し、「Starter template」をもとにして新規ファイル「index.html」を作成しましょう。

9.2.1 head要素の修正

Starter template内の言語設定や、CSSやJavaScriptなど関連ファイルへのパスを修正した後、Bootstrapに定義されていないスタイルを追加するためのCSSファイルを「CSS」フォルダ内に作成し、title要素の変更を行います（リスト9-1）。

▼リスト9-1　Starter templateの修正（replace.html）

```
<!doctype html>
<html lang="ja">
<head>
<meta charset="utf-8">
<meta name="viewport" content="width=device-width, initial-scale=1, shrink-to-fit=no">
<link rel="stylesheet" href="css/bootstrap.min.css">
<!-- 追加CSS -->
<link rel="stylesheet" href="css/custom.css"> ――――――――――――――――――――❶
<title>カフェ Mr. M COFFEE (ミスターエムコーヒー) </title> ――――――――――――❷
</head>
<body>
<script src="js/jquery-3.3.1.slim.min.js"></script>
<script src="js/bootstrap.bundle.min.js"></script>
</body>
</html>
```

まず、Bootstrapに定義されたスタイル以外に、カスタムで必要に応じたスタイルを追加するためのCSSファイルを作成しておきましょう。本章のサンプルで追加するスタイルについては、後の「ページ内リンクの位置調整」（P.421参照）で説明します。cssフォルダー内にスタイルを追加するためのCSSファイル**custom.css**を作成し、head要素内にlink要素を追加して、追加スタイルを読み込めるようにします（❶）。

次に、title要素の内容をサンプルサイトに合わせて「カフェ Mr. M COFFEE（ミスターエムコーヒー）」に変更しておきましょう（❷）。

9.2.2 基本構造の入力

Bootstrap でのモックアップ作成は、Web ページを各コンテンツのエリアに区切って基本構造を作成し、その中にグリッドを作成してコンポーネントを組み込んでいくという流れをイメージすると良いでしょう。では、ワイヤーフレームを参考に、基本構造の入力を行います。

各コンテンツのエリア分け

まずは基本的なエリア分けを行います（リスト 9-2）。

▼リスト 9-2　基本構造の入力（structure.html）

```
<body>
<!-- ヘッダー -->
<header class="py-4">

</header>
<!-- /ヘッダー -->
<!-- ナビゲーションバー -->
<nav>

</nav>
<!-- /ナビゲーションバー -->
<!-- メイン -->
<main>
  <!-- メインビジュアル -->
  <div class="py-4">

  </div>
  <!-- / メインビジュアル -->
  <!-- コンテンツ01 -->
  <div class="py-4">

  </div>
  <!-- /コンテンツ01 -->
  <!-- コンテンツ02 -->
  <div class="py-4">

  </div>
  <!-- /コンテンツ02 -->
  <!-- コンテンツ03 -->
  <div class="py-4">

  </div>
  <!-- /コンテンツ03 -->
  <!-- コンテンツ04 -->
  <div class="py-4">
```

1
2
3
4
5
6
7
8
9
10

```
    </div>
    <!-- /コンテンツ04 -->
    <!-- コンテンツ05 -->
    <div class="py-4">

    </div>
    <!-- /コンテンツ05 -->
  </main>
  <!-- /メイン -->
  <!-- フッター -->
  <footer class="py-4">

  </footer class="py-4">
  <!-- /フッター -->
  …中略…
</body>
```

ヘッダー部分をheader要素、ナビゲーションバー部分をnav要素、メイン部分をmain要素、フッター部分をfooter要素でマークアップします。main要素内には、メインビジュアル、コンテンツ01「News」、コンテンツ02「About」(Mr.M COFFEEについて)、コンテンツ03「Menu」、コンテンツ04「Coupon」、コンテンツ05「Information」の6つのコンテンツを作成するため、div要素で6つのエリアに分けます。各エリアの上下パディングのサイズをあらかじめ調整し、コンテンツ間が詰まって見えないようにします。この例では、Spacingユーティリティ(P.318参照)の**py-* クラス**を追加し、各エリア内に上下パディングを設定しています。

ヘッダーの作成

ヘッダーのエリアにはロゴ画像を水平方向中央に配置します（リスト 9-3）。本章のサンプルでは、ルートディレクトリの直下に「img」フォルダを作成し、必要な画像を格納しています。

▼リスト 9-3　ヘッダーの作成（header.html）

```
<!-- ヘッダー -->
<header class="py-4">
  <div class="container text-center"> ――――――――――――――――――――――――― ❶
    <h1><a href="index.html"><img src="img/logo.png" alt="カフェ Mr. M COFFEE"></a></h1>
  </div>
</header>
<!-- /ヘッダー -->
```

header 内のコンテンツをページの水平中央に配置するために、div 要素に **container クラス**（P.23 参照）を追加し、レイアウト設定します（❶）。また、ボックス内のインライン要素を水平方向中央揃えにする Text ユーティリティ（P.347 参照）の **text-center クラス**を設定し、ロゴの画像を中央揃えにします。ロゴ画像には、一般的な Web ページのように img 要素を h1 要素でマークアップし、トップページ（index.html）へのリンクを設定しています（図 9-9）。

▼図 9-9　ロゴ画像が水平方向中央に配置されたヘッダー

Mr.M COFFEE

9 SECTION 4 ナビゲーションバーの作成

続いて**ナビゲーションバー**（P.161参照）のコンポーネントを使用して、ナビゲーションバーを作成します。

9.4.1 ナビゲーションバーのレイアウト

まず、ワイヤーフレームでナビゲーションバーのレイアウトを再確認しておきましょう。画面幅md以上（デスクトップPCでの閲覧時）では、メニューが横に広がって表示されます（図9-10）。

▼図9-10　ナビゲーションバーのワイヤーフレーム（画面幅md以上）

Mr. M COFFEE　Top　About　Menu　Coupon　Information　Contact

画面幅sm以下（モバイル端末での閲覧時）では、メニューが折り畳まれて表示されます（図9-11）。

▼図9-11　ナビゲーションバーのワイヤーフレーム（画面幅sm以下）

Mr. M COFFEE

9.4.2 ナビゲーションバーの基本構成

本サンプルでは、暗い背景色で、スクロールするとページ上部に固定配置されるナビゲーションバーを作成します（リスト9-4）。

▼リスト9-4　ナビゲーションバーの基本構成（mockup-navbar-base.html）

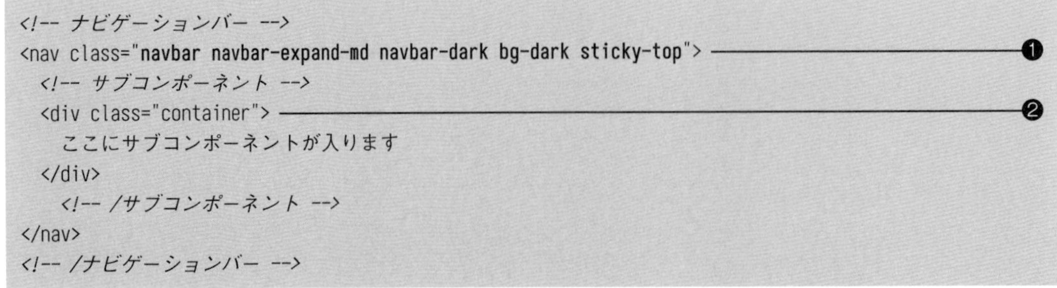

```
<!-- ナビゲーションバー -->
<nav class="navbar navbar-expand-md navbar-dark bg-dark sticky-top"> ――❶
  <!-- サブコンポーネント -->
  <div class="container"> ――❷
    ここにサブコンポーネントが入ります
  </div>
    <!-- /サブコンポーネント -->
</nav>
<!-- /ナビゲーションバー -->
```

nav要素に**navbarクラス**を指定してナビゲーションバーを作成します（❶）。さらに、**navbar-darkクラス**と**bg-darkクラス**を追加して暗い背景色と明るい文字色を設定し、**sticky-topクラス**を追加してスクロールするとページ上部に固定される動きを設定します。ただし、stickey-topクラスで使用されるスタイル**position：sticky;**は、Internet Explorerなどのブラウザではサポートされておらず、ナビゲーションが上部に固定されないことに注意してください。

また、navbarクラスが設定されたnav要素に**navbar-expand-mdクラス**を追加することで、画面幅sm以下では折り畳み、画面幅md以上では広げて表示されるナビゲーションの動きを設定しています（❶）。

ナビゲーションバー内のサブコンポーネントを水平方向中央に配置するために、nav要素内のdiv要素に**containerクラス**（P.23参照）を追加します（❷）。

9.4.3 サブコンポーネントの組み込み

ナビゲーションバー内に組み込むサブコンポーネントとして、**ブランド**、**切り替えボタン**、**ナビゲーション**を使用します。

ブランドと切り替えボタンの作成

「Mr. M COFFEE」を表記する**ブランド**、画面幅によってナビゲーションメニューを折り畳み表示する**切り替えボタン**を作成します（リスト9-5）。

▼リスト9-5　サブコンポーネントの基本構成（mockup-navbar-subcompornent.html）

```
<!-- サブコンポーネント -->
<div class="container">
  <!-- ブランド -->
  <a class="navbar-brand" href="index.html">Mr. M COFFEE</a> ―――❶
  <!-- 切り替えボタン -->
  <button class="navbar-toggler" type="button" data-toggle="collapse" data-target=↵
"#navbar-content" aria-controls="navbar-content" aria-expanded="false" aria-label=↵
"Toggle navigation"> ―――❷
  <span class="navbar-toggler-icon"></span> ―――❸
</button>

  <!-- ナビゲーション -->
    ここにナビゲーションのメニューが入ります
  </div>
</div>
<!-- /サブコンポーネント -->
```

まず、トップページ（index.html）へのリンクを設定したa要素に**navbar-brandクラス**を追加し、店名「Mr. M COFFEE」のブランドを作成します（❶）。

次に、button 要素に **navbar-toggler クラス**、属性 **type="button"**、**data-toggle="collapse"**、**data-target="（ナビゲーションの ID）**を追加し、ナビゲーションバー内のナビゲーションの表示を切り替えるボタンを作成します（❷）。また、アクセシビリティへの配慮として **aria-*** 属性を追加し、スクリーンリーダーなどの支援技術に対してコンポーネントの状態を伝えましょう。

button 要素内には、span 要素に **navbar-toggler-icon クラス**を追加し、**ハンバーガーアイコン** ☰ を表示させます（❸）。

ナビゲーションの作成

切り替えボタンの後に、表示切り替えの対象となるナビゲーションを作成します（リスト 9-6）。

▼リスト 9-6　ナビゲーションメニューの組み込み（mockup-navbar-navmenu.html）

```
<!-- ナビゲーション -->
<div class="collapse navbar-collapse" id="navbar-content"> ―――❶
  <!-- ナビゲーションメニュー -->
  <!-- 左側メニュー：トップページの各コンテンツへのリンク -->
  <ul class="navbar-nav mr-auto"> ―――❷
    <li class="nav-item active"> ―――❸
      <a class="nav-link" href="#">Top <span class="sr-only">(current)</span></a> ―――❹
    </li>
    <li class="nav-item"> ―――┐
      <a class="nav-link" href="#">About</a>
    </li>
    <li class="nav-item"> ―――┤
      <a class="nav-link" href="#">Menu</a>
    </li>                    ├―――❸
    <li class="nav-item"> ―――┤
      <a class="nav-link" href="#">Coupon</a>
    </li>
    <li class="nav-item"> ―――┘
      <a class="nav-link" href="#">Information</a>
    </li>
  </ul>

  <!-- 右側メニュー：Contactページへのリンク -->
  <ul class="navbar-nav"> ―――❷
    <li class="nav-item"> ―――❸
      <a href="contact.html" class="nav-link btn btn-info">Contact</a>
    </li>
  </ul>
  <!-- /ナビゲーションメニュー -->
</div>
```

まず、div 要素に **collapse クラス**と **navbar-collapse クラス**を追加し、ナビゲーションバー内に切り替え表示されるナビゲーションの枠を作成します（❶）。このナビゲーションの枠には id 属性を設定し、先に作成した切り替えボタンの data-target 属性と値を一致させることで、表示切り替えの対象とします。

次に、ul 要素に **navbar-nav クラス**を追加し、ナビゲーションのメニュー部分を作成します（❷）。本サンプルでは、2 つのメニューを作成し、左側メニューに Spacing ユーティリティ（P.318 参照）の **mr-auto クラス**を追加して右側に自動マージンを設定します。これによって、右側メニューは右寄せにレイアウトされます。なお、左側メニューにはトップページの各コンテンツへのリンクを表示し、右側メニューには下層ページ（contact.html）へのリンクをボタン（P.233 参照）として表示します。

ナビゲーション内の li 要素には **nav-item クラス**を追加し、メニューの各項目を作成します（❸）。現在位置にある項目には **active クラス**を追加します。li 要素内の a 要素に **nav-link クラス**を追加し、メニュー内のリンクを作成します（❹）。また、そのリンク先が現在位置の場合は、スクリーンリーダー用ユーティリティ（P.354 参照）の **sr-only クラス**を加えた非表示要素を使ってスクリーンリーダーなどに伝えましょう。

ドロップダウンの組み込み

ナビゲーションメニューのうち、「Information」の項目にドロップダウンを組み込みます（リスト 9-7）。

▼リスト 9-7 ドロップダウンの組み込み（mockup-navbar-navitem-dropdown.html）

```
<!-- 左側メニュー：トップページの各コンテンツへのリンク -->
<ul class="navbar-nav mr-auto">
…中略…
  <!-- ドロップダウン -->
  <li class="nav-item dropdown">                                         ❶
    <a class="nav-link dropdown-toggle" href="#" id="navbarDropdown" role="button" ↩
data-toggle="dropdown" aria-haspopup="true" aria-expanded="false">       ❷
      Information
    </a>
    <div class="dropdown-menu" aria-labelledby="navbarDropdown">          ❸
      <a class="dropdown-item" href="#">Shop</a>                          ┐
      <a class="dropdown-item" href="#">Access</a>                        ┘❹
    </div>
  </li>
</ul>
```

まず、li 要素に **nav-item クラス**、**dropdown クラス**を追加し、メニュー項目内にドロップダウン（P.244 参照）を作成します（❶）。li 要素内の nav-link クラスが設定された a 要素には、**dropdown-toggle クラス**、属性 **data-toggle="dropdown"** などを追加し、ドロップダウンの切り替えボタンを作成します（❷）。また、アクセシビリティへの配慮として **role** 属性と **aria-*** 属性を追加し、スクリーンリーダーなどの支援技術に対してコンポーネントの役割や状態を伝えましょう。

次に、div 要素に **dropdown-menu クラス**を追加して、ドロップダウン表示される部分のメニューを作成します（❸）。各メニュー項目は、a 要素に **dropdown-item クラス**を追加して作成します（❹）。

9.4.4 ナビゲーションバーの完成図

以上で、画面幅 md 以上になるとメニューが横に広がり、sm 以下になるとメニューが折り畳まれてアイコン表示されるナビゲーションバーが完成します（図 9-12 ～図 9-15）。

▼図 9-12　作成されたナビゲーションバー（画面幅 md 以上）

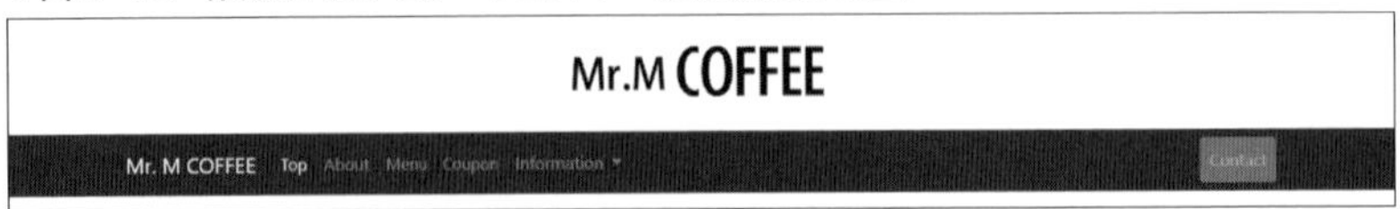

▼図 9-13　画面幅 md 以上でのドロップダウン表示

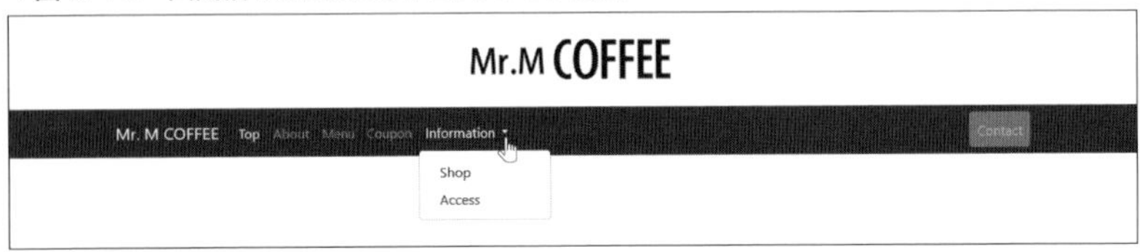

▼図 9-14　作成されたナビゲーションバー（画面幅 sm 以下）

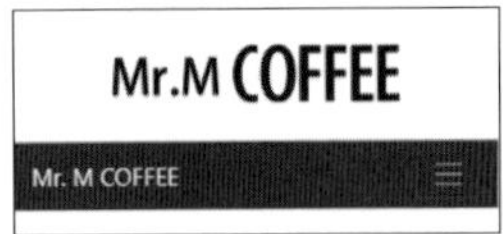

▼図 9-15　画面幅 sm 以下でのナビゲーションメニューの表示切り替え

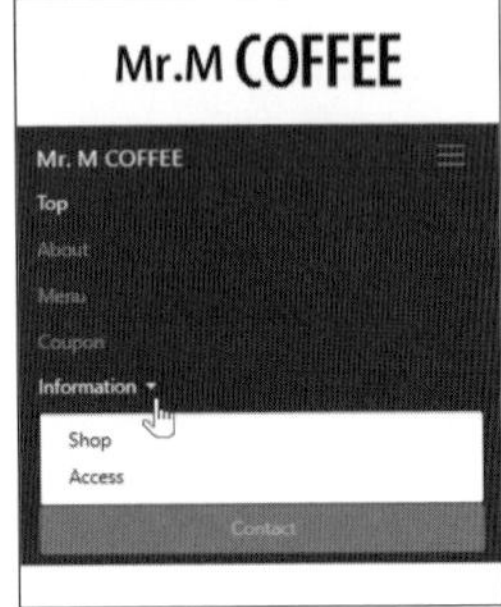

9 SECTION 5 メインビジュアルの作成

Bootstrapには、メインビジュアルの表示に便利なコンポーネントとして、**ジャンボトロン**（P.108参照）や**カルーセル**（P.262参照）が用意されています。本章ではカルーセルを使用し、メインビジュアルをスライドショーで表示させるモックアップを作成します。

9.5.1 メインビジュアルのレイアウト

まず、ワイヤーフレームでメインビジュアルのレイアウトを再確認しておきましょう。画面幅md以上（デスクトップPCでの閲覧時）では、各スライドにキャプションが表示されます（図9-16）。

▼図9-16　メインビジュアルのワイヤーフレーム（画面幅md以上）

画面幅sm以下（モバイル端末での閲覧時）では、各スライドのキャプションが非表示になります（図9-17）。

▼図9-17　ナビゲーションバーのワイヤーフレーム（画面幅sm以下）

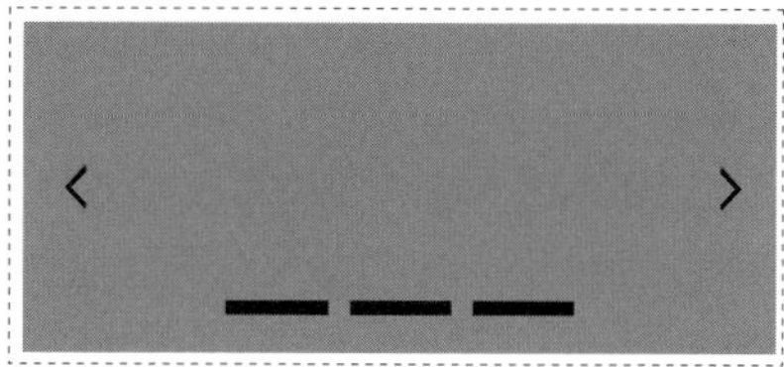

9.5.2 メインビジュアルの基本構成

メインビジュアル内にカルーセルの基本構成を作成します。本章で作成するメインビジュアルでは、カルーセル内に 3 枚のスライドとキャプション、インジケーター、コントローラーを表示します（リスト 9-8）。

▼リスト 9-8　メインビジュアルの基本構成（mainvisual-base.html）

```
<!-- メインビジュアル -->
<div class="py-4">
  <div class="container"> ――――――――――――――――――――――――――――――――❶
    <!-- カルーセル外枠 -->
    <div id="main_visual" class="carousel slide" data-ride="carousel"> ―――――❷
      <!-- インジケーター -->
      <ol class="carousel-indicators"> ―――――――――――――――――――――――――❸
        各インジケーターが入ります
      </ol>
      <!-- / インジケーター -->
      <!-- カルーセル内枠 -->
      <div class="carousel-inner"> ―――――――――――――――――――――――――――❹
        <!-- スライド01 -->
        <div class="carousel-item active"> ――――┐
          1枚目のスライド画像とキャプションが入ります │
        </div>                                     │
        <!-- / スライド01 -->                      │
        <!-- スライド02 -->                        │
        <div class="carousel-item"> ――――――――――――┼――――――――――――――――❺
          2枚目のスライド画像とキャプションが入ります │
        </div>                                     │
        <!-- / スライド02 -->                      │
        <!-- スライド03 -->                        │
        <div class="carousel-item"> ――――――――――――┘
          3枚目のスライド画像とキャプションが入ります
        </div>
        <!-- / スライド03 -->
      </div>
      <!-- / カルーセル内枠 -->
      <!-- コントローラー -->
      <a class="carousel-control-prev" href="#main_visual" role="button" data-slide="prev"> ―❻
        前に戻るコントローラー「<」が入ります
      </a>
      <a class="carousel-control-next" href="#main_visual" role="button" data-slide="next"> ―❼
        次に進むコントローラー「>」が入ります
      </a>
      <!-- / コントローラー -->
    </div>
    <!-- / カルーセル -->
  </div>
</div>
```

```
<!-- / メインビジュアル -->
```

まず、メインビジュアル内のコンテンツをページの水平方向中央に配置するために、div 要素に **container クラス**を追加します（❶）。

次に、div 要素に **carousel クラス**、**slide クラス**と属性 **data-ride="carousel"** を追加し、カルーセル外枠を作成します（❷）。カルーセル外枠には、インジケーターやコントローラーのリンク先として指定するための id 属性を設定しておきましょう。

続けてカルーセル内部を構成していきましょう。ol 要素に **carousel-indicators クラス**を追加し、インジケーターの枠を作成します（❸）。インジケーターの内部の作成については、次項で解説します。

インジケーターの後に、複数のスライドを含むカルーセル内枠を作成します。カルーセル内枠は、div 要素に **carousel-inner クラス**を追加して作成します（❹）。

カルーセル内枠の中に、画像とキャプションを含む各スライドを作成します。各スライドは、div 要素に **carousel-item クラス**を追加して作成します（❺）。初期表示させるスライドには **active クラス**の追加を忘れないようにしましょう。各スライドの作成については、後の項で解説します。

カルーセル内枠の後に、コントローラーの枠を作成します。a 要素に **carousel-control-prev クラス**、**属性 data-slide="prev"** を追加して、**<**アイコン（前に戻る）を表示するコントローラーを作成します（❻）。同様に、**carousel-control-next クラス**、**属性 data-slide="next"** を追加して、**>**アイコン（次に進む）を表示するコントローラーを作成します（❼）。各コントローラーの a 要素の href 属性値は、カルーセル外枠の id 属性値と一致させておきましょう。コントローラー内部の作成については、後の項で解説します。

9.5.3 インジケーターの組み込み

インジケーター内部の作成を行います。各インジケーターは、li 要素に属性 **data-target="（インジケーター外枠の ID）"**、**data-slide-to="（0 からはじまるスライド番号）"** を追加して作成します。初期表示させるスライドを示すインジケーターには **active クラス**の追加を忘れないようにしましょう（リスト 9-9）。

▼リスト 9-9　インジケーターの組み込み（mainvisual-indicator.html）

```
<!-- インジケーター -->
<ol class="carousel-indicators">
  <li data-target="#main_visual" data-slide-to="0" class="active"></li>
  <li data-target="#main_visual" data-slide-to="1"></li>
  <li data-target="#main_visual" data-slide-to="2"></li>
</ol>
<!-- / インジケーター -->
```

9.5.4 各スライドの組み込み

カルーセル内枠に 3 枚のスライドを組み込みます（リスト 9-10）。

▼リスト 9-10　各スライドの組み込み（mainvisual-slide.html）

```
<!-- カルーセル内枠 -->
<div class="carousel-inner">
  <!-- スライド01 -->
  <div class="carousel-item active">
    <img class="img-fluid" src="img/slide_01.jpg" alt="コーヒー写真"> ――❶
    <div class="carousel-caption d-none d-md-block"> ――❷
      <h2>Mr. M COFFEEのこだわり</h2>
      <p>店主が世界中のコーヒー豆を厳選し、コーヒー豆の種類にあわせ、心を込めて焙煎、抽出しており⏎
ます。</p>
    </div>
  </div>
  <!-- / スライド01 -->
  <!-- スライド02 -->
  <div class="carousel-item">
    <img class="img-fluid" src="img/slide_02.jpg" alt="ランチ写真">
    <div class="carousel-caption d-none d-md-block">
      <h2>Mr. M COFFEEのメニュー</h2>
      <p>コーヒーはもちろん、モーニングやワンプレートランチ、季節のスイーツなどもご好評いただいて⏎
おります</p>
    </div>
  </div>
  <!-- / スライド02 -->
  <!-- スライド03 -->
  <div class="carousel-item">
    <img class="img-fluid" src="img/slide_03.jpg" alt="店内写真">
    <div class="carousel-caption d-none d-md-block">
      <h2>Mr. M COFFEEの空間</h2>
      <p>座り心地の良いソファと丁度良い高さのテーブル。くつろぎの空間を満喫してください。</p>
    </div>
  </div>
  <!-- / スライド03 -->
</div>
<!-- / カルーセル内枠 -->
```

carousel-item クラスが設定された各スライドの要素内に、画像とキャプションを配置します。

まず、親要素のサイズによってサイズが変化するレスポンシブ対応の画像を配置します。レスポンシブ対応の画像は img 要素に **img-fluid クラス**（P.69 参照）を追加して作成します（❶）。

次に、見出しと段落を含むキャプションを配置します。キャプションは、div 要素に **carousel-caption クラス**を追加して作成します（❷）。

なお本章のサンプルでは、ディスプレイサイズの小さい画面幅 sm 以下ではキャプションの表示が省略されるように設定します。carousel-caption クラスが設定された div 要素に、Display ユーティリティ（P.310 参照）の **d-none クラス**を追加して、いったんキャプションを非表示にします。その上で **d-md-block クラス**（P.311 参照）を追加し、画面幅 md 以上でブロックレベルの表示になるように設定し、キャプションが表示されるようにします。

9.5.5 各コントローラーの組み込み

コントローラーの内部を作成します（リスト9-11）。

▼リスト9-11　各スライドの組み込み（mainvisual-control.html）

```
<!-- コントローラー -->
<a class="carousel-control-prev" href="#main_visual" role="button" data-slide="prev">
  <span class="carousel-control-prev-icon" aria-hidden="true"></span> ―――❶
  <span class="sr-only">前に戻る</span> ―――❸
</a>
<a class="carousel-control-next" href="#main_visual" role="button" data-slide="next">
  <span class="carousel-control-next-icon" aria-hidden="true"></span> ―――❷
  <span class="sr-only">次に進む</span> ―――❸
</a>
<!-- / コントローラー -->
```

まず、carousel-control-prevクラスが設定されたa要素内に、「<」（前に戻る）アイコンを作成します。このアイコンは、span要素に**carousel-control-prev-iconクラス**を追加して作成します。次に、carousel-control-prev-nextクラスが設定されたa要素内に、「>」（次に進む）アイコンを作成します。このアイコンは、span要素に**carousel-control-next-iconクラス**を追加して作成します。なおそれぞれのアイコンには、アクセシビリティへの配慮としてスクリーンリーダー用ユーティリティ（P.354参照）の**sr-onlyクラス**を追加して、「前に戻る」「次に進む」などの非表示テキストを加えておきましょう（❸）。

9.5.6 メインビジュアルの完成図

以上で、3枚のスライドショーによるメインビジュアルが完成します（図9-18～図9-21）。

メインビジュアル（画面幅md以上）

▼図9-18　メインビジュアルのスライド1枚目

▼図 9-19　メインビジュアルのスライド 2 枚目

▼図 9-20　メインビジュアルのスライド 3 枚目

メインビジュアル（画面幅 sm 以下）

▼図 9-21　画面幅 sm 以下でのメインビジュアル

9 SECTION 6

コンテンツ 01（News）の作成

新着情報を表示するコンテンツ 01「News」を作成します。このコンテンツにはグリッドレイアウトを利用した**定義リスト**（P.63 参照）を使用します。

9.6.1 コンテンツ 01 のレイアウト

まず、ワイヤーフレームでコンテンツ 01 のレイアウトを再確認しておきましょう。画面幅 md 以上（デスクトップ PC での閲覧時）では、コンテンツの見出し（h3 要素）、日付（dt 要素）、説明（dd 要素）が水平方向に横並びになります（図 9-22）。

▼図 9-22　コンテンツ 01 のワイヤーフレーム（画面幅 md 以上）

News	2017年○月○日	○○○○○○○○○○○
	2017年○月○日	○○○○○○○○○○○
	2017年○月○日	○○○○○○○○○○○

画面幅 sm 以下（モバイル端末での閲覧時）では、コンテンツの見出し（h3 要素）、日付（dt 要素）、説明（dd 要素）が垂直方向に縦並びになります（図 9-23）。

▼図 9-23　コンテンツ 01 のワイヤーフレーム（画面幅 sm 以下）

News
2017年○月○日
○○○○○○○○○○○
2017年○月○日
○○○○○○○○○○○
2017年○月○日
○○○○○○○○○○○

9.6.2 コンテンツ 01 の構成

ではコンテンツ 01 を作成していきましょう。コンテンツ 01 は、Bootstrap の柔軟なグリッドシステムを確認できるシンプルな例になっています（リスト 9-12）。

▼リスト 9-12　コンテンツ 01 の作成（contents-01.html）

```
<!-- コンテンツ01 -->
<div class="py-4">
  <section id="news"> ──────────────────── ❶
    <div class="container"> ──────────────── ❷
      <div class="row"> ────────┐
        <!-- 左側カラム（画面幅md以上） -->  │
        <div class="col-md-2"> ───┤
          <h3>News</h3>          ├──────── ❸
        </div>                   │
        <!-- 右側カラム（画面幅md以上） -->  │
        <div class="col-md-10"> ──┘
          <dl class="row"> ─────────┐
            <dt class="col-md-3">2017年○月○日</dt> ─┼──── ❹
            <dd class="col-md-9">ランチクーポン配布中です</dd> ─┘
            <dt class="col-md-3">2017年○月○日</dt>
            <dd class="col-md-9">季節限定メニューを追加しました</dd>
            <dt class="col-md-3">2017年○月○日</dt>
            <dd class="col-md-9">新しい雑貨さん入荷しました</dd>
          </dl>
        </div>
      </div>
    </div>
  </section>
</div>
<!-- /コンテンツ01 -->
```

まず、コンテンツ 01 内を section 要素でマークアップし、id 属性値を **news** と設定します（❶）。このようにコンテンツごとに id 名を付けておくと、アンカーリンクを設定したり、スタイルを調整したりする際に便利です。

次に、section 要素内のコンテンツを水平中央に配置するために、div 要素に **container クラス**を追加します（❷）。

この container クラスを設定した要素内に、グリッドレイアウト（P.22 参照）を組み込みます。グリッドレイアウトは、div 要素にグリッドレイアウトを行うための行を形成する **row クラス**を追加し、子要素には **col-{ ブレイクポイント }-* クラス**を追加して作成します。本章のサンプルでは、画面幅が sm 以下のときに 1 カラムレイアウトに、画面幅が md 以上のときに左側が 2 列カラム（col-md-2）、右側が 10 列カラム（col-md-10）の 2 カラムレイアウトになるように設定しています（❸）。

さらに右側カラム内には、グリッドレイアウトを利用した定義リストを入れ子にします。右側カラム内に、**row クラス**を設定した dl 要素を配置し、dt 要素と dt 要素に **col-{ ブレイクポイント }-* クラス**を追加します。サンプルでは、3 列カラム（col-md-3）＋9 列カラム（col-md-9）のレイアウトになるように設定しています（❹）。

9.6.3　コンテンツ 01 の完成図

以上で、新着情報を表示するコンテンツ 01「News」が完成です。

画面幅 md 以上では、コンテンツの見出し（h3 要素）、日付（dt 要素）、説明（dd 要素）が水平方向に横並びになります（図 9-24）。

▼図 9-24　コンテンツ 01（画面幅 md 以上）

画面幅 sm 以下では、垂直方向に縦並びになります（図 9-25）。

▼図 9-25　コンテンツ 01（画面幅 sm 以下）

SECTION 9-7 コンテンツ 02（About）の作成

カフェの店舗や特長を紹介するコンテンツ 02「About」を作成します。このコンテンツには、**ボタン**（P.233 参照）や**カード**（P.124 参照）、**モーダル**（P.283 参照）などのコンポーネントを使用します。

9.7.1 コンテンツ 02 のレイアウト

まず、ワイヤーフレームでコンテンツ 02 のレイアウトを再確認しておきましょう。画面幅 md 以上（デスクトップ PC での閲覧時）では、上段にコンテンツの見出しおよび紹介文と写真とが水平方向に横並びに、下段には 3 つのカードが水平方向に横並びになります（図 9-26）。

▼図 9-26　コンテンツ 02 のワイヤーフレーム（画面幅 md 以上）

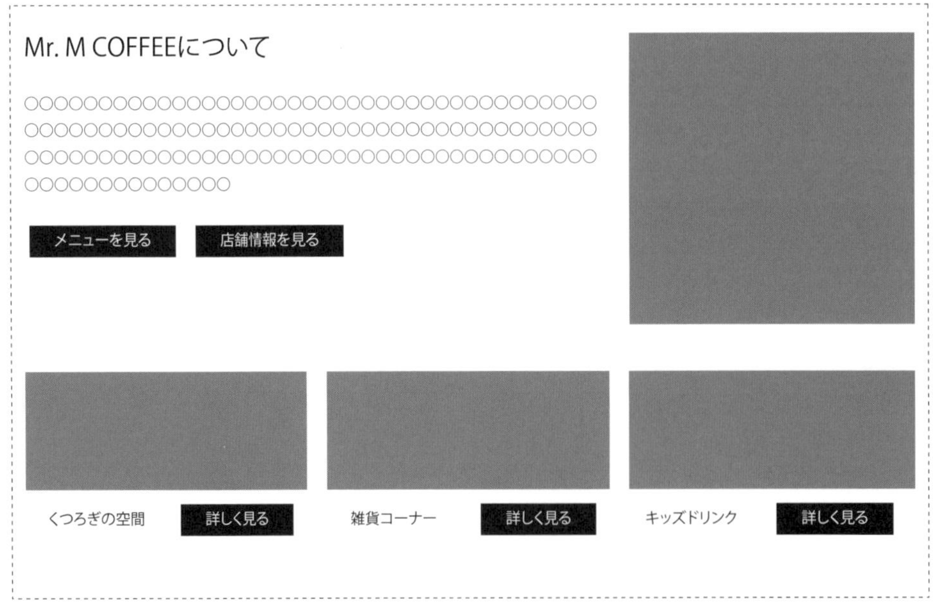

画面幅 sm 以下（モバイル端末での閲覧時）では垂直方向に縦並びになります（図 9-27）。

▼図9-27　コンテンツ02のワイヤーフレーム（画面幅sm以下）

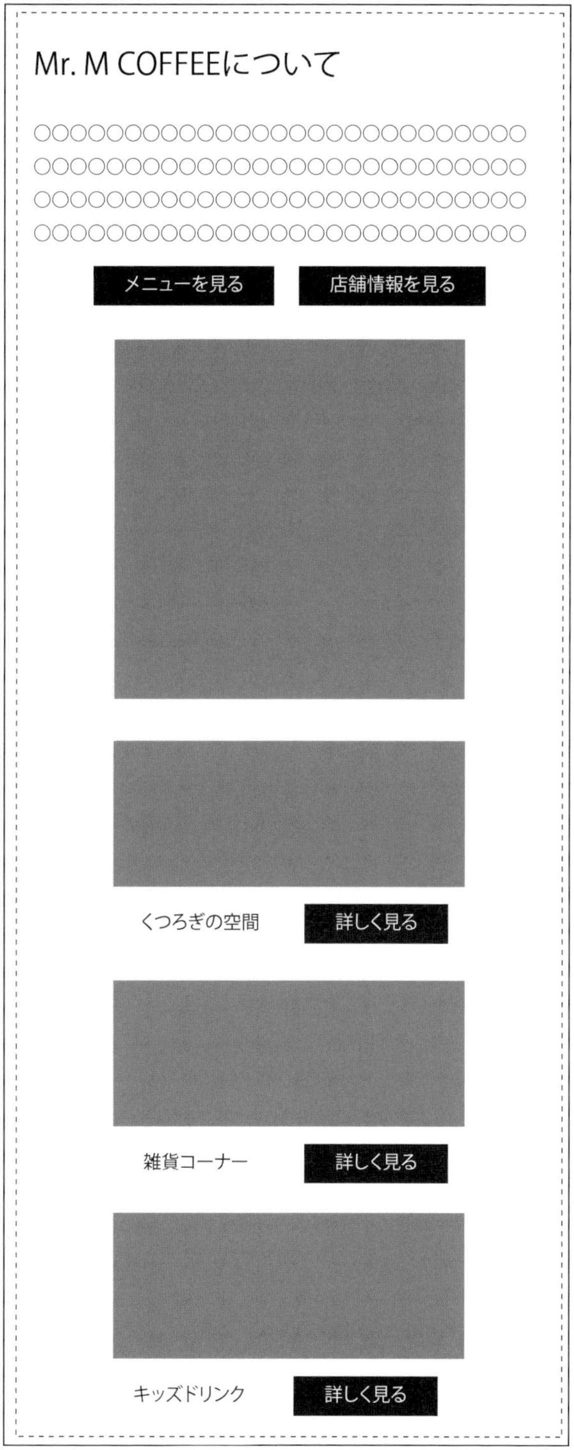

9.7.2 コンテンツ 02 の構成

ではコンテンツ 02 を作成していきましょう。

コンテンツ 02 全体のレイアウト

上段にコンテンツの見出しおよび紹介文と写真、下段に 3 つのカードを配置します（リスト 9-13）。

▼リスト 9-13　コンテンツ 02 全体のレイアウト（contents-02-layout.html）

```
<!-- コンテンツ02 -->
<div class="py-4 bg-light"> ――――――――――――――――――――――――――― ❶
  <section id="about"> ――――――――――――――――――――――――――――― ❷
    <div class="container"> ―――――――――――――――――――――――――― ❸
      <!-- 上段 -->
      <div class="row mb-4"> ――――――――――┐
        <div class="col-md-8 mb-3"> ―――――――┤
          コンテンツ見出しと紹介文が入ります     ├――――――――――― ❹
        </div>                              │
        <div class="col-md-4"> ―――――――――――┘
          画像が入ります
        </div>
      </div>
      <!-- /上段 -->
      <!-- 下段 -->
      <div class="row"> ―――――――――――――――┐
        <div class="col-md-4"> ―――――――――――┤
          カードが入ります                   │
        </div>                              │
        <div class="col-md-4"> ―――――――――――┼――――――――――― ❺
          カードが入ります                   │
        </div>                              │
        <div class="col-md-4"> ―――――――――――┘
          カードが入ります
        </div>
      </div>
      <!-- /下段 -->
    </div>
  </section>
</div>
<!-- /コンテンツ02 -->
```

ページ全体の背景色が単調にならないように、エリアを分ける div 要素に **bg-light クラス**（P.304 参照）を追加し、背景色を明るいグレー（#f8f9fa）に設定します（❶）。

コンテンツ02内をsection要素でマークアップし、id属性値を**about**と設定します（❷）。section要素内のコンテンツを水平中央に配置するために、div要素に**containerクラス**を追加します（❸）。このcontainerクラスを設定した要素内を上段と下段に分けて、それぞれにグリッドレイアウト（P.22参照）を組み込みます。グリッドレイアウトは、div要素にグリッドレイアウトを行うための行を形成する**rowクラス**を追加し、子要素には**col-{ブレイクポイント}-*クラス**を追加して作成します。

まず、上段のグリッドレイアウトは、画面幅がmd以上のときに左側が8列カラム（col-md-8）、右側が4列カラム（col-md-4）のレイアウトになるように設定しています（❹）。また、Spacingユーティリティ（P.318参照）の**mb-*クラス**を追加し、下要素との間のスペースが詰まりすぎないようにマージンを適宜調整します。上段内の構成については、後の「コンテンツ上段の作成」で説明します。

次に、下段のグリッドレイアウトは、画面幅がmd以上のときに4列カラム（col-md-4）が3つ並ぶレイアウトになるように設定しています（❺）。下段内の構成については、後の「コンテンツ下段の作成」で説明します。

コンテンツ上段の作成

コンテンツ上段には、見出しおよび紹介文と写真のレイアウトを作成していきます（リスト9-14）。

▼リスト9-14　コンテンツ02上段の作成（contents-02-upper.html）

```
<!-- 上段 -->
<div class="row mb-4">
  <div class="col-md-8 mb-3">
    <h3 class="mb-3">Mr. M COFFEEについて</h3> ――――――――――――――――――❶
    <p>Mr. M COFFEE（ミスターエムコーヒー）は、店主が焙煎したこだわりのコーヒーを最高の空間とおも⏎
てなしで提供する自家焙煎のカフェです。店主が世界中のコーヒー豆を厳選し、コーヒー豆の種類にあわせ、⏎
心を込めて焙煎、抽出しております。また、女性に丁度良いボリュームのワンプレートランチ、季節のスイー⏎
ツなどもご好評いただいております。</p>
    <p>最高に美味しい一杯のコーヒーを、最高に心地良い空間で。美味しいコーヒーを飲みながら、ゆったり⏎
とした素敵な時間を過ごしに、ぜひMr. M COFFEEにお越しください。</p>
    <a href="#" class="btn btn-info">メニューを見る</a> ―┐
    <a href="#" class="btn btn-info">店舗情報を見る</a> ―┴――――――――――――❷
  </div>
  <div class="col-md-4">
    <img src="img/about01.jpg" alt="店主が焙煎したこだわりのコーヒー" class="img-fluid"> ――❸
  </div>
</div>
<!-- /上段 -->
```

このコンテンツの見出しとなるh3要素には、Spacingユーティリティ（P.318参照）の**mb-*クラス**を追加し、下要素との間のスペースが詰まりすぎないようにマージンを適宜調整します（❶）。a要素に**btnクラス**と**btn-{色の種類}クラス**（P.233参照）を追加し、他コンテンツに移動するためのボタンを作成します（❷）。img要素には**img-fluidクラス**（P.69参照）を追加し、画像サイズをレスポンシブ対応させます（❸）。

コンテンツ下段の作成

コンテンツ下段には、3 つのカードを作成していきます（リスト 9-15）。

▼リスト 9-15　コンテンツ 02 下段の作成（contents-02-lower.html）

```
<!-- 下段 -->
<div class="row">
  <div class="col-md-4">
    <!-- カード01 -->
    <div class="card mb-3"> ―――❶
      <img src="img/about02-thumb.jpg" alt="" class="img-fluid"> ―――❷
      <!-- カードの本文エリア -->
      <div class="card-body d-flex justify-content-between"> ―――❸
        <h4 class="card-title">くつろぎの空間</h4> ―――❹
        <button type="button" class="btn btn-secondary"> ―――❺
          詳しく見る
        </button>
      </div>
    </div>
  </div>
  <div class="col-md-4">
    <!-- カード02 -->
    <div class="card mb-3"> ―――❶
      <img src="img/about03-thumb.jpg" alt="" class="img-fluid"> ―――❷
      <!-- カードの本文エリア -->
      <div class="card-body d-flex justify-content-between"> ―――❸
        <h4 class="card-title">雑貨コーナー</h4> ―――❹
        <button type="button" class="btn btn-secondary"> ―――❺
          詳しく見る
        </button>
      </div>
    </div>
  </div>
  <div class="col-md-4">
    <!-- カード03 -->
    <div class="card mb-3"> ―――❶
      <img src="img/about04-thumb.jpg" alt="" class="img-fluid"> ―――❷
      <!-- カードの本文エリア -->
      <div class="card-body d-flex justify-content-between"> ―――❸
        <h4 class="card-title">キッズドリンク</h4> ―――❹
        <button type="button" class="btn btn-secondary> ―――❺
          詳しく見る
        </button>
      </div>
    </div>
  </div>
</div>
<!-- /下段 -->
```

まず、div要素に**cardクラス**（P.124参照）を追加し、カードを作成します（❶）。各カードにはSpacingユーティリティ（P.318参照）の**mb-* クラス**を追加し、下要素との間のスペースが詰まりすぎないようにマージンを適宜調整します。img要素には**img-fluidクラス**（P.69参照）を追加し、画像サイズをレスポンシブ対応させます（❷）。

次に、カードの本文エリアを作成します。本文エリアは、div要素に**card-bodyクラス**（P.124参照）を追加して作成します（❸）。またFlexユーティリティ（P.322参照）の**d-flexクラス**、**justify-content-betweenクラス**を追加し、子要素のh4要素とbutton要素を本文エリアの両端から等間隔に揃えてレイアウトします。

本文エリア内のh4要素には、**card-titleクラス**（P.124参照）を追加し、カードの見出しを作成します（❹）。button要素には**btnクラス**、**btn-{色の種類}クラス**（P.233参照）と属性**type="button"**を追加し、「詳しく見る」ボタンを作成します（❺）。このボタンには、後でモーダルの切り替えボタンとして設定を追加します。

モーダルの組み込み

コンテンツ下段内の「詳しく見る」ボタンを押すと、店舗の詳細情報がモーダルウィンドウに表示されるように、モーダル（P.283参照）を組み込みます。コンテンツ下段の後にモーダルを作成していきます（リスト9-16）。

▼リスト9-16　モーダルの組み込み（contents-02-modal-window.html）

```
<!-- コンテンツ02 -->
<!-- 上段 -->
<div class="row mb-4">
…中略…
</div>
<!-- /上段 -->
<!-- 下段 -->
<div class="row">
…中略…
</div>
<!-- /下段 -->
<!-- モーダル -->
<!-- モーダル01 -->
<div class="modal fade" id="modal01" tabindex="-1" role="dialog" aria-labelledby="modal01-label" ⏎
aria-hidden="true"> ――――❶
  <div class="modal-dialog modal-dialog-centered" role="document"> ――――❷
    <div class="modal-content"> ――――❸
      <div class="modal-header"> ――――❹
        <h5 class="modal-title" id="modal01-label">くつろぎの空間</h5> ――――❺
        <button type="button" class="close" data-dismiss="modal" aria-label="Close"> ――――❻
          <span aria-hidden="true">&times;</span> ――――❼
        </button>
      </div>
      <div class="modal-body"> ――――❽
        <p class="text-center"><img alt="#" src="img/about02.jpg" class="img-fluid"></p>
```

```
        <p>店主がこだわった家具たちです。座り心地の良いソファと丁度良い高さのテーブル。↩
くつろぎの空間を満喫してください。</p>
      </div>
      <div class="modal-footer"> ――――――――――――――――――――――――――――――――――――― ❾
        <button type="button" class="btn btn-secondary" data-dismiss="modal">Close</button> ―― ❿
      </div>
    </div>
  </div>
</div>
<!-- モーダル02 -->
<div class="modal fade" id="modal02" tabindex="-1" role="dialog" aria-labelledby="modal01-label" ↩
aria-hidden="true"> ――――――――――――――――――――――――――――――――――――――――― ❶
…中略…
</div>
<!-- モーダル03 -->
<div class="modal fade" id="modal03" tabindex="-1" role="dialog" aria-labelledby="modal01-label" ↩
aria-hidden="true"> ――――――――――――――――――――――――――――――――――――――――― ❶
…中略…
</div>
<!-- / モーダル -->
<!-- /コンテンツ02 -->
```

まずモーダルウィンドウの外枠を、div 要素に **modal クラス**を追加して作成します（❶）。また **fade クラス**を追加することで、モーダルウィンドウがページ上部からスライドしながらフェードインするアニメーションを設定しています。

次に、div 要素に **modal-dialog クラス**と **modal-dialog-centered クラス**を追加し、ウィンドウの垂直方向中央に表示されるモーダルのダイアログ本体を作成します。さらに属性 **role="dialog"** を追加して、この要素の役割がダイアログであることをスクリーンリーダーに伝えます（❷）。

modal-dialog クラスが設定された要素内に、div 要素に **modal-content クラス**を追加してダイアログのコンテンツ部分を作成します（❸）。ダイアログのコンテンツ内部には、ヘッダーと本文とフッターを構成します。

ヘッダーの部分は、div 要素に **modal-header クラス**を追加して作成します（❹）。ヘッダー内には、見出しと閉じるボタンを配置しましょう。本章のサンプルでは、h5 要素に **modal-title クラス**を追加して見出しを作成しています（❺）。閉じるボタンは、ボタン（P.233 参照）のコンポーネントに、**close クラス**と属性 **data-dismiss="modal"** を追加して作成します（❻）。またこのボタンに **aria-label** 属性を追加して、スクリーンリーダーなどの支援技術に対するラベル付けを行います。閉じるボタン内には「×」アイコンを表示させます。このアイコンは、span 要素に属性 **aria-hidden="true"** を追加してスクリーンリーダーの対象から外しておきます（❼）。

本文の部分は、div 要素に **modal-body クラス**を追加して作成します（❽）。

フッターの部分は、div 要素に **modal-footer クラス**を追加して作成します（❾）。フッター内には、閉じるボタンを配置します。閉じるボタンは、ボタンのコンポーネントに属性 **data-dismiss="modal"** を追加して作成します（❿）。

最後に、コンテンツ下段の「詳しく見る」ボタンをモーダルの切り替えボタンとして設定します（リスト 9-17）。

▼リスト 9-17　モーダルの組み込み（contents-02-modal-button.html）

```
<!-- コンテンツ02 -->
<!-- 上段 -->
<div class="row mb-4">
…中略…
</div>
<!-- /上段 -->
<!-- 下段 -->
<div class="row">
  <div class="col-md-4">
    <div class="card mb-3">
…中略…
      <div class="card-body d-flex justify-content-between">
        <h4 class="card-title">くつろぎの空間</h4>
        <button type="button" class="btn btn-secondary" data-toggle="modal" data-target="#modal01">
          詳しく見る
        </button>
      </div>
    </div>
  </div>
  <div class="col-md-4">
    <div class="card mb-3">
…中略…
      <div class="card-body d-flex justify-content-between">
        <h4 class="card-title">雑貨コーナー</h4>
        <button type="button" class="btn btn-secondary" data-toggle="modal" data-target="#modal02">
          詳しく見る
        </button>
      </div>
    </div>
  </div>
  <div class="col-md-4">
    <div class="card mb-3">
…中略…
      <div class="card-body d-flex justify-content-between">
        <h4 class="card-title">キッズドリンク</h4>
        <button type="button" class="btn btn-secondary" data-toggle="modal" data-target="#modal03">
          詳しく見る
        </button>
      </div>
    </div>
  </div>
</div>
<!-- /下段 -->
<!-- モーダル -->
<!-- モーダル01 -->
<div class="modal fade" id="modal01" tabindex="-1" role="dialog" aria-labelledby="modal01-label" ↵
aria-hidden="true">
…中略…
```

```
</div>
<!-- モーダル02 -->
<div class="modal fade" id="modal02" tabindex="-1" role="dialog" aria-labelledby="modal01-label" ↵
aria-hidden="true">
…中略…
</div>
<!-- モーダル03 -->
<div class="modal fade" id="modal03" tabindex="-1" role="dialog" aria-labelledby="modal01-label" ↵
aria-hidden="true">
…中略…
</div>
<!-- / モーダル -->
<!-- /コンテンツ02 -->
```

「詳しく見る」ボタンの button 要素の **data-target** 属性値と、各モーダル外枠の div 要素の id 属性値とを一致させて、表示切り替えの対象とします。さらに、button 要素には属性 **data-toggle="modal"** を追加して、JavaScript 経由でモーダルウィンドウを表示する機能を有効化します。

9.7.3 コンテンツ 02 の完成図

以上で、カフェの店舗や特長を紹介するコンテンツ 02「About」が完成です。画面幅 md 以上では、上段にコンテンツの見出しおよび紹介文と写真とが水平に並び、下段に 3 つのカードが水平に並びます（図 9-28）。

▼図 9-28　コンテンツ 02（画面幅 md 以上）

画面幅 sm 以下では、垂直方向に縦並びになります（図 9-29）。

▼図 9-29　コンテンツ 02（画面幅 sm 以下）

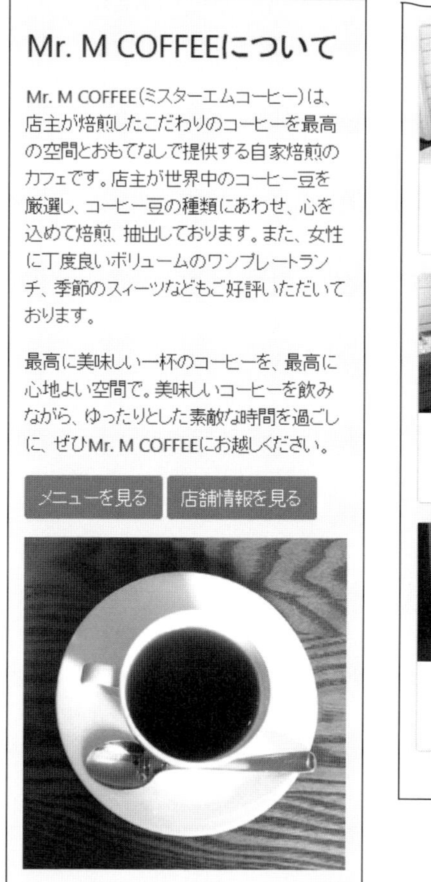

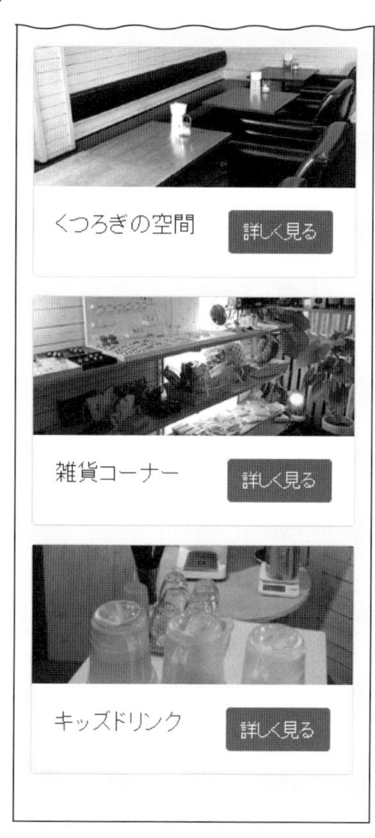

カード内のボタンをクリックすると、詳細情報を記載したモーダルが開きます（図 9-30）。

▼図 9-30　モーダルの組み込み（画面幅 md 以上）

9 SECTION 8 コンテンツ 03（Menu）の作成

飲食メニューを紹介するコンテンツ 03「Menu」を作成します。このコンテンツには、**タブ型ナビゲーション**（P.153 参照）を組み込んだタブパネルや、**縞模様のテーブル**（P.77 参照）を使用します。

9.8.1 コンテンツ 03 のレイアウト

まず、ワイヤーフレームでコンテンツ 03 のレイアウトを再確認しておきましょう。画面幅 md 以上（デスクトップ PC での閲覧時）では、メニュー写真が左に、メニュー表が右に、水平方向に横並びになります（図 9-31）。

▼図 9-31　コンテンツ 03 のワイヤーフレーム（画面幅 md 以上）

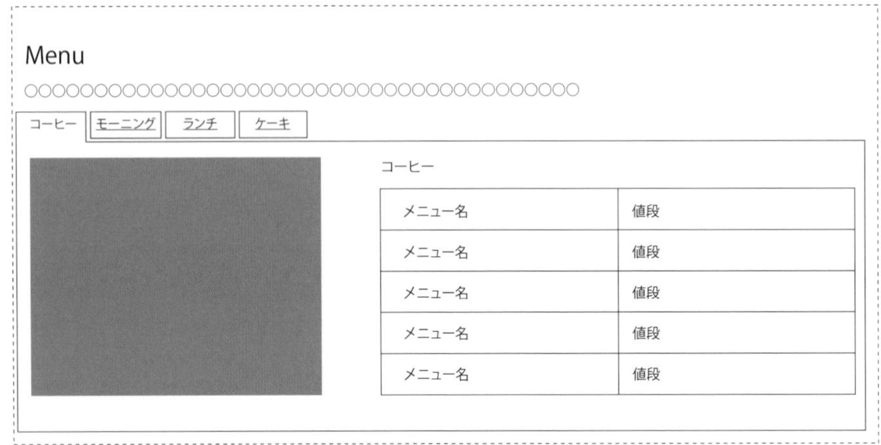

画面幅 sm 以下（モバイル端末での閲覧時）では、メニュー表が上に、メニュー写真が下に、垂直方向に縦並びになります（図 9-32）。

▼図9-32　コンテンツ03のワイヤーフレーム（画面幅sm以下）

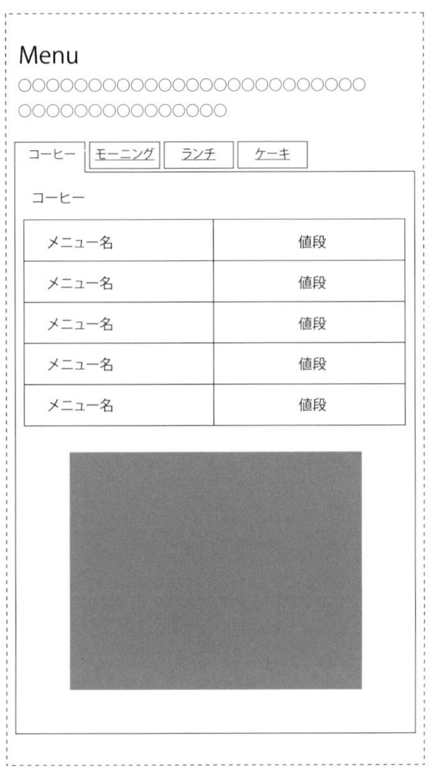

またこのコンテンツでは、メニュー表をタブパネルで表示切り替えできるようにします。タブパネルは、タブ型ナビゲーションと、ナビゲーションによって表示が切り替えられるパネルとで構成されます。タブパネルは、スクロールせずにタブクリックで内容を切り替えられるため、メニュー表など情報量の多いコンテンツの表示に便利です。

9.8.2 コンテンツ03の構成

ではコンテンツ03を作成していきましょう。内容量が多く複雑に見えますが、まずナビゲーションとなるタブを作り、その内容となるパネルを作る、という手順です。タブとパネルを2つ作って、表示が切り替わるかどうかを確認した後、コピー&ペーストで複製していくと良いでしょう。

コンテンツ03全体のレイアウト

このコンテンツでは、タブ型ナビゲーションで4つのパネルの表示を切り替えます。外観を作るためのクラス指定が多くなっていますが、JavaScriptによるタブ切り替えを機能させるポイントは、タブナビゲーションとなるa要素に、**data-toggle="tab"** を追記すること、href属性値に対応するパネルのID名を指定することです（リスト9-18）。

▼リスト9-18　コンテンツ03全体のレイアウト（contents-03-layout.html）

```
<!-- コンテンツ03 -->
<div class="py-4">
  <section id="menu"> ──❶
    <div class="container"> ──❷
      <h3 class="mb-3">Menu</h3> ──❸
      <p>カフェ Mr. M COFFEEのメニューです。掲載していない季節限定メニューはMr. M COFFEEの↵
<a href="#">ブログ</a>にて紹介しています。</p>

      <!-- タブ型ナビゲーション -->
      <div class="nav nav-tabs" id="tab-menus" role="tablist"> ──❹
        <!-- タブ01 -->
        <a class="nav-item nav-link active" id="tab-menu01" data-toggle="tab" href="#panel-menu01" ↵
role="tab" aria-controls="panel-menu01" aria-selected="true">コーヒー</a> ──┐
        <!-- タブ02 -->                                                       │
        <a class="nav-item nav-link" id="tab-menu02" data-toggle="tab" href="#panel-menu02" ↵
role="tab" aria-controls="panel-menu02" aria-selected="false">モーニング</a> ─┤
        <!-- タブ03 -->                                                       ├❺
        <a class="nav-item nav-link" id="tab-menu03" data-toggle="tab" href="#panel-menu03" ↵
role="tab" aria-controls="panel-menu03" aria-selected="false">ランチ</a> ────┤
        <!-- タブ04 -->                                                       │
        <a class="nav-item nav-link" id="tab-menu04" data-toggle="tab" href="#panel-menu04" ↵
role="tab" aria-controls="panel-menu04" aria-selected="false">ケーキ</a> ────┘
      </div>
      <!-- /タブ型ナビゲーション -->

      <!-- タブパネル -->
      <div class="tab-content" id="panel-menus"> ──❻
        <!-- パネル01 -->
        <div class="tab-pane fade show active border border-top-0" id="panel-menu01" ↵
role="tabpanel" aria-labelledby="tab-menu01"> ──❼
          (コーヒーのメニュー表)
      </div>
      <!-- パネル02 -->
      <div class="tab-pane fade border border-top-0" id="panel-menu02" role="tabpanel" ↵
aria-labelledby="tab-menu02"> ──❼
         (モーニングのメニュー表)
      </div>
      <!-- パネル03 -->
      <div class="tab-pane fade border border-top-0" id="panel-menu03" role="tabpanel" ↵
aria-labelledby="tab-menu03"> ──❼
         (ランチのメニュー表)
      </div>
      <!-- パネル04 -->
        <div class="tab-pane fade border border-top-0" id="panel-menu04" role="tabpanel" ↵
aria-labelledby="tab-menu04"> ──❼
          (ケーキのメニュー表)
        </div>
      </div>
```

```
      <!-- /タブパネル -->
    </div>
  </section>
</div>
<!-- /コンテンツ03 -->
```

コンテンツ 03 内を section 要素でマークアップし、id 属性値を **menu** と設定します（❶）。

section 要素内のコンテンツを水平中央に配置するために、div 要素に **container クラス**（P.23 参照）を追加します（❷）。このコンテンツの見出しとなる h3 要素には、Spacing ユーティリティ（P.318 参照）の **mb-* クラス**を追加し、下要素との間のスペースが詰まりすぎないようにマージンを適宜調整します（❸）。

次に、タブ型ナビゲーションとパネルを作成します。

タブ型ナビゲーションは、div 要素に **nav クラス**と **nav-tabs クラス**を追加して作成します（❹）。またアクセシビリティに配慮するため、属性 **role="tablist"** を追加してこの要素の役割をスクリーンリーダーに伝えます。

ナビゲーション内の a 要素に **nav-item クラス**と **nav-link クラス**を追加し、各メニュー名のタブを作成します（❺）。さらに、初期選択されるタブの a 要素には **active クラス**も追加します。また、パネルの表示切り替えに必要な属性 **data-toggle="tab"** を追加し、href 属性値と表示切り替えのターゲットとなるパネルの id 属性値とを一致させて、表示切り替えの対象を設定します。なおアクセシビリティに配慮するため role 属性と aria-* 属性も忘れずに追加しておきましょう。

パネルの部分は、div 要素に **tab-content クラス**を追加して外枠を作成します（❻）。本章のサンプルでは、tab-content クラスを設定した要素内に、div 要素に **tab-pane クラス**を追加して 4 つのパネルを作成しています（❼）。各パネルの切り替えをフェードインで表示させるには、tab-pane クラスが設定された要素に **fade クラス**を追加します。また、初期表示させるパネルには **show クラス**が必要です。なお初期設定でパネルの上部には枠線が表示されますが、本章のサンプルでは、Border ユーティリティ（P.306 参照）の **border クラス**、**border-top-0 クラス**を追加して、左、右、下部の枠線も表示させています。またアクセシビリティに配慮するため role 属性と aria-* 属性を追加しています。各パネル内の構成については、後の「パネル内のレイアウト」で説明します。

パネル内のレイアウト

では各パネル内のレイアウトを行っていきましょう。パネル内には任意の内容を配置できます。本章のサンプルでは、メニューの見出し、画像、メニュー表を配置します。またグリッドシステムや Flex ユーティリティ（P.322 参照）の order クラスを利用して、画面幅によって配置の縦並びや横並び、表示順が切り替わるよう作成します（リスト 9-19）。

▼リスト 9-19　パネル内のレイアウト（contents-03-layout-tabpanel.html）

```
<!-- タブパネル -->
<div class="tab-content" id="panel-menus">
  <!-- パネル01 -->
  <div class="tab-pane fade show active border border-top-0" id="panel-menu01" role="tabpanel" ↩
aria-labelledby="tab-menu01">
```

```
    <div class="row p-3"> ――――――――――――――――――――――――――――❶
      <div class="col-md-7 order-md-2"> ――――――――――――――――――――――❷
        <h4>COFFEE</h4>
        <table class="table table-striped"> ――――――――――――――――――――❸
          <tbody>
            <tr>
              <th>M ブレンド</th>
              <td>390円（税別）</td>
            </tr>
            <tr>
              <th>アイスコーヒー</th>
              <td>430円（税別）</td>
            </tr>
            <tr>
              <th>ブラジルシングル</th>
              <td>430円（税別）</td>
            </tr>
            <tr>
              <th>エスプレッソ</th>
              <td>300円（税別）</td>
            </tr>
            <tr>
              <th>カプチーノ</th>
              <td>430円（税別）</td>
            </tr>
          </tbody>
        </table>
      </div>
      <div class="col-md-5"> ――――――――――――――――――――――――――――――❷
        <img src="img/coffee.jpg" alt="コーヒー" class="img-fluid"> ――――――――❹
      </div>
    </div>
  </div>
  <!-- パネル02 -->
  <div class="tab-pane fade border border-top-0" id="panel-menu02" role="tabpanel" ⏎
aria-labelledby="tab-menu02">
    <div class="row p-3"> ――――――――――――――――――――――――――――❶
      <div class="col-md-7 order-md-2"> ――――――――――――――――――――――❷
        <h4>MORNNING</h4>
        <table class="table table-striped"> ――――――――――――――――――――❸
…中略…
        </table>
      </div>
      <div class="col-md-5"> ――――――――――――――――――――――――――――――❷
        <img src="img/morning.jpg" alt="モーニング" class="img-fluid"> ―――――――❹
      </div>
    </div>
  </div>
  <!-- パネル03 -->
```

```
  <div class="tab-pane fade border border-top-0" id="panel-menu03" role="tabpanel" ⏎
aria-labelledby="tab-menu03">
    <div class="row p-3"> ──────────────────────────── ❶
      <div class="col-md-7 order-md-2"> ─────────────────── ❷
        <h4>LUNCH</h4>
        <table class="table table-striped"> ─────────────── ❸
…中略…
        </table>
      </div>
      <div class="col-md-5"> ──────────────────────────── ❷
        <img src="img/lunch.jpg" alt="ランチ" class="img-fluid"> ──── ❹
      </div>
    </div>
  </div>
  <!-- パネル04 -->
  <div class="tab-pane fade border border-top-0" id="panel-menu04" role="tabpanel" ⏎
aria-labelledby="tab-menu04">
    <div class="row p-3"> ──────────────────────────── ❶
      <div class="col-md-7 order-md-2"> ─────────────────── ❷
        <h4>CAKE</h4>
        <table class="table table-striped"> ─────────────── ❸
…中略…
        </table>
      </div>
      <div class="col-md-5"> ──────────────────────────── ❷
        <img src="img/cake.jpg" alt="ケーキ" class="img-fluid"> ──── ❹
      </div>
    </div>
  </div>
</div>
<!-- /タブパネル -->
```

各パネル内にグリッドレイアウト（P.22参照）を組み込みます。グリッドレイアウトは、まずdiv要素にグリッドレイアウトを行うための行を形成する**rowクラス**を追加します（❶）。また、Spacingユーティリティ（P.318参照）の**p-*クラス**を使用して、パネル内のレイアウトが窮屈にならないようにパディングサイズを調整しています。次に、子要素に**col-{ブレイクポイント}-*クラス**を追加します（❷）。本章のサンプルでは、画面幅がmd以上のときにメニュー表が7列カラム（col-md-7）、メニュー写真が5列カラム（col-md-5）のレイアウトになるように設定しています。

さらに、7列カラムに設定されたdiv要素には、Flexユーティリティ（P.322参照）の**order-{ブレイクポイント}-*クラス**を追加し、HTMLの構造を変えずにコンテンツの表示順序だけを入れ替えています。これによって、「PC閲覧時にはメニュー表を先に」「モバイル端末での閲覧時には写真を先に」など、画面幅に応じた最適なコンテンツの表示順をコントロールすることができます。本章のサンプルでは、HTMLの構造上は先に記述されているメニュー表を、画面幅md以上では2番目（右側）に表示させ、後に記述されている写真を先（左側）に表示させています。画面幅sm以下ではHTMLの構造通りメニュー表を先（上側）に、写真を2番目（下側）に表示させます。

7 列カラム側には、メニューの見出しとメニュー表を配置します。メニュー表は、table 要素に **table クラス**、**table-striped クラス**（P.77 参照）を追加して縞模様のテーブルとして作成します（❸）。5 列カラム側には、メニュー写真を配置します。メニュー写真は、img 要素に **img-fluid クラス**（P.69 参照）を追加し、画像サイズをレスポンシブ対応させます（❹）。

9.8.3 コンテンツ 03 の完成図

以上で、飲食メニューを紹介するコンテンツ 03「Menu」が完成です。画面幅 md 以上では、メニュー写真が左に、メニュー表が右に、水平方向に横並びになります（図 9-33）。

▼図 9-33　コンテンツ 03（画面幅 md 以上）

画面幅 sm 以下では、メニュー写真が下に、メニュー表が上に、垂直方向に縦並びになります（図 9-34）。

▼図 9-34　コンテンツ 03（画面幅 sm 以下）

タブ型ナビゲーションのメニュー名をクリックすると、パネル表示が切り替わります（図 9-35 ～図 9-37）。

▼図 9-35　パネル表示の切り替え（パネル 02）

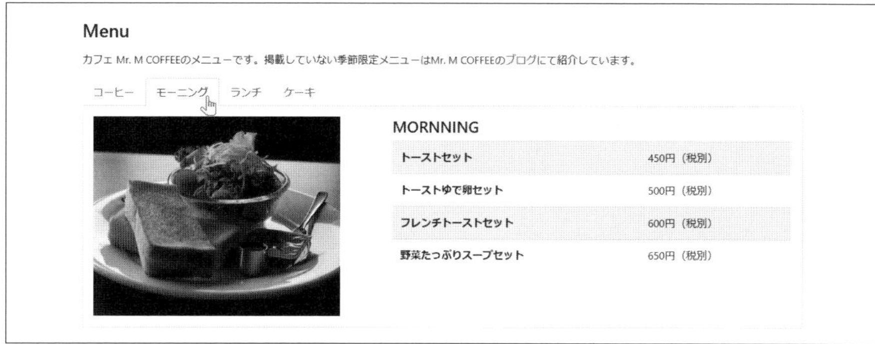

▼図 9-36　パネル表示の切り替え（パネル 03）

▼図 9-37　パネル表示の切り替え（パネル 04）

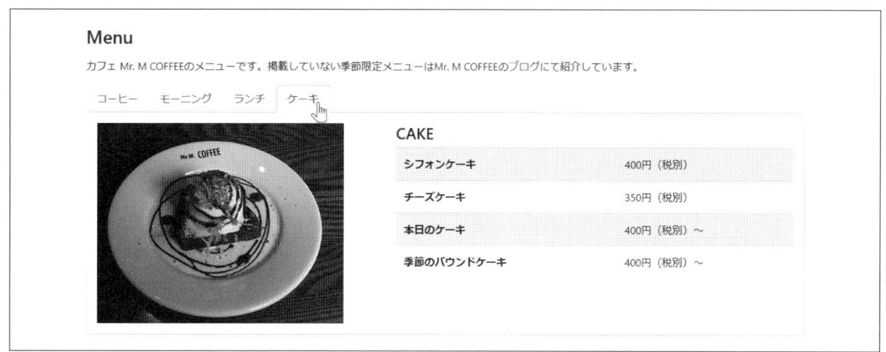

SECTION 9 コンテンツ 04（Coupon）の作成

カフェのクーポンチケットを紹介するコンテンツ 04「Coupon」を作成します。

このコンテンツには、このコンテンツでは、**カード**（P.124 参照）を使用したクーポンチケットを表示します。

9.9.1 コンテンツ 04 のレイアウト

まず、ワイヤーフレームでコンテンツ 04 のレイアウトを再確認しておきましょう。画面幅 md 以上（デスクトップ PC での閲覧時）と画面幅 sm 以下（モバイル端末での閲覧時）とで、特にレイアウトの変更はありません（図 9-38）。

▼図 9-38　コンテンツ 04 のレイアウト

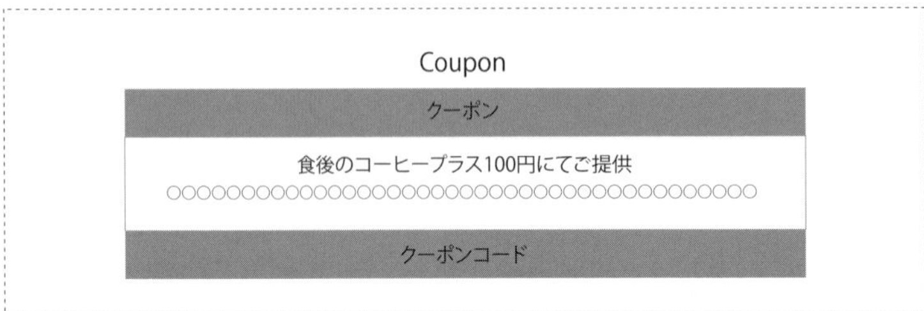

9.9.2 コンテンツ 04 の構成

ではコンテンツ 04 を作成していきましょう。このコンテンツでは、カードの基本的な使い方や、配色や文字のユーティリティ（P.301 参照）を活用した外観の調整方法を確認できます。Bootstrap で定義されているたくさんのユーティリティの活用は、**インブラウザデザイン**[*1] を行う上でとても有効です（リスト 9-20）。

▼リスト 9-20　コンテンツ 04 の作成（contents-04.html）

```
<!-- コンテンツ04 -->
<div class="py-4 bg-light"> ――――――――――――――――――――― ❶
  <section id="coupon"> ―――――――――――――――――――――― ❷
    <div class="container"> ―――――――――――――――――― ❸
      <h3 class="text-center mb-3">Coupon</h3> ――――――――― ❹
      <!-- カード -->
```

＊1　ワイヤーフレームと配置コンテンツをもとに、コーディングしながらブラウザ上で直接デザインする手法です。

```
      <div class="card text-center text-dark w-75 mx-auto"> ❺
        <div class="card-header bg-success text-white"> ❻
          Mr. M COFFEE ランチクーポン
        </div>
        <div class="card-body"> ❼
          <h5 class="card-title">食後のコーヒープラス100円にてご提供</h5> ❽
          <p class="card-text text-justify">ワンプレートランチ（限定数20食）ご注文のお客様⏎
に、プラス100円で食後のコーヒーをご提供。お会計の際に、このクーポン画面をスタッフに見せて⏎
ください。</p> ❾
        </div>
        <div class="card-footer bg-success text-white"> ❿
          クーポンコード：HAPPYLUNCH
        </div>
      </div>
      <!-- /カード -->
    </div>
  </section>
</div>
<!-- /コンテンツ04 -->
```

ページ全体の背景色が単調にならないように、エリアを分けるdiv要素に**bg-lightクラス**（P.304参照）を追加し、背景色を明るいグレー（#f8f9fa）に設定します（❶）。

コンテンツ04内をsection要素でマークアップし、id属性値を**coupon**と設定します（❷）。section要素内のコンテンツを水平中央に配置するために、div要素に**containerクラス**（P.23参照）を追加します（❸）。

このコンテンツの見出しとなるh3要素には、Textユーティリティ（P.347参照）の**text-centerクラス**を追加し、テキストを水平方向中央揃えに設定します（❹）。またSpacingユーティリティ（P.318参照）の**mb-* クラス**を追加し、下要素との間のスペースが詰まりすぎないようにマージンを適宜調整します。

次に、カードを使用してクーポンチケットを作成します。

div要素に**cardクラス**（P.124参照）を追加し、カードの枠を作成します（❺）。このカードの枠には、表9-1のクラスを追加してレイアウトやサイズ、配色を調整しています。

▼表9-1 カードのレイアウトや文字スタイルを調整するクラス

クラス	概要
text-center	テキストを水平方向中央揃えにするTextユーティリティ
text-dark	文字色を暗色にするColorユーティリティ
w-75	幅を親要素の75%にするSizingユーティリティ
mx-auto	水平方向に自動マージンを設定し、要素をセンタリングするSpacingユーティリティ

カードの枠内には、ヘッダーと本文とフッターを構成します。

カードのヘッダー部分は、div要素に**card-headerクラス**を追加して作成します（❻）。ヘッダーには、表9-2のクラスを追加して配色を調整しています。

▼表 9-2　カードのヘッダー部分に追加したクラス

クラス	概要
bg-success	背景色を緑系に設定する Color ユーティリティ
text-white	文字色を白に設定にする Color ユーティリティ

カードの本文の部分は、div 要素に **card-body クラス**を追加して作成します（❼）。本章のサンプルでは、本文内にはカードの見出しと内容文を配置しています。カードの見出しは、見出し要素（h5）に **card-title クラス**を追加して作成します（❽）。カードの内容文は、テキスト要素（p）に **card-text クラス**を追加して作成し、文字を均等割り付けするために **text-justify クラス**を追加しています（❾）。

カードのフッター部分は、div 要素に **card-footer クラス**を追加して作成します（❿）。フッターには、ヘッダーと同様の Color ユーティリティの **bg-success クラス**と **text-white クラス**を追加して配色を調整しています。

9.9.3 コンテンツ 04 の完成図

以上で、カフェのクーポンチケットを紹介するコンテンツ 04「Coupon」が完成です。画面幅 md 以上（デスクトップ PC での閲覧時）（図 9-39）と画面幅 sm 以下（モバイル端末での閲覧時）（図 9-40）とで、特にレイアウトの変更はありません。

▼図 9-39　コンテンツ 04（画面幅 md 以上）

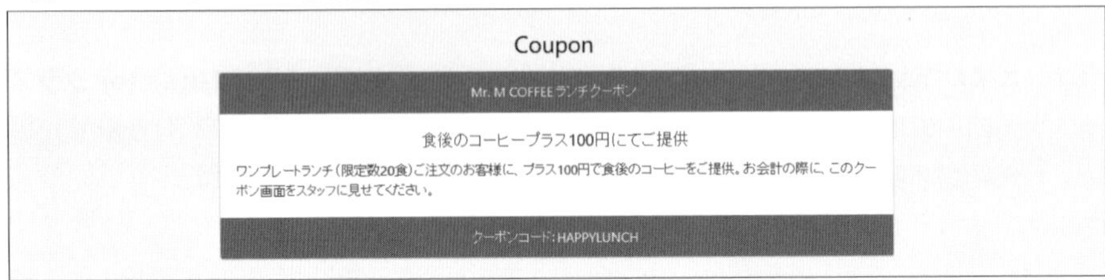

▼図 9-40　コンテンツ 04（画面幅 sm 以下）

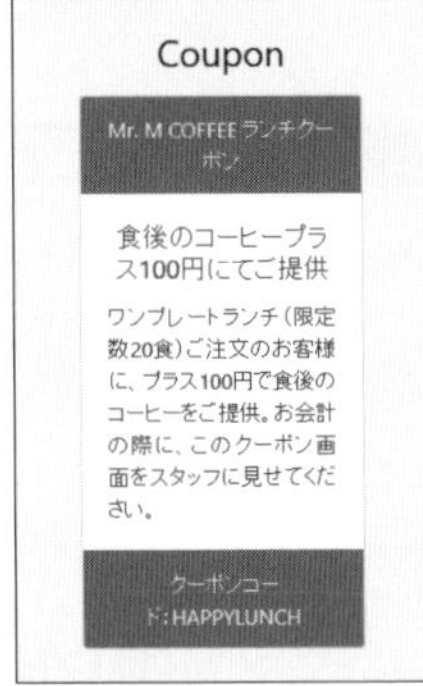

9 SECTION 10 コンテンツ 05（Information）の作成

店舗情報を紹介するコンテンツ 05「Information」を作成します。このコンテンツには、**マウスオーバー表示のテーブル**（P.80 参照）や、レスポンシブ対応させた Google マップの埋め込みなどを行います。

9.10.1 コンテンツ 05 のレイアウト

まず、ワイヤーフレームでコンテンツ 05 のレイアウトを再確認しておきましょう。画面幅 md 以上（デスクトップ PC での閲覧時）では、店舗情報の表が左側に、アクセスマップが右側に、水平方向に横並びになります（図 9-41）。

▼図 9-41　コンテンツ 05 のワイヤーフレーム（画面幅 md 以上）

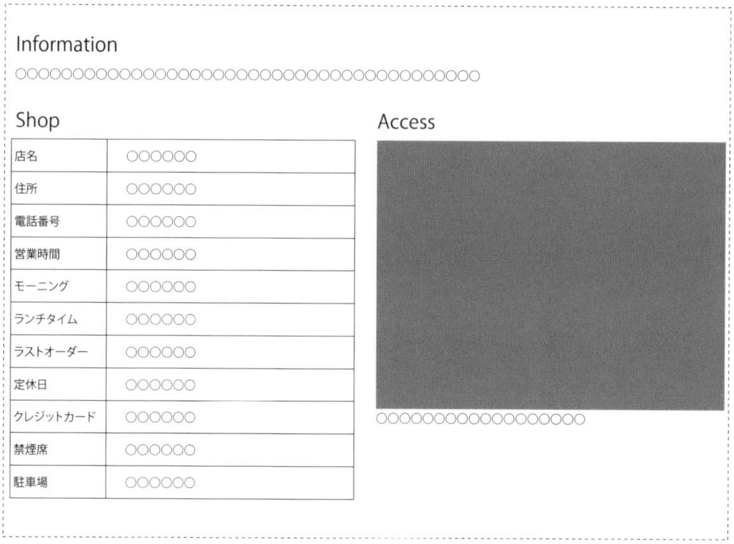

Information

○○○○○○○○○○○○○○○○○○○○○○○○○○○○○○○○○○○○○○○

Shop

店名	○○○○○○
住所	○○○○○○
電話番号	○○○○○○
営業時間	○○○○○○
モーニング	○○○○○○
ランチタイム	○○○○○○
ラストオーダー	○○○○○○
定休日	○○○○○○
クレジットカード	○○○○○○
禁煙席	○○○○○○
駐車場	○○○○○○

Access

○○○○○○○○○○○○○○○○○○

画面幅 sm 以下（モバイル端末での閲覧時）では、店舗情報の表が上に、アクセスマップが下に、垂直方向に縦並びになります（図 9-42）。

▼図 9-42　コンテンツ 05 のワイヤーフレーム（画面幅 sm 以下）

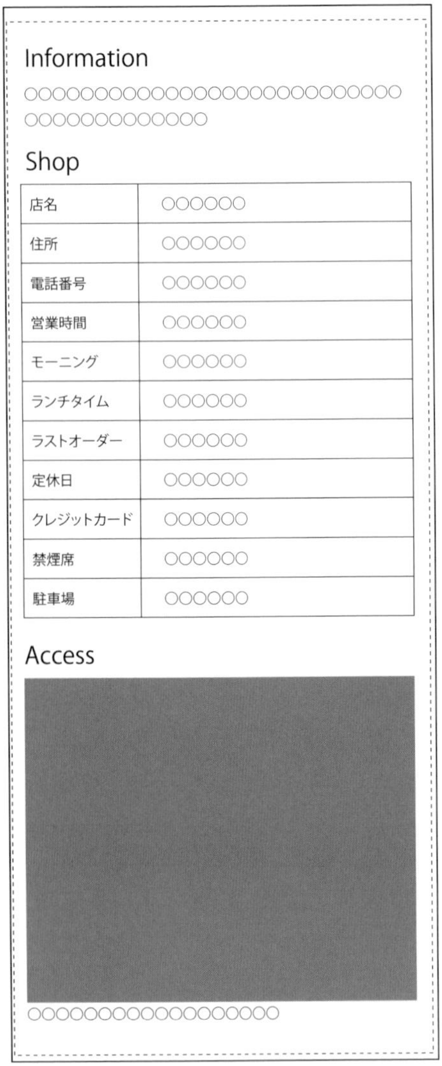

Information

○○○

Shop

店名	○○○○○○
住所	○○○○○○
電話番号	○○○○○○
営業時間	○○○○○○
モーニング	○○○○○○
ランチタイム	○○○○○○
ラストオーダー	○○○○○○
定休日	○○○○○○
クレジットカード	○○○○○○
禁煙席	○○○○○○
駐車場	○○○○○○

Access

○○○○○○○○○○○○○○○○○○○

9.10.2 コンテンツ 05 の構成

ではコンテンツ 05 を作成していきましょう（リスト 9-21）。

▼リスト 9-21　コンテンツ 05 の作成（contents-05-layout.html）

```
<!-- コンテンツ05 -->
<div class="py-4">
  <section id="information"> ──── ❶
    <div class="container"> ──── ❷
      <h3 class="mb-3">Information</h3> ──── ❸
```

```
      <p>カフェ Mr. M COFFEE（ミスターエムコーヒー）は、○○県の○○市の山の中にあります。大自然に↩
囲まれて、こだわりのコーヒーを飲みながら、美味しい空気と美しい景色をご堪能ください。</p>
      <div class="row"> ──────────────── ❹
        <!-- 左側セクション -->
        <div class="col-md-6"> ──────────────── ❺
          <section id="shop"> ──────────────── ❻
            <h4 class="mb-3">Shop</h4> ──────────────── ❼
            <!-- 店舗情報の表 -->
              店舗情報の表が入ります
            <!-- /店舗情報の表 -->
          </section>
        </div>
        <!-- /左側セクション -->
        <!-- 右側セクション -->
        <div class="col-md-6"> ──────────────── ❺
          <section id="access"> ──────────────── ❻
            <h4 class="mb-3">Access</h4> ──────────────── ❼
            <!-- アクセスマップ -->
              アクセスマップが入ります
            <!-- /アクセスマップ -->
            <p>○○駅から徒歩12分（950m）、駐車場あり</p>
          </section>
        </div>
        <!-- /右側セクション -->
      </div>
    </div>
  </section>
</div>
<!-- /コンテンツ05 -->
```

コンテンツ05内をsection要素でマークアップし、id属性値を**information**と設定します（❶）。section要素内のコンテンツを水平中央に配置するために、div要素に**containerクラス**（P.23参照）を追加します（❷）。

このコンテンツの見出しとなるh3要素には、Spacingユーティリティ（P.318参照）の**mb-*クラス**を追加し、下要素との間のスペースが詰まりすぎないようにマージンを適宜調整します（❸）。

見出し（h3）と紹介文（p）の後は、コンテンツ内を左右2カラム構成にするためにグリッドレイアウトを組み込みます。グリッドレイアウトは、まずdiv要素にグリッドレイアウトを行うための行を形成する**rowクラス**を追加します（❹）。次に、子要素に**col-{ブレイクポイント}-*クラス**を追加します（❺）。本章のサンプルでは、画面幅がmd以上のときに6列カラム（col-md-2）が2つ並ぶレイアウトになるように設定しています。左右の6列カラムの内をsection要素でマークアップします。左側のsection要素のid属性値を**shop**、右側のsection要素のid属性値を**access**と設定します（❻）。

左右のセクション内の見出しとなるh4要素に、Spacingユーティリティ（P.318参照）の**mb-*クラス**を追加し、下要素との間のスペースが詰まりすぎないようにマージンを適宜調整します（❼）。左右セクション内の構成については、後の「左側セクションにテーブルを作成」、「右側セクションにGoogleマップを埋め込み」で説明します。

9.10.3 左側セクションにテーブルを作成

左側のセクションには、店舗情報の表を配置します。店舗情報の表は、table 要素に **table クラス**と **table-hover クラス**（P.80 参照）を追加して、マウスオーバー表示するテーブルとして作成します。行数や列数の多いテーブルに対し、マウスオーバー時に行の背景色を変えることで、表の内容を読みやすくすることができます（リスト 9-22）。

▼リスト 9-22　左側セクションの作成（contents-05-left.html）

```
<!-- 左側セクション -->
<div class="col-md-6">
  <section id="shop">
    <h4 class="mb-3">Shop</h4>
    <!-- 店舗情報の表 -->
    <table class="table table-hover">
      <tbody>
        <tr>
          <th>店名</th>
          <td>Mr.M COFFEE</td>
        </tr>
        <tr>
          <th>住所</th>
          <td>〒000-0000 ○○県○○市○○町1-2-3</td>
        </tr>
        <tr>
          <th>電話番号</th>
          <td>000-000-0000</td>
        </tr>
        <tr>
          <th>営業時間</th>
          <td>8:00～18:00</td>
        </tr>
        <tr>
          <th>モーニング</th>
          <td>8:00～11:00</td>
        </tr>
        <tr>
          <th>ランチタイム</th>
          <td>11:30～14:00</td>
        </tr>
        <tr>
          <th>ラストオーダー</th>
          <td>17:30</td>
        </tr>
        <tr>
          <th>定休日</th>
          <td>水曜日、不定休</td>
        </tr>
```

```
        <tr>
          <th> クレジットカード</th>
          <td>利用不可</td>
        </tr>
        <tr>
          <th>禁煙席</th>
          <td>喫煙席あり</td>
        </tr>
        <tr>
          <th>駐車場</th>
          <td>駐車場あり</td>
        </tr>
      </tbody>
    </table>
    <!-- /店舗情報の表 -->
  </section>
</div>
<!-- /左側セクション -->
```

9.10.4 右側セクションにGoogleマップを埋め込み

右側のセクションには、アクセスマップとしてGoogleマップを埋め込みます。Googleマップを埋め込みには、Embedユーティリティ（P.356参照）を使用します。BootstrapのEmbedユーティリティは、iframe要素、embed要素、video要素、object要素といった外部ファイルを読み込む要素の表示をレスポンシブ対応させることができます。Googleマップの埋め込みコードはiframe要素として提供されるため、Embedユーティリティを使って簡単にレスポンシブ対応させることが可能です。

ただし、Embedユーティリティは本来、動画やスライドをページ内に埋め込むことを想定したユーティリティなので、埋め込み表示できるアスペクト比（長辺と短辺の比率）は数種類に限定されます。

Embedユーティリティで表示できるアスペクト比は表9-3のとおりです。

▼表9-3 Embedユーティリティの **embed-responsive-* クラス**のバリエーション

クラス	アスペクト比
embed-responsive-21by9	21:9
embed-responsive-16by9	16:9
embed-responsive-4by3	4:3
embed-responsive-1by1	1:1

Googleマップの埋め込み

Googleマップは、検索エンジンで有名なGoogleが提供する地図サービスです。地図を拡大表示させたり経路を調べたりすることができて非常に便利です。Googleマップでは、Webサイトに地図を埋め込むためのコードを生成する機能が提供されており、その機能を利用して簡単にWebサイトに地図を埋め込むことができます。

まず、Google マップのページ（https://www.google.co.jp/maps）にアクセスし、埋め込みたい地図の住所を検索しましょう（図 9-43）。

▼図 9-43　埋め込みたい地図の住所を検索する

次に、表示された地図の拡大率などを調整し、表示されたメニューから**共有**をクリックします（図 9-44）。

▼図 9-44　［共有］をクリックする

表示されたウィンドウの**地図を埋め込む**のタブをクリックし、「小」「中」「大」「カスタム」のサイズを選択します（今回は「大」を選択しています）（図 9-45）。

▼図 9-45　地図を埋め込むサイズを選択する

埋め込みコードが iframe 要素として提供されるので、コピーして Web ページ内に貼り付ければ、埋め込み完了です（図 9-46）。

▼図 9-46　地図の埋め込みコードをコピーする

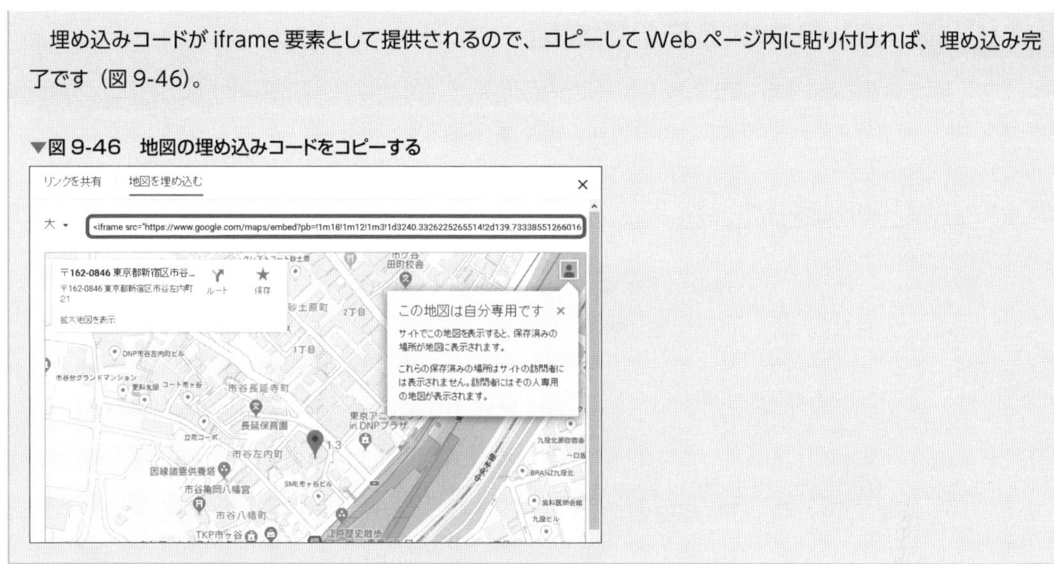

では Google マップを右側セクション内に埋め込んでみましょう（リスト 9-23）。

▼リスト 9-23　右側セクションの作成（contents-05-right.html）

```
<!-- 右側セクション -->
<div class="col-md-6">
  <section id="access">
    <h4 class="mb-3">Access</h4>
    <!-- アクセスマップ -->
    <div class="embed-responsive embed-responsive-4by3"> ――❶
      <iframe src="https://www.google.com/maps/embed?pb=!1m18!1m12!1m3!1d3240.3327995344894!2d139.↩
7333855152592!3d35.69342718019138!2m3!1f0!2f0!3f0!3m2!1i1024!2i768!4f13.1!3m3!1m2!1s0x60188c5e4123↩
29bb%3A0x7db38e6732953dc!2z44CSMTYyLTA4NDYg5p2x5Lqs6YO095paw5a6_5Yy65biC6LC35bem5YaF55S677yS77yR4oi↩
S77yR77yT!5e0!3m2!1sja!2sjp!4v1519361141867" width="800" height="600" frameborder="0" ↩
style="border:0" allowfullscreen></iframe> ――❷
    </div>
    <!-- /アクセスマップ -->
    <p>○○駅から徒歩12分（950m）、駐車場あり</p>
  </section>
</div>
<!-- /右側セクション -->
```

Google マップを埋め込む親要素に、Embed ユーティリティの **embed-responsive クラス**と **embed-responsive-{ アスペクト比 } クラス**を追加します（❶）。これによって、子要素となる iframe 要素をレスポンシブ対応でサイズ変更させることができます。サンプルでは、iframe 要素の表示に 4：3 のアスペクト比を設定しています。embed-responsive クラスを設定した要素内に Google マップで提供された iframe 要素のコードを組み込みます（❷）。

9.10.5 コンテンツ 05 の完成図

以上で、店舗情報を紹介するコンテンツ 05「Information」が完成です。画面幅 md 以上では、店舗情報の表が左側に、アクセスマップが右側に、水平方向に横並びになります（図 9-47）。

▼図 9-47　コンテンツ 05（画面幅 md 以上）

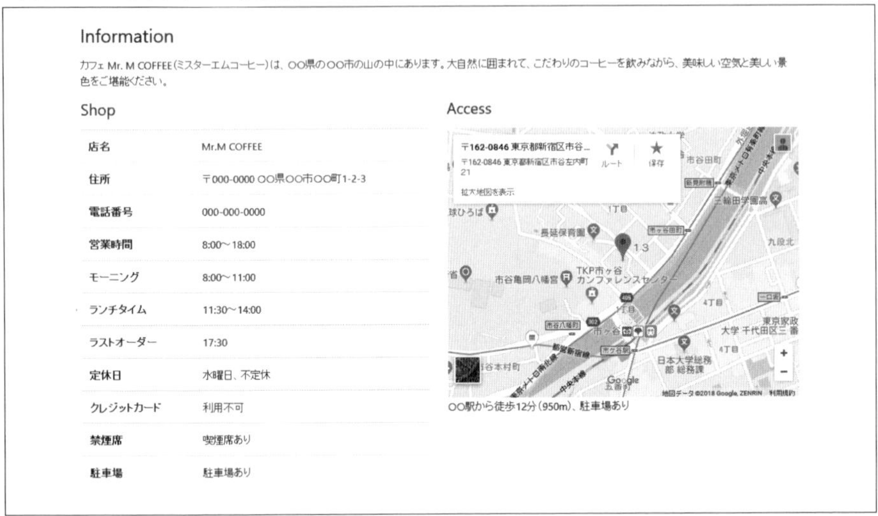

店舗情報の表は、テーブル行のマウスオーバー時に背景色が変わります（図 9-48）。

▼図 9-48　テーブル行のマウスオーバー表示

Shop

店名	Mr.M COFFEE
住所	〒000-0000 〇〇県〇〇市〇〇町1-2-3
電話番号	000-000-0000
営業時間	8:00～18:00
モーニング	8:00～11:00
ランチタイム	11:30～14:00

画面幅 sm 以下では、店舗情報の表が上に、アクセスマップが下に、垂直方向に縦並びになります（図 9-49）。

▼図 9-49　コンテンツ 05（画面幅 sm 以下）

Information

カフェ Mr. M COFFEE（ミスターエムコーヒー）は、○○県の○○市の山の中にあります。大自然に囲まれて、こだわりのコーヒーを飲みながら、美味しい空気と美しい景色をご堪能ください。

Shop

店名	Mr.M COFFEE
住所	〒000-0000 ○○県○○市○○町1-2-3
電話番号	000-000-0000
営業時間	8:00～18:00
モーニング	8:00～11:00
ランチタイム	11:30～14:00
ラストオーダー	17:30
定休日	水曜日、不定休
クレジットカード	利用不可
禁煙席	喫煙席あり
駐車場	駐車場あり

Access

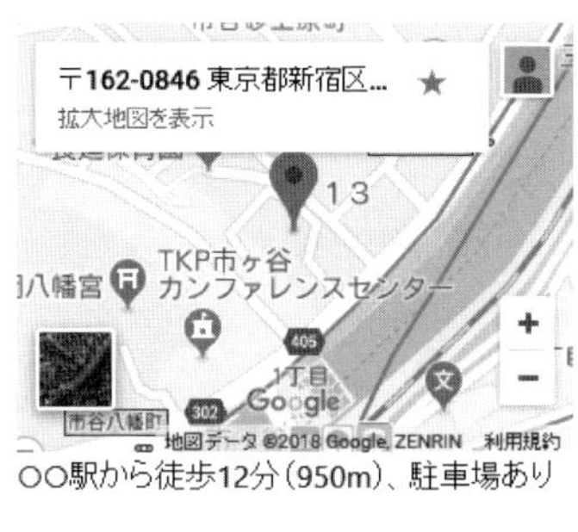

○○駅から徒歩12分（950m）、駐車場あり

SECTION 9 11 フッターの作成

ナビゲーションやコピーライト（著作権表示）を含むフッターを作成します。
フッターには、水平方向中央揃えに配置する**ナビゲーション**（P.150 参照）を使用します。

9.11.1 フッターのレイアウト

まず、ワイヤーフレームでフッターのレイアウトを再確認しておきましょう。画面幅 md 以上（デスクトップ PC での閲覧時）と画面幅 sm 以下（モバイル端末での閲覧時）とで、特にレイアウトの変更はありません（図 9-50）。

▼図 9-50　フッターのレイアウト

Top | News | About | Menu | Coupon | Information
Copyright ©2017 Mr. M COFFEE, All Rights Reserved.

9.11.2 フッターの構成

ではフッターを作成していきましょう（リスト 9-24）。

▼リスト 9-24　フッターの作成（footer.html）

```
<!-- フッター -->
<footer class="py-4 bg-dark text-light"> ――❶
  <div class="container text-center"> ――❷
    <!-- ナビゲーション -->
    <ul class="nav justify-content-center mb-3"> ――❸
      <li class="nav-item"> ――❹
        <a class="nav-link" href="#">Top</a> ─┐
      </li>                                   │
      <li class="nav-item">                   │
        <a class="nav-link" href="#">News</a> ┼――❺
      </li>                                   │
      <li class="nav-item">                   │
        <a class="nav-link" href="#">About</a>┘
      </li>
      <li class="nav-item">
```

```
        <a class="nav-link" href="#">Menu</a>
      </li>
      <li class="nav-item">
        <a class="nav-link" href="#">Coupon</a>
      </li>                                                    ❺
      <li class="nav-item">
        <a class="nav-link" href="#">Information</a>
      </li>
      <li class="nav-item">
        <a class="nav-link" href="contact.html">Contact</a>
      </li>
    </ul>
    <!-- /ナビゲーション -->
    <p><small>Copyright &copy;2017 Mr. M COFFEE, All Rights Reserved.</small></p>
  </div>
</footer>
<!-- /フッター -->
```

ページ全体の背景色が単調にならないように、footer要素に**bg-darkクラス**を追加し、背景色を暗色（#343a40）に設定します（❶）。また、暗色の背景でも文字が読めるように**text-lightクラス**を追加し、文字色を明るいグレー（#f8f9fa）に設定します。

footer要素内のコンテンツを水平中央に配置するために、div要素に**containerクラス**を追加し、テキストを中央揃えにするために、**text-centerクラス**を追加します（❷）。

フッターにナビゲーション（P.150参照）を組み込みます。ナビゲーションは、ul要素に**navクラス**を追加して作成します。navクラスを設定した要素には、Flexユーティリティ（P.322参照）の**justify-content-centerクラス**を追加してレイアウトを中央に揃え、Spacingユーティリティ（P.318参照）の**mb-*クラス**を追加して下要素との間のスペースが詰まりすぎないようにマージンを適宜調整します（❸）。

ナビゲーションの項目となるli要素には、**nav-itemクラス**を追加し、ナビゲーションのリストアイテムとして設定します（❹）。a要素には**nav-linkクラス**を追加し、ナビゲーションリンクとして設定します（❺）。

9.11.3 フッターの完成図

以上で、ナビゲーションやコピーライト（著作権表示）を含むフッターが完成です。画面幅md以上（デスクトップPCでの閲覧時）（図9-51）と画面幅sm以下（モバイル端末での閲覧時）（図9-52）とで、特にレイアウトの変更はありません。

▼図9-51　フッター（画面幅md以上）

▼図 9-52　フッター（画面幅 sm 以下）

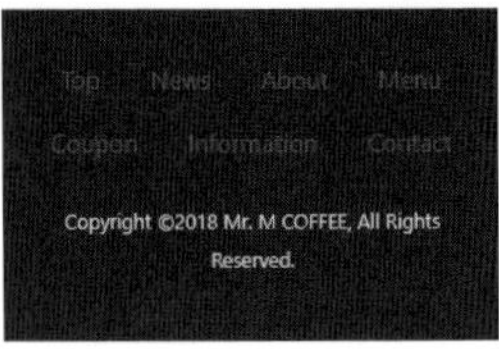

この時点で、トップページの構成の外観がひととおり整いました（図 9-53）。

▼図 9-53　トップページの外観（画面幅 md 以上）

9 SECTION 12

リンクの設定と追加 CSS の作成

トップページの構成はほぼ完成です。あとはリンクの設定や、追加した CSS ファイルにスタイルを設定してページ内リンクの位置調整を行っていきましょう。

9.12.1 ナビゲーションバーのリンク

ナビゲーションバー内に各コンテンツへのリンクを設定します（リスト 9-25）。

▼リスト 9-25 ナビゲーションバーのリンク設定（mockup-link-navbar.html）

```
<!-- ナビゲーションバー -->
<nav class="navbar navbar-expand-md navbar-dark bg-dark sticky-top">
  <div class="container">
    <!-- サブコンポーネント -->
    <!-- ブランド -->
    <a class="navbar-brand" href="index.html">Mr. M COFFEE</a>
    <!-- 切り替えボタン -->
…中略…
    <!-- ナビゲーション -->
    <div class="collapse navbar-collapse" id="navbar-content">
      <!-- ナビゲーションメニュー -->
      <!-- 左側メニュー：トップページの各コンテンツへのリンク -->
      <ul class="navbar-nav mr-auto">
        <li class="nav-item active">
          <a class="nav-link" href="#">Top <span class="sr-only">(current)</span></a>
        </li>
        <li class="nav-item">
          <a class="nav-link" href="#about">About</a>          ─┐
        </li>                                                   │
        <li class="nav-item">                                   │
          <a class="nav-link" href="#menu">Menu</a>            ─┼─❶
        </li>                                                   │
        <li class="nav-item">                                   │
          <a class="nav-link" href="#coupon">Coupon</a>        ─┘
        </li>
        <!-- ドロップダウン -->
        <li class="nav-item dropdown">
          <a class="nav-link dropdown-toggle" href="#" id="navbarDropdown" role="button" ⏎
data-toggle="dropdown" aria-haspopup="true" aria-expanded="false">
            Information
```

```
        </a>
        <div class="dropdown-menu" aria-labelledby="navbarDropdown">
          <a class="dropdown-item" href="#shop">Shop</a>
          <a class="dropdown-item" href="#access">Access</a>
        </div>
      </li>
    </ul>
    <!-- 右側メニュー：Contactページへのリンク -->
    <ul class="navbar-nav">
      <li class="nav-item">
        <a href="contact.html" class="nav-link btn btn-info">Contact</a>
      </li>
    </ul>
    <!-- /ナビゲーションメニュー -->
  </div>
  <!-- /サブコンポーネント -->
 </div>
</nav>
<!-- /ナビゲーションバー -->
```

❶

nav-link クラスや **dropdown-item クラス**が設定された a 要素のリンク先を、ページ内の各セクションの ID や、下層ページ（contact.html）に設定します（❶）。

9.12.2 コンテンツ 02 のリンク

コンテンツ 02「About」内のリンクを設定します（リスト 9-26）。

▼リスト 9-26　コンテンツ 02 のリンク設定（mockup-link-about.html）

```
<!-- 上段 -->
<div class="row mb-4">
  <div class="col-md-8 mb-3">
    <h3 class="mb-3">Mr. M COFFEEについて</h3>
…中略…
    <a href="#menu" class="btn btn-info">メニューを見る</a>
    <a href="#shop" class="btn btn-info">店舗情報を見る</a>
  </div>
  <div class="col-md-4">
    <img src="img/about01.jpg" alt="店主が焙煎したこだわりのコーヒー" class="img-fluid">
  </div>
</div>
<!-- /上段 -->
```

❶

コンテンツ上段の「メニューを見る」ボタンには「コンテンツ 03」（#menu）へのリンクを、「店舗情報を見る」ボタンには「コンテンツ 05」（#shop）へのリンクを設定します（❶）。

9.12.3 フッターのリンク

フッター内のリンクを設定します（リスト 9-27）。

▼リスト 9-27 フッターのリンク設定（mockup-link-footer.html）

```
<!-- ナビゲーション -->
<ul class="nav justify-content-center mb-3">
  <li class="nav-item">
    <a class="nav-link" href="#">Top</a>
  </li>
  <li class="nav-item">
    <a class="nav-link" href="#news">News</a>
  </li>
  <li class="nav-item">
    <a class="nav-link" href="#about">About</a>
  </li>
  <li class="nav-item">
    <a class="nav-link" href="#menu">Menu</a>
  </li>
  <li class="nav-item">
    <a class="nav-link" href="#coupon">Coupon</a>
  </li>
  <li class="nav-item">
    <a class="nav-link" href="#shop">Information</a>
  </li>
  <li class="nav-item">
    <a class="nav-link" href="contact.html">Contact</a>
  </li>
</ul>
<!-- /ナビゲーション -->
```

nav-link クラスが設定された a 要素のリンク先を、ページ内の各セクションの ID や、下層ページ（contact.html）に設定します（❶）。

9.12.4 ページ内リンクの位置調整

最後に CSS にスタイルを追加し、ページ内リンクの移動時の位置調整を行います。

本章のサンプルでは、ナビゲーションバーに設定された **sticky-top クラス**により、ナビゲーションバーがページ上部に到達すると固定配置されます。そのため、ページ内リンクで移動した際、各セクションの見出しがナビゲーションバーの下に隠れて見えなくなってしまいます（図 9-54）。

▼図 9-54　ナビゲーションバーに隠れる見出し

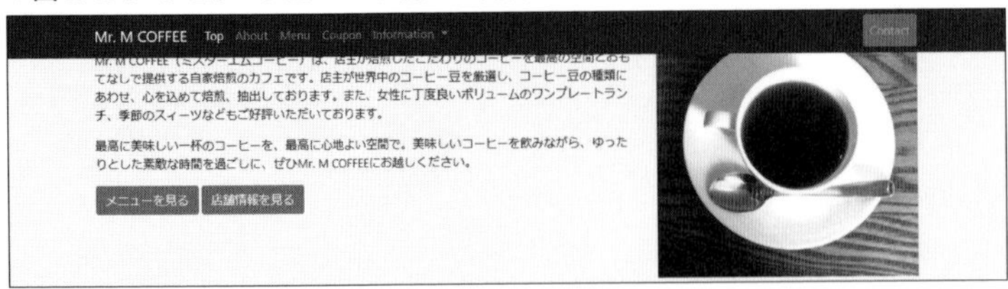

これを防ぐために、追加スタイル **css/custom.css** に次のスタイルを指定し、ナビゲーションバーの高さの分、ページ内リンクの位置をずらす調整を行います（リスト 9-28）。

▼リスト 9-28　ページ内リンクの位置調整（css/custom.css）

```
@charset "UTF-8";
/* ページ内リンクの位置調整 */
section {
  margin-top: -60px;
  padding-top: 60px;
}
```

ページ内リンクの位置調整が完了し、見出しが隠れなくなりました（図 9-55）。

▼図 9-55　ナビゲーションバーの高さ分の見出し位置調整

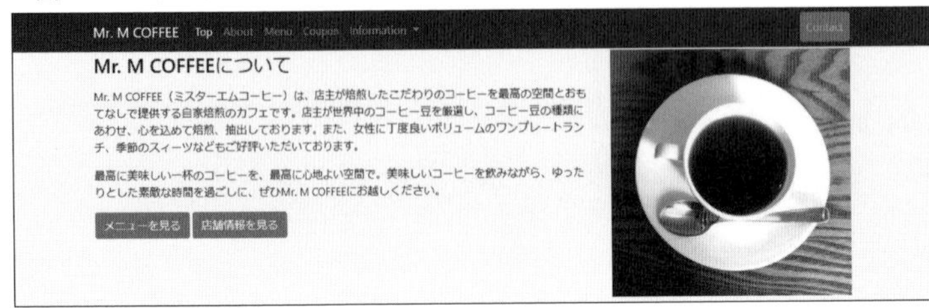

以上で、トップページのモックアップは完成です。

9 SECTION 13 下層ページ（Contact）の作成

お問合せフォームをコンテンツとする下層ページ「Contact」（contact.html）を作成します。このページには、**パンくずリスト**（P.179 参照）と**フォーム**（P.196 参照）、**バッジ**（P.115 参照）などのコンポーネントを使用します。

9.13.1 ファイルの準備

ワイヤーフレームの項（P.364 参照）でも触れましたが、ヘッダーとナビゲーションバー、フッターなど、メイン以外の構成はトップページと共通です。

まずはトップページの HTML ファイル「index.html」を複製して、「contact.html」を作成しましょう（リスト 9-29）。

▼リスト 9-29　下層ページ用のファイル **contact.html** を作成（contact-base.html）

```
<!doctype html>
<html lang="ja">
<head>
  <meta charset="utf-8">
  <meta name="viewport" content="width=device-width, initial-scale=1, shrink-to-fit=no">
  <link rel="stylesheet" href="css/bootstrap.min.css">
  <!-- 追加CSS -->
  <link rel="stylesheet" href="css/custom.css">
  <title>Contact | カフェ Mr. M COFFEE (ミスターエムコーヒー) </title> ―――❷
</head>

<body>
  <!-- ヘッダー -->
  <header class="py-4">
    <div class="container text-center">
      <h1><a href="index.html"><img src="img/logo.png" alt="カフェ Mr. M COFFEE"></a></h1>
    </div>
  </header>
  <!-- /ヘッダー -->
  <!-- ナビゲーションバー -->
  <nav class="navbar navbar-expand-md navbar-dark bg-dark sticky-top">
    <!-- サブコンポーネント -->
    <div class="container">
      <!-- ブランド -->
```

```
      <a class="navbar-brand" href="index.html">Mr. M COFFEE</a>
      <!-- 切り替えボタン -->
      <button class="navbar-toggler" type="button" data-toggle="collapse" data-target=↵
"#navbar-content" aria-controls="navbar-content" aria-expanded="false" aria-label=↵
"Toggle navigation">
        <span class="navbar-toggler-icon"></span>
      </button>

      <!-- ナビゲーション -->
      <div class="collapse navbar-collapse" id="navbar-content">
        <!-- ナビゲーションメニュー -->
        <!-- 左側メニュー：トップページの各コンテンツへのリンク -->
        <ul class="navbar-nav mr-auto">
          <li class="nav-item active">
            <a class="nav-link" href="index.html">Top <span class="sr-only">(current)↵
</span></a>
          </li>
          <li class="nav-item">
            <a class="nav-link" href="index.html#about">About</a>
          </li>
          <li class="nav-item">
            <a class="nav-link" href="index.html#menu">Menu</a>
          </li>
          <li class="nav-item">
            <a class="nav-link" href="index.html#coupon">Coupon</a>      ❸
          </li>
          <!-- ドロップダウン -->
          <li class="nav-item dropdown">
            <a class="nav-link dropdown-toggle" href="#" id="navbarDropdown" role="button"↵
 data-toggle="dropdown" aria-haspopup="true" aria-expanded="false">
              Information
            </a>
            <div class="dropdown-menu" aria-labelledby="navbarDropdown">
              <a class="dropdown-item" href="index.html#shop">Shop</a>
              <a class="dropdown-item" href="index.html#access">Access</a>
            </div>
          </li>
        </ul>
        <!-- 右側メニュー：Contactページへのリンク -->
        <ul class="navbar-nav">
          <li class="nav-item"><a href="contact.html" class="nav-link btn btn-info">Contact</a></li>
        </ul>
        <!-- /ナビゲーションメニュー -->
      </div>
    </div>
    <!-- /サブコンポーネント -->
  </nav>
  <!-- /ナビゲーションバー -->
  <!-- メイン -->
```

```
  <main>
  ──────────────────────────────────────────── ❶
  </main>
  <!-- /メイン -->
  <!-- フッター -->
  <footer class="py-4 bg-dark text-light">
    <div class="container text-center">
      <!-- ナビゲーション -->
      <ul class="nav justify-content-center mb-3">
        <li class="nav-item">
          <a class="nav-link" href="index.html">Top</a>
        </li>
        <li class="nav-item">
          <a class="nav-link" href="index.html#news">News</a>
        </li>
        <li class="nav-item">
          <a class="nav-link" href="index.html#about">About</a>
        </li>
        <li class="nav-item">
          <a class="nav-link" href="index.html#menu">Menu</a>    ❸
        </li>
        <li class="nav-item">
          <a class="nav-link" href="index.html#coupon">Coupon</a>
        </li>
        <li class="nav-item">
          <a class="nav-link" href="index.html#shop">Information</a>
        </li>
        <li class="nav-item">
          <a class="nav-link" href="contact.html">Contact</a>
        </li>
      </ul>
      <!-- /ナビゲーション -->
      <p><small>Copyright &copy;2017 Mr. M COFFEE, All Rights Reserved.</small></p>
    </div>
  </footer>
  <!-- /フッター -->

  <script src="js/jquery-3.3.1.slim.min.js"></script>
  <script src="js/bootstrap.bundle.min.js"></script>
</body>
</html>
```

トップページで作成したmain要素の内容を削除します（❶）。

下層ページのタイトルとして、title要素の内容を「Contact｜カフェ Mr. M COFFEE（ミスターエムコーヒー）」に変更しましょう（❷）。また、ナビゲーションバーやフッターのナビゲーションのリンクを、トップページのコンテンツへのリンクに書き換えます（❸）。

9.13.2 下層ページのレイアウト

まず、ワイヤーフレームで下層ページのレイアウトを再確認しておきましょう。画面幅 md 以上（デスクトップ PC での閲覧時）では、お問合せ項目と入力欄とが水平方向に横並びになります（図 9-56）。

▼図 9-56　下層ページのワイヤーフレーム（画面幅 md 以上）

画面幅 sm 以下（モバイル端末での閲覧時）では、お問合せ項目と入力欄とが垂直方向に縦並びになります（図 9-57）。

▼図 9-57　下層ページのワイヤーフレーム（画面幅 sm 以下）

Top / Contact
Contact
お問合せフォーム
お名前
メールアドレス
きっかけ
○口コミ ○検索エンジン ○その他
お問合せ種類
お問合せ内容
確認する

9.13.3 下層ページの構成

では下層ページを構成していきましょう（リスト 9-30）。

▼リスト 9-30　下層ページの構成（contact-layout.html）

```
…省略…
<!-- /ナビゲーションバー -->
<!-- パンくずリスト -->
<nav aria-label="breadcrumb"> ―――――――――――――――――――――――――――――――――――― ❶
  （ここにパンくずリストが入ります）
</nav>
<!-- //パンくずリスト -->
<!-- メイン -->
<main>
  <div class="container"> ――――――――――――――――――――――――――――――――――――― ❷
    <h2>Contact</h2>
    <p>カフェ Mr. M COFFEE（ミスターエムコーヒー）へのお問合せは、こちらのフォームをご利用くださ⏎
い。</p>
  </div>
  <!-- お問合せフォーム -->
  <div class="py-3"> ――――――――――――――――――――――――――――――――――――――― ❸
    <div class="container"> ――――――――――――――――――――――――――――――――――― ❷
      <h3 class="mb-3">お問合せフォーム</h3> ――――――――――――――――――――――――― ❹
      <!-- フォーム -->
      <form> ―――――――――――――――――――――――――――――――――――――――――――― ❺
        （ここにフォームが入ります）
      </form>
      <!-- /フォーム -->
    </div>
  </div>
  <!-- / お問合せフォーム -->
</main>
```

下層ページでは、ナビゲーションバーとメインとの間に**パンくずリスト**（P.179 参照）を設置します。まず nav 要素に属性 **aria-label="breadcrumb"** を追加し、スクリーンリーダーなどの支援技術に対してこのナビゲーションがパンくずリストであることを伝えましょう（❶）。パンくずリスト内の構成については、後の「パンくずリストの作成」で説明します。

main 要素内のコンテンツをページの水平中央に配置するために、div 要素に **container クラス**を追加します（❷）。また、ページ内のコンテンツ間が詰まって見えないように、Spacing ユーティリティ（P.318 参照）の **py-* クラス**を追加し、コンテンツ内に上下パディングを設定しています（❸）。このコンテンツの見出しとなる h3 要素には、Spacing ユーティリティ（P.318 参照）の **mb-* クラス**を追加し、下要素との間のスペースが詰まりすぎないようにマージンを適宜調整します（❹）。見出しの後にはフォーム（P.196 参照）を設置します（❺）。フォーム内の構成については、後の「フォームの作成」で説明します。

9.13.4 パンくずリストの作成

では、nav要素内に**パンくずリスト**（P.179参照）組み込んでいきましょう（リスト9-31）。

▼リスト9-31 パンくずリストの作成（contact.html）

```
<!-- パンくずリスト -->
<nav aria-label="breadcrumb">
  <ol class="breadcrumb container"> ──── ❶
    <li class="breadcrumb-item"> ──┐
      <a href="index.html">Top</a>  ├── ❷
    </li>                           │
    <li class="breadcrumb-item active" aria-current="page"> ──┘
      Contact
    </li>
  </ol>
</nav>
<!-- //パンくずリスト -->
```

nav要素内のol要素に**breadcrumbクラス**を追加し、ページ内で水平中央に配置するために、**containerクラス**を追加します（❶）。

li要素には**breadcrumb-itemクラス**を追加し、パンくずリストの項目を作成します（❷）。また、現在位置を項目となるli要素には**activeクラス**を追加し、スクリーンリーダーなどの支援技術に対して現在位置を示していることを伝えるために属性**aria-current="page"**を追加します（図9-58）。

▼図9-58 パンくずリスト

9.13.5 フォームの作成

form要素に**フォーム**（P.196参照）を組み込んで、お問合せフォームを作成していきましょう（リスト9-32）。

▼リスト9-32 フォームの作成（contact.html）

```
<!-- フォーム -->
<form>
  <!-- お名前 -->
  <div class="form-group row"> ──── ❶
    <label for="name" class="col-md-3 col-form-label"> ──── ❷
      お名前 <span class="badge badge-warning">必須</span> ──── ❹
    </label>
```

```
      <div class="col-md-9">
        <input type="text" class="form-control" id="name" required> ———❸
      </div>
    </div>
    <!-- メールアドレス -->
    <div class="form-group row"> ———❶
      <label for="email" class="col-md-3 col-form-label"> ———❷
        メールアドレス <span class="badge badge-warning">必須</span> ———❹
      </label>
      <div class="col-md-9">
        <input type="email" class="form-control" id="email" required> ———❸
      </div>
    </div>
    <!-- きっかけ -->
    <fieldset class="form-group"> ———❶
      <div class="row">
        <legend class="col-form-label col-md-3"> ———❷
          Mr. M COFFEEを知ったきっかけ
        </legend>
        <div class="col-md-9">
          <div class="form-check form-check-inline"> ———❼
            <input class="form-check-input" type="radio" name="questionnaire" id="radio1" ⏎
value="answer1"> ———❺
            <label class="form-check-label" for="radio1">口コミ</label> ———❻
          </div>
          <div class="form-check form-check-inline"> ———❼
            <input class="form-check-input" type="radio" name="questionnaire" id="radio2" ⏎
value="answer2"> ———❺
            <label class="form-check-label" for="radio2">検索エンジン</label> ———❻
          </div>
          <div class="form-check form-check-inline"> ———❼
            <input class="form-check-input" type="radio" name="questionnaire" id="radio3" ⏎
value="answer3"> ———❺
            <label class="form-check-label" for="radio3">検索エンジン</label> ———❻
          </div>
        </div>
      </div>
    </fieldset>
    <!-- 種類 -->
    <div class="form-group row"> ———❶
      <label for="category" class="col-md-3 col-form-label"> ———❷
        お問合せ種類 <span class="badge badge-warning">必須</span> ———❹
      </label>
      <div class="col-md-9">
        <select class="form-control" id="category" name="category"> ———❸
          <option value="category1">ご予約について</option>
          <option value="category2">委託販売について</option>
          <option value="category3">その他のお問合せ</option>
        </select>
```

```
    </div>
  </div>
  <!-- 内容 -->
  <div class="form-group row"> ――――――――――――――――――――――――❶
    <label for="message" class="col-md-3 col-form-label"> ――――――――――――❷
      お問合せ内容　<span class="badge badge-warning">必須</span> ――――――――❹
    </label>
    <div class="col-md-9">
      <textarea class="form-control" id="message" rows="8" name="message"></textarea> ――❸
    </div>
  </div>
  <!-- 確認ボタン -->
  <div class="form-group row justify-content-end"> ――――――――――――――❶
    <div class="col-md-9">
      <button type="submit" class="btn btn-primary">確認する</button> ―――――――❽
    </div>
  </div>
</form>
<!-- /フォーム -->
```

フォーム全体の構成

お問合せフォームの各項目内のラベルや入力コントロールを、**form-group クラス**を追加した div 要素で囲んでグループ化します（❶）。また、グリッドレイアウトを組み込んでグループ内の要素を横並びにする場合は、form-group クラスが設定された要素に **row クラス**を追加し、子要素に **col-md-*** を追加してレイアウトを行います。サンプルでは、画面幅 md 以上のときに、3 列カラム（col-md-3）のラベルと、9 列カラム（col-md-9）の入力コントロールが横並びになるようレイアウトされています。

label 要素や legend 要素に **col-form-label クラス**を追加し、ラベルと入力コントロールとを垂直方向中央にレイアウトを揃えます（❷）。

入力コントロールとなる要素に **form-control クラス**を追加し、入力欄の外観、フォーカス状態、サイズなどを整えます（❸）。

必須項目の表示

入力項目に「必須」を表示するバッジ（P.115 参照）は、span 要素に **badge クラス**、**badge-{ 色の種類 } クラス**を追加して作成します（❹）。サンプルでは、色の種類に「warning」を使用して、黄色の背景色のバッジを表示させています。

ラジオボタンの作成

複数の選択肢から 1 つの回答を選択するラジオボタンを作成します。ラジオボタンを作成する場合は、ラベルとなる label 要素に **form-check-label クラス**を追加します（❻）。入力コントロールとなる input 要素には **form-check-input クラス**を追加します（❺）。ラベルと入力コントロールは、label 要素の for 属性値と input 要素の id 属性値を一致させることで関連付け、**form-check クラス**を追加した div 要素で囲みます

（❼）。また、form-check クラスが設定された要素に **form-check-inline クラス**を追加すると、選択項目が横並びになります。

確認ボタンの作成

確認ボタンを作成します。button 要素に **btn クラス**、**btn-primary クラス**を追加し、確認ボタンの形状と色を設定します（❽）。また、form-group クラスを設定した div 要素に、Flex ユーティリティ（P.322 参照）の **justify-content-end クラス**を追加して、確認ボタンが配置された 9 列カラム（col-md-9）の位置を右側に配置します。

9.13.6　下層ページの完成図

以上で、お問合せフォームをコンテンツとする下層ページ「Contact」が完成です。画面幅 md 以上では、お問合せ項目と入力欄とが水平方向に横並びになります（図 9-59）。

▼図 9-59　お問合せフォーム（画面幅 md 以上）

画面幅 sm 以下では、お問合せ項目と入力欄とが垂直方向に縦並びになります（図 9-60）。

▼図 9-60　お問合せフォーム（画面幅 sm 以下）

以上で、Bootstrap を使用した「Mr. M COFFEE（ミスターエムコーヒー）」というカフェの Web サイトのモックアップは完成です。

第10章

Bootstrapのカスタマイズ

これまで見てきたように、Bootstrap の特徴でもあるコンポーネントや小回りの利くユーティリティ、基本スタイルの Reboot などを利用すれば、デザインの苦手な人でも簡単に洗練された UI を作ることができます。しかし、提供されている機能では物足りず、スタイルをカスタマイズしたいケースも出てくるでしょう。本章では、Bootstrap をカスタマイズする方法として、Bootstrap のスタイルを上書きする方法と、Sass を使ってカスタムスタイルを追加する方法、CSS 変数を利用する方法を解説します。

10 SECTION 1 Bootstrapのオリジナルスタイルを上書きする

まず手軽にカスタマイズする方法として、Bootstrapのオリジナルのスタイルを上書きする方法を解説します。基本的にはBootstrapのスタイルを利用し、部分的に微調整したい場合にはこの方法が有効です。

10.1.1 カスタマイズ用CSSを参照する

Bootstrapの公式サイトからダウンロードできるコンパイル済みのCSSファイルbootstrap.css（bootstrap.min.css）は、そのままで8,000行を超えます。このファイルに直接手を加えるのは賢明ではありません。該当箇所を探しながら作業するのはとても面倒ですし、バージョンアップした際に、最新版に反映させるのも手間がかかります。別途カスタマイズ用のCSSファイルを用意して上書きする方が、カスタマイズした箇所もわかりやすくて良いでしょう。

Bootstrapのオリジナル CSSを、独自のカスタマイズ用CSSで上書きする場合は、BootstrapのCSSを参照しているコードの後に、link要素を追加し、カスタマイズ用CSS（例ではcustom.css）を参照させます（リスト10-1）。

▼リスト10-1　bootstrap.cssを別CSSファイルで上書きする

```
<link rel="stylesheet" href="css/bootstrap.min.css"><!-- オリジナルCSS -->
<link rel="stylesheet" href="css/custom.css"><!-- カスタマイズ用CSS -->
```

10.1.2 BootstrapのCSS設計の方針

カスタマイズ用CSSを用意したら、スタイルを追加していきますが、このとき、Bootstrapで定義済みのクラス名はできるだけ使わない方が良いでしょう。オリジナルのスタイルを変更してしまうと、サイト全体に渡ってスタイルが変更されてしまい、また別の場所で初期スタイルのコンポーネントを使いたくても、そのままでは利用できなくなります。利用するには、上書きしたスタイルをさらに打ち消すスタイルを書く必要があり、コードも作業も複雑になります。新しいクラスセレクタを作り、HTML側でクラスを追加する方がスマートです。もちろん、スタイルを再利用する予定がない場合は、同名のセレクタを使って手っ取り早くスタイルを上書きしても問題ありません。

Bootstrapはクラス名の付け方が特徴的ですが、これはオブジェクト指向CSS「**OOCSS（Object-Oriented CSS）**」に基づいて設計されているためです。OOCSSとは、**構造**と**スキン**を分離してクラスを定義し、それらを組み合わせてスタイリングするというCSS設計の概念の1つです。たとえば、Bootstrapのボタンコンポーネントは、btn、btn-{色}、btn-{サイズ}と3つのクラスが指定され、これにより、1つのボタンが完成します。構造とは共通している部分で、ボタンの場合は「btn」です。これにスキンとなる色のクラス「btn-primary」やサイズのクラス「btn-lg」が加わって、「primary カラー（デフォルトで青系）の大きいボタン」が完成します（リスト 10-2、図 10-1）。

▼リスト 10-2　Bootstrap のボタンコンポーネントの例

```
<button type="button" class="btn btn-primary btn-lg">青系の大きいボタン</button>
```

▼図 10-1　Bootstrap のボタンコンポーネントの例

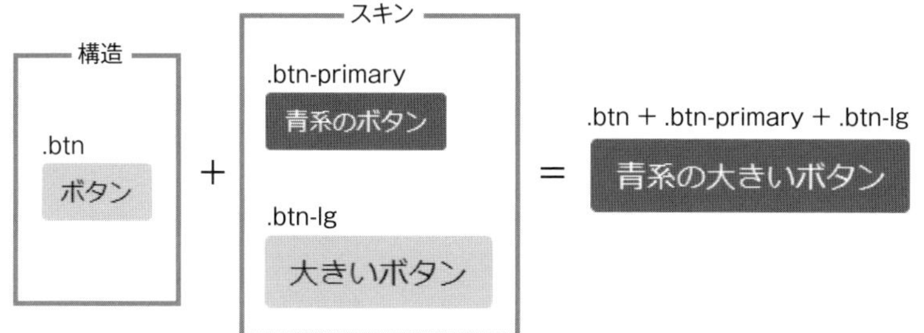

1 つの要素に複数のクラスを指定することを**マルチクラス**と言いますが、この方法は個々の要素にそれぞれの役割を持つクラスが割り当てられているため、他のスタイル指定の影響を受けにくく、再利用性が高いのが特徴です。

新しいクラス名も、Bootstrap のルールに沿って作りたいところですが、これはかなり難易度が高くなるでしょう。そもそも Bootstrap は、あらゆるサイトで利用できるように汎用性の高いスタイルを定義済みクラスとしてまとめてあります。カスタマイズで追加したいスタイルは、その汎用性から外れるサイト固有のスタイルですから、Bootstrap の設計指針に当てはめるのは難しいと考えられます。では、どのようなクラス名を付けるのが良いのか、次項で考えてみましょう。

10.1.3 クラス名の付け方のポイント

Bootstrap のクラス名の付け方を参考にしながら、よりベターなクラス名の付け方を考えてみましょう。1 つめのポイントは、**後でスタイルを変更しても影響のない名前にする**ことです。Bootstrap では、ボタンの色を指定するクラスは、btn-primary や btn-success などのようになっていて、btn-blue や btn-red というように、直接的な色を表す名前にはなっていません。もし btn-blue という名前のクラスのスタイルを後で赤に変更した場合、整合性のないクラス名になってしまいます。新しく btn-red を作成するのが自然だと思いますが、そうするとすべての HTML ファイルを書き換えなくてはいけません。btn-primary であれば、CSS の変更のみで済みます。Bootstrap の定義済みクラスとかぶらないように、たとえば btn-normal、btn-default などを作っても良いかもしれません。あるいはカスタマイズで追加したクラスということがわかるように btn-custom-normal のように、独自の接頭辞を付けたクラス名にするのも良いでしょう。

次のポイントは、**場所に依存せず、再利用できる名前にする**ことです。たとえば、header-text というクラス名を付けてしまった場合、これをフッターで再利用したいときに違和感が出てしまいます。main-text などであれば、場所に関係なく、違和感なく再利用できます。

3 つめのポイントは、**予測しやすい名前にする**ことです。bootstrap のクラス名は、btn-lg のようにクラス名で予測しやすい名前になっています。ありがちな失敗ですが、btn-1、btn-2 のようなクラス名にしてしまうと、どんなスタイルが定義されているの見当がつきません。予測しやすい名前にするには、flex-row や align-self-start のように CSS のプロパティをクラス名に組み込むのも 1 つの方法です。

以上、クラス名を付けるときの 3 つのポイントを紹介しましたが、もっとも重要なのは、最初にどのような追加クラスが必要になるかをすべて洗い出しておくことです。組み立てながら都度クラスを定義していく方法では、手戻りが生じたり、後でメンテナンス性に影響が出たりすることになります。カスタマイズする前に、サイト全体を通してどのような追加が必要になるのかをすべて洗い出しておくことで、追加するクラス名や定義するスタイルに規則性を持たせることができ、再利用性やメンテナンス性を保つことができます。

10.1.4 スタイルを上書きする際の注意点

Bootstrap オリジナルのスタイルには、@media ルールを使って、ブレイクポイントでスタイルが切り替えられているものがあります。カスタムスタイルを追加する場合は、この点に注意しましょう。

たとえば container クラスの場合は、リスト 10-3 のように宣言されており、デバイス幅によって container の最大幅が切り替わるようになっています。デバイス幅が 576px 以上のときは container の最大幅が 540px、デバイス幅が 768px 以上のときは container の最大幅が 720px……という具合です。

▼リスト 10-3　bootstrap.css の container クラスに定義されているスタイル

```
@media (min-width: 576px) {
  .container {
    max-width: 540px;
  }
}
@media (min-width: 768px) {
  .container {
     max-width: 720px;
  }
}
@media (min-width: 992px) {
  .container {
    max-width: 960px;
  }
}
@media (min-width: 1200px) {
  .container {
    max-width: 1140px;
  }
}
```

たとえば、コンテナの最大幅をもう少し大きくカスタマイズするために、custom-container クラスを作り、custom.css にスタイルを定義したとします（リスト 10-4）。

▼リスト 10-4　custom.css にカスタムクラスを設定した例

```
.custom-container {
  max-width: 1260px;
}
```

これを Bootstrap のオリジナル CSS の後から参照して上書きさせると、元々あった container クラスのブレイクポイントによる最大幅のスタイルの切り替えは無視され、デバイス幅に関係なく常に最大幅が 1260px になります（リスト 10-5）。

▼リスト 10-5　bootstrap.css を custom.css で上書きする

```
<link rel="stylesheet" href="css/bootstrap.min.css"><!-- オリジナルCSS -->
<link rel="stylesheet" href="css/custom.css"><!-- カスタマイズ用CSS -->
…中略…
<div class="container custom-container">・・・</div>
```

そのため、元々のスタイルを残しつつコンテナをカスタマイズで追加したい場合は、リスト 10-6 のように @media ルールでデバイス幅によってスタイルを切り替えます。

▼リスト 10-6　custom.css にカスタムクラスを追加した例

```
.custom-container {
  @media (min-width: 1400px) {
    max-width: 1260px;
  }
}
```

例では、カスタマイズ用に新しくクラスセレクタを作って上書きしていますが、同名セレクタを使って上書きする場合も同じです。意図せず、他のスタイルに影響してしまうことがあるので、カスタマイズする前にオリジナルのスタイルに @media ルールがないか確認してから追加するようにしましょう。

COLUMN　Bootstrap 3 までのもう 1 つのカスタマイズ方法

Bootstrap 3 までは、Bootstrap の公式サイトに「Customize」ページがあり、使用するスタイルやコンポーネントにチェックを入れたり、LESS[*1] の変数の値を変更したりしてカスタマイズしたものをダウンロードすることができました（図 10-2、図 10-3）が、Bootstrap 4 では、利用できなくなりました。

▼図 10-2　Bootstrap 3 の Customize ページ

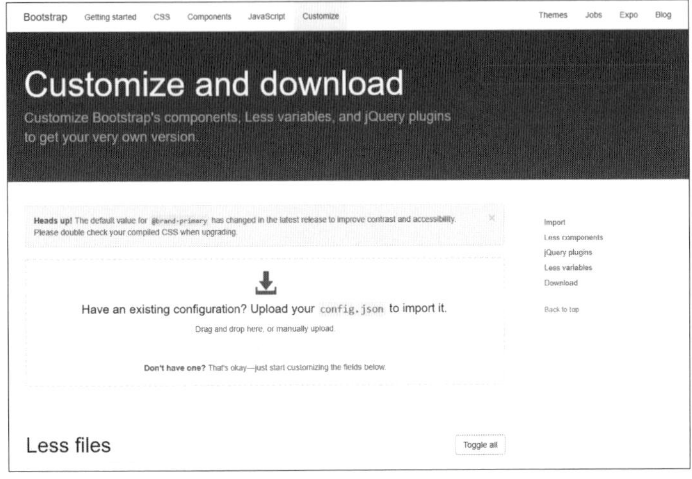

▼図 10-3　less の変数を変更できる

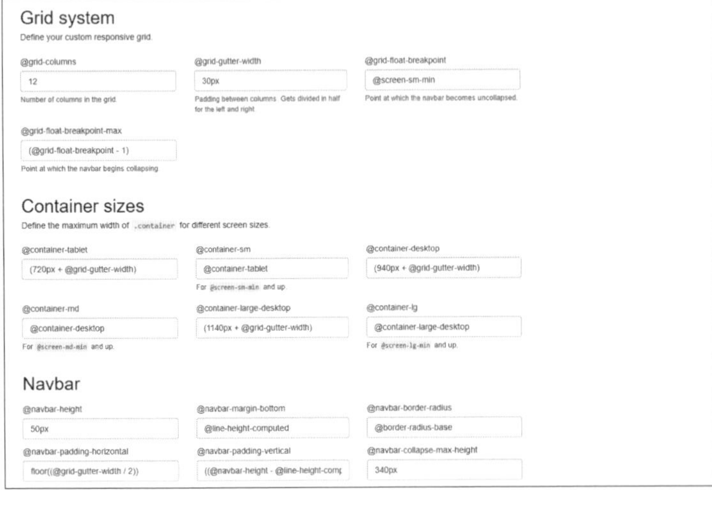

*1　LESS とは、Sass と同じように CSS をプログラム的に実装できる CSS を拡張したメタ言語です。Less と Sass は、基本的な部分でできることは同じですが、コンパイルを実行する言語が違い、LESS は JavaScript、Sass は Ruby で動作します。

10 SECTION 2 Sass を使ってカスタマイズする

ここからは **Sass** を使って Bootstrap をカスタマイズする方法を紹介します。Sass とは、プログラムのように効率的に CSS を定義できるようにした言語で、変数や算術演算など、CSS にはない機能を利用することができます。Bootstrap 全体にかかるスタイルの初期設定は、Sass ファイルの _variables.scss に変数として定義されており、変数の値を変更することでカスタマイズ可能です。

10.2.1 Sass の利用環境を整える

本項では Sass が利用できるように環境を整えます。既に Sass を利用できる環境の人は、本項は飛ばしてください。Sass を導入する方法は色々ありますが、今回は、サーバーサイドの JavaScript 実行環境である **Node.js** で動く **node-sass** を使った Sass の導入方法を説明します。node-sass は、scss ファイルを css ファイルに高速にコンパイルすることができるライブラリです。

Node.js をインストールする

まずは、node-sass を利用するために、Node.js をインストールしましょう。Node.js の公式サイト（https://nodejs.org/ja/）にアクセスすると、推奨版と最新版がありますが、ここでは推奨版をダウンロードします（図 10-4）。

▼図 10-4 推奨版をダウンロード

ダウンロードが完了したらインストーラーをダブルクリックして実行しましょう。基本的にはインストーラの案内に従って進めていくだけで OK です。

インストーラーを起動すると次の画面が表示されるので［Next］をクリックします（図 10-5）。

▼図 10-5　インストーラー起動画面

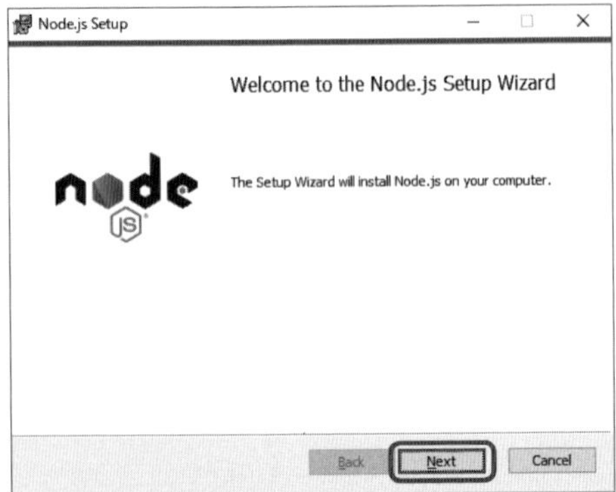

利用規約の画面で、ライセンス同意のチェックを入れて［Next］をクリックします（図 10-6）。

▼図 10-6　利用規約の画面

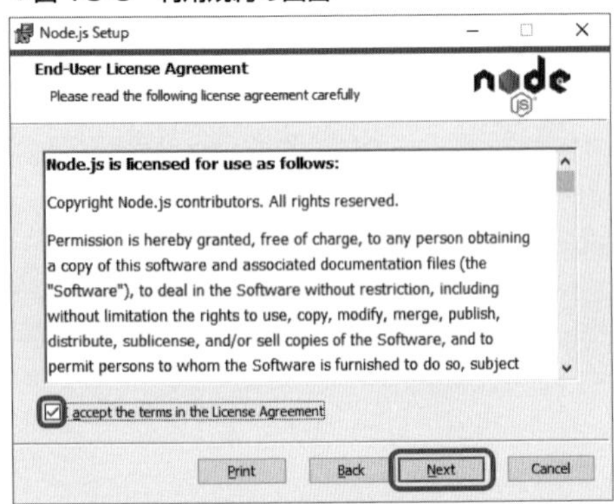

インストール先も特に変更の必要がなければ［Next］をクリックします（図 10-7）。

▼図 10-7　インストール先の変更画面

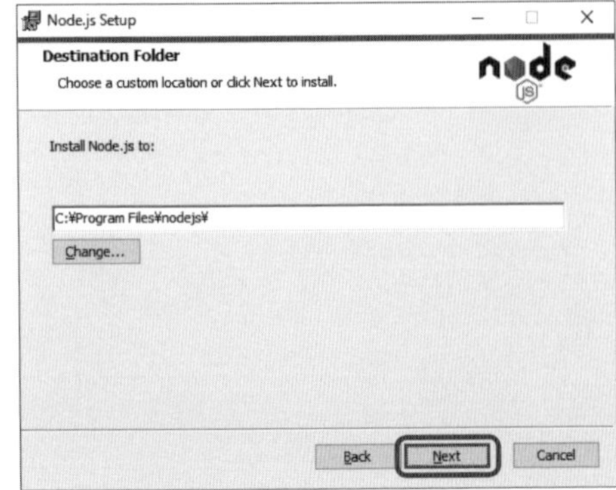

カスタムセットアップ画面も、特に変更する必要がなければそのまま、[Next] をクリックします（図 10-8）。

▼図 10-8　カスタムセットアップ画面

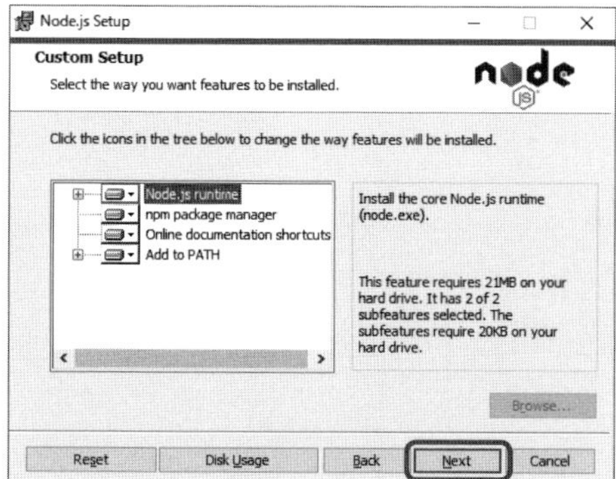

インストール確認画面では [Install] をクリックします。警告が出る場合がありますが、[はい] をクリックします（図 10-9）。

▼図 10-9　インストール確認画面

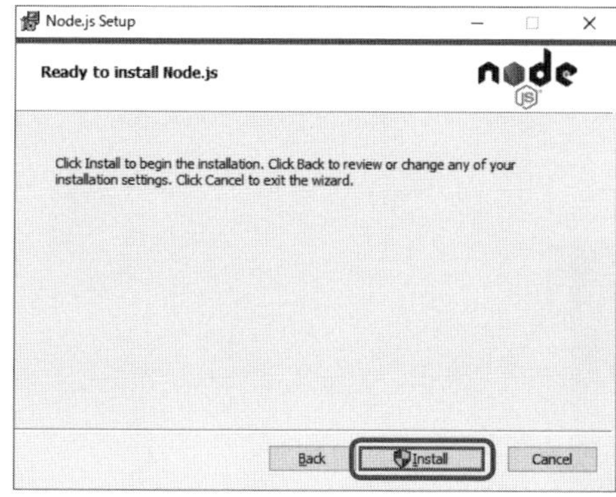

インストール完了後、[Finish] をクリックして画面を閉じます（図 10-10）。

▼図 10-10　インストール完了画面

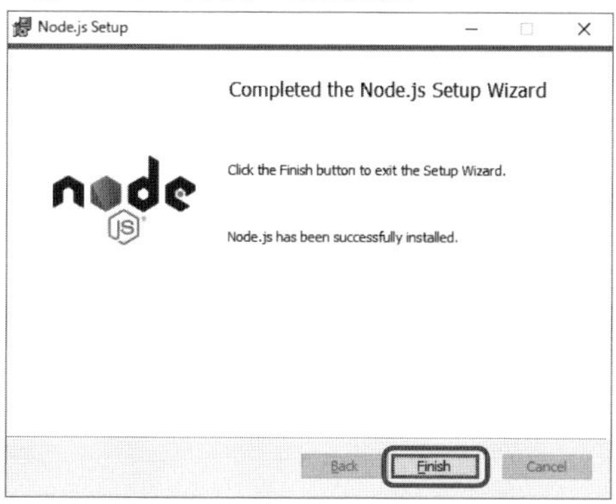

インストールが完了したら、正常にインストールできたかを確認してみましょう（図 10-11）。タスクバーの検索ボックスに、**node** と入力し（❶）「Node.js command prompt」を選択します（❷）。

▼図 10-11　Node.js コマンドプロンプトの選択

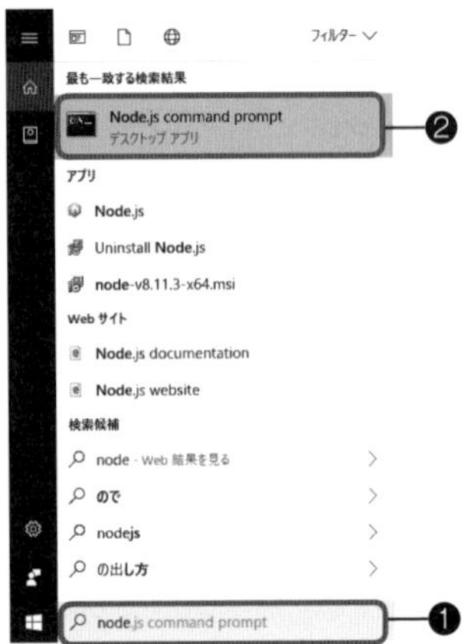

次のコマンドを実行し、バージョン情報が表示されたらインストール成功です（図 10-12）。

```
node -v
```

▼図 10-12　インストールされている Node.js のバージョン情報

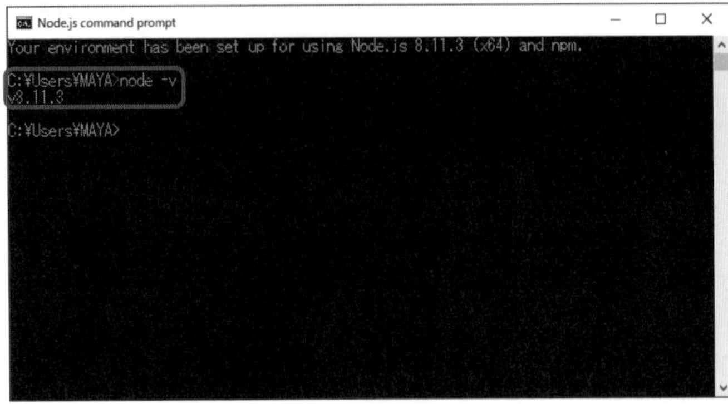

併せて、npm という Node.js モジュールの管理ツールもインストールされるため、
同じようにバージョン情報が表示されるか確認してください（図 10-13）。

```
npm -v
```

▼図 10-13　インストールされているnpmのバージョン情報

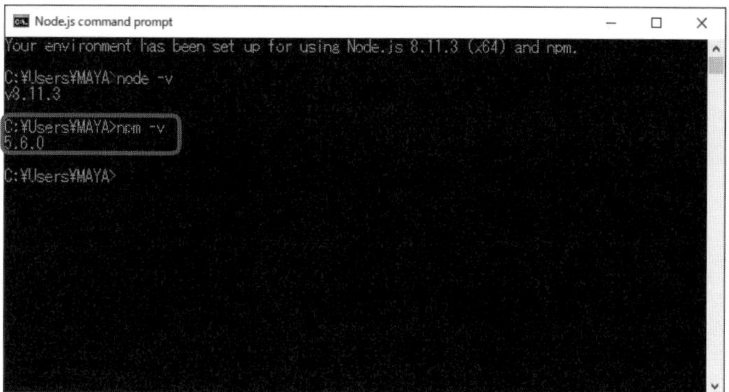

node-sassをインストールする

Node.jsのインストールが完了したら、**node-sass**をインストールしましょう。コマンドプロンプトで次のように入力するとインストールが始まります。

```
npm install -g node-sass
```

完了したら、無事にインストール出来ているかを確認してみましょう。次のコマンドを入力し、node-sassのバージョン情報が表示されればインストール成功です（図10-14）。

```
node-sass -v
```

▼図 10-14　ンストールされているnode-sassのバージョン情報

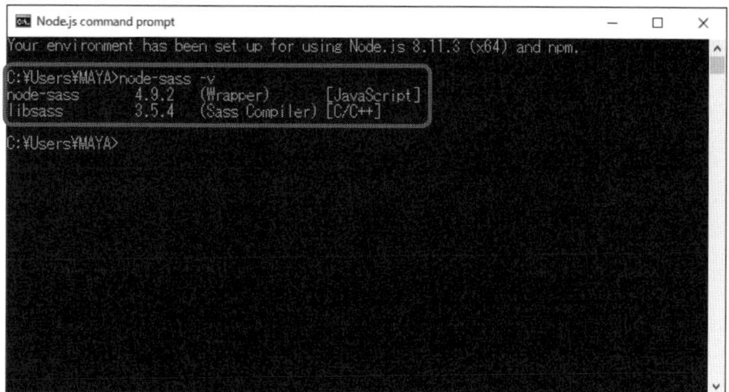

10.2.2 SCSSファイルの準備

Sassの準備が整ったので、次はBootstrapのSassファイルを用意しましょう。Bootstrap公式サイトのDownloadsページの「Source files」から、[Download Source]をクリックし、ソースコード版のBootstrapをダウンロードします（図10-15）。

▼図 10-15　Bootstrap のソースファイルをダウンロードする
(https://getbootstrap.com/docs/4.1/getting-started/download/)

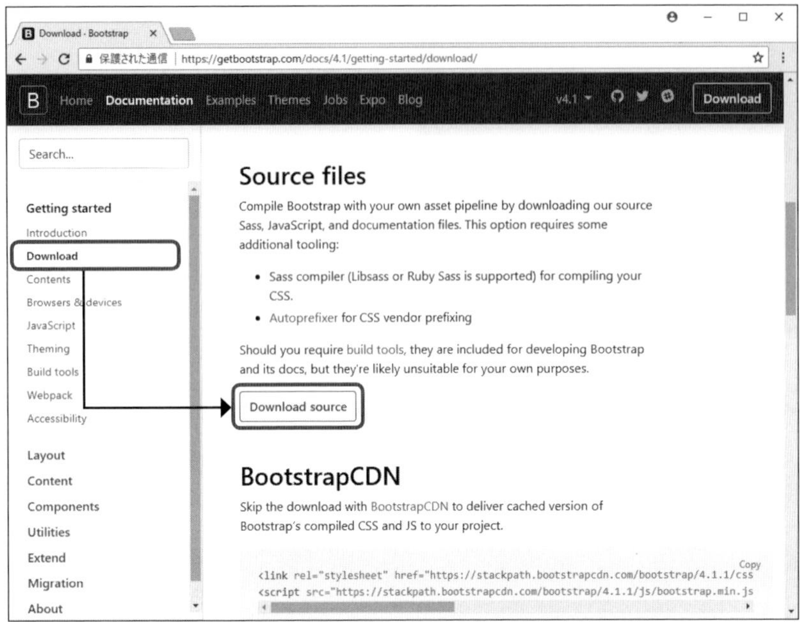

ダウンロードファイルを解凍すると、図 10-16 のフォルダーが展開されます。

▼図 10-16　Bootstrap ソースファイルの構成

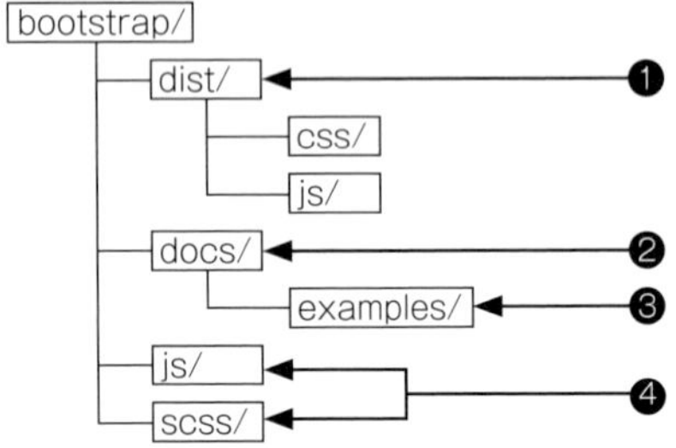

「dist」フォルダーには、コンパイル済みの CSS および JavaScript ファイルが入っています（❶）。「docs」フォルダーにはドキュメント（解説）が入っています。その他にもライセンス情報や開発用のサポート情報などのファイルが入っています（❷）。「docs」フォルダーの中の「examples」フォルダーには Bootstrap の使用例が入っています（❸）。「js」フォルダーと「scss」フォルダーには、それぞれ JavaScript と CSS のソースコードが入っています（❹）。

このうち必要なのは、CSS のソースコード一式が入っている「scss」フォルダーです。これを作業フォルダー（本書では「sample」フォルダー）にコピーしましょう。これまでの sample フォルダーの中には、「css」や「js」フォルダーがありました。これらのフォルダーと同じ場所に「scss」フォルダーを配置します（図 10-17）。

▼図 10-17　作業フォルダーの構成

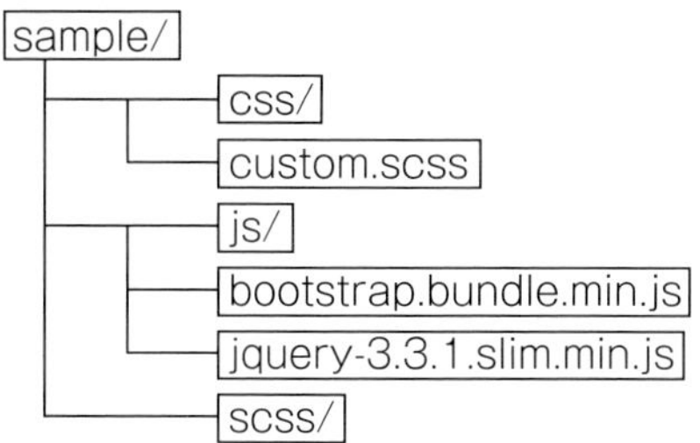

cssフォルダーの中には、これまでbootstrap.css（またはbootstrap.min.css）が格納されていましたが、これらは不要です。代わりにカスタマイズ用のSassファイル**custom.scss**を作成して保存します。

custom.scssには、scssフォルダー内のbootstrap.scssをインポートするように、リスト10-7のように記述します。この例は、Bootstrapを丸ごとインポートする設定です。

▼リスト 10-7　bootstrap.scssをインポートする（css/custom.scss）

```
// BootstrapのSassファイルをインポート
@import "../scss/bootstrap";
```

NOTE

部分的にインポートする

本書ではBootstrapのソースファイルのbootstrap.scssを丸ごとインポートしていますが、リスト10-8の例のように、必要な部分だけを選択して、部分的に読み込むこともできます。このとき、functions.scss、variables.scss、mixin.scssは必須です。また、各コンポーネント間には依存関係があるので注意してください。

▼リスト 10-8　部分的にインポートする

```
// 必須
@import "../scss/functions";
@import "../scss/variables";
@import "../scss/mixins";

// 任意
@import "../scss/reboot";
@import "../scss/type";
@import "../scss/images";
@import "../scss/code";
@import "../scss/grid";
```

では、custom.cssをコンパイルしましょう。コマンドライン（Windowsならコマンドプロンプト、Macならターミナル）でcssフォルダーに移動し、次のnode-sassコマンドを実行します。

```
node-sass custom.scss custom.css
```

このコマンドで、custom.scss がコンパイルされ、custom.css に出力されます。custom.css を確認すると、膨大なスタイルが定義されているはずです。@import によって bootstrap.scss が読み込まれ、そのすべてがコンパイルされて書き出されているためです。これまで、HTML から参照させる CSS は、bootstrap.css（または bootstrap.min.css）でしたが、以降はこれを使用しません。コンパイルした custom.css を参照するよう指定します（リスト 10-9）。

▼リスト 10-9　custom.css を参照する

```
<link rel="stylesheet" href="css/custom.css">
```

10.2.3 背景色にグラデーションを使用できるようにする

手始めに、デフォルト設定では無効になっている**背景色のグラデーション**を有効化してみましょう。ソースファイルの scss/_variables.scss を開きます。Options の項目にある **$enable-gradients** という変数を検索すると、値が false になっていることを確認できます（リスト 10-10）。

▼リスト 10-10　背景色のグラデーション設定（sass/_variables.scss）

```
$enable-gradients: false !default;
```

この変数の値を変更することで、カスタマイズすることが可能です。このとき、_variables.scss を直接編集することもできますが、メンテナンス性を考えると、custom.scss にカスタマイズ内容を追記する方が良いでしょう。リスト 10-11 のように、Bootstrap の Sass ファイルをインポートする記述よりも前に、変数を上書きする記述を追加します。

▼リスト 10-11　背景色のグラデーションを有効化する（css/custom.scss）

```
// 変数の上書き
$enable-gradients:  true;

// BootstrapのSassファイルをインポート
@import "../scss/bootstrap";
```

あとは前項と同じように、custom.scss をコンパイルして custom.css を作成します。次のサンプルで、背景のグラデーションが有効になっていたか確認できます（リスト 10-12、図 10-18）。

▼リスト 10-12　背景色のグラデーションを有効化した例（gradient.html）

```
<div class="p-3 mb-2 bg-gradient-primary text-white">bg-gradient-primary</div>
<div class="p-3 mb-2 bg-gradient-secondary text-white">bg-gradient-primary</div
<div class="p-3 mb-2 bg-gradient-success text-white">bg-gradient-primary</div>
<div class="p-3 mb-2 bg-gradient-danger text-white">bg-gradient-primary</div>
```

```
<div class="p-3 mb-2 bg-gradient-warning text-white">bg-gradient-primary</div>
<div class="p-3 mb-2 bg-gradient-info text-white">bg-gradient-primary</div>
<div class="p-3 mb-2 bg-gradient-light text-dark">bg-gradient-primary</div>
<div class="p-3 mb-2 bg-gradient-dark text-white">bg-gradient-primary</div>
```

▼図 10-18　背景色のグラデーションを有効化した例

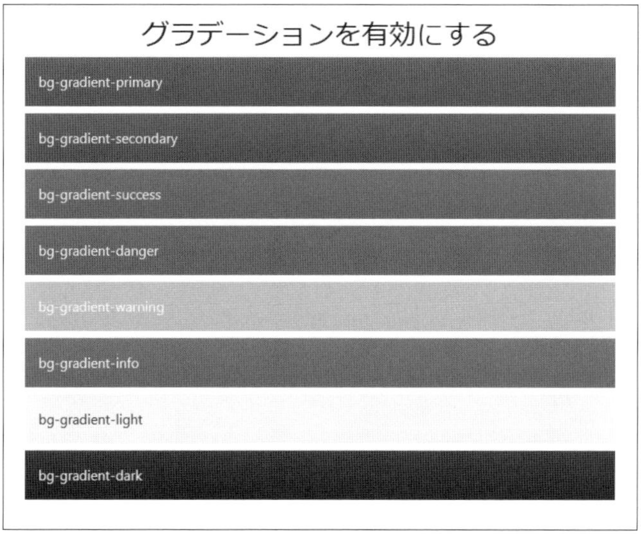

グラデーションを有効にする

bg-gradient-primary

bg-gradient-secondary

bg-gradient-success

bg-gradient-danger

bg-gradient-warning

bg-gradient-info

bg-gradient-light

bg-gradient-dark

10.2.4 Sass 変数を上書きする

前項では、_variables.scss に設定されている $enable-gradients の値を custom.scss で変更して、背景のグラデーション化を有効にしましたが、同様の手順で変数の値を上書きし、CSS 設定を簡単に切り替えられます（表 10-1）。

▼表 10-1　カスタマイズ可能な主な Sass 変数

変数	値	説明
$enable-rounded	true（デフォルト）または false	さまざまなコンポーネントで定義済みの border-radius スタイルを有効化
$enable-shadows	true または false（デフォルト）	さまざまなコンポーネントで定義済みの box-shadow スタイルを有効化
$enable-gradients	true または false（デフォルト）	さまざまなコンポーネントで background-image 経由で定義済みのグラデーションを有効化
$enable-transitions	true（デフォルト）または false	さまざまなコンポーネントで定義済みの transition を有効化
$enable-grid-classes	true（デフォルト）または false	グリッドシステムのための CSS クラスの生成を有効化（例：container、row、col-md-1 クラスなど）
$enable-caret	true（デフォルト）または false	dropdown-toggle の擬似要素キャレットを有効化
$enable-print-styles	true（デフォルト）または false	印刷を最適化するスタイルを有効化

10.2.5 基本の配色を変更する

既述のように、Bootstrap 全体にかかるスタイルの初期設定は、_variables.scss にまとめられています。_variables.scss のどこで何が設定されているのかについては、ブロックごとにコメントが付けられており、配色については、_variables.scss の「//Color system」ではじまるコメントのブロックにまとめられています。最初に、白から黒のグレースケールが定義され、$white、$gray-100、$black などの変数名でまとめられています（リスト 10-13）。

▼リスト 10-13　グレースケールの変数と色の設定（_variables.scss）

```
$white:    #fff !default;
$gray-100: #f8f9fa !default;
$gray-200: #e9ecef !default;
$gray-300: #dee2e6 !default;
$gray-400: #ced4da !default;
$gray-500: #adb5bd !default;
$gray-600: #6c757d !default;
$gray-700: #495057 !default;
$gray-800: #343a40 !default;
$gray-900: #212529 !default;
$black:    #000 !default;
```

primary、secondary などボタンやアラートにも使用されるカラーは、次のような変数でまとめられています。たとえば、$blue と $primary は紐づいているので、$blue の値を変えると $primary も変更されます（リスト 10-14）。

▼リスト 10-14　色とテーマカラーの設定（_variables.scss）

```
$blue:    #007bff !default;
$indigo:  #6610f2 !default;
$purple:  #6f42c1 !default;
$pink:    #e83e8c !default;
$red:     #dc3545 !default;
$orange:  #fd7e14 !default;
$yellow:  #ffc107 !default;
$green:   #28a745 !default;
$teal:    #20c997 !default;
$cyan:    #17a2b8 !default;

$primary:       $blue !default;
$secondary:   $gray-600 !default;
$success:       $green !default;
$info:          $cyan !default;
$warning:       $yellow !default;
$danger:        $red !default;
$light:         $gray-100 !default;
$dark:          $gray-800 !default;
```

Bootstrap 4では、Sassのマップというしくみでテーマカラーやグリッドのブレイクポイントなどのスタイルを生成しています。mapとはキーと値のペアを定義できる連想配列のようなもので、Sass変数と同様に、上書きして拡張できます。_variables.scssでは、テーマカラーはリスト10-15のように定義されています。

▼リスト10-15 色とテーマカラーの設定（_variables.scss）

```
$theme-colors: () !default;
$theme-colors: map-merge((
  "primary":    $primary,
  "secondary":  $secondary,
  "success":    $success,
  "info":       $info,
  "warning":    $warning,
  "danger":     $danger,
  "light":      $light,
  "dark":       $dark
), $theme-colors);
```

$theme-colorsマップに定義されている既存の色を変更するには、カスタマイズ用のSassファイル（custom.scss）にリスト10-16のような書式でコードを追加します。

▼リスト10-16 既存のテーマカラーを変更する

```
$theme-colors: (
  "primary": #0074d9,
  "danger":  #ff4136
);
```

また、$theme-colorsに新しい色を追加するには、新しいキーと値を追加します（リスト10-17）。

▼リスト10-17 テーマカラーを新しく追加する

```
$theme-colors: (
  "custom-color": #900
);
```

$theme-colorsやその他のマップから色を削除するには、map-removeを使用します（リスト10-18）。

▼リスト10-18 マップから色を削除する

```
$theme-colors: map-remove($theme-colors, "success", "info", "danger");
```

10.2.6 bodyの背景色、文字色、リンク色を変更する

bodyの背景色、文字色、リンク色は、_variables.scssの「// Body」ではじまるコメントのブロックにまとめられています（リスト10-19）。

▼リスト 10-19　body の背景色と文字色の設定（_variables.scss）

```
// Body
$body-bg: $white !default;
$body-color:  $gray-900 !default;
```

body の背景色は $body-bg、文字色は $body-color という変数で設定されています。値には $white や $gray-900 という変数が入っていて、それぞれの変数に設定された内容に置き換えられます。これを変更するには、これまでのように、カスタム用の SCSS ファイル（custom.scss）で変数を上書きしてコンパイルするだけです（リスト 10-20）。

▼リスト 10-20　body の背景色、文字色を変更する

```
// 変数の上書き
$body-bg: #eee;
$body-color: #000;

// BootstrapのSassファイルをインポート
@import "../scss/bootstrap";
```

またリンク色については、「// Links」ではじまるコメントのブロックにまとめられています（リスト 10-21）。

▼リスト 10-21　リンク色の設定（_variables.scss）

```
// Links
$link-color: theme-color("primary") !default; ――― ❶
$link-decoration: none !default; ――― ❷
$link-hover-color: darken($link-color, 15%) !default; ――― ❸
$link-hover-decoration: underline !default; ――― ❹
```

リンク色は、$link-color という変数です。値が目新しい書式ですが、これはテーマカラーの「primary」の設定が入るという意味です（❶）。リンク時の下線、打ち消し線などの装飾は、$link-decoration という変数で定義されており、デフォルトでは「なし」に設定されています（❷）。

ホバー時の文字色は $link-hover-color という変数で、darken($link-color, 15%) は、$link-color で設定された色を 15% 暗くするという設定です（❸）。ホバー時の装飾は $link-hover-decoration という変数で、デフォルトでは「なし」に設定されています（❹）。

以降も _variables.scss で何が設定されているか、カスタマイズ時によく利用される主な変数について、内容を確認していきましょう。

10.2.7　Spacing ユーティリティを変更する

マージンやパディングなどの Spacing ユーティリティは、_variables.scss の「// Spacing」ではじまるコメントのブロックにまとめられています（リスト 10-22）。

▼リスト 10-22　スペーサーの設定（_variables.scss）

```
// stylelint-disable
$spacer: 1rem !default; ―――――――――――――――――――――――――――――――――― ❶
$spacers: () !default;
$spacers: map-merge((
  0: 0,
  1: ($spacer * .25), ――――――――――――――――――――――――――――――――― ❷
  2: ($spacer * .5),
  3: $spacer,
  4: ($spacer * 1.5),
  5: ($spacer * 3)
), $spacers);
```

マージンやパディングの基本となる $spacer の値には 1rem が設定されています（❶）。この $spacer の値を変更することで、Spacing ユーティリティ（P.318 参照）の全スタイルを変更できます。たとえばデフォルトでは、$spacer が 1rem に設定されています。数字の「1」は m-1 や p-1 クラスの「1」です。ここには、($spacer * .25) という式があるので、1rem * .25 で、0.25rem 分のマージンやパディングが付きます（❷）。これを「$spacer: 10px;」に変更すると、m-1 や p-1 は「10px * .25」で 2.5px 分のマージンやパディングが付き、m-3 や p-3 は 10px 分のマージンやパディングになります。また前項と同じように変更や追加も可能です（リスト 10-23）。

▼リスト 10-23　スペーサーの設定を変更する

```
$spacer: 10px; // 変更
$spacers: (
  1: ($spacer * .3), // 変更
  6: ($spacer * 3.5) // 追加
);
```

10.2.8　Sizing ユーティリティを変更する

同様に、w-25、h-50 クラスなどの Sizing ユーティリティはリスト 10-24 のような変数でまとめられています。

▼リスト 10-24　Sizing ユーティリティの設定（_variables.scss）

```
$sizes: () !default;
$sizes: map-merge((
  25: 25%,
  50: 50%,
  75: 75%,
  100: 100%
), $sizes);
```

デフォルトでは、25%、50%、75%、100% が設定されていますが、こちらもマップを変更したり追加したりすることができます。リスト 10-25 の例では、width: 5%; のスタイルが定義された w-5 クラス、height: 5%;

のスタイルが定義された h-5 クラスが追加されます。

▼リスト 10-25　Sizing ユーティリティを追加する

```
$sizes: (
  5: 5%  // 追加
);
```

10.2.9 ブレイクポイントを変更する

グリッドシステムのブレイクポイントは、_variables.scss の「// Grid breakpoints」ではじまるコメントのブロックにまとめられています（リスト 10-26）。

▼リスト 10-26　グリッドシステムのブレイクポイント設定（_variables.scss）

```
$grid-breakpoints: (
  xs: 0,
  sm: 576px,
  md: 768px,
  lg: 992px,
  xl: 1200px
) !default;
```

これまで同様、$grid-breakpoints のマップを変更することで、ブレイクポイントをカスタマイズすることができます（リスト 10-27）。

▼リスト 10-27　ブレイクポイントを変更する

```
$sizes: (
  sm: 420px // smのブレイクポイントを420pxに変更
);
```

10.2.10 コンテナを変更する

コンテナのブレイクポイントは、_variables.scss の「// Grid containers」ではじまるコメントのブロックにまとめられています（リスト 10-28）。

▼リスト 10-28　コンテナの最大幅の設定（_variables.scss）

```
$container-max-widths: (
  sm: 540px,
  md: 720px,
  lg: 960px,
  xl: 1140px
) !default;
```

$container-max-widths: のマップを変更することで、コンテナの最大幅をカスタマイズできます（リスト10-29）。

▼リスト 10-29　コンテナの最大幅を変更する

```
$container-max-widths: (
  lg: 980px // lgの最大幅を980pxに変更
);
```

10.2.11 グリッドのカラム数やガター幅を変更する

グリッドのカラム数やガター幅は、_variables.scssの「// Grid columns」ではじまるコメントのブロックにまとめられています（リスト10-30）。

▼リスト 10-30　グリッドのカラム数やガター幅の設定（_variables.scss）

```
$grid-columns: 12 !default;
$grid-gutter-width: 30px !default;
```

オリジナルのカラム数は12カラムを基本としていますが、$grid-columnsの値を変更することで9カラムや16カラムなど、独自のカラム数でグリッドシステムを構築できます。またオリジナルのカラム幅は、30pxとなっていますが、$grid-gutter-widthの値を変更することでカスタマイズできます（リスト10-31）。

▼リスト 10-31　カラム数やガター幅を変更する

```
$grid-columns: 9;
$grid-gutter-width: 20px;
```

10.2.12 書式を変更する

フォントや、行の高さ、文字色などに関する設定は、_variables.scssの「// Font, line-height, and ……」ではじまるコメントのブロックにまとめられています。フォントファミリーの設定は、サンセリフ体のフォントは$font-family-sans-serif、等幅フォントは$font-family-monospaceで種類別に設定可能です。また基本のフォントファミリーは、$font-family-baseで設定可能です（リスト10-32）。

▼リスト 10-32　フォントの設定（_variables.scss）

```
$font-family-sans-serif: -apple-system, BlinkMacSystemFont, "Segoe UI", Roboto, "Helvetica Neue", ↩
Arial, sans-serif, "Apple Color Emoji", "Segoe UI Emoji", "Segoe UI Symbol" !default;
$font-family-monospace: SFMono-Regular, Menlo, Monaco, Consolas, "Liberation Mono", "Courier New", ↩
monospace !default;
$font-family-base: $font-family-sans-serif !default;
```

フォントファミリーに続いて、フォントサイズ（大きさ）やウェイト（太さ）、見出しの書式なども変数でまとめられています。詳しくは_variables.scssを確認してください。

CSS 変数を利用する

Bootstrap 4 のコンパイルされた CSS には、**CSS 変数**が組み込まれています。CSS 変数とは、Sass のように CSS で変数を扱えるようにしたものです。Bootstrap では、何度も繰り返し利用される色、ブレイクポイント、フォントファミリーが CSS 変数として定義されています。本章の冒頭で説明したオリジナルスタイルを上書きする方法でカスタマイズする際に、効率よくコードを書くことができます。

10.3.1 Bootstrap で定義されている CSS 変数

Bootstrap で定義されている CSS 変数はリスト 10-33 のとおりです。**:root** は、文書のルート要素を対象とした擬似セレクタです。CSS 変数はどのようなセレクタでも利用できますが、:root を利用することで、どこでも使えるようにしています。

▼リスト 10-33　Bootstrap 4 で利用可能な CSS 変数（bootstrap.css）

```
:root {
  --blue: #007bff;
  --indigo: #6610f2;
  --purple: #6f42c1;
  --pink: #e83e8c;
  --red: #dc3545;
  --orange: #fd7e14;
  --yellow: #ffc107;
  --green: #28a745;
  --teal: #20c997;
  --cyan: #17a2b8;
  --white: #fff;
  --gray: #868e96;
  --gray-dark: #343a40;
  --primary: #007bff;
  --secondary: #868e96;
  --success: #28a745;
  --info: #17a2b8;
  --warning: #ffc107;
  --danger: #dc3545;
  --light: #f8f9fa;
  --dark: #343a40;
  --breakpoint-xs: 0;
  --breakpoint-sm: 576px;
```

```
  --breakpoint-md: 768px;
  --breakpoint-lg: 992px;
  --breakpoint-xl: 1200px;
  --font-family-sans-serif: -apple-system, BlinkMacSystemFont, "Segoe UI", Roboto, "Helvetica ↩
Neue", Arial, sans-serif, "Apple Color Emoji", "Segoe UI Emoji", "Segoe UI Symbol";
  --font-family-monospace: "SFMono-Regular", Menlo, Monaco, Consolas, "Liberation Mono", "Courier ↩
New", monospace;
}
```

「--」という接頭辞が付いているのがCSS変数です。**--blue: #007bff;** のように、「--」という接頭辞の後に独自のプロパティ名を付けて宣言します。

作成したCSS変数を利用する場合は、使いたい箇所で **var(-- 変数名)** を記述します。CSS変数はSassのように柔軟に利用できますが、コンパイルの必要はありません。リスト10-34の例ではa要素のスタイルをCSS変数で設定しています。

▼リスト10-34　CSS変数の利用例

```
a {
  color: var(--blue);
}
```

また、リスト10-35の例では、メディアクエリでブレイクポイントの変数を使用しています。このようにCSS変数を利用することで、スタイルの一貫性を保つことができ、メンテナンス性も高くなるでしょう。

▼リスト10-35　CSS変数の利用例

```
.content-secondary {
  display: none;
}
@media (min-width(var(--breakpoint-sm))) {
  .content-secondary {
    display: block;
  }
}
```

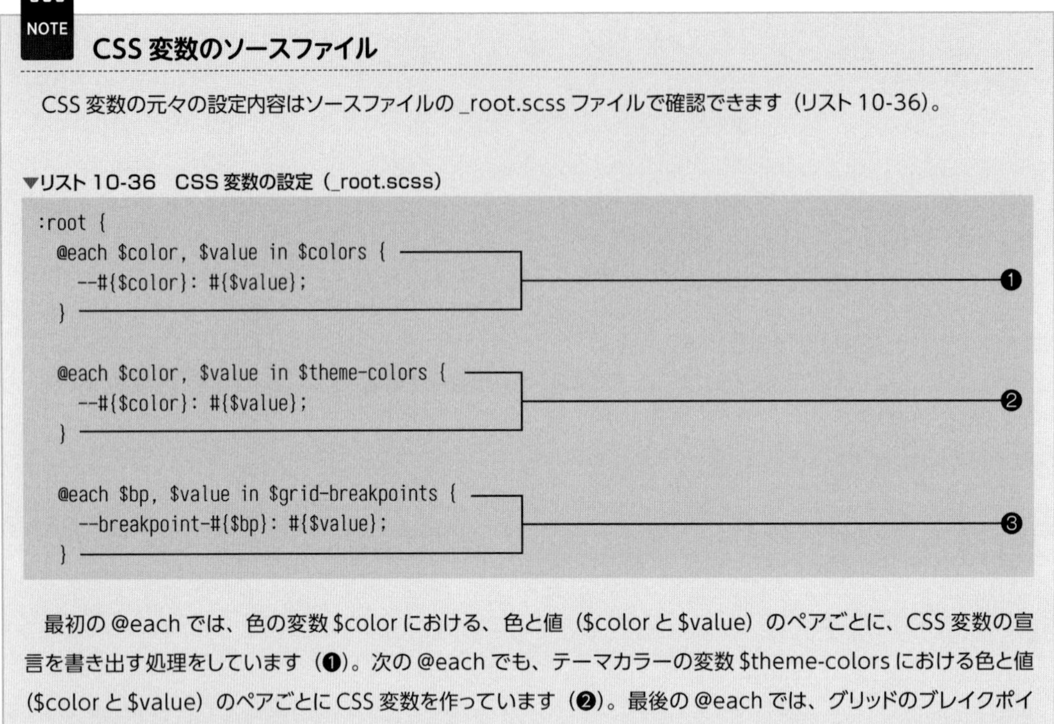

NOTE

CSS 変数のソースファイル

CSS 変数の元々の設定内容はソースファイルの _root.scss ファイルで確認できます（リスト 10-36）。

▼リスト 10-36　CSS 変数の設定（_root.scss）

```
:root {
  @each $color, $value in $colors {        ❶
    --#{$color}: #{$value};
  }

  @each $color, $value in $theme-colors {  ❷
    --#{$color}: #{$value};
  }

  @each $bp, $value in $grid-breakpoints { ❸
    --breakpoint-#{$bp}: #{$value};
  }
```

最初の @each では、色の変数 $color における、色と値（$color と $value）のペアごとに、CSS 変数の宣言を書き出す処理をしています（❶）。次の @each でも、テーマカラーの変数 $theme-colors における色と値（$color と $value）のペアごとに CSS 変数を作っています（❷）。最後の @each では、グリッドのブレイクポイントの変数 $grid-breakpoint におけるブレイクポイントと値（$bp と $value）のペアごとに CSS 変数の宣言を書き出す処理をしています（❸）。

10.3.2 ミックスインを利用する

これまでは、_variables.scss に設定されている変数の値を変更してコンパイルするだけの簡単なカスタマイズ方法を紹介しましたが、本項では、**ミックスイン**を使用した、より応用的な方法を紹介します。

ミックスインの基本

ミックスインとは、簡単に言うと、汎用的なスタイルを定義しておき、それを他の場所で呼び出して使うことができる機能です。Bootstrap のミックスインのファイルは、scss フォルダ内の mixins フォルダに格納されています。この中で、角丸の設定が定義されている「_bordar-radius.scss」を見てみましょう（リスト 10-37）。

▼リスト 10-37　角丸を定義したミックスイン（_bordar-radius.scss）

```
@mixin border-radius($radius: $border-radius) {  ❶
  @if $enable-rounded {                          ❷
    border-radius: $radius;                      ❸
  }
}
```

```
…以下略
```

ミックスインの書式は、@mixin の後に半角スペースを空けて、任意のミックスイン名を定義します。引数を使用する場合、ミックスイン名の直後に ( ) を付けて、括弧内に引数を書き、続く { } 内にスタイルを定義します。

@mixin の半角スペースの後の「border-radius」がミックスイン名、( ) 内の $radius: $border-radius は、変数 $radius に _variables.scss で定義されている $border-radius（デフォルトで .25rem）を引数としてセットしています（❶）。続く、@if $enable-rounded は、_variables.scss で定義されている $enable-rounded の値（P.447 参照）が true の場合（❷）、border-radius プロパティの値を $radius に設定する（❸）という意味になります。

Sass の知識がないと少し難しいかもしれませんが、ここでは、border-radius というミックスインが定義されていることがわかれば OK です。

角丸ミックスインを追加する

Bootstrap には、角丸に設定する rounded クラスがありますが、右上、右下、左上、左下のように角を 1 つ 1 つ設定するクラスは定義されていません（P.308 参照）。そこで、_bordar-radius.scss に、四隅のそれぞれを角丸にするミックスインを追加してみましょう（リスト 10-38）。

▼リスト 10-38　bordar-radius.scss

```
// 左上の角丸
@mixin border-tl-radius($radius) {
  @if $enable-rounded {
    border-top-left-radius: $radius;
  }
}
// 右上の角丸
@mixin border-tr-radius($radius) {
  @if $enable-rounded {
    border-top-right-radius: $radius;
  }
}
// 左下の角丸
@mixin border-bl-radius($radius) {
  @if $enable-rounded {
    border-bottom-left-radius: $radius;
  }
}
// 右下の角丸
@mixin border-br-radius($radius) {
  @if $enable-rounded {
    border-bottom-right-radius: $radius;
  }
}
```

角丸クラスを定義する

続いて、追加で作成したミックスインを利用したクラスを定義しましょう。css フォルダ内の custom.scss ファイルを開き、ファイルの末尾に次のコードを追加します（リスト 10-39）。

▼リスト 10-39　角丸クラスを定義する（custom.scss）

```
// 角丸クラスを定義
.rounded-tl {
  @include border-tl-radius(10px);
}
.rounded-tr {
  @include border-tr-radius(10px);
}
.rounded-bl {
  @include border-bl-radius(10px);
}
.rounded-br {
  @include border-br-radius(10px);
}
```

@include で、先ほど作成したミックスインを組み込んでいます。( ) 内の引数には 10px を指定していますが、値を空にした場合はデフォルトの .25rem が設定されます。

追記できたら、custom.scss を再度コンパイルし、custom.css を開いてみましょう。ファイルの最後に以下のコードが追加されていることが確認できるはずです（リスト 10-40）。

▼リスト 10-40　コンパイル後に追加生成されるクラス（custom.css）

```
.rounded-tl {
  border-top-left-radius: 10px; }

.rounded-tr {
  border-top-right-radius: 10px; }

.rounded-bl {
  border-bottom-left-radius: 10px; }

.rounded-br {
  border-bottom-right-radius: 10px; }
```

作成したクラスを利用する

作成した rouded-tl、rounded-tr、rouded-bl、rounded-br クラスを、実際に使用してみましょう（リスト 10-41）。左上、右上、左下、右下の角をそれぞれ個別に角丸設定できるようになりました（図 10-19）。

▼リスト 10-41 角丸を個別に設定する（rounded.html）

```
<div class="container">
  <div class="rounded-tl p-3 mb-3 bg-dark text-white">左上</div>
  <div class="rounded-tr p-3 mb-3 bg-dark text-white">右上</div>
  <div class="rounded-bl p-3 mb-3 bg-dark text-white">左下</div>
  <div class="rounded-br p-3 mb-3 bg-dark text-white">右下</div>
</div>
```

▼図 10-19 角丸を個別に設定する

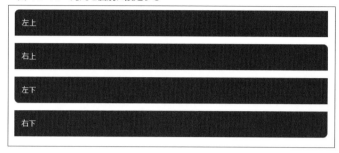

INDEX

記号・数字

A

B

C

D

K

L

M

N

O

U

V

W

ア行

カ行

サ行

タ行

ナ行

ハ行

マ行

ヤ行・ラ行・ワ行

■著者略歴

WINGSプロジェクト（https://wings.msn.to/）

有限会社WINGSプロジェクトが運営する、テクニカル執筆コミュニティ（代表：山田祥寛）。主にWeb開発分野の書籍／記事執筆、翻訳、講演などを幅広く手がける。2018年5月時点での登録メンバーは約55名で、現在も執筆メンバーを募集中。興味のある方は、どしどし応募頂きたい。著書、記事多数。
RSS：https://wings.msn.to/contents/rss.php ／ Facebook：facebook.com/WINGSProject ／ Twitter：@yyamada（公式）

宮本 麻矢（みやもと まや）

第1章、第2章、第7章、第8章、第10章担当。
WINGSプロジェクト所属のフリーライター。専門学校在学中、Webデザインコンペで入賞したことをきっかけに、Webデザインの世界へ。卒業後、文具メーカーにてWeb開発を担当、2013年退職。現在はWebサイトの構築やコンサルティング業務を行うかたわら、執筆活動をしている他、職業訓練校やスクールにてWebやDTPに関するトレーニングを行っている。

朝平 文彦（あさひら ふみひこ）

第3章、第4章、第5章、第6章、第9章担当。
神戸芸術工科大学大学院芸術工学研究科（総合デザイン専攻）修了。
建築デザイン、都市計画コンサルタントを経て、現在はWebやグラフィックなどのヴィジュアルコミュニケーション分野のコンサルティング・制作業務を行っている。また、大学や職業訓練校の講師としてクリエイター育成にも尽力している。

■監修者紹介

山田 祥寛（やまだ よしひろ）

千葉県鎌ヶ谷市在住のフリーライター。Microsoft MVP for Visual Studio and Development Technologies。執筆コミュニティ「WINGSプロジェクト」の代表でもある。
主な著書に『改訂新版 JavaScript本格入門』『Angularアプリケーションプログラミング』『Ruby on Rails 5アプリケーションプログラミング』（以上、技術評論社）、「独習シリーズ（C#・サーバサイドJava・PHP・ASP.NET）」（翔泳社）、『はじめてのAndroidアプリ開発 第2版』（秀和システム）、『書き込み式SQLのドリル 改訂新版』（日経BP社）など。

カバーデザイン◆菊池祐（株式会社ライラック）
本文デザイン◆株式会社トップスタジオ
本文レイアウト◆株式会社トップスタジオ
編集担当◆青木宏治

Bootstrap 4 フロントエンド開発の教科書

2018年 9月 8日 初 版 第1刷発行
2020年 4月 29日 初 版 第3刷発行

著　者　WINGSプロジェクト 宮本　麻矢、朝平　文彦
監修者　山田　祥寛
発行者　片岡　巌
発行所　株式会社技術評論社
東京都新宿区市谷左内町 21-13
電話　03-3513-6150　販売促進部
03-3513-6160　書籍編集部
印刷所　港北出版印刷株式会社

定価はカバーに表示してあります

ISBN978-4-297-10020-9 C3055
Printed in Japan

■ご質問について

本書の内容に関するご質問は、下記の宛先までFAXか書面、もしくは弊社Webサイトの電子メールにてお送りください。お電話によるご質問、および本書に記載されている内容以外のご質問には、いっさいお答えできません。あらかじめご了承ください。

宛先：〒162-0846
東京都新宿区市谷左内町 21-13
株式会社技術評論社　書籍編集部
『Bootstrap 4　フロントエンド開発の教科書』係
FAX：03-3513-6167
Web：https://gihyo.jp/book

※ご質問の際に記載いただきました個人情報は、ご質問の返答以外での目的には使用いたしません。参照後は速やかに削除させていただきます。